Mathematik heute ∎ 10

Sekundarschule
Sachsen-Anhalt

Herausgegeben von
Heinz Griesel, Helmut Postel, Rudolf vom Hofe

Schroedel
westermann

Mathematik heute ■ 10

Sekundarschule
Sachsen-Anhalt

Herausgegeben und bearbeitet von

Professor Dr. Heinz Griesel
Professor Helmut Postel
Professor Dr. Rudolf vom Hofe

Joachim Baum, Arno Bierwirth, Heiko Cassens, Frieder Henker, Bernhard Humpert, Dirk Kehrig,
Prof. Dr. Matthias Ludwig, Manfred Popken

An dieser Ausgabe für Sachsen-Anhalt wirkten mit:
Erika Beier, Silke Haumann, Dr. Bernd Liebau, Anke Wilke

Zum Schülerband erscheint:
Lösungen Best.-Nr. 87872
Arbeitsheft 10 Sachsen-Anhalt Best.-Nr. 87866

© 2011 Bildungshaus Schulbuchverlage Westermann Schroedel Diesterweg Schöningh Winklers GmbH,
Georg-Westermann-Allee 66, 38104 Braunschweig
www.westermann.de

Druck A⁷ / Jahr 2025
Alle Drucke der Serie A sind im Unterricht parallel verwendbar.

Redaktion: Dr. Heike Bütow
Herstellung: Reinhard Hörner
Titel- und Innenlayout: Janssen Kahlert, Design & Kommunikation GmbH, Hannover
Illustrationen: Dietmar Griese; Zeichnungen: Günter Schlierf, Peter Langner
Satz: Konrad Triltsch, Print und digitale Medien GmbH, 97199 Ochsenfurt
Druck und Bindung: Westermann Druck GmbH, Georg-Westermann-Allee 66, 38104 Braunschweig

ISBN 978-3-507-**87860**-0

Inhaltsverzeichnis

ZUM METHODISCHEN AUFBAU DER LERNEINHEITEN

Einstieg

bietet einen direkten Zugang zum Thema.

Aufgabe

mit vollständigem Lösungsbeispiel. Diese Aufgaben können alternativ oder ergänzend als Einstiegsaufgaben dienen. Die Lösungsbeispiele eignen sich sowohl zum eigenständigen Nacharbeiten als auch zum Erarbeiten von Lernstrategien.

Zum Festigen und Weiterarbeiten

Hier werden die neuen Inhalte durch benachbarte Aufgaben, Anschlussaufgaben und Zielumkehraufgaben gefestigt und erweitert. Sie sind für die Behandlung im Unterricht konzipiert und legen die Basis für eine erfolgreiche Begriffsbildung.

Information

Wichtige Begriffe, Verfahren und mathematische Gesetzmäßigkeiten werden hier übersichtlich hervorgehoben und an charakteristischen Beispielen erläutert.

Übungen

In jeder Lerneinheit findet sich reichhaltiges Übungsmaterial. Dabei werden neben grundlegenden Verfahren auch Aktivitäten des Vergleichens, Argumentierens und Begründens gefördert, sowie das Lernen aus Fehlern.
Aufgaben mit Lernkontrollen sind an geeigneten Stellen eingefügt.
Grundsätzlich lassen sich fast alle Übungsaufgaben auch im Team bearbeiten. In einigen besonderen Fällen wird zusätzlich Anregung zur Teamarbeit gegeben.
Die Fülle an Aufgaben ermöglicht dabei unterschiedliche Wege und innere Differenzierung.

Vermischte und komplexe Übungen

Hier werden die erworbenen Qualifikationen in vermischter Form angewandt und mit den bereits gelernten Inhalten vernetzt.

Bist du fit?

Auf diesen Seiten am Ende eines Kapitels können Lernende eigenständig überprüfen, inwieweit sie die neu erworbenen Grundqualifikationen beherrschen. Die Lösungen hierzu sind im Anhang des Buches abgedruckt.

Im Blickpunkt / Projekt

Hier geht es um komplexere Sachzusammenhänge, die durch mathematisches Denken und Modellieren erschlossen werden. Die Themen gehen dabei häufig über die Mathematik hinaus, sodass Fächer übergreifende Zusammenhänge erschlossen werden. Es ergeben sich Möglichkeiten zum Arbeiten in Projekten und zum Einsatz neuer Medien.

Aufgaben für die Abschlussprüfung

Auf diesen Seiten (Kapitel 6) am Ende des Buches stehen zahlreiche Aufgaben, welche auf die Abschlussprüfung in Klasse 10 vorbereiten sollen. Die Lösungen dieser Aufgaben findet man im Anhang.

Piktogramme

weisen auf besondere Anforderungen bzw. Aufgabentypen hin:

| Teamarbeit | Suche nach Fehlern | Tabellenkalkulation | Dynamische Geometrie-Software | Internet |

Zur Differenzierung

Der Aufbau und insbesondere das Übergangsmaterial sind dem Schwierigkeitsgrad nach gestuft. Etwas anspruchsvollere Aufgaben sind mit roten Aufgabenziffern versehen.

Nicht verbindliche Inhalte sind durch △ und ▲ gekennzeichnet. Sie dienen der Ergänzung und Vertiefung.

Einheiten

Längen

$$10 \text{ mm} = 1 \text{ cm}$$
$$10 \text{ cm} = 1 \text{ dm}$$
$$10 \text{ dm} = 1 \text{ m}$$
$$1000 \text{ m} = 1 \text{ km}$$

Flächeninhalte

$$100 \text{ mm}^2 = 1 \text{ cm}^2 \qquad 100 \text{ m}^2 = 1 \text{ a}$$
$$100 \text{ cm}^2 = 1 \text{ dm}^2 \qquad 100 \text{ a} = 1 \text{ ha}$$
$$100 \text{ dm}^2 = 1 \text{ m}^2 \qquad 100 \text{ ha} = 1 \text{ km}^2$$

Die Umwandlungszahl ist 100

Volumina

$$1000 \text{ mm}^3 = 1 \text{ cm}^3 \qquad 1 \text{ dm}^3 = 1\,l$$
$$1000 \text{ cm}^3 = 1 \text{ dm}^3 \qquad 1000 \text{ ml} = 1\,l$$
$$1000 \text{ dm}^3 = 1 \text{ m}^3 \qquad 1 \text{ cm}^3 = 1 \text{ ml}$$

Die Umwandlungszahl ist 1000

Massen

$$1000 \text{ mg} = 1 \text{ g}$$
$$1000 \text{ g} = 1 \text{ kg}$$
$$1000 \text{ kg} = 1 \text{ t}$$

Die Umwandlungszahl ist 1000

Zeitdauer

$$60 \text{ s} = 1 \text{ min}$$
$$60 \text{ min} = 1 \text{ h}$$
$$24 \text{ h} = 1 \text{ d}$$

Mathematische Symbole

Zahlen

$a = b$	a gleich b	$\sqrt{a}$	Quadratwurzel aus a ($a \geq 0$)
$a \neq b$	a ungleich b	$\sqrt[3]{a}$	Kubikwurzel aus a ($a \geq 0$)
$a < b$	a kleiner b	$p\%$	p Prozent
$a > b$	a größer b	$\bar{x}$	Arithmetisches Mittel
$a \approx b$	a ungefähr gleich (rund) b	$\{1; 2; 3\}$	Menge mit den Elementen 1, 2, 3
$a + b$	Summe aus a und b; a plus b	$\{\ \}$	leere Menge
$a - b$	Differenz aus a und b; a minus b	$\mathbb{N}$	Menge der natürlichen Zahlen
$a \cdot b$	Produkt aus a und b; a mal b	$\mathbb{Z}$	Menge der ganzen Zahlen
$a : b$	Quotient aus a und b; a durch b	$\mathbb{Q}$	Menge der rationalen Zahlen
$|a|$	Betrag von a	$\mathbb{Q}_+$	Menge der gebrochenen Zahlen
b^n	Potenz aus Basis (Grundzahl) b und Exponent (Hochzahl) n; b hoch n	$\mathbb{R}$	Menge der reellen Zahlen

Geometrie

$\overline{AB}$	Strecke mit den Endpunkten A und B; Länge der Strecke $\overline{AB}$	ABC	Dreieck mit den Eckpunkten A, B und C
AB	Gerade durch A und B	$ABCD$	Viereck mit den Eckpunkten A, B, C und D
$\overrightarrow{AB}$	Strahl mit dem Anfangspunkt A durch den Punkt B	$\sphericalangle PSQ$	Winkel mit dem Scheitel S und den Schenkeln $\overrightarrow{SP}$ und $\overrightarrow{SQ}$
$g \parallel h$	Gerade g ist parallel zur Geraden h	$F \cong G$	Figur F ist kongruent zu Figur G
$g \perp h$	Gerade g ist senkrecht zur Geraden h	$F \sim G$	Figur F ist ähnlich zu Figur G
$P(x|y)$	Punkt P mit den Koordinaten x und y	h_a	Höhe auf der Seite a

1 Zentrische Streckung – Ähnlichkeit

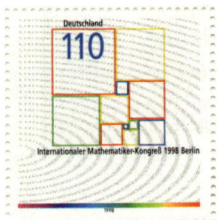

Nicole will im Unterricht ein Referat über Zerlegungen eines Quadrates in Quadrate halten. Als Vorlage dient ihr eine Briefmarke, die 1998 zum Internationalen Mathematikerkongress in Berlin von der Deutschen Post ausgegeben wurde. Sie zeichnet die Zerlegung des Quadrats mit einem Geometrieprogramm ab.

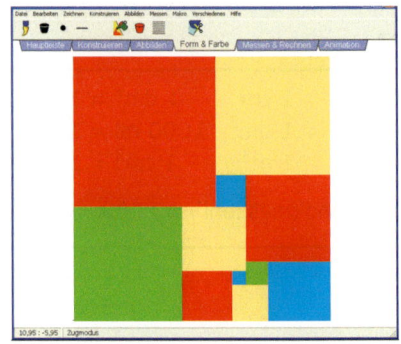

Bei der Projektion der Zeichnung mithilfe eines Beamers erhält Nicole zunächst das linke Bild. Nachdem sie den Beamer anders eingestellt hat, erhält sie das Bild rechts.

→ Vergleiche die Zerlegung des Quadrats in der Zeichnung rechts oben mit den Projektionen auf der Wand.

Das projizierte Bild rechts ist eine maßstäbliche Vergrößerung der Zeichnung oben rechts. Man sagt dann auch: Beide Bilder sind *ähnlich* zueinander.

In diesem Kapitel lernst du ...

... wie du zueinander ähnliche Figuren konstruieren und wie du ihre Eigenschaften in Sachsituationen anwenden kannst.

MASSSTÄBLICHES VERGRÖSSERN UND VERKLEINERN – ZENTRISCHE STRECKUNG
Vergrößerungs- bzw. Verkleinerungsfaktor

Einstieg

Digitalkameras nehmen Bilder im Format 27 mm × 36 mm auf. Das Bild rechts soll in einem Buch auf volle Textbreite (144 mm) unverzerrt abgebildet werden.

→ Wie hoch wird das Bild?
　Präsentiere dein Ergebnis.

Aufgabe

1. Lauras Oma fotografiert noch mit einer Kleinbildkamera. Sie liefert Bilder (so genannte Negative) der Größe 24 mm mal 36 mm. Es werden maßstäblich vergrößerte Abzüge hergestellt. Die größere Seite ist 18 cm lang. Wie lang ist dann die andere Seite?

Lösung

Beim maßstäblichen Vergrößern werden beide Seiten des Negativs mit demselben Faktor k vergrößert.
Für die längere Seite des Abzugs gilt:
k · 36 mm = 180 mm
Der Vergrößerungsfaktor ist 5,
denn 5 · 36 mm = 180 mm = 18 cm.
Für die kürzere Seite des Abzugs gilt dann entsprechend:
5 · 24 mm = 120 mm = 12 cm

Ergebnis: Die kürzere Seite des Abzugs ist 12 cm lang.

> längere Seite des Negativs　$\xrightarrow{\cdot k}$　längere Seite des Bildes

Zum Festigen und Weiterarbeiten

2. *Verkleinern einer Figur*

Tanjas Eltern wollen eine neue Wohnung beziehen. Dort erhält Tanja ein Zimmer, das 4,50 m lang und 3,50 m breit ist. Um die Aufstellung ihrer Möbel zu planen, zeichnet sie ein Rechteck für den Grundriss des Zimmers. Für die Länge wählt sie 9 cm.
Da Tanjas Zeichnung eine Verkleinerung ist, will sie den Verkleinerungsfaktor ermitteln. Finde mit dem Pfeilbild den Verkleinerungsfaktor k.

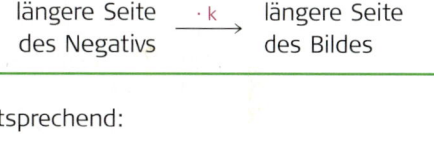

Länge des Zimmers $\xrightarrow{\cdot k}$ Länge des Rechtecks

450 cm $\xrightarrow{\cdot k}$ 9 cm

Wie breit muss Tanja das Rechteck zeichnen?
Finde selbst weitere geeignete Möglichkeiten, den Grundriss maßstäblich verkleinert zu zeichnen. Gib jeweils auch den Verkleinerungsfaktor an.

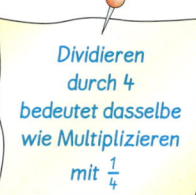

Dividieren durch 4 bedeutet dasselbe wie Multiplizieren mit $\frac{1}{4}$

3. Vergrößere die Figur mit dem Faktor 2 durch Verdopplung der Seitenlänge eines Karos. Vergleiche bei der Ausgangsfigur und der vergrößerten Figur die Größe entsprechender Innenwinkel. Was stellst du fest?

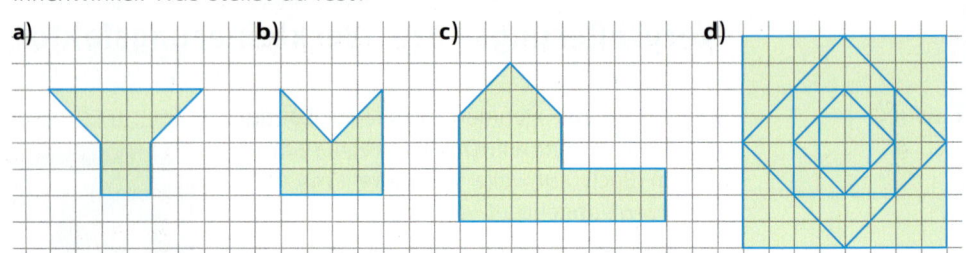

4. Wähle eine Figur aus Aufgabe 3. Verkleinere sie mit dem Faktor $\frac{1}{2}$. Beschreibe dein Vorgehen.

Information

Ein Beamer vergrößert; ein Fotokopiergerät kann vergrößern, aber auch verkleinern.

Beim **maßstäblichen Vergrößern** einer Figur ist der Faktor k größer als 1, beim **maßstäblichen Verkleinern** liegt der Faktor zwischen 0 und 1.

Das maßstäbliche Vergrößern bzw. Verkleinern bedeutet:

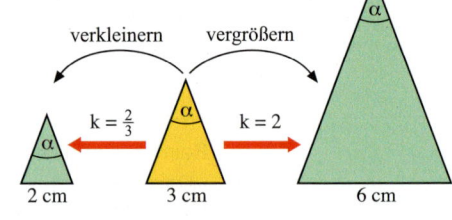

- Die Längen von Strecken werden mit *demselben* positiven Faktor multipliziert.
- Die Größen entsprechender Winkel bleiben erhalten.

Man sagt: Originalfigur und maßstäbliche Vergrößerung bzw. Verkleinerung sind **ähnlich** zueinander. Den Vergrößerungs- bzw. Verkleinerungsfaktor k nennt man auch einheitlich **Ähnlichkeitsfaktor**.

Übungen

5.

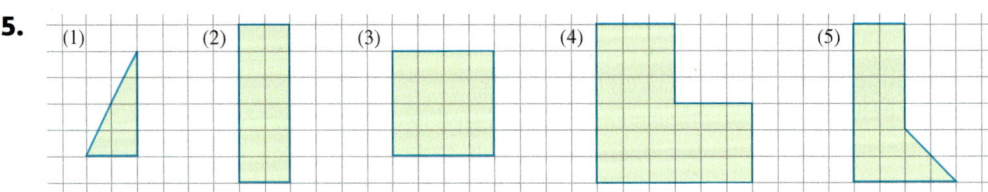

Zeichne die Figur zunächst in dein Heft. Vergrößere bzw. verkleinere dann die Figur maßstäblich mit dem Faktor: **a)** k = 2; **b)** k = 1,5; **c)** k = 0,5; **d)** k = 2,5.

6. Konstruiere zunächst die Figur. Vergrößere bzw. verkleinere dann die Figur maßstäblich mit dem Faktor: (1) 2 (2) 0,5 (3) 2,5 (4) $\frac{1}{4}$ (5) 0,8

Untersuche auch, ob die Symmetrie der Figur erhalten bleibt. Erkläre.

a) Rechteck ABCD mit den Seitenlängen a = 6 cm und b = 4 cm

b) Quadrat ABCD mit der Seitenlänge a = 4 cm

c) Rhombus ABCD mit a = 4,4 cm und α = 30°

d) Parallelogramm ABCD mit a = 6 cm, b = 4 cm und β = 125°

e) Gleichschenkliges Dreieck ABC mit der Basis $\overline{AB}$ = 5,3 cm und α = 65°

Längenverhältnis beim maßstäblichen Vergrößern bzw. Verkleinern – Maßstab

Einstieg

Fotogeschäfte bieten für die Abzüge verschiedene Größen an.

→ Ist auf den Abzügen der vollständige Inhalt des aufgenommenen Bildes (24 mm × 36 mm) wiedergegeben?
Begründet.

→ Ändert gegebenenfalls die Maße der Abzüge so, dass alles darauf passt.

Bearbeitet die Aufgabenstellungen arbeitsteilig und berichtet darüber.

SPARBILD			
FORMAT	**PREIS**	**FORMAT**	**PREIS**
9 × 13 cm	0,15 €	18 × 27 cm	0,99 €
10 × 15 cm	0,25 €	21 × 30 cm	1,79 €
13 × 18 cm	0,39 €	20 × 25 cm	1,79 €
15 × 21 cm	0,79 €	25 × 38 cm	1,99 €
SONDERGRÖSSEN APS.			
10 × 18 cm (H-FORMAT)		0,29 €	
10 × 25 cm (P-FORMAT)		0,39 €	

Aufgabe

1. Das Bild des Künstlers ist eingerahmt worden. Das Bild allein ist ein Rechteck, das 55 cm lang und 40 cm breit ist. Ebenso ist das Bild zusammen mit dem Rahmen ein Rechteck mit den Maßen 65 cm und 50 cm.
Vergleiche beide Rechtecke.
Welche Bedingung muss erfüllt sein, damit das eine Rechteck eine maßstäbliche Vergrößerung des anderen Rechtecks ist?

Lösung

Wenn das Bild zusammen mit dem Rahmen (Rechteck A′B′C′D′) eine maßstäbliche Vergrößerung des Bildes (Rechteck ABCD) sein soll, so muss sowohl die Seitenlänge $\overline{AB}$ als auch die Seitenlänge $\overline{BC}$ mit *demselben* Faktor vergrößert werden.
Es muss also gelten:

$k \cdot \overline{AB} = \overline{A'B'}$ und $k \cdot \overline{BC} = \overline{B'C'}$

also:

$k = \dfrac{\overline{A'B'}}{\overline{AB}}$ *und* $k = \dfrac{\overline{B'C'}}{\overline{BC}}$

Für die Maße der beiden Rechtecke gilt:
$\overline{A'B'}$ = 65 cm; $\overline{B'C'}$ = 50 cm; $\overline{AB}$ = 55 cm; $\overline{BC}$ = 40 cm
Damit erhält man:

$\dfrac{\overline{A'B'}}{\overline{AB}} = \dfrac{65\ cm}{55\ cm} = 1\frac{2}{11}$ und $\dfrac{\overline{B'C'}}{\overline{BC}} = \dfrac{50\ cm}{40\ cm} = 1\frac{1}{4}$

Die beiden Quotienten stimmen wegen $1\frac{2}{11} \neq 1\frac{1}{4}$ nicht überein.
Ergebnis: Das eine Rechteck ist *nicht* die maßstäbliche Vergrößerung des anderen.

Information

Verhältnisse zweier Längen

In Aufgabe 1 haben wir zur Bestimmung des Vergrößerungs- bzw. Verkleinerungsfaktors Längen verglichen und dabei den Quotienten der Längen gebildet.

> Beim Vergleich zweier Längen a und b bezeichnet man den Bruch $\frac{a}{b}$ bzw. den Quotienten a : b auch als **Längenverhältnis** oder kurz als **Verhältnis**.
> Den Bruch $\frac{a}{b}$ bzw. den Quotienten a : b liest man dann: *a (verhält sich) zu b.*
> Eine Gleichung wie a : b = 3 : 5 (*Verhältnisgleichung* oder Proportion genannt) liest man auch: *a (verhält sich) zu b wie 3 zu 5.*
>
> *Beispiel:*
>
> Gegeben: $\overline{AB}$ = 0,9 cm und $\overline{CD}$ = 1,5 cm. Dann gilt:
>
> $\dfrac{\overline{AB}}{\overline{CD}} = \dfrac{0,9\ \text{cm}}{1,5\ \text{cm}} = \dfrac{9}{15} = \dfrac{3}{5} = 0,6$ bzw. anders geschrieben:
>
> $\overline{AB} : \overline{CD}$ = 0,9 : 1,5 = 9 : 15 = 3 : 5 = 0,6
>
> Das bedeutet auch: Die Strecke $\overline{AB}$ ist 0,6-mal so lang wie die Strecke $\overline{CD}$.
>
> *Beachte:* Das Verhältnis zweier Längen ist eine Zahl.

Proportion ⟨lat.⟩
entsprechendes
Verhältnis

Zum Festigen und Weiterarbeiten

2. Bestimme das Längenverhältnis $\dfrac{\overline{AB}}{\overline{CD}}$. Kürze soweit wie möglich.

(1) $\overline{AB}$ = 35 m   (2) $\overline{AB}$ = 48 cm   (3) $\overline{AB}$ = 2,8 dm   (4) $\overline{AB}$ = 1,25 m
$\ \overline{CD}$ = 49 m $\ \overline{CD}$ = 4 cm $\ \overline{CD}$ = 7,0 dm $\ \overline{CD}$ = 75 cm

3. a) Zeichne zwei Strecken $\overline{AB}$ und $\overline{CD}$ mit dem Längenverhältnis:

(1) $\dfrac{\overline{AB}}{\overline{CD}} = \dfrac{3}{2}$ (2) $\dfrac{\overline{AB}}{\overline{CD}} = 2$ (3) $\dfrac{\overline{AB}}{\overline{CD}} = 0,4$ (4) $\dfrac{\overline{AB}}{\overline{CD}} = 1,2$

b) Das Verhältnis $\overline{PQ} : \overline{RS}$ beträgt 3 : 4 [4 : 3]. Bestimme die fehlende Länge.
(1) $\overline{RS}$ = 120 cm   (2) $\overline{RS}$ = 72 mm   (3) $\overline{PQ}$ = 84 mm   (4) $\overline{PQ}$ = 48 mm

4. Der **Maßstab** bei einer Zeichnung oder Landkarte im Atlas gibt das Längenverhältnis einer Strecke in der Zeichnung zu der Strecke in der Wirklichkeit an.

a) Auf einer Landkarte mit dem Maßstab 1 : 25 000 ist der Wanderweg zwischen zwei Burgen 32 cm lang. Wie lang ist der Wanderweg in der Wirklichkeit?

b) Auf einer Hinweistafel wird ein Rundwanderweg mit 12,5 km angegeben. Wie lang ist er auf der Wanderkarte mit dem Maßstab 1 : 50 000?

Übungen

5. Entnimm der Zeichnung das Längenverhältnis $\dfrac{\overline{PQ}}{\overline{UV}}$ ohne zu messen. Kürze.

6. Berechne die Längenverhältnisse $\frac{a}{b}$ und $\frac{b}{a}$. Kürze soweit wie möglich.

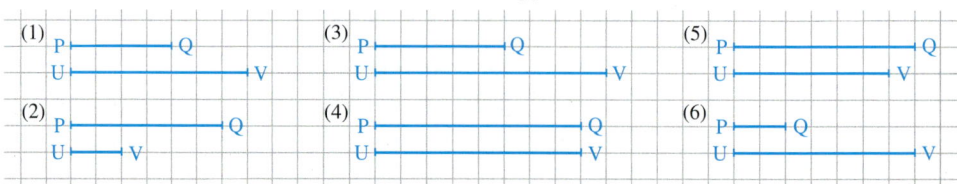

a) a = 72 cm   **b)** a = 30 m   **c)** a = 6,0 cm   **d)** a = 36 mm   **e)** a = 240 dm
 b = 90 cm b = 75 m b = 2,9 cm b = 4,0 cm b = 1,5 m

7. Das Längenverhältnis $\overline{UV} : \overline{XY}$ beträgt (1) 2 : 3; (2) 3 : 2.
Berechne die fehlende Länge: **a)** $\overline{XY}$ = 18 cm   **b)** $\overline{UV}$ = 42 cm

8. Zeichne zwei Strecken $\overline{AB}$ und $\overline{CD}$ mit dem Längenverhältnis:
  a) $\overline{AB} : \overline{CD}$ = 3 : 4   **b)** $\overline{AB} : \overline{CD}$ = 3 : 2   **c)** $\overline{AB} : \overline{CD}$ = 2 : 5
Schreibe $\overline{AB}$ als Vielfaches von $\overline{CD}$, ebenso $\overline{CD}$ als Vielfaches von $\overline{AB}$.

9. Bestimme das Längenverhältnis der Strecke $\overline{AB}$ zur Strecke $\overline{CD}$.
  a) $\overline{AB} = \frac{5}{2} \cdot \overline{CD}$ **b)** $2 \cdot \overline{CD} = 5 \cdot \overline{AB}$ **c)** $\overline{AB} = \overline{CD}$ **d)** $10 \cdot \overline{AB} = 7 \cdot \overline{CD}$

10. Das Längenverhältnis $\overline{UV} : \overline{XY}$ zweier Strecken beträgt:
  (1) 4 : 5   (2) 1 : 3   (3) 3 : 1   (4) 0,7   (5) 7
Berechne die fehlende Länge.
  a) $\overline{UV}$ = 1,2 m   **b)** $\overline{XY}$ = 16 cm   **c)** $\overline{UV}$ = 36 m   **d)** $\overline{XY}$ = 15 cm

11. a) Gib fünf selbstgewählte Streckenpaare an, die im Längenverhältnis 4 : 5 stehen.
   b) Was besagt die Verhältnisangabe 1 : 1?

12. a) Hier siehst du verschiedene Figuren. Suche zwei Figuren heraus, von denen die eine Figur eine maßstäbliche Vergrößerung bzw. Verkleinerung der anderen ist. Notiere auch den Faktor. Zeichne die beiden Figuren ins Heft und markiere jeweils einander entsprechende Punkte, entsprechende Winkel und Seiten in derselben Farbe.

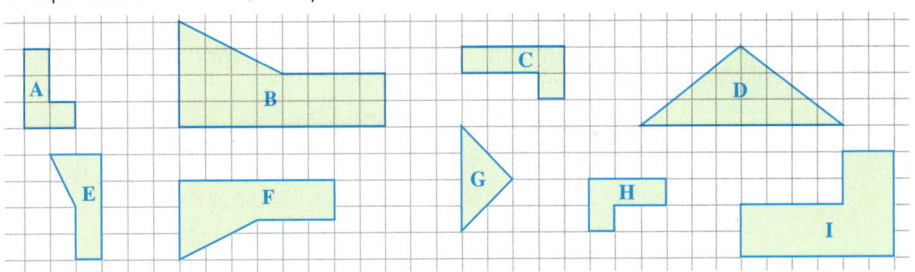

   b) Suche weitere Paare von Figuren heraus und verfahre entsprechend.

13. Fülle die Tabelle aus.

Maßstab	1 : 5	5 : 1	1 : 40 000	1 : 40 000		
Länge in der Zeichnung	80 mm	80 mm	5 cm		17 cm	6 cm
Länge in der Wirklichkeit				12 km	4,25 km	12 km

14.

Maßstab 1 : 500   5 cm   45 mm   Maßstab 5 : 1

Wie lang ist der Blauwal, wie lang ist die Fliege in Wirklichkeit?

15. Die wiederaufgebaute Frauenkirche in Dresden ist 93 m hoch, der Eiffelturm in Paris ist 320 m hoch. Welchen Maßstab musst du wählen, damit du diese Gebäude in dein Heft (DIN A4) zeichnen kannst?

16. **a)** Auf einer Wanderkarte mit dem Maßstab 1 : 35 000 beträgt die Entfernung zweier Kirchen 6 cm.
Wie groß ist die wirkliche Entfernung (Luftlinie)?

b) Auf einer Landkarte beträgt die Entfernung zweier Orte 5 cm; in Wirklichkeit liegen sie 12,5 km voneinander entfernt.
Welchen Maßstab hat die Karte?

17. Der Kartenausschnitt rechts ist im Maßstab 1 : 3 000 000 gezeichnet. Gib die Luftlinienentfernung der beiden Orte an.

a) Berlin – Magdeburg

b) Halle – Wittenberg

c) Magdeburg – Wittenberg

d) Halle – Eberswalde

e) Brandenburg – Potsdam

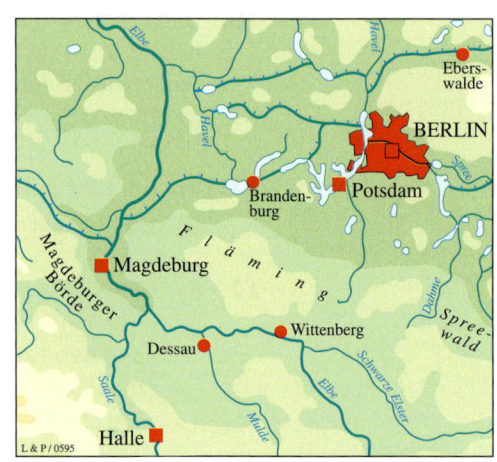

Spur	Maßstab
H0	1 : 87
N	1 : 160
Z	1 : 220

18. **a)** Das Modell eines ICE-Wagens für die Spur H0 hat eine Länge von 285 mm.
Wie lang ist der Wagen in der Wirklichkeit?

b) Berechne die Länge des ICE-Wagens (1) für die Spur N; (2) für die Spur Z.

c) Eine Tür des ICE-Wagens ist 1 050 mm breit. Berechne das Maß im Modell für (1) Spur N; (2) Spur H0; (3) Spur Z.

d) Das Modell des Endwagens eines ICE 3 hat bei der Spur H0 die Länge 295 mm. Berechne die Länge eines entsprechenden Endwagens bei der (1) Spur N; (2) Spur Z.

19. **a)** Ein rechteckiges Grundstück ist 23,90 m breit und 29,60 m lang.
Zeichne das Grundstück im Maßstab 1 : 300.

b) Ein Verkehrskreisel hat den Durchmesser d = 53 m. Die Straße ist 12 m breit.
Zeichne den Verkehrskreisel im Maßstab 1 : 2 000.

20. **a)** Messt euren Schulhof aus. Zeichnet den Grundriss des Schulhofs. Wählt einen geeigneten Maßstab.

b) *Erkundigt euch:* In welchen Berufen verwendet man maßstäbliche Vergrößerungen oder Verkleinerungen?

Zentrische Streckung – Konstruktion der Bildfigur

Einstieg

Rechts seht ihr ein Geobrett, auf dem mit einem Gummiring ein Rechteck ABCD gespannt ist. Spannt mit einem zweiten Gummiring ein zu ABCD maßstäblich vergrößertes Rechteck A'B'C'D' mit dem Vergrößerungsfaktor 2.

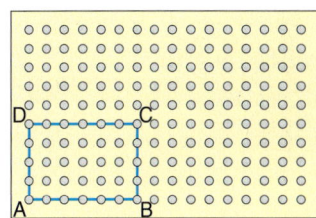

→   Beschreibt, wie ihr vorgehen könnt. Vielleicht findet ihr mehrere Möglichkeiten.

→   Untersucht, wie sich dabei die Länge einer Diagonale verändert.

Information

Um zu einer Figur ein kongruentes Bild zu erzeugen, kennen wir mehrere Verfahren: die Spiegelung an einer Achse oder an einem Punkt, die Verschiebung und die Drehung.
Wir suchen nun eine Abbildung, bei der man z. B. zu einem Dreieck ABC ein dazu maßstäblich vergrößertes Bilddreieck A'B'C' punktweise erhält. Dabei kann uns das Geobrett helfen.

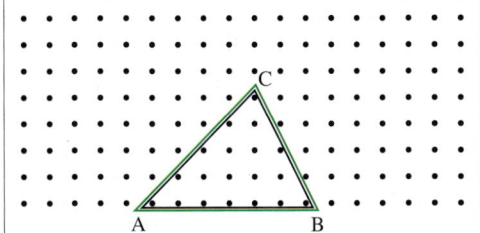   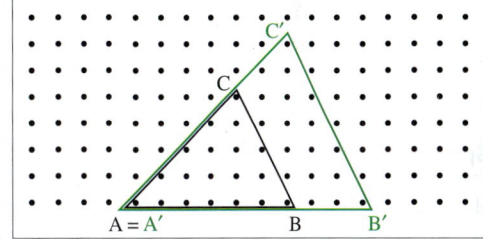

Mit einem schwarzen und einem grünen Gummiring ist ein Dreieck gespannt.
Wir halten das grüne Dreieck bei A fest und ziehen bei B und bei C so weit nach rechts bzw. nach schräg oben, bis die Seiten $\overline{A'B'}$ und $\overline{A'C'}$ des Dreiecks A'B'C' $1\frac{1}{2}$-mal so lang sind wie die Seiten $\overline{AB}$ und $\overline{AC}$ des schwarzen Dreiecks ABC.
Wir fassen das grüne Dreieck A'B'C' als Bild des schwarzen Dreiecks ABC bei einer *Streckung* auf; dabei ist A das *Streckungszentrum* und $\frac{3}{2}$ der *Streckungsfaktor.*

Aufgabe

1.   Gegeben ist ein Dreieck ABC.
Konstruiere durch „Streckung" ein dazu maßstäblich vergrößertes Bilddreieck A'B'C' mit dem Streckungsfaktor (Vergrößerungsfaktor) $\frac{3}{2}$. Wähle als Streckungszentrum

a)   den Eckpunkt A,

b)   einen Punkt Z außerhalb des Dreiecks.

Beschreibe, wie du die Bildpunkte A', B', C' erhältst.

Lösung

a)   *Konstruktionsbeschreibung:*

(1)   Der Eckpunkt A ist das Zentrum der Streckung. A und A' stimmen überein.

(2)   Zeichne den Strahl $\overline{AB}$ und markiere auf ihm den Punkt B' so, dass die Strecke $\overline{A'B'}$ $\frac{3}{2}$-mal so lang ist wie die Strecke $\overline{AB}$

(3)   Konstruiere entsprechend den Punkt C'.

(4)   Verbinde die Punkte B' und C'.

A'B'C' ist das gewünschte Dreieck.

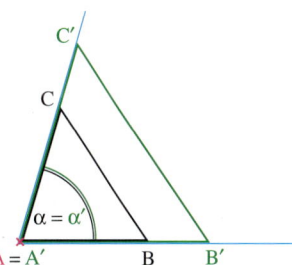

b) *Konstruktionsbeschreibung:*

(1) Zeichne den Strahl $\overrightarrow{ZA}$ und markiere auf diesem Strahl den Punkt A′ so, dass die Strecke $\overline{ZA'}$ $\frac{3}{2}$-mal so lang ist wie die Strecke $\overline{ZA}$.

(2) Konstruiere entsprechend die Punkte B′ und C′.

(3) Verbinde die Punkte A′ und B′, B′ und C′ sowie A′ und C′.

A′B′C′ ist das gewünschte Dreieck.

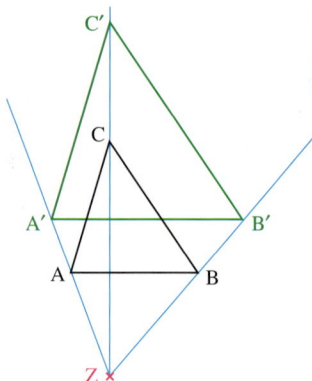

Information

Konstruktionsvorschrift für die zentrische Streckung

Wir fassen die Punkte A′, B′ C′ als Bildpunkte von A, B, C bei einer neuen Abbildung auf. Diese Abbildung heißt *zentrische Streckung* mit dem *Streckungszentrum Z* und dem *Streckungsfaktor* $\frac{3}{2}$. Das Dreieck A′B′C′ ist das Bilddreieck von Dreieck ABC bei dieser zentrischen Streckung. Der Streckungsfaktor $\frac{3}{2}$ ist hier größer als 1; wir erhalten ein vergrößertes Bild.

Nach demselben Verfahren wie in der Lösung zur Teilaufgabe 1 a) kann man zum Dreieck ABC ein verkleinertes Dreieck A′B′C′ zeichnen.

Im Beispiel links sind die Seiten des verkleinerten Dreiecks A′B′C′ nur halb so lang wie die des gegebenen Dreiecks ABC. Man spricht auch in diesem Fall von einer zentrischen Streckung; der Streckungsfaktor ist dann kleiner als 1, aber positiv (im Beispiel: $\frac{1}{2}$). Führe das selbst aus. Wir erklären allgemein, wie man bei einer zentrischen Streckung mit dem Streckungszentrum Z und dem positiven Streckungsfaktor k zu jedem Punkt P den Bildpunkt P′ erhält:

> Eine **zentrische Streckung** wird festgelegt durch das **Streckungszentrum Z** und den positiven **Streckungsfaktor k.**
>
> *Konstruktionsvorschrift:*
> Den Bildpunkt P′ eines Punktes P konstruiert man bei einer zentrischen Streckung so:
>
> *1. Fall:* P fällt *nicht* mit dem Streckungszentrum Z zusammen.
> (1) Zeichne den Strahl $\overrightarrow{ZP}$.
> (2) Zeichne den Punkt P′ auf dem Strahl $\overrightarrow{ZP}$ so, dass gilt: $\overline{ZP'} = k \cdot \overline{ZP}$.
>
>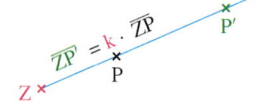
>
> *2. Fall:* P fällt mit dem Streckungszentrum Z zusammen. Der Bildpunkt P′ fällt dann auch mit Z zusammen.
>
> Für $k > 1$ erhalten wir ein vergrößertes, für $0 < k < 1$ ein verkleinertes Bild der Figur. Für $k = 1$ stimmen Figur und Bildfigur überein.

Zum Festigen und Weiterarbeiten

2. Übertrage die Figur in dein Heft. Konstruiere die Bildfigur bei der zentrischen Streckung mit dem Streckungszentrum Z und dem Streckungsfaktor k = 2. Beschreibe dein Vorgehen.

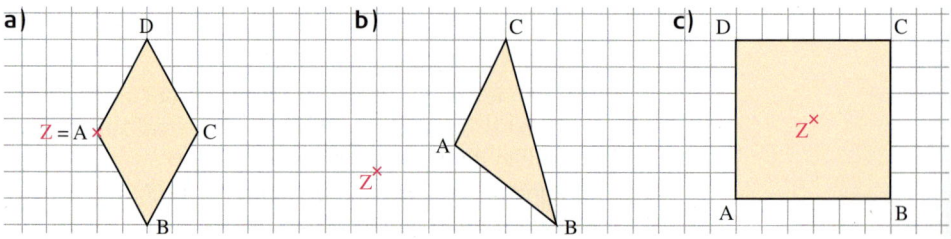

3. Konstruiere die Bildfigur bei der zentrischen Streckung mit dem Streckungsfaktor $k = \frac{1}{2}$.

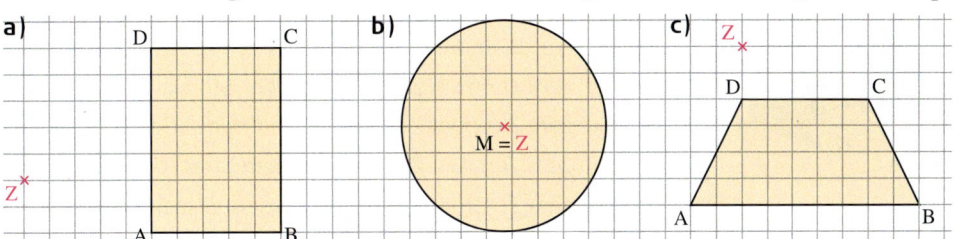

4. Bestimme den Streckungsfaktor durch Messen und Rechnen.

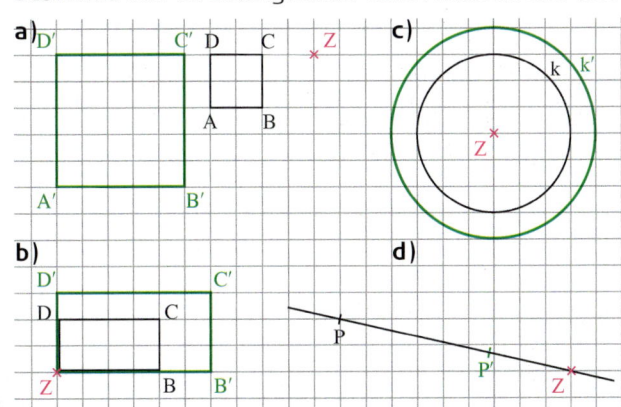

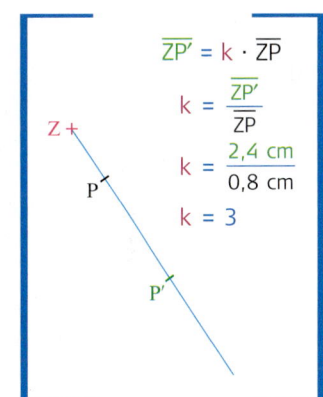

$$\overline{ZP'} = k \cdot \overline{ZP}$$

$$k = \frac{\overline{ZP'}}{\overline{ZP}}$$

$$k = \frac{2,4\ \text{cm}}{0,8\ \text{cm}}$$

$$k = 3$$

5. Übertrage Figur und Bildfigur in dein Heft und bestimme das Streckungszentrum.

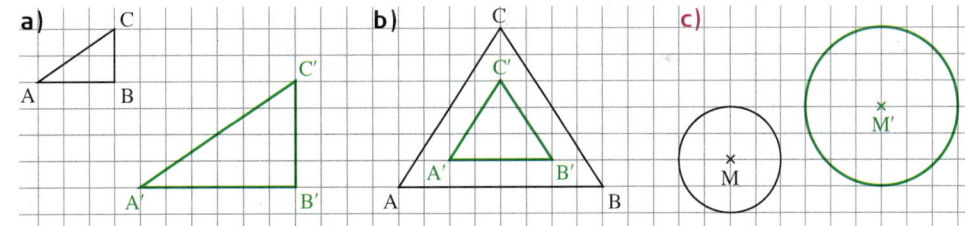

Übungen

6. Zeichne die Figur ins Heft. Konstruiere dann die Bildfigur bei der zentrischen Streckung mit dem Streckungsfaktor (1) $k = 2$, (2) $k = \frac{1}{2}$ und dem Streckungszentrum Z. Beschreibe die Konstruktion.

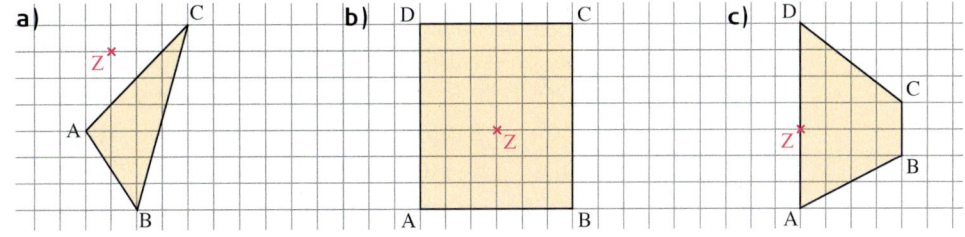

7. In einem Koordinatensystem (Einheit 1 cm) sind die Punkte A (4|5), B (−5|3), C (3|−5), D (−6|−4), E (0|7), F (−7|0) und G (0|0) gegeben, ferner die zentrische Streckung mit dem Zentrum Z und dem Streckungsfaktor k.

   a) Z (0|0); $k = \frac{1}{2}$ **b)** Z (0|0); $k = 2$ **c)** Z (1|2); $k = 2,5$ **d)** Z (−2|−3); $k = \frac{3}{2}$

Konstruiere die Bildpunkte von A, B, C, D, E, F und G; lies ihre Koordinaten ab.

8. Zeichne in ein Koordinatensystem (Einheit 1 cm) das Dreieck ABC mit A($-2|-1$), B($4|1$) und C($-1|3$).
Konstruiere dann die Bildfigur des Dreiecks ABC bei der zentrischen Streckung

   a) mit dem Zentrum Z($0|1$) und dem Streckungsfaktor k = $\frac{1}{2}$;

   b) mit dem Zentrum Z($-2|-1$) und dem Streckungsfaktor k = $\frac{3}{2}$;

   c) mit dem Zentrum Z($1|0$) und dem Streckungsfaktor k = 2;

   d) mit dem Zentrum Z($-4|2$) und dem Streckungsfaktor k = $\frac{3}{4}$.

9. Zeichne in ein Koordinatensystem (Einheit 1 cm) das Viereck ABCD mit A($-2|0$), B($4|0$), C($4|2$) und D($0|4$). Ferner ist der Punkt Z($0|-2$) gegeben.
Konstruiere dann die Bildfigur des Vierecks ABCD bei der zentrischen Streckung
(1) mit A,   (2) mit Z   als Zentrum und k als Streckungsfaktor.

   a) k = 2   **b)** k = 3   **c)** k = $\frac{1}{2}$ **d)** k = $\frac{3}{2}$ **e)** k = $\frac{5}{2}$ **f)** k = $\frac{1}{4}$ **g)** k = $\frac{3}{4}$

10. Bestimme den Streckungsfaktor k. Der Punkt Z soll das Streckungszentrum sein.

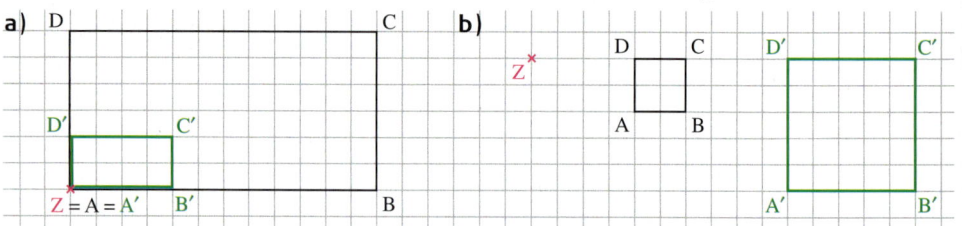

11. Q ist der Bildpunkt von P bei der zentrischen Streckung mit dem Streckungszentrum Z und dem Streckungsfaktor k.

   a) Bestimme jeweils den Streckungsfaktor k.

     (1)   (2)   (3)

   b) Wie ändert sich der Streckungsfaktor k, wenn der Punkt Q auf P zuwandert?

   c) Wie ändert sich der Streckungsfaktor k, wenn der Punkt Q von P wegwandert?

   d) Welche zentrische Streckung mit dem Zentrum Z bildet umgekehrt Q auf P ab?

12. Der Punkt P′($4|6$) ist das Bild des Punktes P($6|9$) bei der zentrischen Streckung mit dem Zentrum Z($0|0$). Bestimme den Streckungsfaktor k.

13. Im Koordinatensystem (Einheit 1 cm) sind die Dreiecke ABC und PQR gegeben.
Untersuche, ob das Dreieck PQR das Bilddreieck von Dreieck ABC bei einer zentrischen Streckung ist. Falls ja, gib Streckungszentrum und Streckungsfaktor an.

   a) A($-6|0$),   B($6|0$)   C($-2|8$),   P($5|-3$),   Q($0|1$),   R($-2|-3$)

   b) A($0|0$),   B($8|0$),   C($4|8$),   P($2|1$),   Q($4|5$),   R($6|1$)

   c) A($-2|-2$),   B($6|0$),   C($0|0$),   P($4|-3$),   Q($6|-1$),   R($0|4$)

14. Gegeben sind im Koordinatensystem (Einheit 1 cm) die Punkte A($4|6$), B($2|5$), C($3|-4$), D($-5|8$) und E($-3|-7$). Arbeitet in Gruppen. Konstruiert die Bildpunkte bei der zentrischen Streckung mit dem Streckungszentrum O($0|0$) und einem selbst gewählten Streckungsfaktor. Lest die Koordinaten der Bildpunkte ab.
Was fällt euch auf? Überprüft euer Ergebnis bei einem anderen Streckungszentrum.

Eigenschaften der zentrischen Streckung

Aufgabe

1. Entscheide, ob die grüne Figur die Bildfigur der schwarzen Figur bei einer zentrischen Streckung sein kann. Begründe.

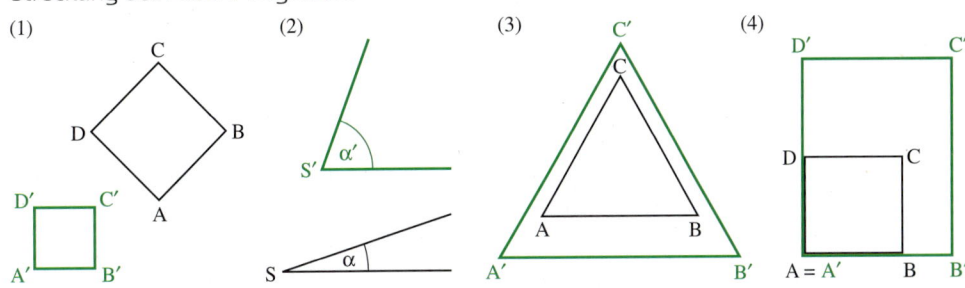

(1) (2) (3) (4)

Lösung

Bei (1) handelt es sich *nicht* um eine zentrische Streckung, da z. B. die Seite $\overline{AB}$ und die Seite $\overline{A'B'}$ nicht parallel zueinander sind. Bei einer zentrischen Streckung sind eine Strecke und ihre Bildstrecke bzw. eine Gerade und ihre Bildgerade stets parallel zueinander.

Bei (2) liegt ebenso *keine* zentrische Streckung vor, da z. B. α und α' verschieden groß sind. Bei einer zentrischen Streckung ändert sich die Größe eines Winkels nicht. Die entsprechenden Schenkel von α und α' müssen nämlich paarweise parallel zueinander sein.

Bei (3) liegt offenbar eine zentrische Streckung vor (siehe Bild rechts). Der gemeinsame Schnittpunkt Z von A'A, B'B und C'C ist das Streckungszentrum, der Streckungsfaktor beträgt etwa $\frac{3}{2}$.

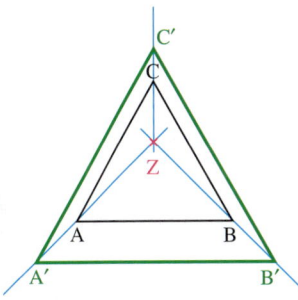

Bei (4) liegt auch *keine* zentrische Streckung vor, denn: Die Strecke $\overline{A'B'}$ ist $\frac{3}{2}$-mal so lang wie die Strecke $\overline{AB}$ aber $\overline{A'D'}$ ist doppelt so lang wie $\overline{AD}$ Bei einer zentrischen Streckung mit dem Streckungsfaktor k ist das Bild einer Strecke stets k-mal so lang wie die Strecke selbst.

Information

Das Längenverhältnis aus Bildstrecke und Strecke ist der Streckungsfaktor.

(1) Eigenschaften der zentrischen Streckung

Für jede *zentrische Streckung* mit einem positiven Streckungsfaktor k gilt:

(1) Gerade und Bildgerade sind zueinander parallel.
(2) Winkel und Bildwinkel sind gleich groß.
(3) Die Bildstrecke $\overline{A'B'}$ ist k-mal so lang wie die Strecke $\overline{AB}$.

(2) Eine zentrische Streckung erzeugt maßstäbliche Vergrößerungen bzw. maßstäbliche Verkleinerungen

Wir betrachten noch einmal die Lösung von Aufgabe 1 a) auf Seite 13.
Nach Konstruktion ist $\alpha' = \alpha$.
Aufgrund der Eigenschaft (1) ist auch: $\beta' = \beta$ und $\gamma' = \gamma$.
Ferner ist nach Konstruktion:
$\overline{A'B'} = \frac{3}{2} \cdot \overline{AB}$ und $\overline{A'C'} = \frac{3}{2} \cdot \overline{AC}$.
Nach der Eigenschaft (2) ist auch: $\overline{B'C'} = \frac{3}{2} \cdot \overline{BC}$.
Also ist das Dreieck A'B'C' ein maßstäbliches vergrößertes Bild von Dreieck ABC.

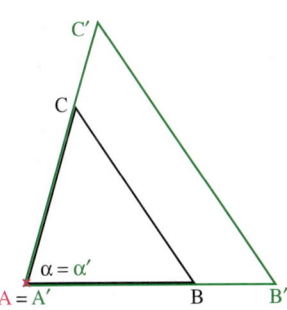

Zum Festigen und Weiterarbeiten

2. Konstruiere – ohne zu messen – den Bildpunkt B'. Beschreibe dein Vorgehen.

Hinweis: Strecke und Bildstrecke sind parallel zueinander.

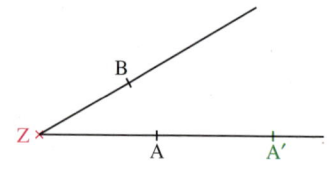

3. Konstruiere ein Dreieck ABC aus c = 4,4 cm, β = 55°, a = 3,2 cm.

Konstruiere die Bildfigur des Dreiecks ABC bei der zentrischen Streckung mit dem Streckungsfaktor (1) k = 1,5, (2) k = 0,5 möglichst einfach. Das Zentrum soll

a) der Eckpunkt A, **b)** der Schnittpunkt der Mittelsenkrechten,

c) die Mitte der Seite $\overline{BC}$ sein.

Konstruiere zunächst das Bild eines Eckpunktes des Dreiecks und benutze dann Eigenschaften der zentrischen Streckung. Beschreibe die Konstruktion.

4. Das Dreieck RST hat die Seitenlängen $\overline{RS}$ = 3,8 cm, $\overline{RT}$ = 4,6 cm und $\overline{ST}$ = 6,2 cm.

a) Überprüfe, ob ein Dreieck UVW mit den Seitenlängen $\overline{UV}$ = 4,75 cm und $\overline{UW}$ = 5,75 cm ein Bild von Dreieck RST bei einer zentrischen Streckung sein kann.

b) Wenn ja, berechne die Länge der Seite $\overline{VW}$.

> Für jede beliebige Strecke $\overline{P'Q'}$ gilt:
>
> $\overline{P'Q'} = k \cdot \overline{PQ}$
>
> $k = \dfrac{\overline{P'Q'}}{\overline{PQ}}$

5. *Der Storchschnabel als zentrischer Strecker*

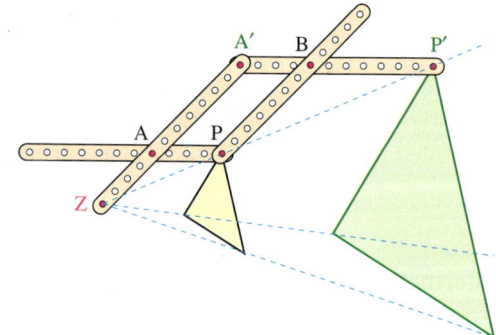

Das Gerät auf dem Foto heißt *Storchschnabel* (auch Panthograph). Mit seiner Hilfe kann man zu einer Figur die Bildfigur bei einer zentrischen Streckung zeichnen.

Das Bild rechts zeigt den Aufbau eines Storchschnabels. Erkläre seine Wirkungsweise. Welcher Streckungsfaktor ist eingestellt? Fasse A' als Bild von A auf.

Welche weiteren Streckungsfaktoren lassen sich einstellen?

Übungen

6. Gegeben ist in einem Koordinatensystem (Einheit 1 cm) die Gerade PQ sowie das Zentrum Z und der Streckungsfaktor k einer zentrischen Streckung.

a) P(−6|3), Q(3|9), Z(0|0), $k = \frac{1}{2}$

b) P(−4|−2), Q(6|2), Z(−2|3), k = 1,5

c) P(−4|2), Q(6|−1), Z(−2|−2), $k = \frac{1}{4}$

Konstruiere mithilfe einer Eigenschaft der zentrischen Streckung (Seite 17) die Bildgerade. Beschreibe die Konstruktion und begründe.

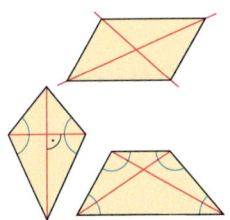

7. a) Konstruiere ein Parallelogramm ABCD aus a = 4,9 cm, d = 2,4 cm, α = 50°.
Konstruiere dann das Bildparallelogramm bei der zentrischen Streckung mit dem Schnittpunkt M der Diagonalen als Zentrum und dem Streckungsfaktor k = 2,5.

b) Konstruiere ein Trapez ABCD (AB∥CD) aus a = 5,2 cm, d = 3,5 cm, α = 70°, β = 50°.
Konstruiere dann das Bildtrapez bei der zentrischen Streckung mit dem Zentrum D und dem Streckungsfaktor $k = \frac{1}{2}$.

c) Konstruiere ein Drachenviereck ABCD mit AC als Symmetrieachse aus a = 5,8 cm, b = 3,4 cm und β = 150°.
Konstruiere dann die Bildfigur bei der zentrischen Streckung mit dem Schnittpunkt M der Diagonalen als Zentrum und dem Streckungsfaktor k = 1,5.

8. Konstruiere ein Viereck ABCD mit a = 5 cm, c = 2,5 cm, d = 3 cm, α = 70° und δ = 100°.
Markiere den Schnittpunkt der Diagonalen; nenne ihn Z.
Konstruiere dann die Bildfigur von ABCD bei der zentrischen Streckung mit Z als Streckungszentrum und dem Streckungsfaktor $\frac{5}{2}$.

9. Konstruiere einen Kreis mit dem Radius r = 2 cm.
Konstruiere dann den Bildkreis bei der zentrischen Streckung mit dem Streckungsfaktor k = 2,5. Das Streckungszentrum Z soll (1) im Mittelpunkt, (2) auf dem Kreis, (3) außerhalb des Kreises, (4) innerhalb des Kreises liegen.

10. Auf einem Strahl mit dem Anfangspunkt Z sind zwei Punkte P und Q gegeben (wähle z. B. $\overline{ZP}$ = 3 cm und $\overline{ZQ}$ = 7 cm). Zeichne ein beliebiges Viereck ABCD.
Konstruiere (ohne zu messen) das Bildviereck bei derjenigen zentrischen Streckung, die Z als Streckungszentrum hat und die P auf Q abbildet.

11. Gegeben ist in einem Koordinatensystem (Einheit 1 cm) das Dreieck ABC mit A(−3|−2), B(2|−1) und C(−1|3).
Konstruiere das Bilddreieck bei der zentrischen Streckung (Zentrum Z) mit:

a) Z(−1,5|−1)   **b)** Z(1|2)   **c)** Z(−3|1,5)   **d)** A′(−6|−4)   **e)** B′(0|−2)
   A′(−6|−4)   B′(1,5|0,5)   C′(3|6)   B′(4|−2)   C′(−1,5|0)

12. Es soll M der Mittelpunkt der Strecke $\overline{AB}$ sein. Was kann man über den Bildpunkt M′ von M bezüglich der Bildstrecke $\overline{A′B′}$ bei einer zentrischen Streckung aussagen? Begründe.

13. Ein Dreieck ABC hat die Seitenlängen a = 9 cm, b = 12 cm und c = 5 cm.
Berechne die Seitenlängen des Bilddreiecks A′B′C′ bei einer zentrischen Streckung mit dem Streckungsfaktor k.

a) k = 3   **b)** $k = \frac{1}{2}$ **c)** $k = \frac{5}{3}$ **d)** $k = \frac{4}{5}$ **e)** $k = \frac{10}{9}$ **f)** $k = \frac{5}{12}$

14. Ein Dreieck ABC hat die Seitenlängen $\overline{AB}$ = 3,6 cm, $\overline{BC}$ = 6 cm und $\overline{CA}$ = 4,2 cm.
Entscheide, ob das Dreieck PQR das Bilddreieck von Dreieck ABC bei einer zentrischen Streckung sein kann. Falls ja, gib den Streckungsfaktor an.

a) $\overline{PQ}$ = 2,4 cm   **b)** $\overline{PQ}$ = 9 cm   **c)** $\overline{PQ}$ = 3 cm   **d)** $\overline{PQ}$ = 6,6 cm
   $\overline{QR}$ = 4 cm $\overline{QR}$ = 15 cm $\overline{QR}$ = 2,1 cm $\overline{QR}$ = 11 cm
   $\overline{RP}$ = 2,8 cm $\overline{RP}$ = 10 cm $\overline{RP}$ = 1,8 cm $\overline{RP}$ = 7,7 cm

15. Zeichne in einen Kreis mit dem Mittelpunkt M und dem Radius r = 3,4 cm ein regelmäßiges Sechseck ABCDEF. Konstruiere dann die Bildfigur dieses Sechsecks bei der zentrischen Streckung (1) mit M als Zentrum und dem Streckungsfaktor k = 2,5; (2) mit dem Eckpunkt A als Zentrum und dem Streckungsfaktor k = 1,5.

IM BLICKPUNKT:
ZENTRISCH STRECKEN – MIT MAUS UND MONITOR

Viele Geometrieprogramme bieten die Möglichkeit, auch zentrische Streckungen auszuführen. Im Unterschied zur Bleistiftzeichnung im Heft kann man Computerfiguren auch nach der Konstruktion noch verändern.

1. Strecke ein beliebiges Dreieck mit dem Streckungsfaktor k = 2.
Führe dazu folgende Einzelschritte aus:

- Zeichne ein Dreieck ABC und lege das Zentrum Z fest.
- Gib den Streckungsfaktor ein (je nach Programm z.B. als numerische Eingabe).
- Führe die zentrische Streckung aus, indem du nach der Menüauswahl nacheinander auf das Dreieck, das Zentrum und den Streckungsfaktor klickst.

Du kannst überprüfen, ob das Programm die zentrische Streckung korrekt ausführt. Vergleiche dazu die Seitenlängen des Ausgangsdreiecks mit denen des Bilddreiecks.

2. Zeichne ein Dreieck ABC und einen Punkt Z außerhalb des Dreiecks.

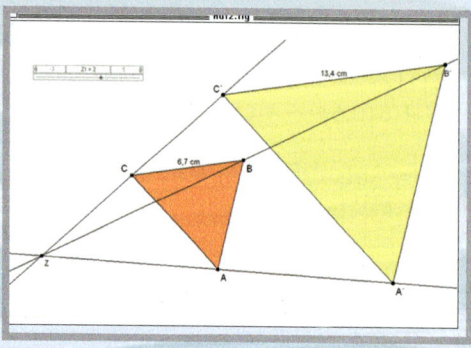

a) Strecke das Dreieck von Z aus mit dem Streckungsfaktor k = 2.
Tipp: Zeichne das Bilddreieck in einer anderen Farbe.

b) Miss die Seitenlängen des Dreiecks ABC und die des Bilddreiecks. Vergleiche.

c) Wähle einen anderen Streckungsfaktor und bearbeite damit nochmals die Teilaufgaben a) und b).

3. Zeichne ein rechtwinkliges Dreieck. Bestimme die Seitenlängen und die Winkelgrößen.

a) Strecke die Figur zentrisch mit dem Streckungsfaktor k = 3. Wie ändert sich die Winkelgröße, wie der Umfang und wie der Flächeninhalt? Stelle Vermutungen auf und prüfe sie.

b) Verändere nun die Ausgangsfigur. Überprüfe deine Vermutungen aus Teilaufgabe a).

c) Stimmen deine Vermutungen auch dann noch, wenn du einen anderen Streckungsfaktor wählst? Zeichne.

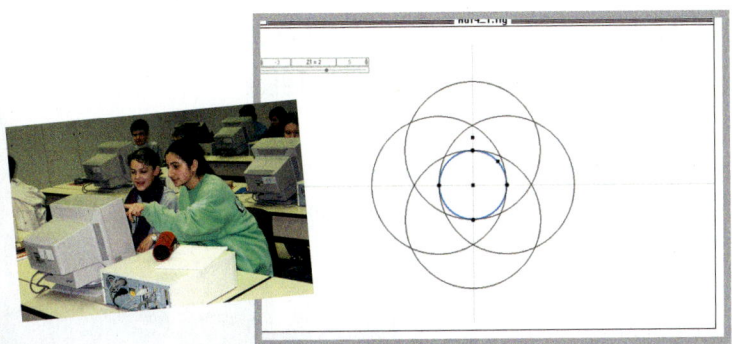
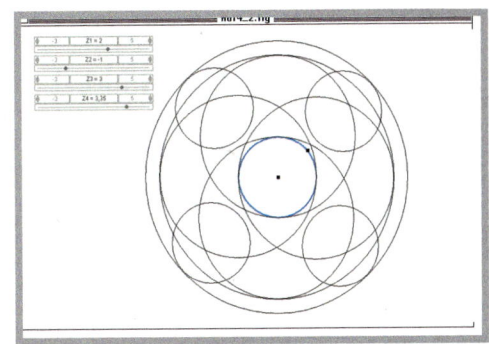

4. Aus einem Kreis kannst du durch zentrische Streckungen ein Kreismuster erzeugen. Die dargestellten Abbildungen zeigen dir Beispiele. Versuche eines der beiden Kreismuster nachzuzeichnen.
Hinweis: Die benutzten Streckungsfaktoren sind bereits in der Zeichnung angegeben.

5. Zeichne ein Dreieck ABC mit den Seitenlängen a = 3 cm, b = 4 cm und c = 5 cm.
Strecke nun das Dreieck von A aus mit einem geeigneten Streckungsfaktor k, sodass der Umfang des entstandenen Dreiecks A'B'C' 30 cm beträgt.
Wie groß muss k gewählt werden?

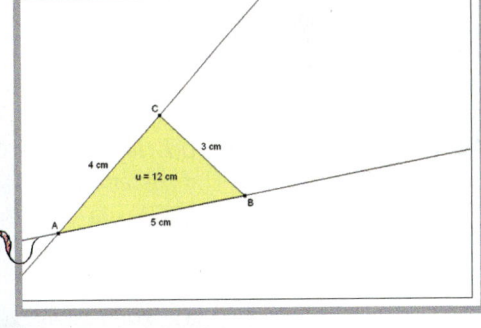

6. a) Teile eine 10 cm lange Strecke in drei gleich große Strecken. Führe dazu die folgenden Schritte aus.
- Zeichne die 10 cm lange Strecke und parallel dazu eine Strecke, die leicht in 3 gleich große Abschnitte unterteilt werden kann. Dies zeigt die Abbildung rechts.
- Bilde nun die Abschnitte auf $\overline{PS}$ durch zentrische Streckung auf $\overline{AB}$ ab.
- Kontrolliere dein Verfahren durch Messung.

b) Teile ebenso eine 17 cm lange Strecke in 6 gleich große Teile.

7. a) Zeichne eine 4 cm lange Strecke und markiere die Endpunkte mit A und B.
Suche dann einen Punkt T auf $\overline{AB}$, sodass T die Strecke im Verhältnis 2 : 3 teilt.
Hinweis: Bei einer 5 cm langen Strecke wäre T 2 cm von A und 3 cm von B entfernt.

b) Entwickle mithilfe von Aufgabe 6 a) ein Verfahren, um den Aufgabenteil a) ohne Probieren zu lösen.

c) Teile eine 11 cm lange Strecke im Verhältnis 4 : 3.

ÄHNLICHE FIGUREN – EIGENSCHAFTEN
Ähnlichkeit von Figuren – Längenverhältnisse

Einstieg

Die weißen Fische in der Grafik von M. C. Escher haben alle dieselbe Form, sind jedoch verschieden groß; sie sehen sich „ähnlich".

→ Wie könnte man das hier prüfen?

Ihr könnt dazu auch verschieden große Fische mithilfe von Transparentpapier nachzeichnen und ausschneiden.

Aufgabe

1. Das Viereck A*B*C*D* ist offenbar eine maßstäbliche Vergrößerung des Vierecks ABCD, da alle Seiten von A*B*C*D* doppelt so lang wie die entsprechenden Seiten von ABCD sind (z. B. $\overline{A^*B^*} = 2 \cdot \overline{AB}$).

a) Konstruiere zum Viereck ABCD mithilfe einer zentrischen Streckung ein Bildviereck A'B'C'D', das zum Viereck A*B*C*D* kongruent ist.

b) Die Vierecke ABCD und A*B*C*D* sind offenbar gleichgeformt; man sagt, sie sind „ähnlich" zueinander. Versuche, anhand der Lösung zu Teilaufgabe a) den Begriff „ist ähnlich zu" zu erklären.

c) Vergleiche jeden Winkel des Vielecks ABCD mit dem entsprechenden Winkel des Vielecks A*B*C*D*. Vergleiche außerdem das Längenverhältnis zweier Seiten des Vielecks ABCD mit dem Längenverhältnis der entsprechenden zwei Seiten des Vielecks A*B*C*D*.

Lösung

a) Eine mögliche zentrische Streckung hat das Zentrum D und den Streckungsfaktor k = 2. Wir erhalten das Viereck A'B'C'D' als Bildviereck von ABCD. Aufgrund der Eigenschaften der zentrischen Streckung sind die Seiten des Bildvierecks A'B'C'D' doppelt so lang wie die entsprechenden

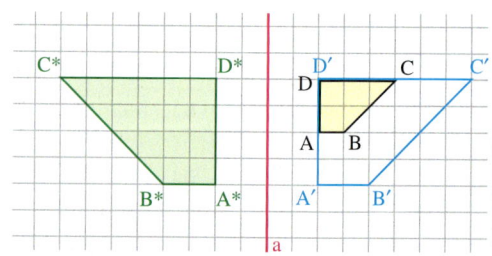

Seiten des Vierecks ABCD sowie sich entsprechende Winkel sind gleich groß. Das Viereck A'B'C'D' ist offenbar kongruent zum Viereck A*B*C*D*, denn A*B*C*D* ist das Bildviereck von A'B'C'D' bei der Spiegelung an der Geraden a.

b) Aufgrund der Lösung zu Teilaufgabe a) erscheint folgende Erklärung sinnvoll:
Viereck A*B*C*D* ist ähnlich zu Viereck ABCD, wenn man das Viereck ABCD mithilfe einer zentrischen Streckung so abbilden kann, dass das Bildviereck A′B′C′D′ zu dem Viereck A*B*C*D* kongruent ist.

c) Wir betrachten zunächst bei den zueinander ähnlichen Vielecken ABCD und A*B*C*D* die einander entsprechenden Winkel. Bei der zentrischen Streckung und bei der Spiegelung ändert sich die Größe der Winkel nicht, also stimmen einander entsprechende Winkel in der Größe überein.

Nun vergleichen wir die Längenverhältnisse, z.B.

$$\frac{\overline{AD}}{\overline{DC}} = \frac{2}{3} \quad \text{und} \quad \frac{\overline{A^*D^*}}{\overline{D^*C^*}} = \frac{4}{6} = \frac{2}{3} \quad \text{sowie} \quad \frac{\overline{AB}}{\overline{DC}} = \frac{1}{3} \quad \text{und} \quad \frac{\overline{A^*B^*}}{\overline{D^*C^*}} = \frac{2}{6} = \frac{1}{3}$$

Wir stellen fest: Das Längenverhältnis zweier Seiten von ABCD ist gleich dem Längenverhältnis der beiden entsprechenden Seiten von A*B*C*D*.

Information

(1) Erklärung der Ähnlichkeit beliebiger Figuren

In der Lösung der Aufgabe 1 haben wir die Ähnlichkeit bei Vierecken erklärt. Wir verallgemeinern auf beliebige, auch krummlinig begrenzte Figuren:

Eine Figur F heißt **ähnlich** zu einer Figur G, wenn man die Figur F mithilfe einer zentrischen Streckung so vergrößern oder verkleinern kann, dass die Bildfigur von F zu der Figur G kongruent ist.

Wir schreiben: F ~ G,
gelesen: *F ist ähnlich zu G.*

Der Streckungsfaktor k heißt *Ähnlichkeitsfaktor* oder in manchen Zusammenhängen auch *Maßstab.*

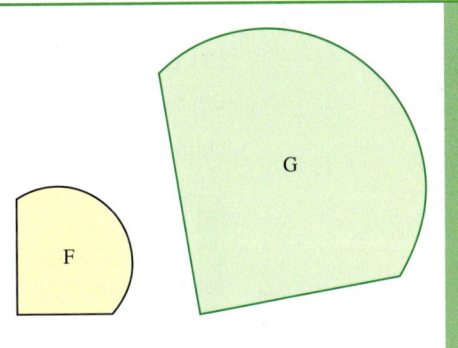

(2) Längenverhältnisse und Winkel bei zueinander ähnlichen Vielecken

Die Lösung der Aufgabe 1c) lässt folgenden Satz vermuten, den wir anschließend begründen.

Wenn zwei Vielecke F und G ähnlich zueinander sind, dann gilt:

(1) Einander entsprechende Winkel von F und G sind gleich groß.

(2) Das Längenverhältnis zweier beliebiger Seiten von F ist gleich dem Längenverhältnis der beiden entsprechenden Seiten von G.

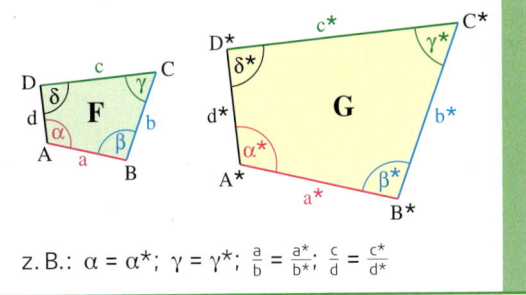

z.B.: $\alpha = \alpha^*$; $\gamma = \gamma^*$; $\frac{a}{b} = \frac{a^*}{b^*}$; $\frac{c}{d} = \frac{c^*}{d^*}$

Begründung der Vermutung über Längenverhältnisse bei zueinander ähnlichen Vielecken

Nach Voraussetzung ist F ähnlich zu G, d.h. man kann das Viereck F durch eine zentrische Streckung so zu einem Viereck F′ vergrößern oder verkleinern, dass F′ kongruent zu G ist.

(1) Wir betrachten zunächst die Winkel:
Da sich sowohl bei einer zentrischen Streckung als auch bei einer Kongruenzabbildung die Größe eines Winkels nicht ändert, ist jeder Winkel von F genauso groß wie der entsprechende Winkel von G.

(2) Wir betrachten nun die Längenverhältnisse:
Es sollen $\overline{AB}$ und $\overline{CD}$ zwei beliebige Seiten des Vielecks F, $\overline{A^*B^*}$ und $\overline{C^*D^*}$ die entsprechenden Seiten des Vielecks G sein. Wir wollen zeigen:

$$\frac{\overline{A^*B^*}}{\overline{C^*D^*}} = \frac{\overline{AB}}{\overline{CD}}$$

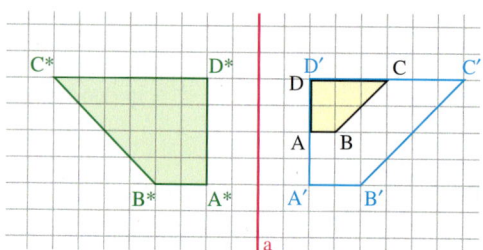

Es gilt: $\frac{\overline{A^*B^*}}{\overline{C^*D^*}} = \frac{\overline{A'B'}}{\overline{C'D'}}$, da G und F' kongruent zueinander sind.

Weiterhin gilt: $\frac{\overline{A'B'}}{\overline{C'D'}} = \frac{k \cdot \overline{AB}}{k \cdot \overline{CD}}$, da bei der zentrischen Streckung $\overline{A'B'}$ die Bildstrecke von $\overline{AB}$ und $\overline{C'D'}$ die Bildstrecke von $\overline{CD}$ ist.

Somit gilt: $\frac{\overline{A^*B^*}}{\overline{C^*D^*}} = \frac{k \cdot \overline{AB}}{k \cdot \overline{CD}} = \frac{\overline{AB}}{\overline{CD}}$.

(3) Längenverhältnisse entsprechender Seiten bei zueinander ähnlichen Vielecken

Bei der Erzeugung einer zur Figur F ähnlichen Figur durch zentrische Streckung mit dem Streckungsfaktor k gilt für die Seitenlängen z. B. $\overline{A^*B^*} = k \cdot \overline{AB}$, also $k = \frac{\overline{A^*B^*}}{\overline{AB}}$. Also:

Wenn zwei beliebige Vielecke F und G zueinander ähnlich sind, dann stimmen die Längenverhältnisse entsprechender Seiten überein.
Das gemeinsame Längenverhältnis ist der Ähnlichkeitsfaktor k.

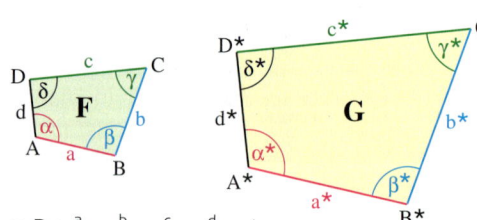

z. B.: $\frac{a}{a^*} = \frac{b}{b^*} = \frac{c}{c^*} = \frac{d}{d^*} = k$

Zum Festigen und Weiterarbeiten

2.

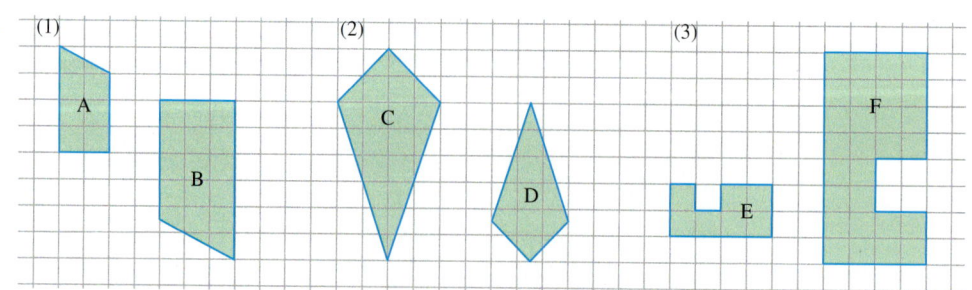

a) Sind die beiden Figuren ähnlich zueinander? Begründe deine Vermutung.
Gib gegebenenfalls den Ähnlichkeitsfaktor (Maßstab) an.

b) Betrachte zwei zueinander ähnliche Figuren aus Teilaufgabe a).
Welche Punkte, welche Winkel, welche Strecken entsprechen sich?
Zeichne dazu die zueinander ähnlichen Figuren ab und färbe sich entsprechende Stücke mit derselben Farbe.

3. Auf dem Foto rechts siehst du eine Mutter mit ihrer Tochter.
Man sagt im Alltag: Beide sehen sich ähnlich.
Vergleiche diesen Begriff „ähnlich" mit dem aus der Mathematik.

4. Begründe: Wenn zwei Vielecke kongruent zueinander sind, dann sind sie auch ähnlich zueinander.
Wie lautet in diesem Fall der Ähnlichkeitsfaktor?

Übungen

5. Prüfe, ob die beiden Vielecke ähnlich zueinander sind. Gib gegebenenfalls den Ähnlichkeitsfaktor (Maßstab) an.

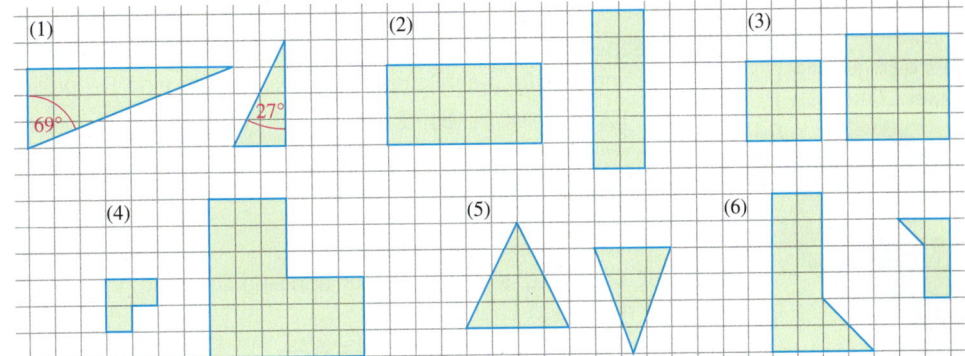

6. Konstruiere zunächst ein Dreieck ABC aus:

   a) a = 4 cm; b = 2 cm; c = 5 cm   **c)** α = 43°; c = 4,5 cm; b = 3 cm

   b) a = 4,2 cm; β = 35°; γ = 50°   **d)** c = 5,5 cm; γ = 48°; b = 3 cm

> Maßstab 2 : 1
> bedeutet z.B.
> a′ : a = 2 : 1

Konstruiere dazu ein ähnliches Dreieck A′B′C′ im folgenden Maßstab:
(1) 2 : 1;   (2) 1 : 2;   (3) 3 : 2;   (4) 3 : 4.

7. Die beiden Dreiecke sind zueinander ähnlich. Schreibe gleiche Längenverhältnisse auf.
Beachte dabei die Sätze auf Seite 23 und Seite 24.

  a)   **b)**   **c)**

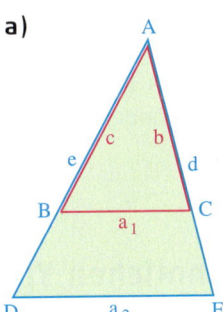
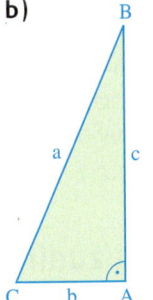
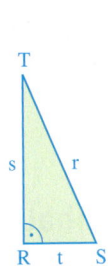
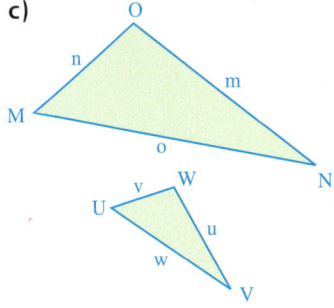

8. Berechne die fehlenden Seitenlängen der zueinander ähnlichen Dreiecke ABC und A′B′C′.

   a) a = 3 cm   **b)** a = 4 cm   **c)** a = 5 cm   **d)** a = 60 mm
          b = 4 cm   b = 6 cm   b = 7 cm   a′ = 45 mm
          c = 6 cm   c = 8 cm   c = 9 cm   b′ = 90 mm
          a′ = 9 cm   c′ = 2 cm   a′ = 7,5 cm   c′ = 90 mm

9. Fenja und Tim haben eine Aufgabe zu zwei zueinander ähnlichen Dreiecken ABC und DEF bearbeitet. Kontrolliere.

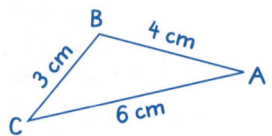

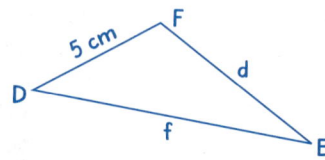

Fenjas Rechnung:

$$\frac{d}{4\,cm} = \frac{5\,cm}{6\,cm}$$

$$d = \frac{5\,cm \cdot 4\,cm}{6\,cm}$$

$$d = 3\tfrac{1}{3}\,cm$$

Tims Rechnung:

$$\frac{4\,cm}{d} = \frac{3\,cm}{5\,cm}$$

$$d = \frac{3\,cm \cdot 4\,cm}{5\,cm}$$

$$d = 2\tfrac{2}{5}\,cm$$

Es gibt jeweils zwei Lösungen.

10. Gegeben ist ein Rechteck mit den Seitenlängen 4 cm und 6 cm.
Zeichne ein dazu ähnliches Rechteck, dessen eine Seitenlänge

a) 12 cm, **b)** 2 cm, **c)** 5 cm, **d)** 3,6 cm beträgt.

11. Zeichne (1) zwei Parallelogramme, (2) zwei Rhomben, die nicht zueinander ähnlich sind. Begründe.

12. ABC und A'B'C' sind zueinander ähnliche Dreiecke, u und u' sind die Umfänge. Berechne die fehlenden Längen.

a) a = 5,2 cm
b = 3,6 cm
c = 6,4 cm
u = 15,2 cm
u' = 22,8 cm

b) a = 5,0 cm
b = 4,0 cm
c = 3,5 cm
c' = 2,8 cm
u' = 10,0 cm

c) a' = 10,8 cm
b = 7,0 cm
b' = 12,6 cm
c' = 18,0 cm
u = 23,0 cm

d) a = 13,0 cm
a' = 9,1 cm
b' = 7,0 cm
c = 5,0 cm
u' = 19,6 cm

13. Die Vielecke G und G' sollen ähnlich zueinander sein. Dabei sind a und a' die Längen zweier entsprechender Seiten von G und G' sowie u und u' ihre Umfänge.
Begründe: u : u' = a : a'.

14. Entscheide, ob die Aussage wahr oder falsch ist.
(1) Alle Quadrate sind zueinander ähnlich.
(2) Alle Rechtecke sind zueinander ähnlich.
(3) Alle gleichseitigen Dreiecke sind zueinander ähnlich.
(4) Alle gleichschenkligen Dreiecke sind zueinander ähnlich.
(5) Alle Kreise sind zueinander ähnlich.

Flächeninhalt bei zueinander ähnlichen Vielecken

Einstieg

Im Juli 2003 kostete 1 t Rohkaffee 1 250 US-Dollar, im Juli 2005 doppelt so viel.
Ein Grafiker hat diese Preisentwicklung durch nebenstehende Grafik veranschaulicht.

➜ Was meinst du dazu?

2003

2005

Aufgabe

1.

a) Von einem Foto soll ein Poster hergestellt werden. Ein Fotolabor hat nebenstehendes Angebot. Bei dem größeren Poster benötigt man mehr Material.
Ist der Preis für das größere Poster gegenüber dem kleineren Poster durch den erhöhten Materialverbrauch gerechtfertigt?

b) Gegeben ist ein Rechteck ABCD mit den Seitenlängen a und b. Das Rechteck A′B′C′D′ entsteht aus ABCD durch maßstäbliches Vergrößern bzw. Verkleinern mit dem Faktor k.
Welche Beziehung besteht zwischen dem Flächeninhalt des Rechtecks ABCD und dem Flächeninhalt des Rechtecks A′B′C′D′?

Lösung

a) Länge und Breite des größeren Posters sind jeweils doppelt so groß wie beim kleineren.
Wir vergleichen zunächst den Materialverbrauch für das Fotopapier.
Das 20 cm × 30 cm große Poster ist 600 cm² groß, das 40 cm × 60 cm große Poster 2 400 cm², d. h. der Materialverbrauch beim größeren Poster ist viermal so groß.
Wir vergleichen nun die Preise der beiden Poster:
Der Preis für das größere Poster ist aber nur etwa dreimal so hoch, genauer: etwa 2,9-mal so hoch.

Ergebnis: Berücksichtigt man nur den Materialverbrauch, so ist der Preis für das größere Poster zu niedrig.

b) Das Rechteck ABCD besitzt den Flächeninhalt $A_R = a \cdot b$.
Es gilt:

$a′ = k \cdot a$ und $b′ = k \cdot b$.

Für den Flächeninhalt des Bildrechtecks A′B′C′D′ gilt:

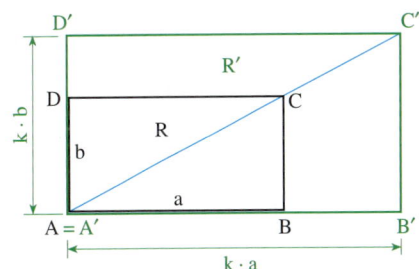

$A_{R′} = a′ \cdot b′$
$A_{R′} = k \cdot a \cdot k \cdot b$
$A_{R′} = k^2 \cdot a \cdot b$
$A_{R′} = k^2 \cdot A_R$

Ergebnis: Der Flächeninhalt des Rechtecks A′B′C′D′ ist k^2-mal so groß wie der Flächeninhalt des Rechtecks ABCD.

Zum Festigen und Weiterarbeiten

2. a) Für die beiden Poster in Aufgabe 1 soll ein Rahmen hergestellt werden. Vergleiche auch die Gesamtlänge der Leiste für das größere Poster mit der Länge der Leiste für das kleinere Poster.

b) Begründe: Wird ein Rechteck ABCD mit dem Ähnlichkeitsfaktor k vergrößert oder verkleinert, so ist der Umfang des Rechtecks A'B'C'D' k-mal so groß wie der Umfang des Rechtecks ABCD.

3. Das rechtwinklige Dreieck A'B'C' soll zum Dreieck ABC ähnlich sein. Der Ähnlichkeitsfaktor soll k sein.

a) Begründe: Der Flächeninhalt des Dreiecks A'B'C' ist k^2-mal so groß wie der des gegebenen Dreiecks ABC.

b) Leite einen entsprechenden Satz über den Umfang beider Dreiecke her.

4. Jedes Vieleck kann man in rechtwinklige Teildreiecke zerlegen. Was kann man daraus über den Flächeninhalt des Bildvielecks eines beliebigen Vielecks bei einer zentrischen Streckung folgern?

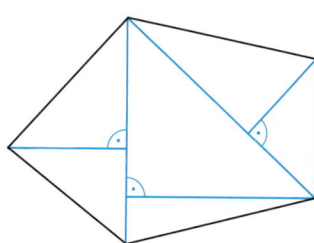

Information

Ist das Vieleck F ähnlich zum Vieleck G und entsteht G aus F durch Vergrößern oder Verkleinern mit dem Ähnlichkeitsfaktor k, so ist der Flächeninhalt des Vielecks A_G genau k^2-mal so groß wie der Flächeninhalt des Vielecks A_F: $\mathbf{A_G = k^2 \cdot A_F}$

Längenverhältnis k, jedoch Flächeninhaltsverhältnis k^2

$k = 3$

A_F A_G

$A_G = 9 \cdot A_F$

Übungen

5. Ein Fotogeschäft bietet nebenstehende Vergrößerungen von einem Foto zu den angegebenen Preisen an. Vergleiche die Preise.

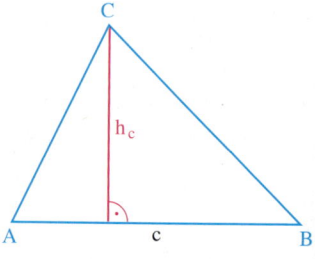

MeisterFOTO   Aktionswoche

Vergrößerung	Preis
9 x 13	0,30 €
10 x 15	0,35 €
13 x 18	0,51 €

6. Das Rechteck ABCD besitzt die Seitenlängen a = 6,6 cm und b = 3,9 cm. Ein dazu ähnliches Rechteck A'B'C'D' entsteht aus ABCD mit dem Ähnlichkeitsfaktor

a) k = 4;   **b)** $k = \frac{1}{2}$;   **c)** $k = \frac{2}{3}$;   **d)** $k = \frac{3}{2}$

Berechne auf zweierlei Weise den Flächeninhalt des Rechtecks A'B'C'D'.

7. Ein Rechteck ABCD besitzt die Seitenlängen a = 4 cm und b = 7 cm. Ein dazu ähnliches Rechteck A'B'C'D' besitzt die Seitenlänge a' = 6 cm. Berechne auf zweierlei Weise (1) den Flächeninhalt, (2) den Umfang des Rechtecks A'B'C'D'.

8. In einem Dreieck ABC ist c = 6 cm und die zu $\overline{AB}$ gehörende Höhe h_c = 4 cm. Das dazu ähnliche Dreieck A'B'C' entsteht aus ABC durch den Ähnlichkeitsfaktor k. Berechne auf zweierlei Weise den Flächeninhalt des Dreiecks A'B'C'.

a) k = 2   **b)** $k = \frac{1}{2}$ **c)** $k = \frac{3}{4}$ **d)** $k = \frac{5}{2}$

9. Von einem Dreieck ABC ist bekannt: a = 4,8 cm, h_a = 2,5 cm. Ein dazu ähnliches Dreieck A′B′C′ von ABC besitzt die Höhe $h_{a'}$ = 3,75 cm.
Berechne den Flächeninhalt des Dreiecks A′B′C′ auf zweierlei Weise.

10. Das rechtwinklige Dreieck ABC mit γ = 90° besitzt folgende Seitenlängen:
a = 4,5 cm, b = 6 cm. Von einem ähnlichen Dreieck A′B′C′ kennt man a′ = 3,6 cm.
Berechne auf zweierlei Weise den Flächeninhalt und Umfang des Dreiecks A′B′C′.

11. Ein Viereck ABCD hat den Flächeninhalt 60 cm². Berechne den Flächeninhalt eines dazu ähnlichen Vierecks A′B′C′D′ mit dem Ähnlichkeitsfaktor k.

a) k = 3   **b)** k = $\frac{5}{2}$ **c)** k = $\frac{4}{5}$ **d)** k = $\frac{9}{4}$ **e)** k = 1,2   **f)** k = $0,\overline{3}$

12. Die Quadrate ABCD und A′B′C′D′ sind ähnlich zueinander; der Ähnlichkeitsfaktor beträgt k = 2. Das Quadrat A′B′C′D′ besitzt den Flächeninhalt 484 cm².
Welchen Flächeninhalt besitzt das Quadrat ABCD?

13. Ein Quadrat ABCD besitzt den Flächeninhalt 144 cm². Ein dazu ähnliches Quadrat hat den angegebenen Flächeninhalt. Berechne den Ähnlichkeitsfaktor.

a) 81 cm²   **b)** 64 cm²   **c)** 36 cm²   **d)** 576 cm²   **e)** 289 cm²   **f)** 49 cm²

14. a) Stadtpläne sind in „Planquadrate" eingeteilt. Der Magdeburger Stadtplan ist im Maßstab 1 : 25 000 gezeichnet. Auf dem Plan beträgt die Seitenlänge eines solchen Quadrates 5,8 cm.
Wie groß ist die Seitenlänge des Planquadrates in Wirklichkeit?

b) Nimm einen Plan deiner Heimatgemeinde oder deiner Heimatstadt. Wie groß ist ein Planquadrat?

15. Die Seitenlängen eines Rechtecks werden um 25% verlängert.
Um wie viel Prozent vergrößert sich sein Flächeninhalt, um wie viel sein Umfang?

16. Alle Längen eines Vielecks werden   (1) um 20% vergrößert;   (2) um 20% verkleinert.
Um wie viel Prozent vergrößert bzw. verkleinert sich sein Flächeninhalt?

17. Mit einem Fotokopiergerät kann man von Bildvorlagen verschiedene Vergrößerungen und Verkleinerungen herstellen. Dazu gibt man den gewünschten Vergrößerungs- bzw. Verkleinerungsfaktor k für die Seitenlängen auf dem Tastenfeld in Prozent ein.
Ein Quadrat mit der Seitenlänge a = 8 cm wird mit dem Faktor (1) 141%, (2) 64%, (3) 71%, (4) 200% kopiert.

a) Berechne die neue Seitenlänge des Quadrates.

b) Um welchen Faktor wird der Flächeninhalt des Quadrates vergrößert bzw. verkleinert?

c) Eine DIN-A4-Vorlage soll im DIN-A5-Format erscheinen.
Welcher Faktor (in %) ist zu wählen?

IM BLICKPUNKT:
VOLUMEN BEI ZUEINANDER ÄHNLICHEN QUADERN

Nicht nur ebene Figuren, sondern auch Körper kann man maßstäblich vergrößern oder verkleinern. Wir wollen untersuchen, wie sich hierdurch Volumen und Oberflächeninhalt eines Quaders verändern.

1. a) Zeichne das Schrägbild des Quaders und bestimme das Volumen.

b) Verdopple nun die Kantenlängen des Quaders. Zeichne das Schrägbild.
Wievielmal lässt sich der Ausgangsquader in den vergrößerten Quader zeichnen?

c) Vergleiche das Volumen des Quaders, den du in Teilaufgabe a) dargestellt hast, mit dem Volumen in der Teilaufgabe b).

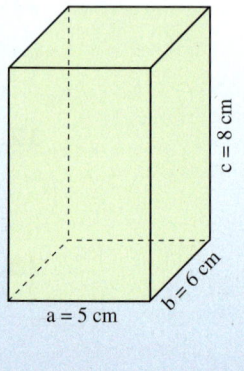

$c = 8\ cm$
$b = 6\ cm$
$a = 5\ cm$

2. Max: „Wenn ich die Kantenlängen verdreifache, dann verdreifacht sich auch das Volumen des Quaders".
Lena: „Das stimmt nicht! Das Volumen wird neunmal so groß."
Nimm Stellung und begründe deine Antwort.

3. Wie ändert sich das Volumen eines Quaders beim maßstäblichen Vergrößern und Verkleinern mit dem Ähnlichkeitsfaktor k? Stelle eine Formel auf.

4.

HAUSHOCH
DIE Sensation!!!
100% mehr!
2006   2007

a) Die Baufirma *Haushoch* hat im Jahre 2006 den Bau von Häusern im Bungalowstil gegenüber dem Vorjahr verdoppelt. In der Zeitung einer Bausparkasse wird der Zuwachs wie im Bild rechts dargestellt.
Wird die Verdopplung der gebauten Häuser in der Abbildung richtig dargestellt?

b) Eine andere Baufirma erzielt beim Bau von Häusern eine Steigerung von 64%. Erstellt eine Werbeprospektseite, die die Steigerung richtig wiedergibt.

c) Sucht nach grafischen Darstellungen in Zeitungen oder Prospekten, in denen Größenverhältnisse durch ähnliche Körper dargestellt werden.
Überprüft, ob die Größenverhältnisse „richtig" sind.

5. Ein Tetrapack der Firma *Glückskuh* fasst 1 Liter Milch. Das Unternehmen möchte eine Kleinpackung auf den Markt bringen. Die Kleinpackung soll 0,5 Liter Milch fassen und dem Literpack ähnlich sehen.
Wie könnten die Abmessungen von Literpack und Kleinpackung gewählt werden?
Diskutiert in der Gruppe über sinnvolle Maße.

GESUNDE MILCH
0,3% 1l
1l
MILCH

HAUPTÄHNLICHKEITSSATZ FÜR DREIECKE – KONSTRUKTIONEN UND BEWEISE
Ähnlichkeitssätze für Dreiecke

Einstieg

Will man die Ähnlichkeit zweier Dreiecke ABC und A*B*C* nachweisen, so muss man 6 Bedingungen nachprüfen (s. S. 23):

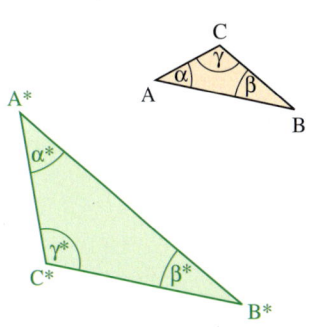

(1) Entsprechende Winkel sind gleich groß:

$\alpha = \alpha^*$, $\beta = \beta^*$ und $\gamma = \gamma^*$

(2) Die Längenverhältnisse einander entsprechender Seiten

sind gleich: $\dfrac{\overline{A^*B^*}}{\overline{AB}} = \dfrac{\overline{A^*C^*}}{\overline{AC}} = \dfrac{\overline{B^*C^*}}{\overline{BC}}$

Wir wollen nun untersuchen, ob man mit weniger Bedingungen auskommt.

→ Arbeitet in Gruppen. Jede Gruppe wählt sich zwei Winkel, deren Summe kleiner als 180° ist. Jeder in der Gruppe zeichnet ein Dreieck mit diesen zwei Winkeln. Prüft, ob eure Dreiecke schon ähnlich zueinander sind.

Aufgabe

1. Gegeben sind zwei Dreiecke ABC und A*B*C*, die in der Größe von je zwei Winkeln übereinstimmen, z. B. $\alpha = \alpha^*$ und $\gamma = \gamma^*$ (siehe Bild oben).
Begründe, dass die beiden Dreiecke dann bereits ähnlich zueinander sind.

Lösung

Wir gehen vom Dreieck ABC aus und vergrößern es mithilfe einer zentrischen Streckung mit C als Zentrum so, dass im Bilddreieck A'B'C' die Strecke $\overline{C'A'}$ genauso lang ist wie die Strecke $\overline{C^*A^*}$ des Dreiecks A*B*C*. Wir vergleichen nun die beiden Dreiecke A'B'C' und A*B*C*.

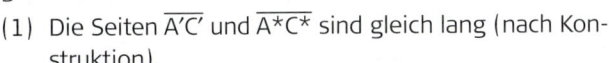

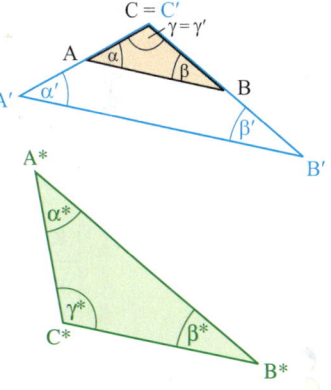

(1) Die Seiten $\overline{A'C}$ und $\overline{A^*C^*}$ sind gleich lang (nach Konstruktion).
(2) Die Winkel γ' und γ^* sind gleich groß, denn $\gamma = \gamma'$ und $\gamma = \gamma^*$.
(3) Die Winkel α' und α^* sind gleich groß, denn $\alpha = \alpha'$ (Stufenwinkel an geschnittenen Parallelen) und $\alpha = \alpha^*$.

Nach dem Kongruenzsatz wsw sind die Dreiecke A'B'C' und A*B*C* kongruent zueinander. Die beiden Dreiecke ABC und A*B*C* sind somit ähnlich zueinander.

Information

> ### Hauptähnlichkeitssatz für Dreiecke
>
> Zwei Dreiecke sind schon ähnlich zueinander, wenn sie paarweise in zwei entsprechenden Winkeln übereinstimmen.
> Sie stimmen dann auch paarweise in den Längenverhältnissen entsprechender Seiten überein.
>
>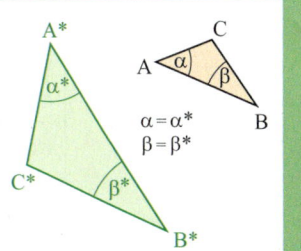

Zum Festigen und Weiterarbeiten

▲ **2.** *Weitere Ähnlichkeitssätze für Dreiecke*

a) Gegeben sind zwei Dreiecke ABC und A*B*C*, welche in den Längenverhältnissen je zweier Seiten übereinstimmen (z. B. a = 3 cm, b = 5 cm, c = 6 cm und a* = 6 cm, b* = 10 cm, c* = 12 cm).
Begründe: Dreieck ABC ist ähnlich zu Dreieck A*B*C*.

b) Gegeben sind zwei Dreiecke ABC und A*B*C*, welche in dem Längenverhältnis von zwei Seiten und der Größe des eingeschlossenen Winkels übereinstimmen (z. B. b = 4 cm, α = 55°, c = 6 cm und b* = 2 cm, α* = 55°, c* = 3 cm).
Begründe: Dreieck ABC ist ähnlich zu Dreieck A*B*C*.

c) Gegeben sind zwei Dreiecke ABC und A*B*C*, welche in dem Längenverhältnis von zwei Seiten und der Größe des der längeren Seite gegenüberliegenden Winkels übereinstimmen (z. B. a = 5 cm, b = 3 cm, α = 75° und a* = 4 cm, b* = 2,4 cm, α* = 75°).
Begründe: Dreieck ABC ist ähnlich Dreieck A*B*C*.

Information

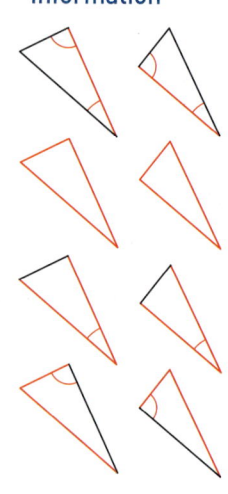

> **Ähnlichkeitssätze für Dreiecke**
>
> **1.** Dreiecke sind schon ähnlich zueinander, wenn sie in der Größe von zwei Winkeln übereinstimmen (Hauptähnlichkeitssatz).
>
> **2.** Dreiecke sind schon ähnlich zueinander, wenn sie in den Längenverhältnissen aller drei Seiten übereinstimmen.
>
> **3.** Dreiecke sind schon ähnlich zueinander, wenn sie im Längenverhältnis zweier Seiten und in der Größe des eingeschlossenen Winkels übereinstimmen.
>
> **4.** Dreiecke sind schon ähnlich zueinander, wenn sie im Längenverhältnis zweier Seiten und in der Größe des Winkels übereinstimmen, der der größeren Seite gegenüberliegt.

Wir wissen, dass die Kongruenz ein Sonderfall der Ähnlichkeit ist. Das macht auch die folgende Gegenüberstellung der Kongruenz- und Ähnlichkeitssätze für die Dreiecke ABC und A′B′C′ deutlich:

Kongruenzsätze für △ ABC und △ A′B′C′	Ähnlichkeitssätze für △ ABC und △ A′B′C′
Kongruenzsatz wsw Wenn α′ = α, c′ = c, β′ = β, dann △ A′B′C′ ≅ △ ABC	Wenn α′ = α, c′ = k · c, β′ = β, dann △ A′B′C′ ~ △ ABC (c′ = k · c kann man weglassen; warum?)
Kongruenzsatz sss Wenn a′ = a, b′ = b, c′ = c, dann △ A′B′C′ ≅ ABC	Wenn a′ = k · a, b′ = k · b, c′ = k · c, dann △ A′B′C′ ~ △ ABC
Kongruenzsatz sws Wenn b′ = b, α′ = α, c′ = c, dann △ A′B′C′ ≅ ABC	Wenn b′ = k · b, α′ = α, c′ = k · c, dann △ A′B′C′ ~ △ ABC
Kongruenzsatz SsW Wenn c′ = c, a′ = a (c > a), γ′ = γ, dann △ A′B′C′ ≅ △ ABC	Wenn c′ = k · c, a′ = k · a (c > a), γ′ = γ, dann △ A′B′C′ ~ △ ABC

Übungen

3. Gegeben sind zwei Dreiecke ABC und A*B*C*. Entscheide aufgrund der angegebenen Winkelgrößen, ob die Dreiecke zueinander ähnlich sind. Falls das zutrifft, stelle Gleichungen für die Längenverhältnisse entsprechender Seiten auf.

a) $\alpha = 8°$; $\beta = 35°$; $\alpha^* = 48°$; $\gamma^* = 97°$ **d)** $\alpha = 19°$; $\beta = 107°$; $\beta^* = 54°$; $\gamma^* = 107°$

b) $\alpha = 37°$; $\beta = 110°$; $\alpha^* = 110°$; $\beta^* = 33°$ **e)** $\alpha = 91°$; $\gamma = 35°$; $\alpha^* = 91°$; $\beta^* = 46°$

c) $\alpha = 65°$; $\gamma = 39°$; $\beta^* = 41°$; $\gamma^* = 74°$ **f)** $\beta = 103°$; $\gamma = 29°$; $\alpha^* = 29°$; $\gamma^* = 48°$

4. Ein 1,80 m großer Mann wirft einen 1,35 m langen Schatten.
Zu gleicher Zeit wirft ein Baum einen 12,60 m langen Schatten.
Wie hoch ist der Baum?

Konstruktionen mithilfe der Ähnlichkeit

Einstieg

→ Konstruiere, ohne zu rechnen, ein Dreieck ABC aus $\alpha = 75°$, $\beta = 37°$ und $h_c = 4{,}3$ cm. Beschreibe dein Vorgehen.

Aufgabe

1. Konstruiere ein Dreieck ABC aus $\alpha = 100°$, $c = 4{,}6$ cm und $c : a = 2 : 3$.

Planfigur:

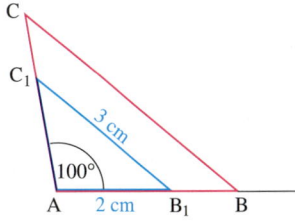

Lösung

Vorüberlegung:
Wir konstruieren zunächst ein Dreieck AB_1C_1 aus $\alpha = 100°$, $c_1 = 2$ cm, $a_1 = 3$ cm (Kongruenzsatz Ssw).
Für dieses Dreieck AB_1C_1 gilt: $c_1 : a_1 = 2 : 3$.
Wir konstruieren dann ein zu AB_1C_1 ähnliches Dreieck ABC mit $c = 4{,}6$ cm.

Konstruktionsbeschreibung:

(1) Wir konstruieren ein Dreieck AB_1C_1 aus $\alpha = 100°$, $c = 2$ cm, $a = 3$ cm (Kongruenzsatz Ssw).

(2) Wir verlängern die Strecke $\overline{AB_1}$ über B_1 hinaus bis B, sodass $\overline{AB} = 4{,}6$ cm.

(3) Wir zeichnen die Parallele zu B_1C_1 durch B. Sie schneidet den Schenkel $\overline{AC_1}$ von α im Punkt C.

Konstruktion:

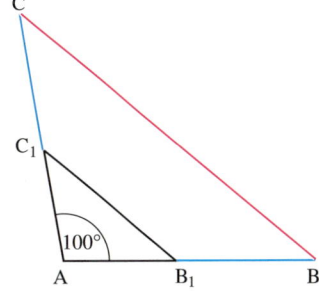

ABC ist das gesuchte Dreieck, denn es gilt:

$\left.\begin{array}{l}\beta = \beta_1 \\ \gamma = \gamma_1\end{array}\right\}$ Stufenwinkelsatz (an geschnittenen Parallelen)

$\alpha = \alpha_1$ nach Konstruktion.

Nach dem Hauptähnlichkeitssatz ist ABC $\sim A_1B_1C_1$ und somit $c : a = 2 : 3$.

Übungen

2. Konstruiere, ohne zu rechnen, ein Dreieck ABC. Beschreibe dein Vorgehen.

a) $\alpha = 65°$; $a = 3$ cm; $b : c = 3 : 2$ **d)** $b : c = 9 : 7$; $\alpha = 128°$; $h_b = 3$ cm

b) $\alpha = 125°$; $\gamma = 37°$; $c = 6,4$ cm   **e)** $c : a = 2 : 3$; $\alpha = 100°$; $h_b = 5$ cm

c) $b : c = 9 : 7$; $\beta = 128°$; $c = 6,4$ cm   **f)** $\alpha = 125°$; $\gamma = 37°$; $h_b = 5$ cm

3. a) Konstruiere ein rechtwinkliges Dreieck ABC ($\gamma = 90°$) mit $a : b = 2 : 3$; $h_c = 2,5$ cm.

    b) Konstruiere ein gleichschenkliges Dreieck ABC ($a = b$) aus $a : c = 5 : 3$; $h_c = 3$ cm.

Begründen mithilfe des Hauptähnlichkeitssatzes

Aufgabe

1. Die Diagonalen $\overline{AC}$ und $\overline{BD}$ zerlegen das Trapez ABCD mit AB∥CD in vier Dreiecke.
Begründe: Die Dreiecke ABM und CDM sind ähnlich zueinander.

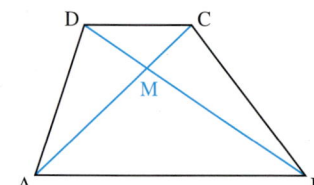

Lösung

Wir wissen (Voraussetzung): ABCD ist ein Trapez mit AB∥CD.
Wir wollen zeigen (Behauptung): △ ABM ~ △ CDM

Zur Begründung ordnen wir die Ecken der Dreiecke ABM und CDM wie rechts angegeben einander zu. Es gilt dann:

△ ABM		△ CDM
A	↔	C
B	↔	D
M	↔	M

(1) $\sphericalangle$ AMB = $\sphericalangle$ CMD (Scheitelwinkelsatz)
(2) $\sphericalangle$ BAM = $\sphericalangle$ DCM (Wechselwinkelsatz)

Also stimmen beide Dreiecke paarweise in zwei Winkeln überein. Nach dem Hauptähnlichkeitssatz folgt dann die Ähnlichkeit beider Dreiecke.

Zum Festigen und Weiterarbeiten

2. Die Diagonalen zerlegen ein Parallelogramm ABCD in vier Teildreiecke.
Begründe: Gegenüberliegende Teildreiecke sind kongruent zueinander.

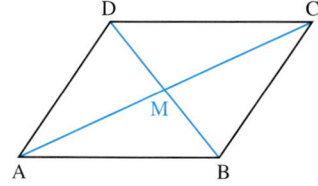

3. Begründe: Wenn zwei rechtwinklige Dreiecke in einem weiteren Winkel übereinstimmen, dann sind sie ähnlich zueinander.

Übungen

4. Begründe die Ähnlichkeit der Dreiecke SAB und SCD (Bild rechts). Mache dann Aussagen über die Längenverhältnisse entsprechender Seiten.

5. Zeichne ein Dreieck ABC und die Mittelpunkte P, Q und R der drei Seiten $\overline{AB}$, $\overline{BC}$ bzw. $\overline{CA}$.
Begründe: Dreieck ABC ist ähnlich zu Dreieck PQR.

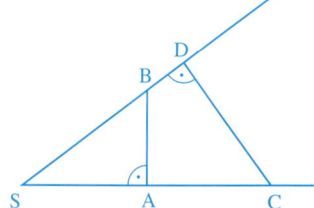

6. Gegeben ist ein Dreieck ABC. Zeichne eine Parallele zu der Seite $\overline{AB}$, welche die beiden anderen Seiten in E bzw. F schneidet.

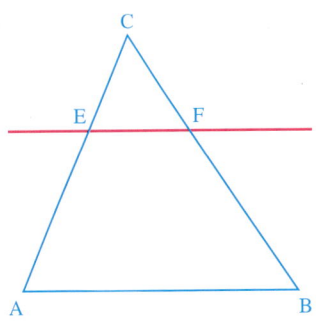

a) Begründe: Das Dreieck ABC ist ähnlich zum Dreieck EFC.

b) Die Parallele EF zerlegt das Dreieck ABC in das Dreieck EFC und das Trapez ABFE.
In welchem Verhältnis muss EF die Strecke $\overline{AC}$ teilen, damit der Flächeninhalt von Dreieck EFC sich zu dem Flächeninhalt von Viereck ABFE wie 4 zu 9 verhält?

7. Begründe:

a) Alle gleichschenkligen Dreiecke mit gleich großem Winkel an der Spitze sind ähnlich zueinander.

b) Alle gleichseitigen Dreiecke sind zueinander ähnlich.

8. ABC soll ein rechtwinkliges Dreieck mit $\gamma = 90°$ sein.
Begründe:

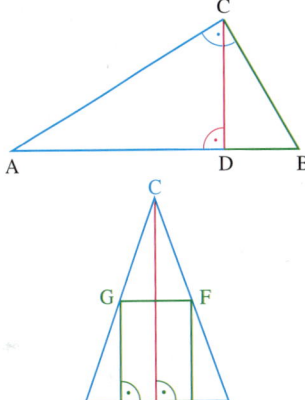

a) Die Dreiecke ADC und ABC sind ähnlich zueinander.

b) Die Dreiecke ABC und DBC sind ähnlich zueinander.

c) Die Dreiecke ADC und DBC sind ähnlich zueinander.

9. Gegeben ist ein gleichschenkliges Dreieck ABC mit der Symmetrieachse MC. In das Dreieck ist ein zu MC symmetrisches Rechteck DEFG „einbeschrieben".
Welche Dreiecke kann man in der Figur erkennen?
Welche dieser Dreiecke sind ähnlich zueinander?
Begründe jeweils.

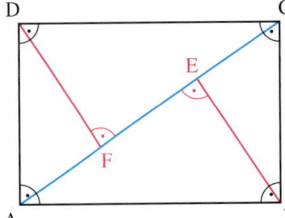

10. In der Figur rechts kann man verschiedene Dreiecke erkennen. Nenne sie. Welche dieser Dreiecke sind ähnlich zueinander, welche sind kongruent zueinander? Begründe jeweils.

11. Zeichne ein gleichschenkliges Dreieck ABC mit der Seite $\overline{AB}$ als Basis. Markiere den Mittelpunkt D des Schenkels $\overline{BC}$ und den Mittelpunkt E des Schenkels $\overline{AC}$. Zeichne die Dreiecke ABD und ABE ein.
Begründe dann: Das Dreieck ABD ist kongruent zu dem Dreieck ABE.

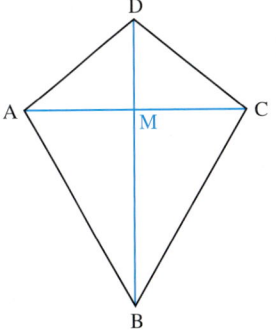

12. ABCD ist ein Drachenviereck, $\overline{AC}$ und $\overline{BD}$ die beiden Diagonalen. Begründe:

a) Das Dreieck ABM ist kongruent zum Dreieck BCM.

b) Das Dreieck ABD ist kongruent zum Dreieck BCD.

BERECHNEN VON LÄNGEN MITHILFE DER ÄHNLICHKEIT – ANWENDUNGEN

Einstieg

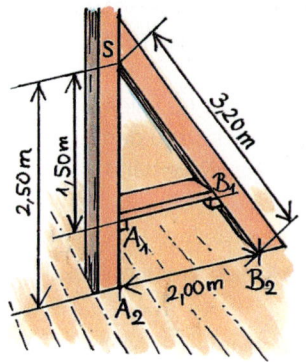

Zwischen zwei Balken auf einem Dachboden soll ein Ablagebrett im Abstand von 1,50 m von der Spitze S angebracht werden. Es steht keine Wasserwaage zur Verfügung.

→ An welcher Stelle des schrägen Balkens muss das Brett befestigt werden?
Berechne den Abstand der Spitze S von dem Auflagepunkt B_1 des Brettes.
Stelle zunächst eine Gleichung auf.

→ Wie lang muss das Brett sein?

Aufgabe

1. Bei Sonnenschein kann man mithilfe eines Stabes und eines Meßbandes die Höhe eines freistehenden Turmes bestimmen.

a) Erläutere dieses Verfahren anhand der Zeichnung rechts.

b) Berechne die Höhe des Turmes für folgende Angaben:
Länge des Schattens des Turmes:
d = 28,85 m
Länge des Schattens des Stabes:
b = 3,61 m
Länge des Stabes: s = 2,00 m

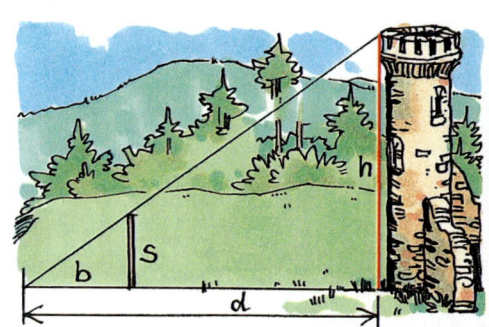

Lösung

a) Der Stab wird senkrecht so aufgestellt, dass das Ende seines Schattens mit dem Ende des Turmschattens zusammenfällt. Die Längen d, b und s werden gemessen.
Die Dreiecke SA_1B_1 und SA_2B_2 sind ähnlich zueinander, denn sie stimmen in dem Winkel bei S und in dem rechten Winkel bei A_1 und A_2 überein. Damit gilt für die Längenverhältnisse entsprechender Seiten:

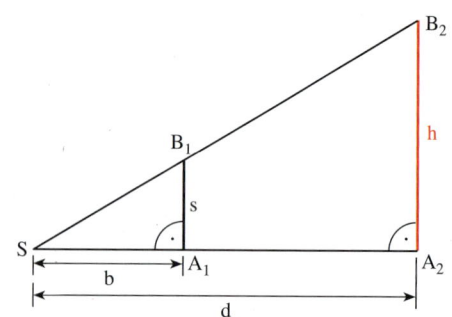

$$\frac{h}{d} = \frac{s}{b}$$

Durch Multiplikation auf beiden Seiten mit d ergibt sich: $h = \frac{s}{b} \cdot d$

b) Wir setzen die gemessenen Größen ein: $h = \frac{2,00 \text{ m}}{3,61 \text{ m}} \cdot 28,85 \text{ m} \approx 15,98 \text{ m}$

Ergebnis: Der Turm ist ungefähr 16 m hoch.

Aufgabe

2. Es soll die Entfernung zwischen den beiden Punkten A und B bestimmt werden. Zwischen ihnen liegt jedoch ein See. Dazu werden bei den Punkten A, B, C, D und E Fluchtstäbe so aufgestellt, dass BC parallel zu DE ist.
Es wird gemessen:
$\overline{AC} = 63$ m; $\overline{CE} = 14$ m; $\overline{BD} = 10$ m.
Ermittle die Entfernung von A und B.

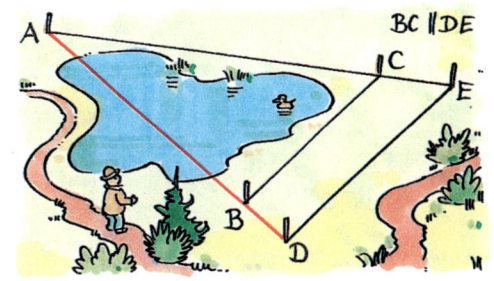

Lösung

Die Dreiecke ABC und ADE sind ähnlich zueinander. Also gilt:

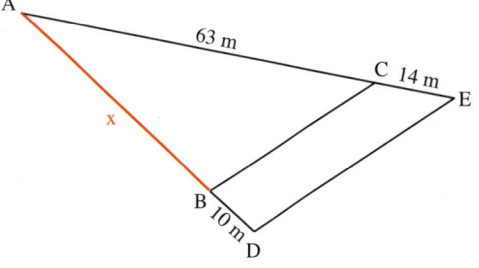

$$\frac{x}{\overline{AC}} = \frac{\overline{AD}}{\overline{AE}}$$

$$\frac{x}{63} = \frac{x + 10}{63 + 14} \quad \text{(ohne Einheiten)}$$

$$\frac{x}{63} = \frac{x + 10}{77} \quad | \cdot 63 \cdot 77$$

$$77x = 63(x + 10)$$
$$77x = 63x + 630$$
$$14x = 630$$
$$x = 45$$

Ergebnis: Die Entfernung der Punkte A und B beträgt 45 m.

Zum Festigen und Weiterarbeiten

3. a) Um die Breite x eines Flusses zu bestimmen, werden bei A, B, C, D und E Fluchtstäbe gesteckt und folgende Strecken gemessen:
$\overline{BC} = 39$ m; $\overline{AB} = 56$ m; $\overline{CD} = 27$ m.
Bestimme die Breite x.

b) Warum ist es günstig, die Fluchtstäbe so zu stecken, dass zum Beispiel $\overline{BC} : \overline{CD} = 1 : 1$ [1 : 2] gilt?

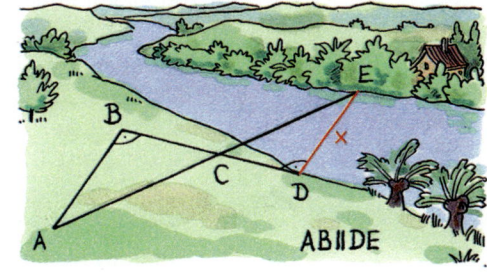

Information

Längenberechnungen in zueinander ähnlichen Dreiecken

Bei Längenberechnungen in ebenen und räumlichen Figuren mithilfe der Ähnlichkeit findet man häufig folgende Grundfiguren oder man zeichnet sie ein:

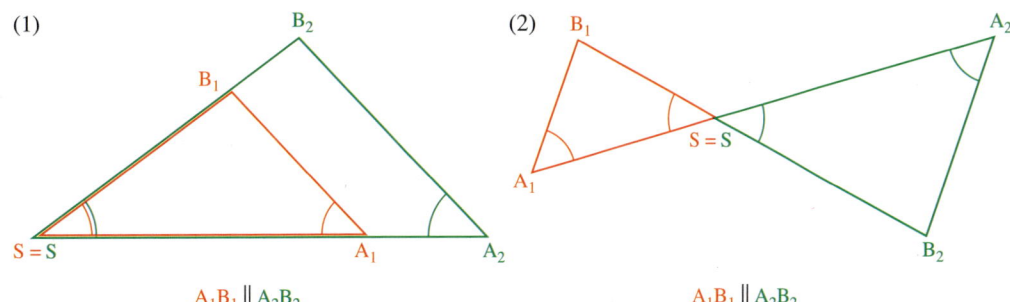

(1) $A_1B_1 \parallel A_2B_2$

(2) $A_1B_1 \parallel A_2B_2$

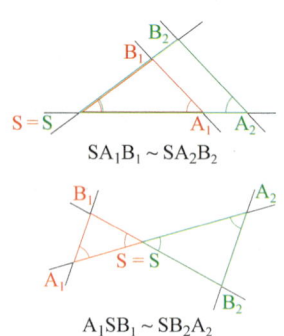

$SA_1B_1 \sim SA_2B_2$

$A_1SB_1 \sim SB_2A_2$

In beiden Figuren auf Seite 37 sind die Dreiecke SA_1B_1 und SA_2B_2 ähnlich zueinander, denn,

(a) in Figur (1) stimmen beide Dreiecke in dem Winkel bei S sowie wegen des Stufenwinkelsatzes ($A_1B_1 \parallel A_2B_2$) in den einander entsprechenden Winkeln bei A_1 und A_2 überein.

(b) in Figur (2) stimmen beide Dreiecke wegen des Scheitelwinkelsatzes in den beiden Winkeln bei S und wegen des Wechselwinkelsatzes ($A_1B_1 \parallel A_2B_2$) in den einander entsprechenden Winkeln bei A_1 und A_2 überein.

> Werden zwei sich schneidende Geraden von zwei zueinander parallelen Geraden geschnitten, so entstehen zwei zueinander ähnliche Dreiecke.

Übungen

4. An den Stellen A und B eines Sees befinden sich Anlegestellen für Tretboote. Um die Entfernung von A und B zu bestimmen, wurden die Längen $\overline{PE} = 96$ m, $\overline{EA} = 58$ m und $\overline{EF} = 66$ m gemessen. Berechne die Entfernung der Anlegestellen A und B.

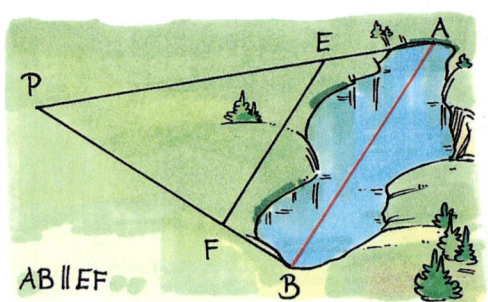

AB ∥ EF

5. Auf einer Insel in einem See steht ein Turm T. Es soll die Entfernung des Turmes von einem Punkt C des Ufers bestimmt werden.

Dazu werden die Längen $\overline{RS} = 36$ m, $\overline{RC} = 40$ m und $\overline{CD} = 24$ m gemessen. Berechne die Entfernung der beiden Punkte C und T.

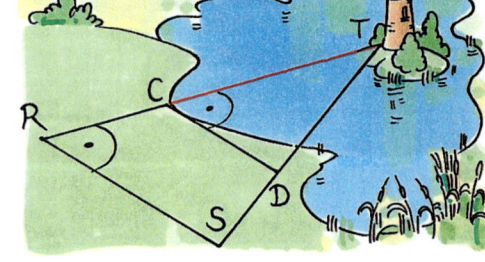

6. Schon im Altertum hat man die Höhen von Pyramiden durch Messen der Schattenlänge eines Stabes bestimmt. Berechne die Pyramidenhöhe h für folgende Angaben:

Länge der Grundseite:
a = 230 m

Entfernung des Stabes von der Pyramide:
d = 125 m

Höhe des Stabes:
h* = 3 m

Länge des Schattens des Stabes:
s = 5 m

Theodolit
Winkelmessgerät

7. Eine Schülergruppe soll während eines Landschulheim-Aufenthaltes die Breite eines Flusses bestimmen. Sie haben weder ein Messband noch einen Theodoliten zur Verfügung. Die Schüler stellen bei den Punkten A, B, C und D Stäbe auf (siehe Zeichnung). Dazu peilen sie einen Baum am Flussufer an; ferner visieren sie einen sehr weit entfernten, markanten Punkt im Gelände an, um BC∥AD zu erreichen.

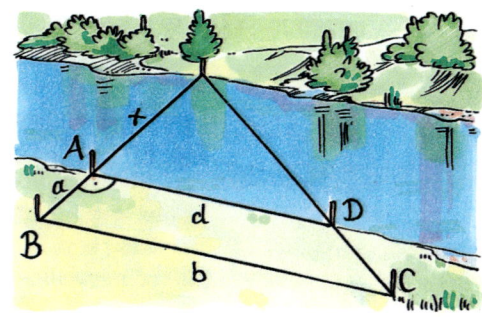

Die Entfernungen a, b und d ermitteln sie durch Abschreiten:
a = d = 20 Schritte; b = 28 Schritte.
Bestimme die Breite des Flusses in Metern. Äußere dich zur Genauigkeit.

8. Ein Waldarbeiter bestimmt mithilfe eines *Försterdreiecks* die Höhe eines Baumes.

  a) Erläutere die Funktion des Försterdreiecks.
      Warum wurde ein Winkel von 45° gewählt?

  b) Die Entfernung zum Baum beträgt 21 m.
      Wie hoch ist der Baum ungefähr?

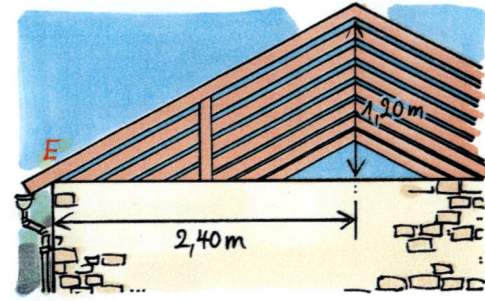

9. In einem 1,20 m hohen Dachstuhl soll eine 80 cm hohe Stütze aufgestellt werden.
In welchem Abstand vom Dachstuhlende E ist diese Stütze einzufügen?

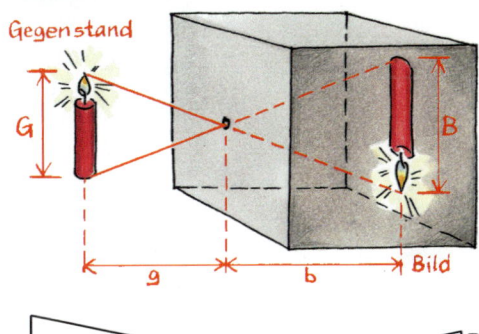

10. Die Lochkamera ist ein geschlossener Kasten mit einer kleinen Öffnung. Ein Gegenstand, hier eine Kerze, steht vor dem Kasten.
Von dem Gegenstand gehen Lichtstrahlen aus und fallen durch die kleine Öffnung in den Kasten. Auf der Rückwand des Kastens wird ein (umgekehrtes) Bild der Kerze erzeugt.
Die Kerze ist 12 cm groß und steht 30 cm vor der Kamera. Die Rückwand ist 20 cm von der gegenüberliegenden Öffnung entfernt.
Wie groß ist das Bild? Die nebenstehende Skizze hilft dir.

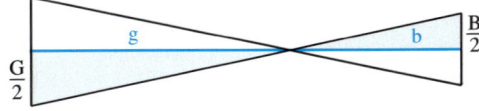

11. Der Mond ist 60 Erdradien ($R = 6370$ km) von der Erde entfernt. Würde man einen Bleistift (Durchmesser 7 mm) im Abstand von etwa 77 cm vor das Auge halten, so ist der Mond gerade verdeckt.
Welchen Durchmesser hat der Mond etwa? Lege eine Zeichnung an.

12. Zur Messung einer kleinen Öffnung (z.B. einer Flasche oder des inneren Durchmessers eines Ringes) und zur Messung z.B. einer dünnen Holzplatte verwendet man einen *Messkeil* bzw. einen *Keilausschnitt*.
Berechne jeweils die Länge x. Erläutere die Wirkungsweise der Instrumente.

(1)   (2)

Messkeil   Keilausschnitt

(Abbildungen: Messkeil und Keilausschnitt mit Skalen, jeweils 10 cm und 1 cm beschriftet)

13. Um die Höhe eines Turmes zu bestimmen, werden ein 1,60 m langer Stab $\overline{AD}$ und ein 2,40 m langer Stab $\overline{BF}$ so aufgestellt, dass man über sie den oberen Rand G des Turmes anpeilen kann. Man misst dann den Abstand der beiden Stäbe $\overline{AD}$ und $\overline{BE}$ und den Abstand des längeren Stabes $\overline{BE}$ vom Turm $\overline{CG}$ und erhält:
$\overline{AB} = 1,60$ m und $\overline{BC} = 98$ m.
Berechne die Höhe des Turmes.

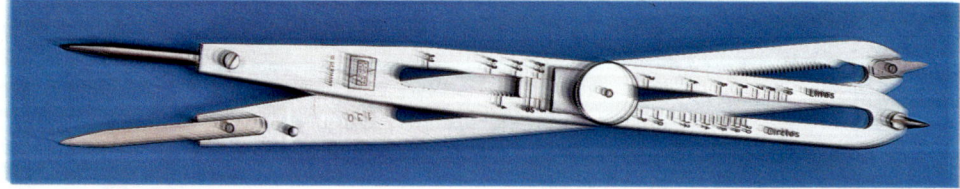

14. Die Abbildung zeigt einen Proportionalzirkel. Er wird zum Verkleinern oder Vergrößern einer Strecke verwendet.
Erläutere seine Wirkungsweise.

15. Ihr könnt die Höhe eines Flachbaus (eure Schule, Sporthalle, ...) selbst bestimmen.
Baut euch dazu das rechts abgebildete Gerät (Instrument) oder benutzt ein Försterdreieck wie in Aufgabe 8 auf Seite 39.

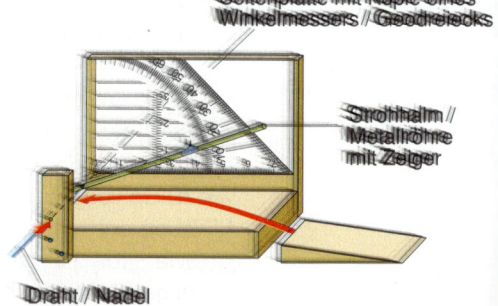

Seitenplatte mit Kopie eines Winkelmessers // Geodreiecks

Strohhalm // Metallröhre mit Zeiger

Draht // Nadel

VERMISCHTE UND KOMPLEXE ÜBUNGEN

1. a) Durch die Punkte $A(-5|0)$ und $A'(-8|-9)$ sowie $B(1|3)$ und $B'(4|-3)$ im Koordinatensystem (Einheit 1 cm) ist eine zentrische Streckung festgelegt. Konstruiere das Bild von $C(-2|5)$; zeichne die beiden Dreiecke ABC und $A'B'C'$.

b) Das Viereck $ABCD$ mit $A(4|-6)$, $B(6|-6)$, $C(6|-4)$ und $D(4|-4)$ wird durch eine zentrische Streckung abgebildet auf das Viereck $A'B'C'D'$ mit $A'(1|-9)$ und $D'(1|-1)$. Gib die Koordinaten von Z an. Ermittle den Streckungsfaktor k und konstruiere die Bildfigur.

2. Zeichne zu einem beliebigen Dreieck ABC das Mittendreieck PQR (P, Q und R sind die Mittelpunkte der Seiten $\overline{BC}$, $\overline{CA}$ und $\overline{AB}$). Bestimme in der Figur Paare von Dreiecken, die man durch eine zentrische Streckung aufeinander abbilden kann.

3. Untersuche, ob es eine zentrische Streckung gibt, die die Figur F auf die Figur G abbildet. Falls ja, zeichne das Streckungszentrum ein und bestimme den Streckungsfaktor.

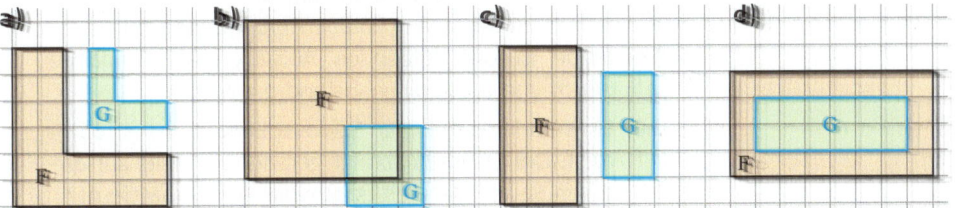

4. Gegeben ist ein Parallelogramm $ABCD$ aus $a = 3,6$ cm, $d = 2,4$ cm, $\alpha = 55°$. Konstruiere ein dazu ähnliches Parallelogramm, dessen längere Seite (1) 7,2 cm, (2) 4,2 cm beträgt.

5. Gegeben ist ein Dreieck ABC mit $a = 4$ cm, $b = 3$ cm und $c = 5,5$ cm. Ein zu ABC ähnliches Dreieck $A'B'C'$ hat den Umfang $u' = 25$ cm. Wie lang sind die Seiten von $A'B'C'$? Gib auch das Verhältnis der Flächeninhalte der Dreiecke ABC und $A'B'C'$ an.

6. Die Flächeninhalte zweier zueinander ähnlicher Vielecke verhalten sich wie **a)** $4 : 1$; **b)** $16 : 9$. In welchem Verhältnis stehen die Seiten zueinander?

7. Die Seite $\overline{AB}$ des Dreiecks ABC ist 6 cm lang, die Seite $\overline{A'B'}$ von Dreieck $A'B'C'$ 4 cm. Der Flächeninhalt des Dreiecks $A'B'C'$ beträgt 12 cm². Wie groß ist der Flächeninhalt des Dreiecks ABC?

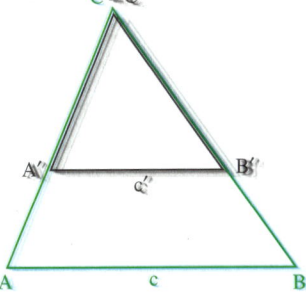

8. Um eine Figur abzuzeichnen, kann man sie mit einem Quadratraster „überziehen". Vergrößere mit dem Faktor **a)** 1,5; **b)** 2.

9. In einer Bauzeichnung mit dem Maßstab 1 : 50 ist ein Zimmer 66 cm² groß. Wie groß ist es in Wirklichkeit?

10. Je nach Verwendungszweck wählt man bei der Herstellung von Zeichnungen oder Karten einen geeigneten Maßstab (siehe Tabelle).

Maßstab	Verwendung
1 : 10	Möbelzeichnung
1 : 100	Bauplan
1 : 2 500	Flurkarte
1 : 10 000	Stadtplan
1 : 25 000	Wanderkarte
1 : 35 000	Wanderkarte
1 : 100 000	Fahrradkarte
1 : 200 000	Autokarte

a) Auf einer Autokarte beträgt die Entfernung zwischen Fürstenwalde und Beeskow 12,5 cm. Wie groß ist diese Entfernung auf einer Fahrradkarte?

b) Der Grundriss eines Hauses ist auf einem Bauplan 17,4 cm lang und 10,5 cm breit. Welche Maße hat das Haus auf einer Flurkarte?

c) Stelle selbst geeignete Aufgaben und löse sie.

11. Strecke einen Arm aus und visiere den Daumen zunächst mit dem linken Auge, dann mit dem rechten Auge an. Du bemerkst, dass der Daumen einen „Sprung" macht. Diese Tatsache benutzt man, um Entfernungen in der Landschaft zu schätzen (*Daumensprungmethode*).
Verwende in den folgenden Aufgaben als Armlänge a = 64 cm und als Pupillenabstand p = 6 cm.

a) Ein Wanderer sieht ein Schloss. Er weiß, es ist 65 m breit. Der Daumen springt gerade von einer zur anderen Seite. Wie weit ist er vom Schloss entfernt?

b) Eine Wanderin sieht in der Ferne zwei Burgen, die auf gleicher Höhe liegen. Sie ist von der einen Burg 15 km entfernt. Der Daumen springt gerade von der einen zur anderen Burg.
Wie weit liegen beide Burgen auseinander?

c) Suche Gebäude o. Ä. in deiner Umgebung und bestimme mit der Daumensprungmethode die Entfernungen.

12. Tanjas Daumen ist 2 cm breit. Hält sie den Daumen 45 cm von einem Auge entfernt (das andere Auge geschlossen), so ist gerade ein Fußballtor (7,32 m breit) verdeckt.
Wie weit ist Tanja vom Tor entfernt? Zeichne.

13. Beim Bau frei spannender Hallen verwendet man für die Dachkonstruktion so genannte Fachwerkträger. Die senkrechten Stützstäbe stehen im gleichen Abstand. Berechne die Länge dieser Stützstäbe.

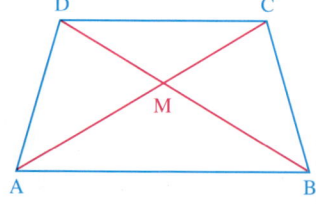

14. Das gleichschenklige Trapez ABCD hat die folgenden Maße: $\overline{AB}$ = 4,5 cm; $\overline{AM}$ = 2,8 cm; $\overline{DM}$ = 1,6 cm.

a) Berechne die Seitenlänge $\overline{DC}$.

b) Zeichne die Höhe des Trapezes durch den Punkt M ein. In welchem Verhältnis teilt M diese Höhe?

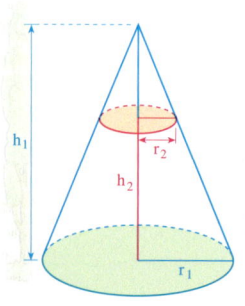

15. Gegeben ist ein Kegel mit dem Radius r_1 = 5 cm der Grundfläche und der Körperhöhe h_1 = 12 cm. In welcher Höhe h_2 (von der Grundfläche) muss der Kegel abgeschnitten werden, damit die Schnittfläche den Radius r_2 = 2 cm hat?

BIST DU FIT?

1. Gib die Luftlinienentfernung der beiden Orte an (Maßstab 1 : 17 500 000).

   a) Hannover – Köln

   b) Brüssel – Bremen

   c) Wien – Berlin

   d) Frankfurt/Main – Straßburg

   e) Bonn – Berlin

   f) Dortmund – Stettin

   g) Köln – Zürich

   h) Stuttgart – Dresden

   i) München – Prag

2. Zeichne in ein Koordinatensystem (Einheit 1 cm) ein Viereck ABCD mit A$(-2|-2)$, B$(4|-4)$, C$(7|0)$ und D$(2|6)$.
Konstruiere dann das Bildviereck A'B'C'D' des Vierecks ABCD bei der zentrischen Streckung mit Z$(-2|2)$ als Streckungszentrum und dem Streckungsfaktor k = $\frac{3}{2}$.

3. Die Punkte P' und Q' sind die Bilder von P bzw. Q.
Bestimme das Streckungszentrum Z sowie den Streckungsfaktor k.

   a) P$(4|-1)$, P'$(8|1)$, Q$(1|-1)$, Q'$(-1|1)$

   b) P$(3|0)$, P'$(1|-1)$, Q$(-3|2)$, Q'$(-2|0)$

4. Gegeben ist ein Dreieck ABC. Konstruiere ein dazu ähnliches Dreieck A'B'C' mit a = 6 cm. Gib auch den Ähnlichkeitsfaktor an.

   a) β = 25°, γ = 70°, a = 5 cm   **c)** a = 4 cm, c = 6 cm, β = 75°

   b) a = 7 cm, b = 5 cm, c = 4 cm   **d)** a = 5 cm, b = 3 cm, α = 39°

5. Von zwei zueinander ähnlichen Dreiecken ABC und A'B'C' sind die Seitenlängen c = 4 cm und c' = 6 cm bekannt. Der Flächeninhalt von Dreieck A'B'C' beträgt 36 cm². Wie groß ist der Flächeninhalt des Dreiecks ABC?

6. Ein Quader hat die Kantenlängen a = 8,5 cm, b = 5,3 cm und c = 4,1 cm. Berechne das Volumen des dazu ähnlichen Quaders mit dem Ähnlichkeitsfaktor k = 2,5.

7. Der Schatten eines 1,30 m hohen senkrecht aufgestellten Stabes ist 1,56 m lang. Ein Baum wirft zu derselben Zeit einen 12,75 m langen Schatten. Wie hoch ist der Baum?

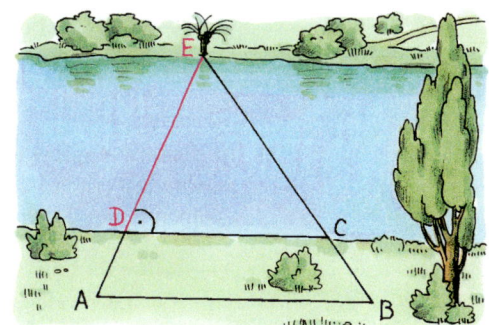

8. Um die Breite $\overline{DE}$ eines Flusses zu bestimmen, werden die Punkte D, C, A und B wie im Bild abgesteckt. Es wird gemessen:
$\overline{DC}$ = 25 m, $\overline{AB}$ = 35 m und $\overline{AD}$ = 21 m.
Wie breit ist der Fluss?

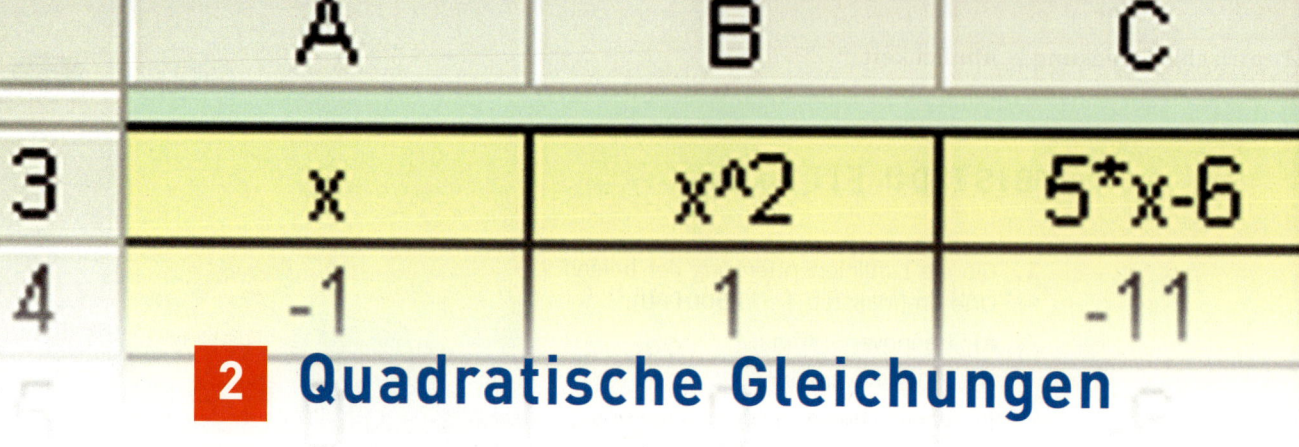

	A	B	C
3	x	x^2	5*x-6
4	-1	1	-11

2 Quadratische Gleichungen

Schöne Bilder wirken noch ansprechender, wenn man sie mit einem passenden Rahmen versieht. Der Gesamteindruck verbessert sich oft noch mehr, wenn das Bild mit einem Passepartout umgeben ist.

Ein Künstler empfiehlt ein 15 cm × 20 cm großes Aquarell mit einem Passepartout gleich großer Fläche zu umgeben.

Wir gehen davon aus, dass das Passepartout an jeder Seite die gleiche Breite haben soll und bezeichnen diese mit x cm.

Dann muss gelten $(15 + 2 \cdot x) \cdot (20 + 2 \cdot x) = 15 \cdot 20 \cdot 2$

➡ Erläutere diese Gleichung.

➡ Vereinfache sie so weit wie möglich.

➡ Du erhältst eine Gleichung, in der neben Vielfachen der Variable auch das Quadrat der Variable vorkommt.

➡ Löse die Gleichung durch Probieren.
Es reicht, wenn du einen Näherungswert bestimmst.

In diesem Kapitel lernst du ...

... wie man durch Umformen die Lösungsmenge von Gleichungen bestimmt, in denen neben Vielfachen einer Variable auch deren Quadrat vorkommt.

QUADRATISCHE GLEICHUNGEN – GRAFISCHES LÖSEN

Lösen einer quadratischen Gleichung durch planmäßiges Probieren

Einstieg

In der Halle eines großen Einkaufszentrums befindet sich eine Springbrunnenanlage. Aus einer Düse an der Wasseroberfläche tritt ein Wasserstrahl aus und trifft nach einer gewissen Entfernung wieder auf die Wasseroberfläche. In jeder Entfernung s von der Düse hat der Wasserstrahl eine bestimmte Höhe h; sie kann näherungsweise durch die Formel $h = 5 s^2 - 15 s$ beschrieben werden.

➡ In welcher Entfernung von der Düse trifft der Wasserstrahl wieder auf die Wasseroberfläche?

Aufgabe

1. Tom stellt ein Zahlenrätsel (siehe Bild). Versuche, das Rätsel durch systematisches Probieren zu lösen.

Ich kenne natürliche Zahlen, deren Quadrat genauso groß ist wie das 9fache einer solchen Zahl vermindert um 14.

Lösung

(1) *Aufstellen einer Gleichung*

Für die gesuchten Zahlen führen wir die Variable x ein.

Das Quadrat einer solchen Zahl: x^2

Das 9fache einer solchen
Zahl, vermindert um 14: $9 \cdot x - 14$

Gleichung: $x^2 = 9x - 14$

Einschränkung: x soll eine natürliche Zahl sein.

(2) *Bestimmen der Lösungsmenge*

Es handelt sich hier um eine *quadratische Gleichung*, die wir mithilfe unserer bisher bekannten rechnerischen Verfahren nicht lösen können.

Wir stellen zunächst eine Tabelle für x^2 und $9x - 14$ auf. Dann suchen wir Einsetzungen für x, für die Werte von x^2 und $9x - 14$ übereinstimmen.

x	0	1	2	3	4	5	6	7	8	9
x^2	0	1	4	9	16	25	36	49	64	81
$9x - 14$	-14	-5	4	13	22	31	40	49	58	67

Die Zahlen 2 und 7 erfüllen die quadratische Gleichung.

Zahlen größer als 9 kommen als Lösung nicht in Frage, da der Wert von x^2 stärker wächst als der Wert von $9x - 14$.

(3) *Ergebnis:*

Tom denkt an die Zahlen 2 und 7.

Information

absolut ⟨lat.⟩
völlig; ganz und gar
uneingeschränkt

Gleichungen, die man auf die Form
$ax^2 + bx + c = 0$ $(a \neq 0)$ bringen kann,
heißen **quadratische Gleichungen**.

Man nennt ax^2 das *quadratische Glied*,
bx das *lineare Glied* und c das *absolute
Glied* der Gleichung.

lineares Glied

$$3x^2 + 21x + 30 = 0$$

quadratisches
Glied

absolutes
Glied

Beispiele für quadratische Gleichungen:

$x^2 - 3x + 5 = 0$; $x^2 - 5x = 0$; $x^2 = 9x - 14$;
$3x^2 + 21x + 30 = 0$; $2x^2 - 3 = 0$; $x^2 + 2 = 8$;
$5x^2 = 20$; $x^2 = 9$; $(x - 2)^2 = 5$.

**Zum Festigen und
Weiterarbeiten**

2. Entscheide, ob eine quadratische Gleichung vorliegt oder nicht. Begründe.

(1) $x^2 - 4x + 5 = 0$ (3) $2y - 7 = y^2$ (5) $(x + 3)^2 - 4 = 0$ (7) $3^2 + 5z - z^2 = 7$

(2) $2^2 - 5x + 7 = 0$ (4) $3z + 8 = 5^2$ (6) $(2x + 1) \cdot x = 8$ (8) $(x + 3)(x - 5) = 10$

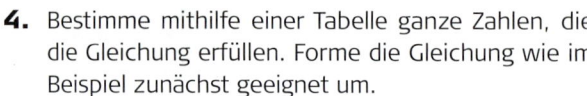

ganze Zahlen:
$...; -3; -2; -1;$
$0; 1; 2; 3; ...$

3. Suche mithilfe einer Tabelle ganze Zahlen,

a) deren Quadrat genauso groß ist wie das 10fache der Zahl, vermindert um 9;

b) deren Quadrat genauso groß ist wie das 6fache der Zahl, vermindert um 9;

c) deren Quadrat genauso groß ist wie 3, vermindert um das Doppelte der Zahl;

d) bei denen die Zahl vermehrt um 6 genauso groß ist wie das Quadrat der Zahl;

e) bei denen das (-3)fache der Zahl vermindert um 2 genauso groß ist wie das Quadrat
der Zahl.

Stelle zunächst eine Gleichung auf.

4. Bestimme mithilfe einer Tabelle ganze Zahlen, die
die Gleichung erfüllen. Forme die Gleichung wie im
Beispiel zunächst geeignet um.

$3x^2 + 21x + 30 = 0$ $| : 3$
$x^2 + 7x + 10 = 0$
$x^2 \qquad\qquad = -7x - 10$

a) $x^2 - 2x - 15 = 0$ **c)** $0,5x^2 + x = 0$

b) $2x^2 + 16x + 32 = 0$ **d)** $\frac{1}{2}y^2 - \frac{1}{2}y - 3 = 0$

TAB

5. *Planmäßiges Probieren mithilfe einer
Tabellenkalkulation*

a) Die quadratische Gleichung
$x^2 = 5x - 6$ kannst du auch mithilfe
einer Tabellenkalkulation lösen.
Lies aus der Tabelle die Lösung der
Gleichung ab.
Beachte: Für x^2 schreibt man x^2.

b) Löse die quadratische Gleichung
mithilfe eines Tabellenblatts. Erstelle
zum Lösen der Gleichung geeignete
Wertetabellen.

(1) $x^2 = 5x - 4$ (2) $x^2 = x + 6$ (3) $x^2 = 4,5x - 4,5$

	A	B	C
1	Quadratische Gleichungen		
2			
3	x	x^2	5*x-6
4	-1	1	-11
5	0	0	-6
6	1	1	-1
7	2	4	4
8	3	9	9
9	4	16	14

Übungen

6. Entscheide, ob eine quadratische Gleichung vorliegt.

(1) $x^2 = 7x$ (5) $9x - 7 = 2x$ (9) $0{,}3^2 = 16y$

(2) $y^2 = 9$ (6) $4 = y^2$ (10) $(3z + 2)^2 = 49$

(3) $x^2 - x + 5x^3 = 4$ (7) $z - z^2 = 5$ (11) $3 - 2x = 5x^2$

(4) $z - 3 = 4z^2$ (8) $8 - x^2 + 3x = 2$ (12) $5x^2 - 4x = 7$

7. Bei welchen ganzen Zahlen ist

a) das Quadrat der Zahl um 15 größer als das Doppelte der Zahl;

b) das Quadrat der Zahl um 24 größer als das Doppelte der Zahl;

c) das Quadrat der Zahl genauso groß wie (– 3), vermindert um das 4fache der Zahl;

d) das Doppelte der Zahl um 3 kleiner als das Quadrat der Zahl;

e) die Hälfte des Quadrats der Zahl um 4 kleiner als das Dreifache der Zahl;

f) ein Drittel des Quadrats der Zahl genauso groß wie 6 vermindert um die Zahl;

g) das Quadrat gleich der Differenz aus 16 und dem 1,8fachen der Zahl?

Stelle zunächst eine Gleichung auf; suche dann die Zahlen mithilfe einer Tabelle.

8. Bestimme mithilfe einer Tabelle die Lösungsmenge der Gleichung. Dabei soll x für eine ganze Zahl stehen.
Du kannst auch ein Tabellenkalkulationsprogramm benutzen.
Forme die Gleichung zunächst geeignet um.

a) $x^2 + 6x + 8 = 0$ **c)** $x^2 + 6x + 9 = 0$ **e)** $0{,}1x^2 + x + 2{,}5 = 0$

b) $x^2 + x = 6$ **d)** $-4x^2 + 8x + 12 = 0$ **f)** $\frac{1}{2}z^2 + 6 = 4z$

9. Ein Rechteck und ein Quadrat haben denselben Flächeninhalt. Bei dem Rechteck ist eine Seite 3 cm länger als die des Quadrates und die andere 2 cm kürzer als die des Quadrates. Zeichne beide.

Grafisches Lösen quadratischer Gleichungen – Lösungsfälle

Einstieg

Das Finden von Lösungen einer quadratischen Gleichung durch Probieren mit Tabellenkalkulation ist nicht so einfach, wenn die quadratische Gleichung keine ganzzahlige Lösung hat.
Bestimme mithilfe einer Tabellenkalkulation die Lösung der Gleichung:

$x^2 = 1{,}1x + 0{,}6$

Die Tabelle kannst du auch als Wertetabelle auffassen für

- die Funktion mit $y = x^2$

- die lineare Funktion mit $y = 1{,}1x + 0{,}6$.

→ Markiere die Tabelle und erstelle ein Punktdiagramm. Wähle den Untertyp *Punkte mit interpolierten Linien*.

→ Welche Bedeutung haben die Schnittpunkte der beiden Graphen?

→ Beschreibe, wie man das Tabellenblatt verändern muss, um die Lösung der quadratischen Gleichung mithilfe der Wertetabelle zu überprüfen.

x	x^2	1,1x+0,6
-2,00	4,00	-1,60
-1,50	2,25	-1,05
-1,00	1,00	-0,50
-0,50	0,25	0,05
0,00	0,00	0,60
0,50	0,25	1,15
1,00	1,00	1,70
...	...	...

Information

Das Finden von Lösungen einer quadratischen Gleichung durch planmäßiges Probieren mithilfe einer Tabelle wie in Aufgabe 1 auf Seite 45 ist nicht immer möglich.
Dies zeigt das Beispiel $x^2 - 1,9x - 1,5 = 0$ bzw. umgeformt $x^2 = 1,9x + 1,5$.
Diese quadratische Gleichung hat nämlich keine ganzzahlige Lösung.

Wir wollen daher ein weiteres Lösungsverfahren, das zeichnerische Lösen, entwickeln.

Die Tabelle rechts können wir auch als Wertetabelle von zwei Funktionen auffassen, und zwar als Wertetabelle:

- der *Funktion* mit der Gleichung $y = x^2$;
- der *linearen Funktion* mit der Gleichung $y = 1,9x + 1,5$;

  ihr Graph ist eine *Gerade* mit dem Anstieg 1,9 und dem y-Achsenabschnitt 1,5.

x	x^2	1,9x + 1,5
−1	1	−0,4
0	0	1,5
1	1	3,4
2	4	5,3
3	9	7,2

Aufgabe

1. Bestimme grafisch die Lösungsmenge der quadratischen Gleichung:
$x^2 - 1,9x - 1,5 = 0$ bzw. umgeformt $x^2 = 1,9x + 1,5$

Lösung

Wir suchen Zahlen für x, für welche die Werte von x^2 und von $1,9x + 1,5$ übereinstimmen.

Dazu zeichnen wir die Graphen der Funktionen mit den Gleichungen

$y = x^2$ mithilfe einer Wertetabelle,

$y = 1,9x + 1,5$ (*Gerade* mit dem Anstieg 1,9 und dem y-Achsenabschnitt 1,5).

An den Stellen gemeinsamer Punkte von Parabel und Gerade stimmen die Werte von x^2 und von $1,9x + 1,5$ überein.

Aus dem Bild lesen wir ab:
Die beiden gemeinsamen Punkte P_1 und P_2 (Schnittpunkte) liegen an den Stellen − 0,6 und 2,5.

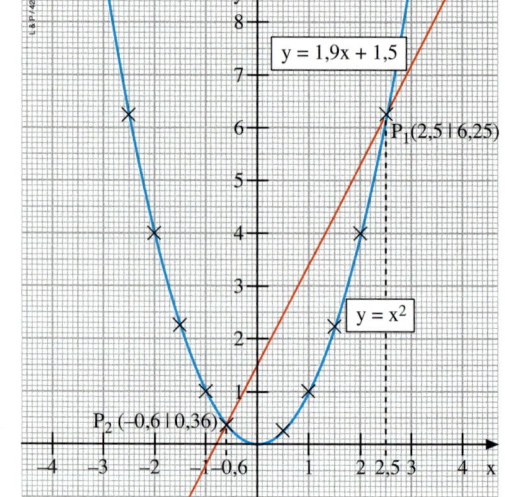

Probe:

$(-0,6)^2 = 1,9 \cdot (-0,6) + 1,5$ (w?)	
LS: $(-0,6)^2$ = 0,36	RS: $1,9 \cdot (-0,6) + 1,5$ = −1,14 + 1,5 = 0,36

Probe:

$2,5^2 = 1,9 \cdot 2,5 + 1,5$ (w?)	
LS: $2,5^2$ = 6,25	RS: $1,9 \cdot 2,5 + 1,5$ = 4,75 + 1,5 = 6,25

Ergebnis: Lösungsmenge L = {− 0,6; 2,5}

Information

Die besondere Potenzfunktion mit der Gleichung $y = x^2$ nennt man **Quadratfunktion**, ihr Graph heißt **Normalparabel**. Sie ist als Schablone erhältlich.

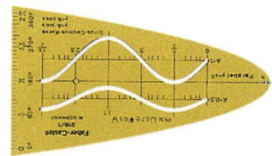

Zum Festigen und Weiterarbeiten

2. Bestimme mithilfe einer Zeichnung die Lösungsmenge. Überprüfe dein Ergebnis.

a) $x^2 = 1,5x + 1$ b) $x^2 = 6x - 5$ c) $x^2 = -2x - 3$ d) $x^2 = 6,25$

3. Bestimme mithilfe einer Zeichnung die Lösungsmenge. Beschreibe dein Vorgehen. Forme die Gleichung zunächst geeignet um.

a) $x^2 - x - 2 = 0$ b) $x^2 - 3x + 2 = 0$ c) $2x^2 - x - 3 = 0$ d) $x - \frac{1}{2}x^2 = 0$

4. Erstelle zum Lösen der quadratischen Gleichung mit einem Kalkulationsprogramm eine geeignete Wertetabelle. Lass dir anschließend von dem Programm ein Punktdiagramm zeichnen; wähle dazu den Untertyp *Punkte mit interpolierten Linien.* Lies die Lösung der quadratischen Gleichung ab und überprüfe mithilfe der Tabelle.

(1) $x^2 = 2x + 1,25$ (2) $x^2 = x + 3,75$ (3) $x^2 = 1,8x + 1,44$

5. *Anzahl der Lösungen einer quadratischen Gleichung*

a) Lies jeweils anhand des Bildes links die Lösungsmenge ab.

(1) $x^2 - x - \frac{3}{4} = 0$ (2) $x^2 - x + \frac{1}{4} = 0$ (3) $x^2 - x + \frac{3}{4} = 0$

$x^2 = x + \frac{3}{4}$ $x^2 = x - \frac{1}{4}$ $x^2 = x - \frac{3}{4}$

Begründe anhand des Bildes:

> **Anzahl der Lösungen einer quadratischen Gleichung**
>
> Eine quadratische Gleichung hat entweder genau *zwei* Lösungen oder genau *eine* Lösung oder *keine* Lösung.
>
>
>
> (1) $x^2 - x - \frac{3}{4} = 0$ (2) $x^2 - x + \frac{1}{4} = 0$ (3) $x^2 - x + \frac{3}{4} = 0$
>
> $x^2 = x + \frac{3}{4}$ $x^2 = x - \frac{1}{4}$ $x^2 = x - \frac{3}{4}$
>
>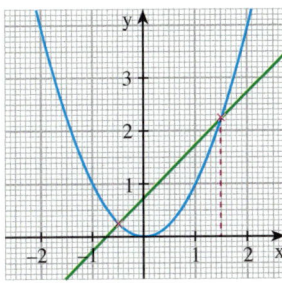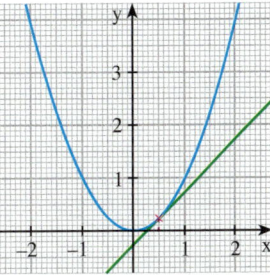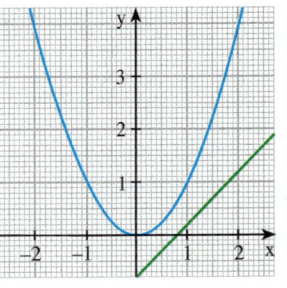

b) Bestimme die Lösungsmenge der vier Gleichungen mithilfe einer gemeinsamen Zeichnung wie in Teilaufgabe a).

(1) $x^2 = 3x$ (2) $x^2 = 3x - 2,25$ (3) $x^2 = 3x - 4,5$ (4) $x^2 = 3x - 1,25$

6. *Grafisches Lösen einer quadratischen Gleichung der Form $x^2 = r$*

Gib anhand des Graphen von $y = x^2$ Lösungen der Gleichung an.

a) $x^2 = 4,4$ b) $x^2 = 2,3$ c) $x^2 = 0$ d) $x^2 = -1$

Wie lautet hier eine Gleichung der Geraden? Um was für eine Gerade handelt es sich?

7. Setze – soweit möglich – für ☐ eine Zahl so ein, dass die Gleichung
(1) zwei Lösungen,   (2) genau eine Lösung,   (3) keine Lösung

besitzt. Zeichne hierzu jeweils die Normalparabel und eine geeignete Gerade.

a) $x^2 = \square \cdot x$ b) $x^2 = \square \cdot x - 2,25$ c) $x^2 = -4x + \square$ d) $x^2 = \square$

Information

> **Ablaufplan für das grafische Lösen einer quadratischen Gleichung**
>
> *Beispiel:* $x^2 + \frac{1}{2}x - 3 = 0$
>
> (1) Löse die Gleichung nach x^2 auf:
> $x^2 = -\frac{1}{2}x + 3$
>
> (2) Zeichne (mit einer Schablone) die Parabel zu $y = x^2$ und die Gerade zu $y = -\frac{1}{2}x + 3$.
>
> (3) Suche die gemeinsamen Punkte (Schnittpunkte; Berührungspunkte) von Parabel und Gerade. Lies die x-Koordinate der gemeinsamen Punkte ab, im Beispiel −2 und 1,5.
>
> (4) Führe die Probe anhand der gegebenen quadratischen Gleichung durch.
>
> (5) Notiere die Lösungsmenge:
> $L = \{-2;\ 1,5\}$

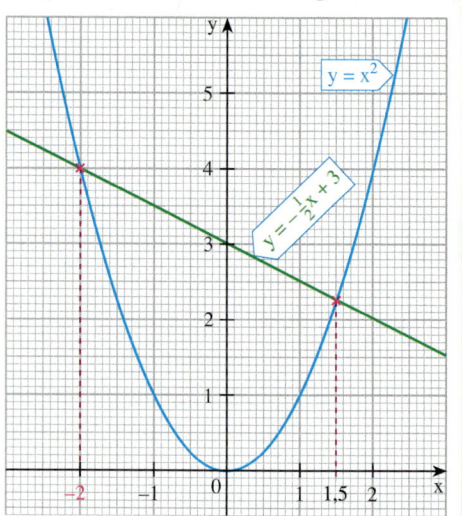

Übungen

8. Bestimme mithilfe von Graphen die Lösungsmenge. Forme gegebenenfalls um. Überprüfe dein Ergebnis.

a) $x^2 = -2x$

b) $x^2 = 2,25$

c) $-x^2 = \frac{1}{2}x$

d) $x^2 + 1,5x - 1 = 0$

e) $x^2 + 1,5x + 3 = 0$

f) $2x + 3 - x^2 = 0$

g) $2x^2 = 1,8x - 1$

h) $10x^2 = 9x + 36$

i) $-4x^2 = 2x - 12$

j) $4x^2 + 20x + 25 = 0$

k) $0,2x^2 + x + 1,4 = 0$

l) $3x + 6 - 3x^2 = 0$

9. Gib eine Gleichung an, deren Lösungsmenge man aus dem Bild ablesen kann. Notiere die quadratische Gleichung in der Form $x^2 + px + q = 0$.

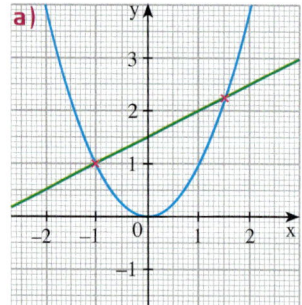 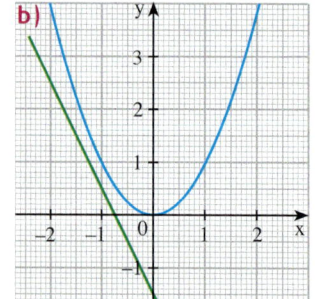 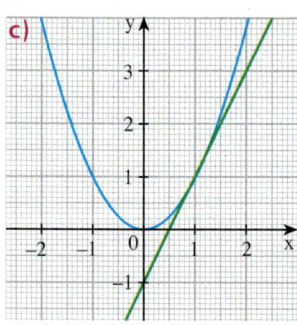

10. Bestimme mithilfe eines Graphen die Anzahl der Lösungen.

a) $x^2 - 2 = 0$

b) $x^2 + 1 = 0$

c) $x^2 = 0$

d) $x^2 + 2x = 0$

e) $2x - x^2 = 0$

f) $x^2 - 2x + 1 = 0$

g) $x^2 - 2x + 3 = 0$

h) $2x + 8 - x^2 = 0$

11. Bestimme anhand des Graphen von $y = x^2$ Lösungen der Gleichung. Forme gegebenenfalls die Gleichung geeignet um.

a) $x^2 = 2$

b) $x^2 = 5$

c) $x^2 = 5,3$

d) $x^2 = -5,3$

e) $x^2 - 7 = 0$

f) $x^2 + 6 = 0$

g) $2x^2 = 6$

h) $\frac{1}{2}x^2 = \frac{3}{4}$

RECHNERISCHES LÖSEN EINER QUADRATISCHEN GLEICHUNG

Das grafische Lösungsverfahren liefert nicht immer die genaue Lösung und ist für viele Gleichungen nur bedingt geeignet; Lösungen wie 157; 2,345 oder $\sqrt{2}$ kann man nicht ablesen. Wir wollen deshalb schrittweise ein rechnerisches Lösungsverfahren entwickeln.
Wir beginnen mit zwei Sonderfällen quadratischer Gleichungen:

(1) $ax^2 + c = 0$, d.h. nach Umformung eine quadratische Gleichung der Form $x^2 = r$;

(2) $(x + d)^2 = r$, d.h. eine Gleichung, die man mithilfe binomischer Formeln erhält.

Auf diese Sonderfälle kann schrittweise *jede* quadratische Gleichung $ax^2 + bx + c = 0$ zurückgeführt werden.

Lösen einer quadratischen Gleichung der Form $x^2 = r$

Einstieg

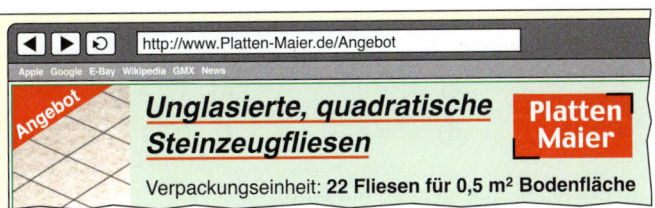

Im Internet werden quadratische Steinfliesen zum Verkauf angeboten.

➜ Welche Abmessungen haben die Fliesen?

Aufgabe

1. Wir beginnen mit dem Typ $ax^2 + c = 0$.
Bestimme die Lösungsmenge der Gleichung:

a) $9x^2 - 16 = 0$ **b)** $2x^2 + 20 = 34$ **c)** $\frac{2}{3}x^2 + 6 = 0$

Lösung

$$\left(\tfrac{4}{3}\right)^2 = \tfrac{16}{9}$$
$$\left(-\tfrac{4}{3}\right)^2 = \tfrac{16}{9}$$

a)

$9x^2 - 16 = 0 \qquad |+16$

$9x^2 \qquad\quad = 16 \qquad |:9$

$x^2 \qquad\quad = \frac{16}{9}$

$x = \frac{4}{3}$ *oder* $x = -\frac{4}{3}$

$L = \left\{-\frac{4}{3}; \frac{4}{3}\right\}$

b)

$2x^2 + 20 = 34 \qquad |-20$

$2x^2 \qquad\quad = 14 \qquad |:2$

$x^2 \qquad\quad = 7$

$x = \sqrt{7}$ *oder* $x = -\sqrt{7}$

$L = \left\{-\sqrt{7}; \sqrt{7}\right\}$

c)

$\frac{2}{3}x^2 + 6 = 0 \qquad |-6$

$\frac{2}{3}x^2 \qquad\quad = -6 \qquad |:\frac{2}{3}$

$x^2 \qquad\quad = -9$

Das Quadrat einer Zahl kann nicht negativ sein, also:

$L = \{\ \}$

Zum Festigen und Weiterarbeiten

2. Gib die Lösungsmenge an. Führe auch die Probe durch.

a) $x^2 = 25$ **e)** $-4z^2 = 9$ **i)** $\frac{3}{4}(z^2 - 4) = 0$ **m)** $2y^2 - \frac{15}{2} = \frac{1}{4}$

b) $x^2 = -4$ **f)** $\frac{1}{3}x^2 = 27$ **j)** $0 = 9x^2 - \frac{1}{4}$ **n)** $2y^2 - \frac{15}{2} = \frac{1}{2}y^2$

c) $x^2 = 0$ **g)** $x^2 + 1 = 6$ **k)** $0 = 9\left(x^2 - \frac{1}{4}\right)$ **o)** $2y^2 - \frac{15}{2}y^2 = -\frac{2}{11}$

d) $0{,}16 = y^2$ **h)** $4(z^2 - 9) = 28$ **l)** $8x^2 = 6x^2$ **p)** $5{,}5z^2 - \frac{9}{4} = 1{,}5z^2$

Die Variable muss nicht immer x sein.

Information

> ### Lösungsmenge einer quadratischen Gleichung der Form
>
> Eine quadratische Gleichung wie $ax^2 + c = 0$ kann man auf die Form $\mathbf{x^2 = r}$ bringen.
> Für sie gilt:
>
> - Ist $r > 0$, dann hat sie *genau zwei* Lösungen, nämlich $\sqrt{r}$ und $-\sqrt{r}$.
> - Ist $r = 0$, dann hat sie *genau eine* Lösung, nämlich 0.
> - Ist $r < 0$, dann hat sie *keine* Lösung.

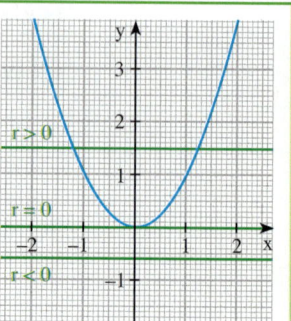

Beachte: Beim Lösen der Gleichung $x^2 = 36$ sucht man alle Zahlen, welche die Gleichung erfüllen. Man erhält: $L = \{-6; 6\}$.
Dagegen bezeichnet $\sqrt{36}$ eine Zahl. Beim Berechnen dieser Wurzel sucht man einen anderen (einfachen) Namen für diese Zahl. Es gilt: $\sqrt{36} = 6$.
Man muss also das Bestimmen der Lösungsmenge der Gleichung $x^2 = r$ und das Berechnen von $\sqrt{r}$ unterscheiden.

Übungen

3. Gib die Lösungsmenge an.

a) $x^2 = \frac{49}{16}$ **c)** $x^2 = 3$ **e)** $\frac{1}{2}x^2 = \frac{25}{8}$ **g)** $\frac{1}{4}x^2 = 25$

b) $x^2 = 0{,}36$ **d)** $x^2 = 1{,}44$ **f)** $0{,}3z^2 = 0{,}012$ **h)** $\frac{1}{4}y^2 = 0$

4. Löse rechnerisch. Mache auch die Probe.

a) $x^2 - 0{,}09 = 0$ **c)** $4x^2 - 9 = 0$ **e)** $0{,}24x^2 - 6 = 0$ **g)** $\frac{4}{5}x^2 - 2 = 0$

b) $x^2 + 0{,}49 = 0$ **d)** $4y^2 + 1 = 0$ **f)** $\frac{2}{3}x^2 - \frac{10}{3} = 0$ **h)** $\sqrt{5}z^2 - \sqrt{80} = 0$

5. Kontrolliere die Rechnungen. Berichtige, wenn nötig.

$$
\begin{array}{lll}
\text{(1)} \quad x^2 + 9 = 0 & \text{(2)} \quad 4x^2 = 0 & \text{(3)} \quad 3x^2 = 75 \\
\qquad x^2 = -9 & \qquad x^2 = \frac{1}{4} & \qquad x^2 = 25 \\
\qquad x = -3 & \qquad x = \frac{1}{2} \ \text{oder} \ x = -\frac{1}{2} & \qquad x = 5
\end{array}
$$

6. Bestimme die Lösungsmenge.

a) $11x^2 = 36 + 2x^2$ **c)** $9x^2 - 4 = 5x^2 - 4$ **e)** $13y^2 - 8 = 9y^2 + 1$

b) $5x^2 = 343 - 2x^2$ **d)** $7x^2 + 2 = 1 + 5x^2$ **f)** $16z^2 - 20 = 5 - 20z^2$

7. Notiere zu der Lösungsmenge eine passende quadratische Gleichung.

a) $\{7; -7\}$ **b)** $\{0\}$ **c)** $\left\{\frac{3}{2}; -\frac{3}{3}\right\}$ **d)** $\{0{,}4; -0{,}4\}$ **e)** $\left\{\sqrt{8}; -\sqrt{8}\right\}$ **f)** $\{\ \}$

8. **a)** $x(x - 20) = 2(72 - 10x)$ **e)** $(x + 4)^2 + (x - 4)^2 = 34$

     b) $9x(x + 1) - 7(x - 11) = 86 + 2x$ **f)** $(z + 5)(z - 8) = -3(z + 8)$

     c) $3x(x + 7) + 5x(x - 2) = 11x + 60{,}5$ **g)** $(5x + 7)^2 - (7x + 5)^2 = -72$

     d) $14x(x - 4) = 5(9 - 22x) + 9x(x + 6)$ **h)** $\frac{1}{3}(x^2 + 5) - \frac{1}{5}(x^2 - 1) = 4$

9. **a)** $(x - 3)^2 = 25 - 6x$ **b)** $(x + 1)^2 = 2x + 37$ **c)** $(2y + 5)^2 = 146 + 20y$

Denke an die Probe.

10. a) $(2x + 3)(2x - 3) = 16$ **c)** $(3x - 5)(3x + 5) = -153x^2 + 73$

b) $(y + 2)(y - 2) = 46 - 71y^2$ **d)** $(3 - 2x)(3 + 2x) = -3x^2 - 8x - 11$

11. Bestimme die gesuchten Zahlen.

a) Multipliziert man eine Zahl mit sich selbst und addiert zum Produkt 16, so erhält man die Zahl 41.

b) Multipliziert man das Quadrat einer Zahl mit 4, so erhält man dasselbe Ergebnis, wie wenn man 75 zum Quadrat der Zahl addiert.

c) Multipliziert man die Hälfte einer Zahl mit dem vierten Teil derselben, so erhält man die Zahl 50.

12. Die Oberfläche eines Würfels beträgt $3\,456\ \text{cm}^2$. Wie lang ist eine Kante?

13. Drei gleich große quadratische Büroräume sowie der $18{,}25\ \text{m}^2$ große Flur sollen mit neuem Teppichboden ausgelegt werden. Dazu werden insgesamt $55\ \text{m}^2$ benötigt. Wie lang ist die Seitenlänge eines Büroraumes?

14. Ein quadratisches Blumenbeet in einem Park wird auf einer Seite um 7 m verkürzt und auf der benachbarten Seite um 7 m verlängert. Das neue, rechteckige Blumenbeet ist $435\ \text{m}^2$ groß. Welche Seitenlänge hatte das ursprüngliche Blumenbeet? Überprüfe dein Ergebnis.

Lösen einer quadratischen Gleichung der Form $(x + d)^2 = r$

Einstieg

Herr Kuhweide besitzt ein $500\ \text{m}^2$ großes quadratisches Grundstück. Die Gemeinde, der das umliegende Land gehört, bietet ihm an, die Seiten des Grundstücks um jeweils 10 m zu vergrößern. Sie verlangt für $1\ \text{m}^2$ 75 €. Hinzu kommt noch die Mehrwertsteuer.

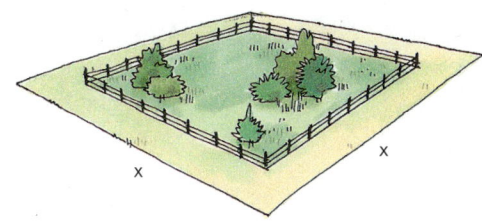

➜ Mit welchen Kosten hat Herr Kuhweide zurechnen.

Aufgabe

1. Bestimme die Lösungsmenge der quadratischen Gleichung:

a) $(x - 2)^2 = 9$ **b)** $x^2 + 6x + 9 = 25$

Lösung

a) Wir lösen die Gleichung entsprechend zur Aufgabe 1 auf Seite 51. Dabei denken wir uns nur $(x - 2)$ anstelle von x:

$(x - 2)^2 = 9$

$x - 2 = \sqrt{9}\quad oder\quad x - 2 = -\sqrt{9}$

$x - 2 = 3\quad oder\quad x - 2 = -3$

$\quad x = 5\quad oder\quad\quad x = -1$

$L = \{-1;\ 5\}$

b) Auf den linken Term wenden wir zunächst die 1. binomische Formel an:

$x^2 + 6x + 9\ = 25$

$(x + 3)^2\quad\ = 25$

$x + 3 = \sqrt{25}\quad oder\quad x + 3 = -\sqrt{25}$

$x + 3 = 5\quad\ oder\quad x + 3 = -5$

$\quad x = 2\quad\ oder\quad\quad x = -8$

$L = \{-8;\ 2\}$

Strategie
Zurückführen auf
einen bekannten Fall:
reinquadratische
Gleichung

Zum Festigen und Weiterarbeiten

2. Bestimme durch Rechnen die Lösungsmenge. Überprüfe dein Ergebnis.

a) $(x + 5)^2 = 49$ **b)** $(x - 4)^2 = 0$ **c)** $(x - 1)^2 = 3$ **d)** $(y + 7)^2 = -4$

3. Bestimme die Lösungsmenge. Beschreibe dein Vorgehen. Führe auch die Probe durch.

a) $x^2 - 12x + 36 = 25$ **b)** $x^2 + 9x + \frac{81}{4} = \frac{9}{4}$ **c)** $y^2 - 6y + 9 = 11$

Übungen

4. Bestimme die Lösungsmenge. Führe – soweit möglich – die Probe durch.

a) $(x + 2)^2 = 25$ **d)** $(x - 4)^2 = 1$ **g)** $(x - 5)^2 = -49$ **j)** $(z - 2)^2 = \frac{16}{25}$

b) $(x - 3)^2 = 16$ **e)** $(x + 2)^2 = 0$ **h)** $(x - 0,6)^2 = 2,25$ **k)** $(y + 3)^2 = 2$

c) $(x + 7)^2 = 36$ **f)** $(x - 5)^2 = 4$ **i)** $(x + 1,2)^2 = 0,81$ **l)** $(y - 2)^2 = 12$

5. Bestimme durch Rechnen die Lösungsmenge. Führe auch die Probe durch.

a) $x^2 - 6x + 9 = 36$ **d)** $x^2 - 1,8x + 0,81 = 0,25$ **g)** $z^2 + 16z + 64 = 7$

b) $x^2 + 8x + 16 = 49$ **e)** $x^2 - x + 0,25 = 1,44$ **h)** $y^2 - 3y + 2,25 = 5$

c) $x^2 - 8x + 16 = 0$ **f)** $x^2 + 5x + \frac{25}{4} = \frac{81}{4}$ **i)** $y^2 - 5y + 6,25 = 8$

6. *Zahlenrätsel*

Bestimme die gesuchten Zahlen. Wie viele Lösungen hat das Zahlenrätsel? Kontrolliere.

a) Wenn man eine Zahl um 5 vergrößert und das Ergebnis quadriert, so erhält man 36.

b) Wenn man eine Zahl um 2 verkleinert und das Ergebnis quadriert, so erhält man 16.

c) Wenn man eine Zahl um $\frac{1}{2}$ vergrößert und das Ergebnis quadriert, so erhält man 0.

d) Wenn man eine Zahl um $\frac{3}{4}$ vergrößert und das Ergebnis quadriert, so erhält man 0.

e) Wenn man eine Zahl um $\frac{3}{4}$ verkleinert und das Ergebnis quadriert, so erhält man -4.

f) Wenn man eine Zahl um 1,5 vergrößert und das Ergebnis quadriert, so erhält man 7.

7. Für welche Zahlen für r besitzt die Gleichung $(x - 3)^2 = r$ keine Lösung, genau eine Lösung, genau zwei Lösungen?

Lösen einer quadratischen Gleichung mithilfe der quadratischen Ergänzung

Einstieg

Das rechts abgebildete Grundstück ist 567 m² groß.

➔ Berechne seine Maße.
Ihr könnt dazu eine quadratische Gleichung aufstellen.
Es gibt mehrere Möglichkeiten.

➔ Welche davon ist am günstigsten?
Berichtet über eure Ergebnisse.

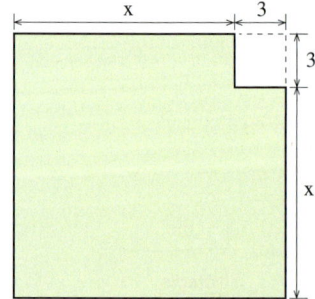

Aufgabe

1. Bestimme die Lösungsmenge der quadratischen Gleichung:

a) $x^2 + 6x = -5$ **b)** $x^2 - \frac{1}{2}x - \frac{1}{9} = 0$

Lösung

Wir versuchen die linke Seite der Gleichung mithilfe einer binomischen Formel in einen quadratischen Term zu verwandeln. Dazu müssen wir den Term links geeignet ergänzen.
Wir addieren auf beiden Seiten das Quadrat des halben Faktors von x (*quadratische Ergänzung*; abgekürzt: qu. E.).
Dann können wir wie in Aufgabe 1 auf Seite 53 weiterrechnen.

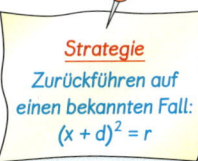

(qu. E.) bedeutet quadratische Ergänzung

Strategie
Zurückführen auf einen bekannten Fall:
$(x + d)^2 = r$

a)
$$x^2 + 6x \quad = -5 \quad | + \left(\tfrac{6}{2}\right)^2 \text{(qu.E.)}$$
$$x^2 + 6x + 9 = -5 + 9$$
$$x^2 + 6x + 9 = 4 \quad | T$$
$$(x + 3)^2 \quad = 4$$
$$x + 3 = 2 \quad \text{oder} \quad x + 3 = -2$$
$$x = -1 \quad \text{oder} \quad x = -5$$
$$L = \{-5; -1\}$$

b)
$$x^2 - \tfrac{1}{2}x - \tfrac{1}{9} \quad = 0 \quad | + \tfrac{1}{9}$$
$$x^2 - \tfrac{1}{2}x \quad = \tfrac{1}{9} \quad | + \left(\tfrac{\frac{1}{2}}{2}\right)^2 \text{(qu.E.)}$$
$$x^2 - \tfrac{1}{2}x + \left(\tfrac{1}{4}\right)^2 = \tfrac{1}{9} + \left(\tfrac{1}{4}\right)^2$$
$$\left(x - \tfrac{1}{4}\right)^2 = \tfrac{25}{144}$$
$$x - \tfrac{1}{4} = \tfrac{5}{12} \quad \text{oder} \quad x - \tfrac{1}{4} = -\tfrac{5}{12}$$
$$x = \tfrac{2}{3} \quad \text{oder} \quad x = -\tfrac{1}{6}$$
$$L = \left\{-\tfrac{1}{6}; \tfrac{2}{3}\right\}$$

Zum Festigen und Weiterarbeiten

2. Ergänze auf beiden Seiten der Gleichung so, dass du die linke Seite als Quadrat schreiben kannst. Bestimme dann die Lösungsmenge. Mache auch die Probe.

a) $x^2 - 4x + \square = 32 + \square$ **b)** $x^2 + 10x + \square = 24 + \square$ **c)** $x^2 - 3x + \square = 6{,}75 + \square$

3. Ergänze beide Seiten der Gleichung so, dass die linke Seite als Quadrat geschrieben werden kann. Bestimme dann die Lösungsmenge. Mache auch die Probe.

a) $x^2 - 10x = 24$ **e)** $8 - 6z + z^2 = 0$
b) $x^2 + 2x - 8 = 0$ **f)** $6 + x^2 - 5x = 0$
c) $x^2 - 7x + 6 = 0$ **g)** $y^2 - 4 - 3y = 0$
d) $8y + y^2 = 9$ **h)** $x^2 - 4x + 1 = 0$

$$x^2 - 3x \quad = 1 \quad | + \left(\tfrac{3}{2}\right)^2 \text{(qu.E.)}$$
$$x^2 - 3x + \left(\tfrac{3}{2}\right)^2 = 1 + \left(\tfrac{3}{2}\right)^2 \quad | T$$
$$\left(x - \tfrac{3}{2}\right)^2 = \tfrac{13}{4}$$
$$x - \tfrac{3}{2} = \sqrt{\tfrac{13}{4}} \quad \text{oder} \quad x - \tfrac{3}{2} = -\sqrt{\tfrac{13}{4}}$$
$$x = \tfrac{3}{2} + \tfrac{1}{2}\sqrt{13} \quad \text{oder} \quad x = \tfrac{3}{2} - \tfrac{1}{2}\sqrt{13}$$
$$L = \left\{\tfrac{3}{2} + \tfrac{1}{2}\sqrt{13}; \tfrac{3}{2} - \tfrac{1}{2}\sqrt{13}\right\}$$

4. *Quadratische Gleichungen ohne absolutes Glied*

a) Beschreibe die beiden Lösungswege; vergleiche und bewerte sie.
Welches Wissen über Produkte nutzt man bei der Lösung (2) aus?

(1)
$$x^2 - 8x = 0$$
$$x^2 - 8x + 16 = 16$$
$$(x - 4)^2 = 16$$
$$x - 4 = 4 \text{ oder } x - 4 = -4$$
$$x = 8 \quad \text{oder } x = 0$$
$$L_1 = \{8; 0\}$$

(2)
$$x^2 - 8x = 0$$
$$x \cdot (x - 8) = 0$$
$$x = 0 \text{ oder } x - 8 = 0$$
$$x = 0 \text{ oder } x = 8$$
$$L_2 = \{0; 8\}$$

b) Bestimme möglichst einfach die Lösungsmenge. Klammere dazu die Variable aus.
(1) $x^2 + 3x = 0$ (2) $x^2 - 0{,}9x = 0$ (3) $5x^2 - 4x = 0$ (4) $-2z^2 + 7z = 0$

c) Tim hat die Gleichung $x^2 - 8x = 0$ wie rechts notiert gelöst. Die Lösungsmenge ist aber falsch.
Wo steckt der Fehler?
Erkläre.

$$x^2 - 8x = 0$$
$$x^2 = 8x \quad | : x$$
$$x = 8$$
$$L = \{8\}$$

1+1=3

Ein Produkt ist null, wenn ...

5. Bestimme die Lösungsmenge. Gib die Gleichung auch in der Form $x^2 + px + q = 0$ an.

a) $(x - 3)(x - 2) = 0$

b) $(x + 4)(x - 1) = 0$

c) $(x + 5)(x + 6) = 0$

d) $(x + 1{,}5)(x + 3{,}5) = 0$

e) $(x - 2{,}4)(x + 6{,}5) = 0$

f) $\left(x + \frac{3}{4}\right)\left(x - \frac{4}{5}\right) = 0$

g) $\left(x - \frac{2}{3}\right)\left(x - \frac{3}{2}\right) = 0$

h) $(x + 2)(x + 2) = 0$

i) $(x - 3)^2 = 0$

6. Ermittle zu der Lösungsmenge eine passende quadratische Gleichung.

a) $\{3; 4\}$ b) $\{-3; 1\}$ c) $\{-4; -2\}$ d) $\{5\}$ e) $\{-0{,}5; 0{,}5\}$ f) $\left\{-\frac{4}{5}; \frac{3}{4}\right\}$

7. *Lösen einer quadratischen Gleichung der Form* $ax^2 + bx + c = 0$

Bestimme mithilfe der quadratischen Ergänzung die Lösungsmenge.
Beachte: Vor dem quadratischen Ergänzen muss man die Gleichung auf die Form $x^2 + px + q = 0$ (*Normalform*) bringen.

Strategie
Zurückführen auf einen bekannten Fall

a) Erkläre das Beispiel rechts.
Rechne weiter und bestimme die Lösungsmenge. Kontrolliere.

$$2x^2 + 6x - 20 = 0$$
$$x^2 + 3x - 10 = 0$$
$$x^2 + 3x + \left(\tfrac{3}{2}\right)^2 = 10 + \left(\tfrac{3}{2}\right)^2$$

b) Bestimme die Lösungsmenge.

(1) $3x^2 + 24x + 21 = 0$

(2) $2x^2 + 2x - 12 = 0$

(3) $\frac{1}{4}x^2 + 3x - 7 = 0$

(4) $0{,}1y^2 + y + 2{,}4 = 0$

(5) $\frac{1}{3}z^2 - 5z + 18 = 0$

(6) $9y^2 - 24y + 7 = 0$

c) Löse entsprechend.

(1) $3x^2 + x + 7 = 4x + 2x^2 + 5$

(2) $5z^2 + 7z = 4z^2 - 18z - 156$

(3) $3x(x + 2) - 5x(x - 3) = 52$

(4) $(2y - 5)^2 + (3y - 8)^2 = 2$

Übungen

8. Ergänze auf beiden Seiten der Gleichung so, dass du die linke Seite als Quadrat schreiben kannst. Bestimme dann die Lösungsmenge. Mache die Probe.

a) $x^2 + 4x + \square = 21 + \square$

b) $x^2 - 8x + \square = 33 + \square$

c) $x^2 + 14x + \square = 15 + \square$

d) $x^2 - 12x + \square = 13 + \square$

e) $x^2 + 3x + \square = 33{,}75 + \square$

f) $y^2 - 5y + \square = 42{,}75 + \square$

9. Bestimme jeweils die Lösungsmenge. Führe die Probe durch.

a) $x^2 - 8 = 0$
$z^2 - 8z = 0$

b) $y^2 + 6y - 7 = 0$
$x^2 + 8x - 9 = 0$

c) $z^2 - 4z - 5 = 0$
$x^2 - 5x + 4 = 0$

d) $x^2 - 4x + 5 = 0$
$x^2 + 4x - 5 = 0$

e) $x^2 + 8 = 0$
$x^2 + 8x = 0$

f) $x^2 - 4x + 3 = 0$
$x^2 - 3x - 4 = 0$

g) $x^2 + 5x + 4 = 0$
$x^2 + 4x + 5 = 0$

h) $x^2 - 8x - 20 = 0$
$y^2 + 6y - 16 = 0$

i) $x^2 + 16x + 15 = 0$
$x^2 + 15x - 16 = 0$

j) $x^2 + 0{,}6x - 0{,}4 = 0$
$x^2 - 1{,}6x - 0{,}8 = 0$

k) $z^2 + 0{,}8z + 0{,}16 = 0$
$x^2 + 0{,}6x + 0{,}08 = 0$

l) $x^2 - \frac{2}{5}x - \frac{3}{5} = 0$
$x^2 - \frac{3}{5}x - \frac{2}{5} = 0$

10. Kontrolliere Maras Hausaufgaben.

1+1=3

a) $x^2 - 3x = 16 \quad |+9$
$x^2 - 3x + 9 = 25$
$(x - 3)^2 = 5$
$x - 3 = 5$ oder $x - 3 = -5$
$x = 8$ oder $x = -2$
$L = \{8; -2\}$

b) $4z^2 - 12z + 8 = 0 \quad |+1$
$4z^2 - 12z + 9 = 1$
$(2z - 3)^2 = 1$
$2z - 3 = 1$ oder $2z - 3 = -1$
$2z = 4$ oder $2z = 2$
$z = 2$ oder $z = 1$
$L = \{1; -2\}$

c) $4x^2 - 8x = 0 \quad |+8x$
$4x^2 = 8x \quad |:4x$
$x = 2$
$L = \{2\}$

11. Bestimme – ohne quadratisches Ergänzen – jeweils die Lösungsmenge. Überprüfe dein Ergebnis.

a) $x^2 - 4x = 0$

$x^2 - 4 = 0$

b) $3y^2 - 12 = 0$

$-5x^2 + \frac{1}{5} = 0$

c) $y^2 + 6y + 9 = 0$

$y^2 + 9 = 0$

d) $4x^2 - 9 = 0$

$4x^2 + 9x = 0$

e) $4z^2 - 1 = 0$

$4z^2 - z = 0$

f) $50x^2 - 18 = 0$

$50 - 18x^2 = 0$

g) $x^2 - 0{,}09 = 0$

$x^2 + 0{,}9x = 0$

h) $9z^2 - 4 = 60$

$4z - 9z^2 = 0$

i) $-\frac{1}{2}x^2 + 8x = 0$

$-\frac{1}{2}x^2 + 8 = 0$

j) $-\frac{1}{8}y^2 + \frac{1}{2} = 0$

$\frac{1}{8}(y^2 - 1) = \frac{1}{2}$

k) $2{,}5x^2 = 10x$

$3x = -\frac{3}{5}x^2$

l) $-4z^2 = -14z$

$\frac{1}{8}y^2 = 1{,}3y$

12. Bestimme die Lösungsmenge. Mache die Probe.

a) $x^2 + 20x + 36 = 0$

b) $x^2 + 20x + 100 = 0$

c) $x^2 + 20x + 125 = 0$

d) $x^2 + 20x - 125 = 0$

e) $x^2 - 7x + 6 = 0$

f) $x^2 - 11x + 31 = 0$

g) $x^2 - 11x - 5{,}75 = 0$

h) $x^2 + 21x + 20 = 0$

i) $x^2 + 8x = 20$

j) $x^2 + 8x + 16 = 0$

k) $x^2 + 12x + 33 = 0$

l) $x^2 - 3x + 0{,}25 = 0$

13. Ermittle zu der Lösungsmenge eine passende quadratische Gleichung.

a) $\{9;\ 11\}$ b) $\{-9;\ -11\}$ c) $\{7;\ -5\}$ d) $\{-7;\ 5\}$ e) $\{3\}$ f) $\{-2{,}1;\ 2{,}1\}$

14. a) $\frac{1}{2}x^2 - 7x + 12 = 0$

b) $5x^2 - 20x + 15 = 0$

c) $0{,}2z^2 + 3z - 20 = 0$

d) $2x^2 - 28x + 80 = 0$

e) $0{,}1y^2 + 1{,}5y - 3{,}4 = 0$

f) $5x^2 - 8x + 3 = 0$

g) $\frac{1}{2}x^2 + 4x + 10 = 0$

h) $140z + 98 + 50z^2 = 0$

i) $36 + 15y^2 - 51y = 0$

15. Für den Benzinverbrauch B (in l pro 100 km) in Abhängigkeit von der im 5. Gang gefahrenen Geschwindigkeit v (im $\frac{km}{h}$) gilt: $B = 0{,}001\,v^2 - 0{,}1\,v + 6{,}3$

a) Bei welcher Geschwindigkeit beträgt der Benzinverbrauch 7 l pro 100 km?

b) Wie stark muss man die Geschwindigkeit vermindern, damit der Benzinverbrauch um 1 l pro 100 km gesenkt wird?

Lösungsformel – Diskriminante

Information

(1) Lösungsformel für quadratische Gleichungen

Quadratische Gleichungen kann man auch mithilfe einer Formel lösen.

> Gegeben ist eine quadratische Gleichung in der Form: $x^2 + px + q = 0$.
> Diese Form nennt man **Normalform** der quadratischen Gleichung.
> Falls diese Gleichung lösbar ist, so gilt für die Lösungen x_1, x_2:
>
> $x_1 = -\frac{p}{2} + \sqrt{\left(\frac{p}{2}\right)^2 - q}$ und $x_2 = -\frac{p}{2} - \sqrt{\left(\frac{p}{2}\right)^2 - q}$

x_1 und x_2 sind hier Abkürzungen für die beiden Lösungen.

Anmerkung: In Formelsammlungen findet man die Lösungen x_1 und x_2 einer quadratischen Gleichung häufig auch wie folgt angegeben:

$x_{1,2} = -\frac{p}{2} \pm \sqrt{\left(\frac{p}{2}\right)^2 - q}$

△ **(2) Begründung der Lösungsformel**

△ $x^2 + px + q \quad = 0 \qquad | - q$

△ $x^2 + px \qquad = -q \qquad | + \left(\frac{p}{2}\right)^2$ (qu. E.)

△ $x^2 + px + \left(\frac{p}{2}\right)^2 = -q + \left(\frac{p}{2}\right)^2 \qquad | T$ (1. bin. Formel)

△ $\left(x + \frac{p}{2}\right)^2 \qquad = \left(\frac{p}{2}\right)^2 - q$

Diskriminante
Term, der trennt

△ Die Anzahl der Lösungen der quadratischen Gleichung hängt von dem Term $\left(\frac{p}{2}\right)^2 - q$ ab. Die-
△ ser Term heißt **Diskriminante** D.

△ Wir müssen eine *Fallunterscheidung* für die Diskriminante D durchführen:

△ *1. Fall:* **D > 0**

△ $x + \frac{p}{2} = \sqrt{\left(\frac{p}{2}\right)^2 - q} \qquad oder \quad x + \frac{p}{2} = -\sqrt{\left(\frac{p}{2}\right)^2 - q}$

△ $x = -\frac{p}{2} + \sqrt{\left(\frac{p}{2}\right)^2 - q} \qquad oder \quad x = -\frac{p}{2} - \sqrt{\left(\frac{p}{2}\right)^2 - q}$

△ $L = \left\{ -\frac{p}{2} + \sqrt{\left(\frac{p}{2}\right)^2 - q}; \ -\frac{p}{2} - \sqrt{\left(\frac{p}{2}\right)^2 - q} \right\}$

2. Fall: **D = 0**

$\left(x + \frac{p}{2}\right)^2 = 0$

$x + \frac{p}{2} = 0$

$x = -\frac{p}{2}$

$L = \left\{ -\frac{p}{2} \right\}$

3. Fall: **D < 0**

Das Quadrat einer Zahl ist stets nicht-negativ. Also:

$L = \{\ \}$

Aufgabe

1. a) Bestimme mithilfe der Lösungsformel die Lösungsmenge der quadratischen Gleichung
$x^2 - 3x - 10 = 0$.

b) Wie viele Lösungen hat die Gleichung $3x^2 - 18x + 20{,}25 = 0$?
Beantworte die Frage anhand der Lösungsformel, ohne die Lösungsmenge selbst zu bestimmen.

Lösung $\quad \boxed{q = -10}$

a) $x^2 - 3x - 10 = 0$

$\boxed{p = -3} \quad x_1 = -\frac{-3}{2} + \sqrt{\left(\frac{-3}{2}\right)^2 - (-10)} \ ; \quad x_2 = -\frac{-3}{2} - \sqrt{\left(\frac{-3}{2}\right)^2 - (-10)}$

$x_1 = \frac{3}{2} + \sqrt{\frac{9}{4} + \frac{40}{4}} \qquad\qquad ; \quad x_2 = \frac{3}{2} - \sqrt{\frac{9}{4} + \frac{40}{4}}$

$x_1 = \frac{3}{2} + \sqrt{\frac{49}{4}} \qquad\qquad\quad ; \quad x_2 = \frac{3}{2} - \sqrt{\frac{49}{4}}$

$x_1 = \frac{3}{2} + \frac{7}{2} = 5 \qquad\qquad ; \quad x_2 = \frac{3}{2} - \frac{7}{2} = -2$

$L = \{-2; \ 5\}$

b) Die Anzahl der Lösungen hängt von der Diskriminante D ab.
Bevor wir die Diskriminante D berechnen können, müssen wir die gegebene Gleichung erst auf die Normalform bringen.

$3x^2 - 18x + 20{,}25 = 0 \quad | : 3$

$\boxed{\text{Normalform}} \quad x^2 - 6x + 6{,}75 = 0$

Es ist $p = -6$ und $q = 6{,}75$, und somit

$D = \left(\frac{p}{2}\right)^2 - q = \left(\frac{-6}{2}\right)^2 - 6{,}75 = 9 - 6{,}75 > 0.$

Also: Die Diskriminante D ist positiv.
Die gegebene Gleichung hat somit zwei Lösungen.

Information

Abhängigkeit der Anzahl der Lösungen einer quadratischen Gleichung von der Diskriminanten

Die Herleitung der Lösungsformel für quadratische Gleichungen zeigt, dass die Anzahl der Lösungen von der Diskriminante abhängt. Wir stellen fest:

> Die Term $\left(\frac{p}{2}\right)^2 - q$ unter dem Wurzelzeichen in der Lösungsformel heißt **Diskriminante** D.
> Für die Lösungsmenge der quadratischen Gleichung gilt dann:
> - Wenn die Diskriminante D *positiv* ist, dann gibt es *genau zwei* Lösungen.
> - Wenn die Diskriminante D *null* ist, dann gibt es *genau eine* Lösung, nämlich $-\frac{p}{2}$.
> - Wenn die Diskriminante D *negativ* ist, dann gibt es *keine* Lösung.

Zum Festigen und Weiterarbeiten

2. Bestimme die Lösungsmenge mithilfe der Lösungsformel. Führe die Probe durch.

a) $x^2 - 6x + 8 = 0$ b) $x^2 + 10x + 16 = 0$ c) $x^2 - 14x - 51 = 0$

3. Bestimme die Lösungsmenge mithilfe der Lösungsformel. Bringe die Gleichung zunächst auf die Normalform. Überprüfe dein Ergebnis.

a) $4x^2 - x - 7{,}5 = 0$ b) $\frac{1}{3}x^2 - 3x + 7 = 0$ c) $\frac{1}{2}z^2 + 3z - 3 = 0$

4. *Bestimmen der Anzahl der Lösungen mit der Diskriminante*

Berechne die Diskriminante. Wie viele Lösungen hat die Gleichung?

a) $x^2 + 9x + 20 = 0$ c) $4x^2 + 68x + 289 = 0$ e) $x(x - 24) + 16(2x + 1) = 0$

b) $x^2 - 15x + 57 = 0$ d) $0{,}25z^2 - 4 + 1{,}5z = 0$ f) $\frac{1}{7}y^2 + \frac{1}{6}y - \frac{4}{7} = 0$

Übungen

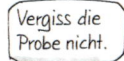

Vergiss die Probe nicht.

5. Bestimme die Lösungsmenge mithilfe der Lösungsformel.

a) $x^2 + 8x - 9 = 0$ d) $x - 14x + 50 = 0$ g) $x^2 - 13x + 42{,}5 = 0$

b) $x^2 + 5x + 4 = 0$ e) $x^2 + 10{,}8x - 63 = 0$ h) $x^2 - 2{,}2x + 0{,}4 = 0$

c) $x^2 - 3x + 2 = 0$ f) $x^2 + 2{,}55x - 4{,}5 = 0$ i) $x^2 - 7x + 3 = 0$

6. Bringe die Gleichung zunächst auf Normalform und wende dann die Lösungsformel an.

a) $x^2 = 22x - 21$ c) $12{,}5 = 7x - x^2$ e) $x + 0{,}75 = x^2$

b) $x^2 + 8x = -12$ d) $x^2 = 1{,}75 - 3x$ f) $4{,}4 - 0{,}2x = x^2$

7. Kontrolliere Carolines Hausaufgaben.

> a) $x^2 - 3x - 4 = 0$
> $x_{1/2} = -\frac{3}{2} \pm \sqrt{\left(\frac{3}{2}\right)^2 - (-4)}$
> $x_{1/2} = -\frac{3}{2} \pm \sqrt{\frac{9}{4} + \frac{16}{4}}$
> $x_{1/2} = -\frac{3}{2} \pm \frac{5}{2}$
> $L = \{1; -4\}$
>
> b) $x^2 + 3x = -10$
> $x_{1/2} = -\frac{3}{2} \pm \sqrt{\left(\frac{3}{2}\right)^2 - (-10)}$
> $x_{1/2} = -\frac{3}{2} \pm \sqrt{\frac{9}{4} + \frac{40}{4}}$
> $x_{1/2} = -\frac{3}{2} \pm \frac{7}{2}$
> $L = \{-5; 2\}$
>
> c) $z^2 + 7 + 10z = 0$
> $z_{1/2} = -\frac{7}{2} \pm \sqrt{\left(\frac{7}{2}\right)^2 - 10}$
> $x_{1/2} = -\frac{7}{2} \pm \sqrt{\frac{49}{4} - \frac{40}{4}}$
> $x_{1/2} = \frac{7}{2} \pm \frac{3}{2}$
> $L = \{5; 2\}$

8. Bringe die Gleichung zunächst auf Normalform und wende dann die Lösungsformel an.

a) $x^2 = 3x - 2$ c) $10 = 6{,}5x - x^2$ e) $1{,}25 - 2x = x^2$

b) $x^2 - 2x = 8$ d) $x^2 = -5x - 6$ f) $x - 0{,}56 = -x^2$

9. Vergleiche und bewerte die unterschiedlichen Lösungswege.

$x^2 - 5x = 0$

$x_{1/2} = \frac{5}{2} \pm \sqrt{\left(\frac{5}{2}\right)^2 - 0}$

$= \frac{5}{2} \pm \frac{5}{2}$

$L = \{0; 5\}$

$x^2 - 5x = 0$

$x(x - 5) = 0$

$x = 0$ oder $x - 5 = 0$

$x = 0$ oder $x = 5$

$L = \{0; 5\}$

$x^2 - 5x = 0$

$x^2 - 5x + 2{,}5^2 = 2{,}5^2$

$(x - 2{,}5)^2 = 6{,}25$

$x - 2{,}5 = 2{,}5$ oder $x - 2{,}5 = -2{,}5$

$x = 5$ oder $x = 0$

$L = \{0; 5\}$

10. Ermittle die Lösungen. Mache die Probe.

a) $2x^2 - 3x - 104 = 0$ e) $2x^2 + 14x + 26 = 0$ i) $\frac{5}{6}z^2 - 4z + \frac{24}{5} = 0$

b) $9x^2 + 63x + 135 = 0$ f) $3x^2 - 15x + 7 = 0$ j) $\frac{3}{2}x^2 + 15 = 12x$

c) $5x^2 + 25x + 20 = 0$ g) $2x^2 + 14x + 25{,}5 = 0$ k) $5y^2 + 14y = -9{,}8$

d) $3y^2 - 4{,}4y - 9{,}6 = 0$ h) $62{,}5 = 35x - 5x^2$ l) $2z = \frac{5}{2} + \frac{4}{9}z^2$

11.

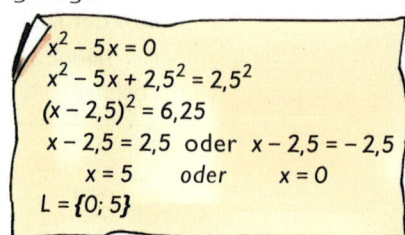

Ich löse quadratische Gleichungen immer mit der Lösungsformel.

Ich nehme immer die quadratische Ergänzung.

Beurteile die beiden Schülermeinungen anhand der folgenden Beispiele:

(1) $x^2 - 4x = 21$ (2) $x^2 - 3 = 13$ (3) $3x^2 = 12x$

12. Bestimme die Lösungsmenge. Überlege zunächst, wie du vorgehst. Manchmal ist die quadratische Ergänzung bzw. die Lösungsformel umständlich.

a) $12x^2 - 3 = 0$ e) $x^2 + 6x + 10 = 65$ i) $8 - 9x + x^2 = 0$

b) $9x^2 + 16x = 0$ f) $10x^2 - 24x + 18 = 0$ j) $12x = 5x^2$

c) $x^2 - 17x + 30 = 0$ g) $x^2 - 18x = 40$ k) $11x + x^2 = -30{,}5$

d) $2x^2 + 15x + 28 = 0$ h) $-3x^2 + 12 = 0$ l) $3 - 14{,}8x = 5x^2$

13. Beseitige die Klammern, bestimme dann die Lösungsmenge. Finde das Lösungswort.

a) $x^2 + (8 - x)^2 = (8 - 2x)^2$ e) $(x - 6)(x - 5) + (x - 7)(x - 4) = 10$

b) $(x - 1)^2 = 5(x^2 - 1)$ f) $(2x - 17)(x - 5) - (3x + 1)(x - 7) = 84$

c) $(2x - 5)^2 - (x - 6)^2 = 80$ g) $(33 + 10z)^2 + (56 + 10z)^2 = (65 + 14z)^2$

d) $x^2 - (6 + x)^2 = (5 - x)^2$ h) $(2z - 3)^2 - (3z - 2)^2 = 7{,}52$

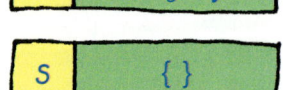 S $\left\{-\frac{13}{3}; 7\right\}$  L $\{0; 10\}$  L $\{3; 8\}$  B $\{\ \}$

 S $\{\ \}$  A $\{-8; 1\}$  F $\{0; 8\}$  U $\{-1{,}5; 1\}$

14. Bestimme die Lösungsmenge. Überlege, wann ein Produkt null ist.

a) $(2x^2 - x - 10)(2x - 5) = 0$ c) $(x^2 + 2x - 63)(x^2 + 6x - 91) = 0$

b) $(10x + 4)(25x^2 + 20x + 4) = 0$ d) $(x^2 - 7x - 30)(x^2 + 2x - 15) = 0$

ANWENDEN VON QUADRATISCHEN GLEICHUNGEN

Einstieg

Das rechteckige Grundstück im Bild rechts ist vererbt worden. Die neuen Eigentümer wollen die Rasenfläche belassen und das restliche Grundstück wie angegeben in zwei gleich große Teile zerlegen.

→ Wie groß ist jedes Teilstück?

→ Fertige eine maßstabsgerechte Zeichnung an.

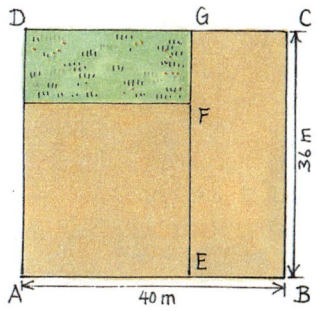

Aufgabe

1. Das Rechteck mit den Seitenlängen 4 m und 3 m soll in ein Quadrat und drei Rechtecke wie im Bild zerlegt werden. Dabei soll der Flächeninhalt der roten Fläche (Rechteck und Quadrat zusammen) 7 m^2 sein. Wie lang kann die Quadratseite gewählt werden?

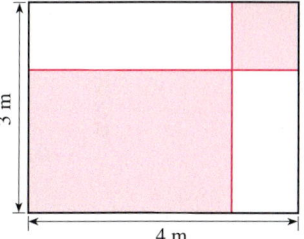

Lösung

(1) Festlegen der gesuchten Größe

Wir rechnen nur mit den Maßzahlen.
Länge der Quadratseite (in m): x

(2) Aufstellen der Gleichung

Größe des roten Quadrats (in m^2): x^2
Größe des roten Rechtecks: $(4 - x) \cdot (3 - x)$
Größe der roten Fläche: $x^2 + (4 - x) \cdot (3 - x)$ bzw. 7
Gleichung: $x^2 + (4 - x) \cdot (3 - x) = 7$
Einschränkende Bedingung: $0 < x < 3$, weil eine Länge positiv ist und die Quadratseite kleiner als 3 m sein muss, sonst passt es nicht in das Rechteck.

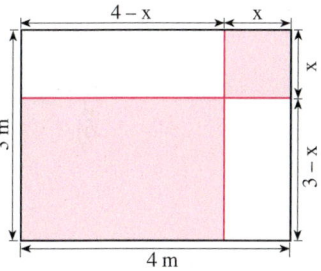

(3) Bestimmen der Lösungsmenge und Kontrolle der einschränkenden Bedingung

$$x^2 + (4 - x)(3 - x) = 7 \quad | T$$
$$x^2 + 12 - 7x + x^2 = 7 \quad | T$$
$$2x^2 - 7x + 12 = 7 \quad | -7 \quad | : 2$$
$$x^2 - \tfrac{7}{2}x + \tfrac{5}{2} = 0$$
$$x = \tfrac{5}{2} = 2{,}5 \quad oder \quad x = 1$$
$$L = \{1;\, 2{,}5\}$$

Weil $0 < 1 < 3$ und $0 < 2{,}5 < 3$, ist für die Zahlen 1 und 2,5 auch die einschränkende Bedingung erfüllt.

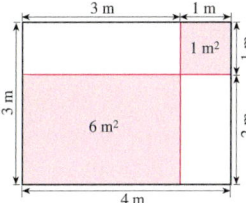

(4) Probe am Aufgaben-Text

Ist die Seitenlänge des roten Quadrates 1 m, dann ist es 1 m^2 groß und das rote Rechteck 2 m · 3 m, also 6 m^2. Zusammen haben sie den Flächeninhalt 7 m^2.
Ist die Seitenlänge des roten Quadrates 2,5 m, dann ist es $(2{,}5 \text{ m})^2$, also 6,25 m^2 groß und das rote Rechteck 0,5 m · 1,5 m, also 0,75 m^2. Zusammen haben sie auch in diesem Fall den Flächeninhalt 7 m^2.

(5) Ergebnis: Die Quadratseite kann 1 m oder 2,5 m lang gewählt werden.

Übungen

Skizze nicht vergessen!

2. a) Wenn man bei einem Würfel die Kantenlänge verdoppelt und noch um 1 cm vergrößert, so vergrößert sich seine Oberfläche um 576 cm^2.
Bestimme die ursprüngliche Kantenlänge.

b) Wenn man bei einem Würfel die Kantenlänge um 1 cm vergrößert, so vergrößert sich sein Volumen um 127 cm^3.
Bestimme die ursprüngliche Kantenlänge.

3. Gegeben ist ein Rechteck mit den Seitenlängen 6 cm und 5 cm.

a) Verkürze alle Seiten um jeweils dieselbe Länge, sodass der Flächeninhalt $\frac{2}{3}$ des ursprünglichen Inhalts beträgt.
Bestimme die neuen Seitenlängen.

b) Verlängere alle Seiten um jeweils dieselbe Länge, sodass der Flächeninhalt das 3fache des ursprünglichen Inhalts beträgt.
Bestimme die neuen Seitenlängen.

c) Ändere die Seitenlängen so ab, dass bei gleichem Flächeninhalt der Umfang des Rechtecks (1) um 1 cm, (2) um $\frac{1}{3}$ cm vergrößert wird.
Bestimme die neuen Seitenlängen.

4. Für ein Prisma mit quadratischer Grundfläche mit der Höhe 5 cm gilt:

a) Die Grundfläche ist (1) um 14 cm^2, (2) um 24 cm^2 größer als eine Seitenfläche.

b) Die gesamte Oberfläche beträgt (1) 48 cm^2, (2) 288 cm^2, (3) 112 cm^2.

Berechne die Seitenlänge der quadratischen Grundfläche.

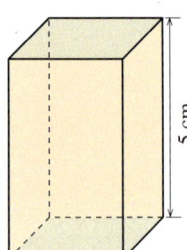

5 cm

5. Bestimme die Seitenlängen eines Rechtecks, von dem bekannt ist:

a) Der Umfang beträgt 23 cm, der Flächeninhalt beträgt (1) 30 cm^2, (2) 19 cm^2.

b) Der Flächeninhalt beträgt 17,28 cm^2, die Längen benachbarter Seiten unterscheiden sich um 1,2 cm.

6. Die Diagonale eines Rechtecks ist 25 cm lang. Die eine Rechtecksseite ist 17 cm länger als die andere. Welchen Umfang hat das Rechteck?

7. In einem rechtwinkligen Dreieck ist die Hypotenuse 65 cm lang, der Umfang beträgt 150 cm. Wie lang ist jede der beiden Katheten?

8. Herr Labohm plant, seine quadratische Terrasse um 3 m zu verbreitern und um 2 m zu verlängern. Dadurch wird sich die Fläche um 24 m^2 vergrößern.

a) Wie groß ist die ursprüngliche Terrassenfläche?

b) Frau Labohm möchte, dass die neue Terrasse zwar um 24 m^2 vergrößert wird, aber quadratisch bleibt.
Um wie viel m müssen Länge und Breite dann verändert werden?

VERMISCHTE UND KOMPLEXE ÜBUNGEN

1. Bestimme die Lösungsmenge. Mache die Probe.

   a) $x^2 + 2x - 35 = 0$ **d)** $x^2 + 8,3x + 6 = 0$ **g)** $8x^2 + 24x + 13,5 = 0$

   b) $y^2 + 15y + 44 = 0$ **e)** $y^2 - 0,5y + 1,5 = 0$ **h)** $4y^2 - 1,6y + 7 = 0$

   c) $z^2 - 7z - 60 = 0$ **f)** $2z^2 - 1,7z - 1 = 0$ **i)** $6z^2 + 23z - 18 = 0$

2. Gib die Lösungsmenge an. Denke an die Probe.

   a) $(x - 5)(x - 10) = 50$ **f)** $(2x + 1)^2 = (3x + 5)x + 1$

   b) $(2x + 18) \cdot x = 0$ **g)** $9(x - 1) = (4x - 3)(4x + 3)$

   c) $(5x - 2)(2x - 5) = 10$ **h)** $7(5x - 2) = (2x + 7)(3x - 2)$

   d) $(4x - 6)(x + 8) = -48$ **i)** $(4x + 3)^2 + (2x - 5)^2 = 2(17 - 3x)$

   e) $(3x + 5)^2 = (2x + 1)4x + 25$ **j)** $(3x + 5)^2 - (2x - 7)^2 = 24(2x - 1)$

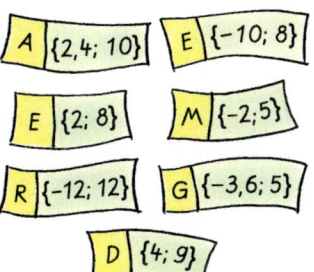

3. Bestimme die Lösungsmenge. Finde das Lösungswort.

   a) $(x + 2)(x - 9) = -5,6x$ **d)** $(x - 8)(x - 3) = 1,4x$

   b) $(x - 5)(x + 7) = 45$ **e)** $(2z - 3)(3z - 2) = 5(z^2 - 6)$

   c) $(x - 8)(x + 8) = 80$ **f)** $(5y + 2)(8 - 3y) = 4y(11 - 4y)$

Lösungswort-Kärtchen:
A $\{2,4; 10\}$ E $\{-10; 8\}$ E $\{2; 8\}$ M $\{-2;5\}$ R $\{-12; 12\}$ G $\{-3,6; 5\}$ D $\{4; 9\}$

4. Wenn man bei einem Quadrat die eine Seitenlänge verdoppelt, die benachbarte um 5 cm verringert, so erhält man ein Rechteck, dessen Fläche um 24 cm² größer ist als die Fläche des Quadrates. Welche Seitenlänge hat das Quadrat?

5.

Der direkte Weg von A nach C ist 65 m lang, der Weg von A über B nach C ist 85 m lang. Wie weit ist der Punkt B von A und von C entfernt?

6. a) Rechteck und Trapez sollen denselben Flächeninhalt besitzen. Wie lang müssen die Seiten des Rechtecks sowie die Grundseiten des Trapezes sein?

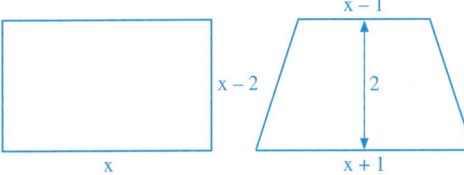

   b) Ein Rechteck mit den Seitenlängen $5x$ und $x + 4$ soll denselben Flächeninhalt wie ein Quadrat mit der Seitenlänge $x + 8$ haben. Bestimme die Seitenlänge beider Figuren.

7. Bei zwei Quadraten ist die Summe der Umfänge 132 cm und die Summe der Flächeninhalte 549 cm².
Wie lang ist die Seite bei dem einen Quadrat, wie lang bei dem anderen?

8. Die Summe zweier Zahlen beträgt 40; die Summe der Quadrate dieser Zahlen 802. Wie heißen die beiden Zahlen?

Ein Produkt ist null, wenn …

9. Bestimme die Diskriminante. Wie viele Lösungen hat die Gleichung? Sofern Lösungen vorliegen, bestimme diese.

a) $x^2 - 7x - 60 = 0$

b) $x^2 - 5x - 126 = 0$

c) $y^2 + 28y + 200 = 0$

d) $x^2 + 11x + 32{,}5 = 0$

e) $x^2 - 21x = 0$

f) $y^2 - 1{,}4y - 18 = 0$

g) $z^2 - 3{,}8z + 3{,}61 = 0$

h) $z^2 + 2{,}5z - 51 = 0$

i) $\frac{20}{3}x^2 - 2x + \frac{3}{20} = 0$

j) $0{,}4y^2 + 6y + 25 = 0$

k) $3x^2 - 1{,}6x - 0{,}75 = 0$

l) $10y^2 - 67y - 60 = 0$

10. a) $(x - 6)(x - 5) + (x + 7)(x - 4) = 10$

b) $(2x - 17)(x - 5) - (3x + 1)(x - 7) = 84$

c) $(2z - 5)^2 - (z - 6)^2 = 80$

d) $(x + 1)(2x + 3) = 4x^2 - 22$

11. Bestimme die Lösungsmenge. Mache die Probe.

a) $(x - 2)^2 + (x + 3)^2 = (x - 1)^2 - 4x$

b) $(x - 4)^2 + (x - 3)^2 = (8 - 2x)^2 - \frac{1}{2}x$

c) $(5x - 7)(x + 3) = (1 - 2x)(9 - x)$

d) $(2x + 3)(x - 4) = (3x - 8)(x - 3)$

e) $2(2y - 7)^2 + (3y + 2)^2 - (4y - 3)^2 + 3 = 0$

f) $(3x + 8)^2 - 2(2x + 7)(2x - 7) - 27 = 0$

12. Hat die Gerade mit der Gleichung (1) $y = -7{,}3x - 12$, (2) $y = 8x - 17$ gemeinsame Punkte mit der Normalparabel? Wenn ja, an welchen Stellen?

13.

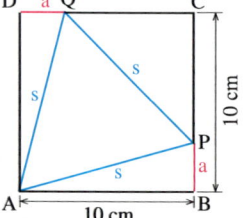

Eine Leiter ist genauso lang wie eine Mauer hoch ist. Lehnt man diese Leiter 20 cm unter dem oberen Mauerrand an, so steht sie unten 1,20 m von der Mauer entfernt.
Wie lang ist die Leiter?

14. Einem Quadrat mit der Seitenlänge 10 cm soll wie im Bild ein gleichseitiges Dreieck APQ einbeschrieben werden.
In welcher Entfernung a von B bzw. D sind die Eckpunkte P bzw. Q zu wählen?
Wie lang ist die Dreiecksseite s?

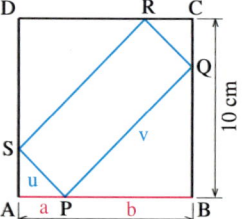

15. Einem Quadrat ABCD mit der Seitenlänge 10 cm ist ein Rechteck PQRS einbeschrieben. Wo muss der Punkt P auf der Seite $\overline{AB}$ gewählt werden, damit der Flächeninhalt des Rechtecks (1) die Hälfte, (2) ein Viertel von dem des Quadrates beträgt?
Wie lang sind dann die Seiten u und v des Rechtecks?

16. Untersuche: Für welche Werte a besitzt die Gleichung

a) $x^2 + a + 4 = 0$; **b)** $x^2 - 2x - a = 0$

(1) genau eine Lösung; (2) genau zwei Lösungen; (3) keine Lösung?
Kontrolliere dein Ergebnis grafisch anhand der Normalparabel und einer geeigneten Geraden.

BIST DU FIT?

1. Bestimme die Lösungsmenge. Mache auch die Probe.

   a) $x^2 + 12x + 11 = 0$ **b)** $y^2 - \frac{3}{4}y + \frac{1}{8} = 0$ **c)** $z^2 + 2z - 1 = 0$

2. **a)** $\frac{3}{2}x^2 - 3x - 36 = 0$ **c)** $3x^2 - 12x + 60 = 0$ **e)** $0{,}2a^2 + 0{,}8 = 1{,}6$

      b) $-11z + 10 + z^2 = 0$ **d)** $3y^2 - 24 = y$ **f)** $\left(\frac{1}{2}y - \frac{2}{3}\right)^2 = \frac{9}{4}$

3. **a)** $(7 - 2x)(7x - 9) = (3x - 5)(15 - 4x)$ **c)** $(4z + 5)^2 - (17 - 2z)^2 - 9(8 - 2z)^2 = 0$

      b) $(10x - 6)(5x + 8) = 4(5 - 10x)(5x - 4)$ **d)** $(5 - 6y)(6 - 15y) = 4(2 - 6y)^2$

4. Die Höhe eines Dreiecks ist um 4 cm kleiner als die Länge der zugehörigen Grundseite. Der Flächeninhalt beträgt 48 cm².
Wie groß ist die Höhe, wie lang die Grundseite?

5. Wie lang sind die Seiten des Rechtecks?

   a) Der Flächeninhalt beträgt 300 cm², eine Seite ist 5 cm länger als die andere Seite.

   b) Der Umfang beträgt 120 cm, der Flächeninhalt 864 cm².

6. Das Quadrat hat die Seitenlänge a = 5 cm. Es ist in vier Teilflächen aufgeteilt. Die beiden grünen Flächen sind zusammen 17,62 cm² groß.
Berechne die Seitenlängen der beiden grünen Quadrate.

7. Für welche Zahlen gilt:

   a) Das Quadrat der Zahl (1) vermehrt, (2) vermindert um ihr 5faches beträgt 14.

   b) Das Produkt aus der Zahl und der um 6 vergrößerten Zahl beträgt (1) 7, (2) −9, (3) −10.

   c) Das Quadrat der Zahl vermindert um 40 ergibt (1) das 6fache, (2) das 18fache der Zahl.

8. Ein Baumarkt wird erweitert. Der quadratische Parkplatz muss dazu auf einer Seite um 10 m verkürzt werden. Die benachbarte Seite kann um 14 m verlängert werden. Die Größe des Parkplatzes ändert sich durch den Umbau jedoch nicht.
Wie groß ist der Parkplatz?

9. Von einem Quader sind bekannt: Volumen 528 cm³; Höhe 11 cm; Größe der Mantelfläche (aus den vier Seitenflächen) 308 cm².
Wie lang sind die Seiten der Grundfläche?

10. Von einem rechteckigen Grundstück an einer Straßenecke soll für einen Radweg ein 2 m breiter Streifen längs der gesamten Straßenfront abgetreten werden (siehe Bild). Dadurch gehen 130 m² des ursprünglich 990 m² großen Grundstücks verloren.
Bestimme Länge und Breite des rechteckigen Grundstücks.

IM BLICKPUNKT: GOLDENER SCHNITT

Betrachte das Bild vom Rathaus in Leipzig. Der Turm befindet sich nicht in der Mitte des Gebäudes; er teilt es nicht in zwei genau gleich große Teile, also nicht im Verhältnis 1:1.

Das Längenverhältnis der kürzeren zur längeren Seite beträgt etwa 2:3, allerdings nicht ganz genau. Aber auch das Verhältnis der längeren Seite zur Gesamtstrecke beträgt 2:3.
Prüfe beides durch Messen und Rechnen nach.

Diese Art der Teilung empfindet man als besonders ausgewogen und schön. Man nennt sie deshalb *harmonische Teilung* oder den *goldenen Schnitt*:
Die kürzere Strecke verhält sich zur längeren Strecke wie die längere Strecke zur Gesamtstrecke.

1. Der goldene Schnitt ist auch bei vielen Bauwerken und Statuen der Antike zu finden.

  a) Der Bauchnabel teilt oft die Statue im goldenen Schnitt.
    Prüfe das am Bild nach.

  b) Wie ist das bei deinem Körper?

2. a) Zeichne einen Turm mit Dach oder einen Baum. Kannst du in deiner Zeichnung den goldenen Schnitt entdecken?

  b) Suche weitere Beispiele (Gebäude, Möbel, Kunstbücher), wo etwas im goldenen Schnitt geteilt wurde.

3. Wie findet man nun aber den genauen Teilungspunkt z.B. für eine 90 m lange Strecke?
Die Verhältnisgleichung lautet
x : (90 − x) = (90 − x) : 90
Löse diese Gleichung. Kontrolliere am Foto des Leipziger Rathauses.

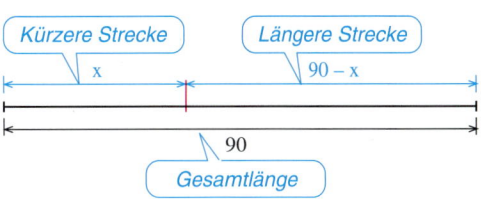

Kürzere Strecke   Längere Strecke
x   90 − x
90
Gesamtlänge

4.

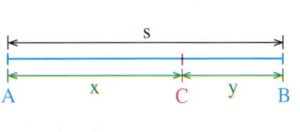

Der Punkt C teilt die Strecke $\overline{AB}$ im **goldenen Schnitt**, wenn gilt:
Die Strecke $\overline{AB}$ der Länge s wird durch den Punkt C so geteilt, dass sich die Gesamtstrecke zur längeren Teilstrecke verhält wie die längere Teilstrecke zur kürzeren Teilstrecke, also
s : x = x : y

s
A   x   C   y   B

a) Gegeben (1) s = 10 cm; (2) x = 8 cm; (3) y = 3 cm. Berechne x, y bzw. s.

b) Begründe allgemein:

Wird eine Strecke im goldenen Schnitt geteilt, so gilt: $\dfrac{s}{x} = \dfrac{1 + \sqrt{5}}{2}$

Für $\dfrac{1 + \sqrt{5}}{2}$ schreibt man auch abkürzend den griechischen Buchstaben Φ.

c) Der griechische Staatsmann Perikles übertrug Phidias die oberste Leitung der Bauten auf der Akropolis in Athen. Dabei entstand in den Jahren 447–432 v. Chr. auch der Parthenon-Tempel. Untersucht durch Messen im Bild, ob am Säuleneingang mehrere Strecken im Verhältnis des goldenen Schnitts geteilt sind:

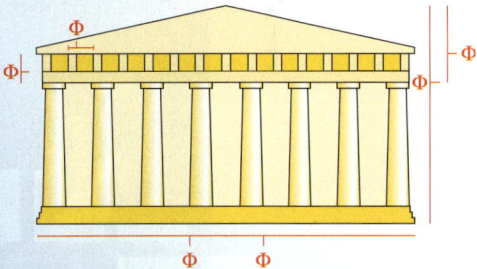

5. Architekten haben Bauwerke entworfen, bei denen Rechtecke auftreten, die auf dem goldenen Schnitt beruhen. Bei einem **goldenen Rechteck** ist das Verhältnis von längerer Seite zur kürzeren Seite wie $\dfrac{1 + \sqrt{5}}{2}$: 1.

a) Zeichne ein Rechteck aus Seitenlängen, die der Breite und der Höhe des Parthenon-Tempels entsprechen. Benutze die Zeichnung in Teilaufgabe 4c). Prüfe ob es sich um ein goldenes Rechteck handelt.

b) Lass deine Freunde bzw. Freundinnen, deine Eltern und gegebenenfalls Geschwister schöne Rechtecke zeichnen. Bestimme das Verhältnis aus längerer und kürzerer Seite und bilde das arithmetische Mittel. Vergleiche das Ergebnis mit der Zahl Φ.

6. Untersucht, ob ihr an anderen Gebäuden Strecken finden könnt, die im goldenen Schnitt geteilt sind. Ihr könnt dazu auch im Internet recherchieren.

Der griechische Bildhauer Phidias (Φίδιας; 490–430 v. Chr.) hat Werke geschaffen, in denen das Verhältnis des goldenen Schnittes oft vorkommt.

Φ Phi

3 Quadratische Funktionen

Geraden kannst du schon durch Gleichungen beschreiben. Im Alltag kommen aber auch viele Linien vor, die nicht gerade sind. Häufig siehst du Kurven wie in den Bildern auf dieser Seite.

→ Erläutere, worum es sich bei den Bildern handelt. Beschreibe auch die Form der enthaltenen Kurven.

→ Kurven wie auf diesen Fotos nennt man Parabeln. Bestimmt hast du schon an anderer Stellen in deiner Umgebung Parabeln gesehen. Versuche, Beispiele anzugeben.

In diesem Kapitel lernst du ...
... Eigenschaften von Parabeln kennen und erfährst, wie man Parabeln in einem Koordinatensystem mit Gleichungen beschreiben und aus der Normalparabel erzeugen kann.

QUADRATISCHE FUNKTIONEN MIT $y = a \cdot x^2$ – EIGENSCHAFTEN

Quadratische Funktionen mit $y = a\,x^2$ – Normalparabel

Einstieg

Ein Autohersteller gibt für einen Mittelklassewagen die Anfahreigenschaft durch die folgende Faustregel an.

> Man erhält die Länge des zurückgelegten Weges (gemessen in Metern), indem man die dazu benötigte Zeit (in Sekunden) quadriert und dann dieses Ergebnis verdoppelt.

→ Bestimmt die Länge des zurückgelegten Weges nach 0, 1, 2, 3, 4, 5 Sekunden.

→ Gebt die Gleichung für die Funktion *benötigte Zeit (in Sekunden)* → *zurückgelegter Weg (in Metern)* an.

→ Zeichnet den Graphen.

→ Berichtet über eure Ergebnisse.

Aufgabe

1.

Die Größe der Bildfläche auf der Leinwand wird (bei einem Projektor mit Standardobjektiv) nach folgender Faustregel berechnet:

> Quadriere den Abstand des Projektors von der Leinwand, dividiere das Ergebnis durch 5.

a) Berechne mithilfe dieser Faustregel die Größe der Bildfläche für folgende Abstände des Projektors von der Leinwand: 1 m; 1,5 m; 2 m; 2,5 m; 3 m; 3,5 m; 4 m; 4,5 m; 5 m; 5,5 m.
Stelle die Ergebnisse in einer Wertetabelle zusammen.
Gib die Gleichung für die Funktion *Abstand x (in m)* → *Größe y (in m²) der Bildfläche* an.
Zeichne den Graphen dieser Funktion.

b) Verwende die gleiche Funktionsgleichung wie in Teilaufgabe a).
Wähle für x jetzt auch negative Zahlen und erstelle eine Wertetabelle.
Zeichne dann den Graphen dieser Funktion.
Zeichne anschließend in dasselbe Koordinatensystem mithilfe einer Wertetabelle den Graphen der Funktion mit $y = x^2$;
dieser Graph wird *Normalparabel* genannt.
Vergleiche beide Graphen miteinander.
Welche Eigenschaften haben sie gemeinsam?
Denke dabei an den Verlauf der Graphen, an Symmetrien und an besondere Punkte.

Lösung

a) *Wertetabelle*

Abstand zum Quadrat durch 5

Abstand (in m)	Bildgröße (in m²)
1,0	0,20
1,5	0,45
2,0	0,80
2,5	1,25
3,0	1,80

Abstand (in m)	Bildgröße (in m²)
3,5	2,45
4,0	3,20
4,5	4,05
5,0	5,00
x	$\frac{1}{5}x^2$

Graph

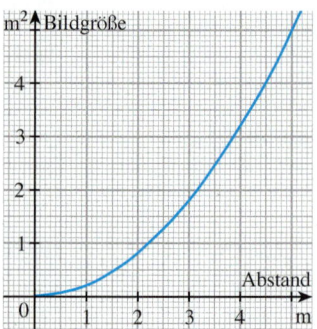

Funktionsgleichung: $y = \frac{1}{5}x^2$

b) *Wertetabelle zu* $y = \frac{1}{5}x^2$ *Wertetabelle zu* $y = x^2$

x	y	x	y
−5	5,0	−2,5	6,25
−4	3,2	−2,0	4,00
−3	1,8	−1,5	2,25
−2	0,8	−1,0	1,00
−1	0,2	−0,5	0,25
0	0	0	0
1	0,2	0,5	0,25
2	0,8	1,0	1,00
3	1,8	1,5	2,25
4	3,2	2,0	4,00
5	5,0	2,5	6,25

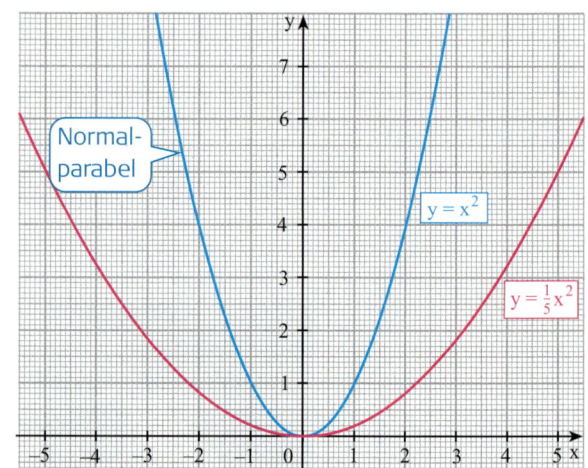

Der Graph zu $y = \frac{1}{5}x^2$ hat eine Form, die der Normalparabel ähnelt. Für jeden der beiden Graphen gilt:
Von links nach rechts fällt er im 2. Quadranten (er geht bergab), er hat an der Stelle 0 den tiefsten Punkt und steigt dann im 1. Quadranten (er geht bergauf).
Im Ursprung des Koordinatensystems berührt der Graph die x-Achse.
Die y-Achse ist Symmetrieachse des Graphen.

Information

(1) Quadratische Funktionen mit $y = a \cdot x^2$

Im Einstieg und in Aufgabe 1 haben wir Funktionen mit $y = ax^2$ betrachtet.

> Funktionen mit $y = ax^2$ heißen **quadratische** Funktionen; ihre Graphen nennt man Parabeln.

Solche Funktionen findet man z. B. in der Geometrie und in der Physik.

Beispiele:
(a) *Seitenlänge a eines Quadrates* → *Flächeninhalt A mit* $A = a^2$
(b) *Radius r eines Kreises* → *Flächeninhalt A des Kreises mit* $A = \pi \cdot r^2$
(c) *Kantenlänge a eines Würfels* → *Oberflächeninhalt A_O des Würfels mit* $A_O = 6 \cdot a^2$
(d) *Zeitspanne t* → *zurückgelegter Weg s beim freien Fall mit angenähert* $s = 5t^2$
(e) *Geschwindigkeit v* → *Bewegungsenergie E eines Körpers mit der Masse m, wobei* $E = \frac{1}{2}m \cdot v^2$

(2) Die quadratische Funktion mit $y = x^2$ und ihre Eigenschaften

Setzt man in $y = a \cdot x^2$ den Faktor $a = 1$, so erhält man die Gleichung $y = x^2$ der *Quadratfunktion*, eine besondere quadratische Funktion.
Der Graph dieser Funktion heißt **Normalparabel.**

(1) *Steigen und Fallen der Normalparabel*

Von links nach rechts fällt die Normalparabel bis zum Koordinatenursprung O (0|0) und steigt dann an.

(2) *Scheitelpunkt der Normalparabel*

An der Stelle 0 ist auch der Funktionswert 0, sonst sind alle Funktionswerte positiv (siehe auch Wertetabelle oben). Der Ursprung O (0|0) ist also der *tiefste* Punkt der Normalparabel. Man nennt ihn auch den **Scheitelpunkt** der Parabel. Alle anderen Punkte der Normalparabel liegen oberhalb der x-Achse.

(3) *Symmetrie der Normalparabel*

Für die Normalparabel zu $y = x^2$ gilt z. B.:
An den Stellen **– 2** und **2** hat die Funktion denselben Wert **4**, denn $2^2 = 4$ und $(-2)^2 = 4$. Die entsprechenden Punkte P′(**– 2**|**4**) und P(**2**|**4**) unterscheiden sich nur im Vorzeichen der 1. Koordinaten, die 2. Koordinate ist die gleiche. Dies gilt für jede Zahl für x und ihre Gegenzahl (siehe Wertetabelle Seite 70). Das bedeutet:
Die gesamte Normalparabel ist symmetrisch zur y-Achse. Der Ursprung ist der einzige Punkt, der auf der Symmetrieachse liegt.

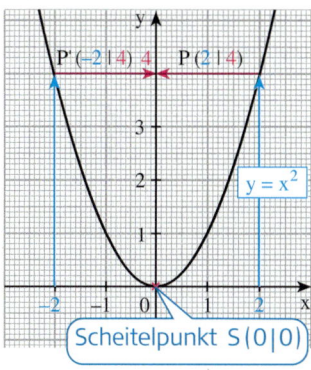

Eigenschaften der Normalparabel

Für die *Normalparabel*, den Graphen der quadratischen Funktion mit $y = x^2$ und dem Definitionsbereich $\mathbb{R}$, gilt:

(1) Die Normalparabel ist symmetrisch zur y-Achse.

(2) Der Scheitelpunkt S (0|0) ist der tiefste Punkt der Normalparabel; er liegt im Ursprung.

(3) Die Normalparabel fällt (von links nach rechts gesehen) im 2. Quadranten bis zum Ursprung O (0|0) und steigt dann im 1. Quadranten. Sie ist nach oben geöffnet.

(4) Die Menge der Funktionswerte, kurz der *Wertebereich* der Funktion, ist die Menge aller reellen Zahlen y mit $y \geq 0$.

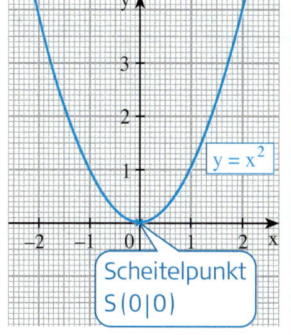

Im Handel erhält man Schablonen zum Zeichnen der Normalparabel.

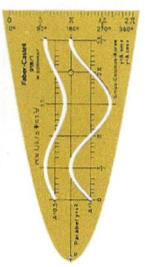

Zum Festigen und Weiterarbeiten

2. Zeichne die Normalparabel für das Intervall $-3 \leq x \leq 3$.

a) Lies an der Normalparabel ab: $0,7^2$; $1,3^2$; $2,6^2$; $(-0,4)^2$; $(-1,7)^2$; $(-2,1)^2$. Kontrolliere rechnerisch.

b) Lies an der Normalparabel ab: Für welche Argumente x nimmt die quadratische Funktion mit $y = x^2$ den Wert 4; 3,5; 0,5; 0 an? Kontrolliere rechnerisch.

c) Lies an der Normalparabel mögliche Werte für x ab:
(1) $x^2 = 4,5$ (2) $x^2 = 2,2$ (3) $x^2 = 1$ (4) $x^2 = -1$

Das Intervall $-3 \leq x \leq 3$ umfasst alle reellen Zahlen von – 3 bis +3.

3. Zeichne mithilfe einer Wertetabelle den Graphen der quadratischen Funktion mit:

a) $y = 3x^2$ b) $y = \frac{1}{4}x^2$ c) $y = -x^2$ d) $y = -2x^2$

Gib an, wo der Graph fällt, wo er steigt. Verläuft der Graph oberhalb oder unterhalb der x-Achse? Notiere den Wertebereich.

Gib auch die Symmetrieachse und die Koordinaten des Scheitelpunktes an.

4. Entscheide, welche der Punkte auf der Normalparabel liegen, welche nicht.

$P_1(-0,9|0,81)$; $P_3(2,5|6,25)$;

$P_2(1,4|-1,96)$; $P_4(2,4|5,67)$

> *Punktprobe*
>
> $P(-1,2|1,44)$ liegt auf der Normalparabel, denn Einsetzen der Koordinaten in die Funktionsgleichung $y = x^2$ ergibt:
>
> $1,44 = (-1,2)^2$ (wahre Aussage)

Übungen

5. Die Punkte P_1 bis P_8 liegen auf der Normalparabel.
Bestimme die fehlende Koordinate.

$P_1(1,2|\square)$; $P_3(-1,4|\square)$; $P_5(+\square|2,25)$; $P_7(+\square|6,25)$;

$P_2(2,6|\square)$; $P_4(\square|0)$; $P_6(-\square|1,21)$; $P_8(-\square|2,56)$

6. Gib zu den Punkten $P(0,5|0,25)$; $Q(-1,5|2,25)$; $R(3|9)$; $S(-4|16)$ der Normalparabel jeweils die zur y-Achse symmetrisch liegenden Punkte P', Q', R', S' an.
Bestätige durch eine Punktprobe, dass sie auch auf der Normalparabel liegen.

7. Lukas hat die Normalparabel gezeichnet.
Was fällt dir auf? Erläutere.

8. a) Die Seitenlänge eines Quadrats wird verdoppelt. Wie ändert sich der Flächeninhalt?

b) Wie müssen die Seitenlängen eines Quadrats verändert werden, damit sich der Flächeninhalt verdoppelt?

9. Betrachte die Funktion mit $y = x^2$.
Wie verändert sich der y-Wert, wenn sich x verdoppelt?
Was bedeutet das für die Beispiele in der Information (1)?

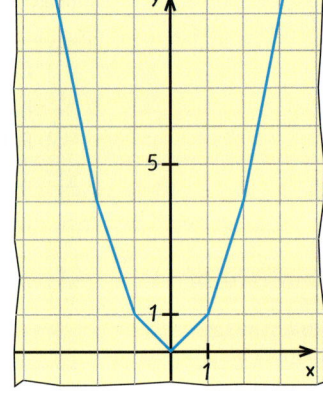

10. Lege eine Wertetabelle an und zeichne den Graphen der Funktion.
Gib Eigenschaften des Graphen an.

a) $y = \frac{1}{4}x^2$ b) $y = 1,2x^2$ c) $y = -0,8x^2$ d) $y = -\frac{3}{2}x^2$ e) $y = 0,3x^2$

11. Welcher der Punkte $P_1(3|18)$, $P_2(-2,5|-6,25)$, $P_3(1,5|-11,25)$, $P_4(-4|12)$ liegt auf dem Graphen zu

a) $y = -x^2$;   b) $y = 2x^2$;   c) $y = \frac{3}{4}x^2$;   d) $y = 5x^2$?

12. $P_1(1|\square)$; $P_2(-1|\square)$; $P_3(5|\square)$; $P_4(-1,5|\square)$; $P_5(\square|0)$
Bestimme jeweils die fehlende Koordinate so, dass der Punkt zum Graphen der Funktion mit der Gleichung

a) $y = 0,2x^2$,   b) $y = -1,4x^2$ gehört.

Strecken und Spiegeln der Normalparabel

Einstieg

Untersuche mit deinem Kalkulationsprogramm die Graphen der quadratischen Funktionen der Form $y = a \cdot x^2$.
Gestalte die Tabelle so, dass du den Wert für a verändern kannst.

→ Wähle für a verschiedene (auch negative) Zahlen. Was fällt dir auf?

→ Wie wirkt es sich auf den Graphen aus, wenn der Parameter a im positiven Bereich variiert? Vergleiche jeweils mit dem Graphen der Normalparabel.

→ Zeichne den Graphen für a = – 1. Wie erhältst du diesen Graphen aus der Normalparabel?

→ Präsentiere deine Ergebnisse.

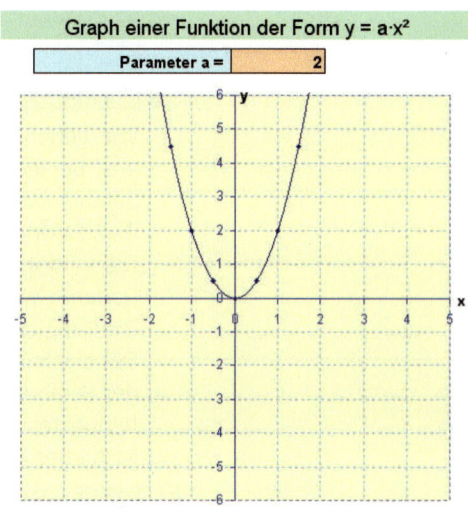

Information

Wir gehen von der Normalparabel aus. Bei jedem Punkt P der Normalparabel soll die y-Koordinate mit dem Faktor 2 multipliziert werden. Die x-Koordinate wird beibehalten. Aus den jeweiligen Bildpunkten P' erhalten wir so einen neuen Graphen.
Zu welcher Funktion gehört der neue (rote) Graph?
Gib dazu die Funktionsgleichung an.

x	−2	−1	0	1	2	x
x^2	4	1	0	1	4	x^2
y	8	2	0	2	8	$2 \cdot x^2$

$\Big) \cdot 2$

Man erhält jeweils den neuen Funktionswert y, indem man den alten Funktionswert x^2 mit 2 multipliziert (vervielfacht):

$$y = 2 \cdot x^2$$

Durch das Multiplizieren (Vervielfachen) der alten Funktionswerte x^2 mit dem Faktor 2 wird die Normalparabel in Richtung der y-Achse *gestreckt*. Bei diesem *Strecken* bleibt die y-Achse als Symmetrieachse erhalten, ebenso der Scheitelpunkt. Der neue Graph ist schmaler als die Normalparabel.

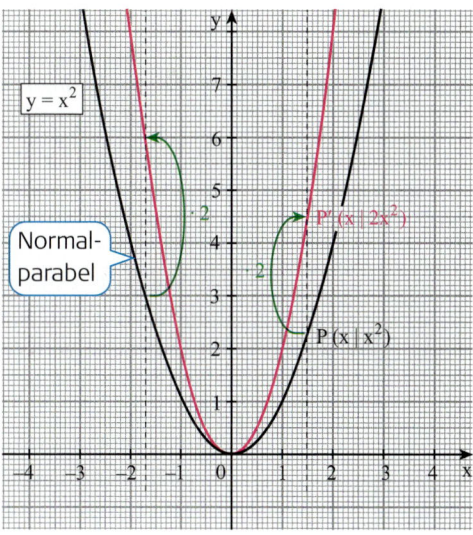

$y = x^2$

Normalparabel

$P'(x \mid 2x^2)$

$P(x \mid x^2)$

Aufgabe

1. a) Zeichne den Graphen der Funktion mit $y = \frac{1}{2}x^2$.
Beschreibe, wie der Graph dieser Funktion aus der Normalparabel hervorgeht.

b) Zeichne die Normalparabel. Spiegele diese an der x-Achse, indem du die y-Koordinate eines jeden Parabelpunktes mit (– 1) multiplizierst.
Wie lautet die Funktionsgleichung der neuen Funktion?

Lösung

a)

x	−2	−1	0	1	2	x
x^2	4	1	0	1	4	x^2
y	2	$\frac{1}{2}$	0	$\frac{1}{2}$	2	$\frac{1}{2}x^2$

$\Big)\cdot\frac{1}{2}$

Wir gehen von der Normalparabel aus. Bei jedem Punkt P der Normalparabel wird die y-Koordinate mit dem Faktor $\frac{1}{2}$ multipliziert.
Die x-Koordinate wird beibehalten. Dadurch wird die Normalparabel in Richtung der y-Achse gestaucht. Dabei bleiben die Symmetrieachse der Parabel und die Lage des Scheitelpunktes erhalten. Der neue Graph ist breiter als die Normalparabel.

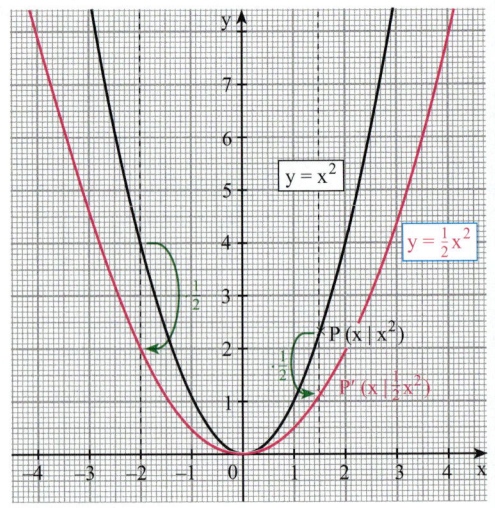

b)

x	−2	−1	0	1	2	x
x^2	4	1	0	1	4	x^2
y	−4	−1	0	−1	−4	$-x^2$

$\Big)\cdot(-1)$

Man erhält den Funktionswert y der neuen Funktion, indem man x^2 mit (-1) multipliziert:

$$y = -x^2$$

Der Graph der neuen Funktion entsteht durch Spiegeln der Normalparabel an der x-Achse.

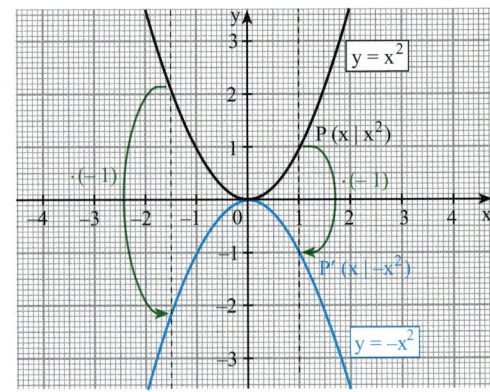

Information

Durch das Multiplizieren des Funktionsterms x^2 mit einem Faktor a (z. B. a = 2) wird die Normalparabel von der x-Achse aus in Richtung der y-Koordinatenachse *gestreckt*.
Im Bild rechts wird ein Gummituch, auf dem eine Normalparabel gezeichnet ist, nach oben *gestreckt*.
Man spricht auch dann vom *Strecken* der Parabel, wenn der Faktor a zwischen 0 und 1 liegt $\big($z. B. a = $\frac{1}{2}\big)$, und auch dann, wenn der Faktor a negativ ist (z. B. a = −1).

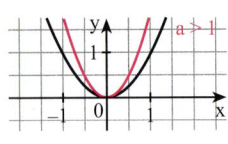

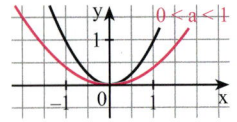

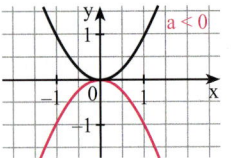

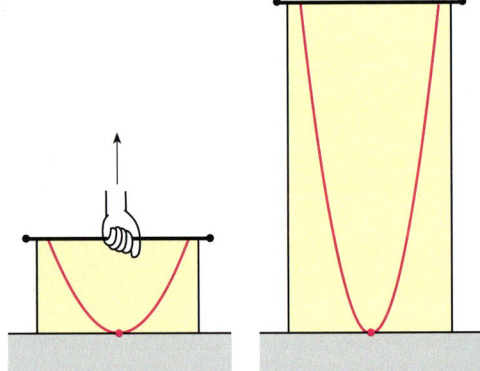

Beim **Strecken oder Stauchen** der Normalparabel von der x-Achse aus **in Richtung der y-Achse** mit dem positiven Faktor a wird die y-Koordinate eines jeden Punktes der Normalparabel mit dem Faktor a multipliziert und die x-Koordinate beibehalten. Ist der Faktor negativ, so bedeutet das zusätzlich ein **Spiegeln an der x-Achse**.

Zum Festigen und Weiterarbeiten

2. Zeichne den Graphen der Funktion mit:

a) $y = 2{,}5x^2$ **b)** $y = \frac{1}{4}x^2$ **c)** $y = -2x^2$ **d)** $y = -\frac{1}{2}x^2$

Wie ist er aus der Normalparabel entstanden? Gib die Eigenschaften des Graphen an, begründe sie. Gib auch den Wertebereich an.

3. Zeichne mit einer Schablone die Normalparabel. Strecke sie in Richtung der y-Achse, indem du die 2. Koordinate eines jeden Parabelpunktes (1) mit $\frac{3}{4}$, (2) mit 1,5, (3) mit (-3), (4) mit $(-0{,}4)$ multiplizierst. Wie lautet die Funktionsgleichung der neuen Funktion?

4. Zeichne in das gleiche Koordinatensystem die Graphen der Funktionen mit:

(1) $y = x^2$;   (3) $y = 0{,}5x^2$;   (5) $y = \frac{1}{4}x^2$ (7) $y = 2x^2$;   (9) $y = 3x^2$

(2) $y = -x^2$;   (4) $y = -0{,}5x^2$;   (6) $y = -\frac{1}{4}x^2$;   (8) $y = -2x^2$;   (10) $y = -3x^2$

Welche Graphen sind schmaler, welche breiter als die Normalparabel bzw. die gespiegelte Normalparabel?

Wie ändert sich die Steilheit der Graphen der Funktion mit $y = ax^2$, wenn für a ein größerer Faktor gewählt wird? Unterscheide die Fälle $a > 0$ und $a < 0$.

Information

> Der Graph einer **quadratischen Funktion mit $y = ax^2$** $(a \neq 0)$ geht aus der Normalparabel durch Strecken in Richtung der y-Achse mit dem Streckfaktor a hervor. Eine solche Funktion hat folgende Eigenschaften:
>
> (1) Der Graph ist symmetrisch zur y-Achse.
> (2) Der Scheitelpunkt $S(0|0)$ liegt im Ursprung des Koordinatensystems.
> (3) *Für $a > 0$ gilt:*
> Der Graph ist nach oben geöffnet.
> Er fällt im 2. Quadranten bis zum Scheitelpunkt und steigt dann im 1. Quadranten. Der Scheitelpunkt ist der *tiefste* Punkt des Graphen.
> Bei $a > 1$ ist der Graph schmaler, bei $a < 1$ breiter als die Normalparabel.
> (4) *Für $a < 0$ gilt:*
> Der Graph ist nach unten geöffnet.
> Er steigt im 3. Quadranten bis zum Scheitelpunkt und fällt dann im 4. Quadranten. Der Scheitelpunkt ist der *höchste* Punkt des Graphen.
> Bei $a < -1$ ist der Graph schmaler, bei $a > -1$ breiter als die gespiegelte Normalparabel.

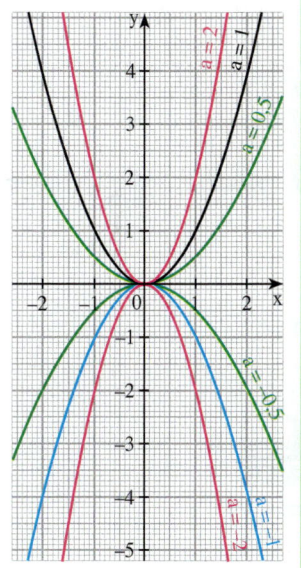

Übungen

5. Zeichne den Graphen. Wie ist der Graph der Funktion aus der Normalparabel entstanden? Welche Eigenschaften hat er? Gib auch den Wertebereich an.

a) $y = 1{,}8x^2$ **b)** $y = \frac{7}{2}x^2$ **c)** $y = 0{,}8x^2$ **d)** $y = -2{,}5x^2$ **e)** $y = -0{,}7x^2$

6. Zeichne den Graphen. Zu welcher Funktion gehört er? Gib die Funktionsgleichung an.

a) Die Normalparabel wird in Richtung der y-Achse mit dem (1) Faktor 3, (2) Faktor $(-1{,}2)$ gestreckt.

b) Die Normalparabel wird an der x-Achse gespiegelt, die gespiegelte Parabel wird dann in Richtung der y-Achse mit dem Faktor 0,6 gestaucht.

7. Notiere die zugehörige Funktionsgleichung.

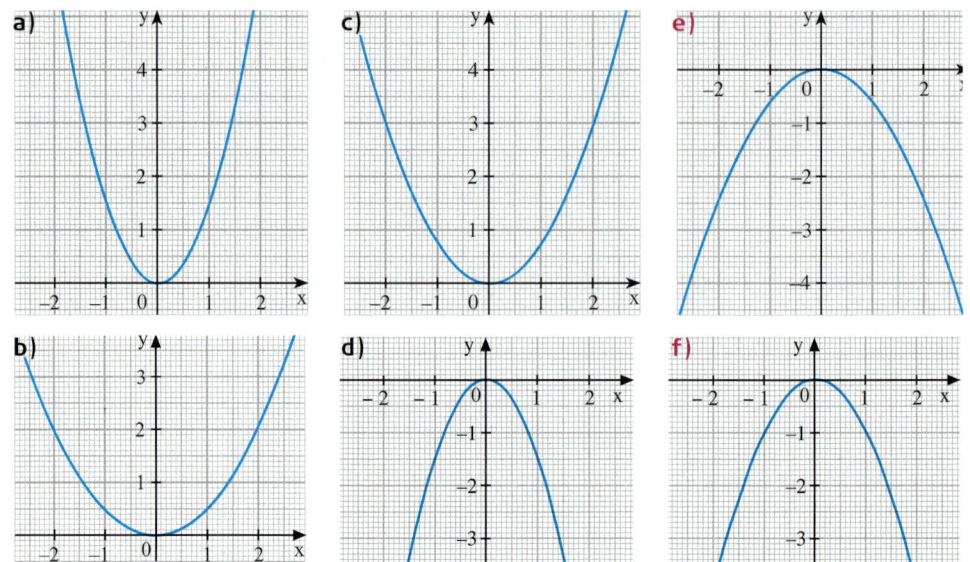

8. Die quadratische Funktion hat die Gleichung $y = ax^2$.
Bestimme den Wert des Faktors a, für den der Graph durch den Punkt P geht.
Beschreibe dein Vorgehen und begründe.

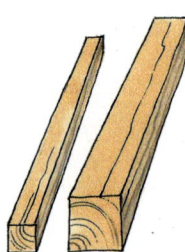

a) $P(1|4)$　　　**b)** $P(2|1)$　　　**c)** $P(-2|8)$　　　**d)** $P\left(\frac{1}{2}|4\right)$

9. Ein Baumarkt bietet 2,40 m lange Leisten mit quadratischem Querschnitt an. Die Leisten mit der Seitenlänge 2,5 cm kosten 7,98 €.
Wie viel könnte eine Leiste mit der Seitenlänge 5 cm kosten?

10. Beim senkrechten Fall einer Kugel von einem hohen Gebäude gilt für die Funktion
Fallzeit t (in Sekunden) → Länge s des Fallweges (in Metern) angenähert $s = 5\,t^2$.

a) Welchen Fallweg legt die Kugel in 0,5; 1; 1,5; 2; 2,5; 3 Sekunden zurück?

b) Das Bild zeigt hohe Bauwerke. Berechne die Fallzeit bei den angegebenen Höhen.

c) Erkunde, welches das derzeit höchste Bauwerk der Welt ist. Berechne auch dafür die Fallzeit.

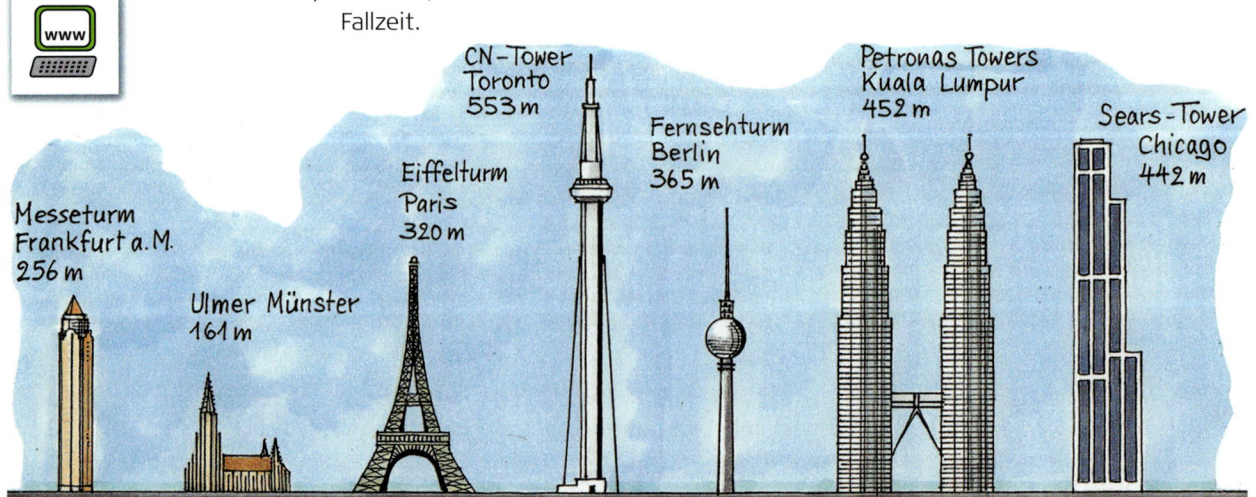

QUADRATISCHE FUNKTIONEN MIT $y = x^2 + px + q$ – EIGENSCHAFTEN

Quadratische Funktionen mit der Gleichung $y = x^2 + e$

Einstieg

Untersuche mit deinem Kalkulationsprogramm die Graphen quadratischer Funktionen der Form $y = x^2 + e$.

Erstelle eine Wertetabelle und zeichne den Graphen der Funktion. Gestalte die Tabelle so, dass du den Wert für e verändern kannst.

→ Wähle für e verschiedene (auch negative) Zahlen. Beschreibe, wie der Graph der Funktion aus der Normalparabel hervorgeht.

→ Erkläre, warum man die Graphen zu $y = x^2 + e$ auch Parabeln nennt.

→ Gib den Scheitelpunkt der Parabel in Abhängigkeit von e an.

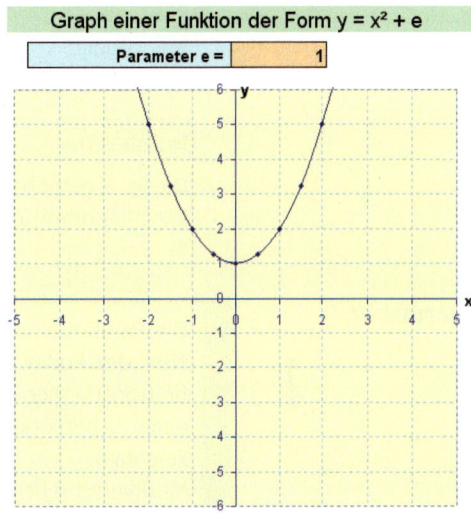

Graph einer Funktion der Form $y = x^2 + e$

Parameter e =   1

Aufgabe

1. Zeichne den Graphen zu der Funktion mit der Gleichung:

(1) $y = x^2 + 1$ (2) $y = x^2 - 2$

Zeichne in dasselbe Koordinatensystem die Normalparabel mit $y = x^2$.

Beschreibe, wie der Graph zu (1) bzw. (2) aus der Normalparabel hervorgeht.

Gib auch die Eigenschaften der Parabel an. Denke dabei an die Lage der Symmetrieachse und den Scheitelpunkt, den Verlauf vom 2. zum 1. Quadranten, den Wertebereich und die Nullstellen.

Lösung

(1) $y = x^2 + 1$

x	−3	−2	−1	0	1	2	3	x
x^2	9	4	1	0	1	4	9	x^2
y	10	5	2	1	2	5	10	$x^2 + 1$

$\Big)+1$

(2) $y = x^2 - 2$

x	−3	−2	−1	0	1	2	3	x
x^2	9	4	1	0	1	4	9	x^2
y	7	2	−1	−2	−1	2	7	$x^2 - 2$

$\Big)-2$

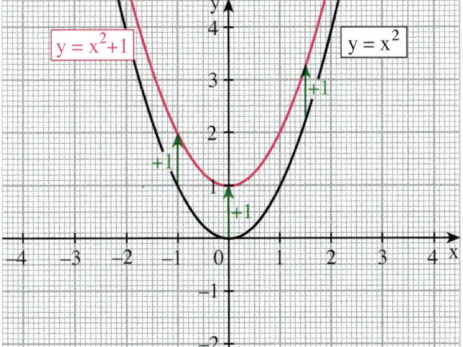

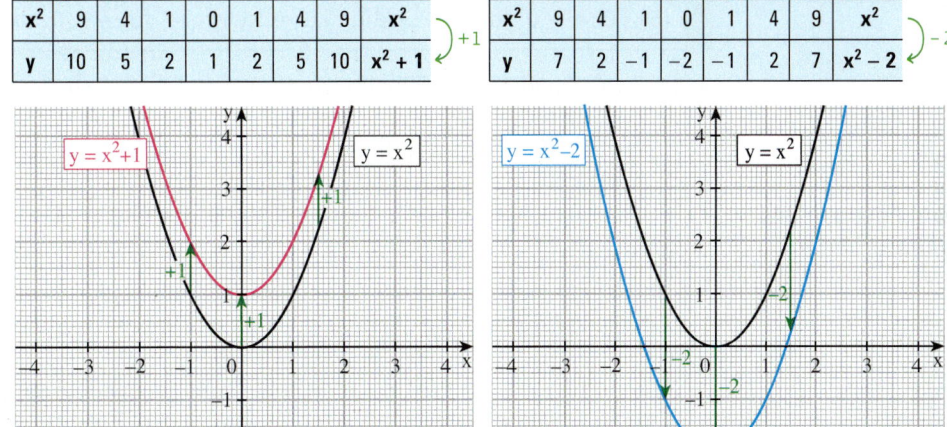

Die rote Parabel erhält man durch Verschieben der Normalparabel in Richtung der y-Achse um 1 Einheit nach oben.

Symmetrieachse: y-Achse
Scheitelpunkt: $S(0|1)$
Wertebereich: Menge aller reellen Zahlen y mit $y \geq 1$
Monotonie: Für $x \leq 0$ fällt die Parabel monoton, für $x \geq 0$ steigt sie monoton.
Nullstellen: keine

Die blaue Parabel erhält man durch Verschieben der Normalparabel in Richtung der y-Achse um 2 Einheiten nach unten.

Symmetrieachse: y-Achse
Scheitelpunkt: $S(0|-2)$
Wertebereich: Menge aller reellen Zahlen y mit $y \geq -2$
Monotonie: Für $x \leq 0$ fällt die Parabel monoton, für $x \geq 0$ steigt sie monoton.
Nullstellen: $x_1 \approx -1,4; \quad x_2 \approx 1,4$

Diese Eigenschaften sind durch das Verschieben der Normalparabel in Richtung der y-Achse unmittelbar einsichtig.

Information

Die Parabel einer **quadratischen Funktion der Form $y = x^2 + e$** mit dem Definitionsbereich $\mathbb{R}$ kann man mithilfe einer Schablone für die Normalparabel zeichnen.
Man verschiebt die Normalparabel um e Einheiten in Richtung der y-Achse, und zwar
– nach oben, falls $e > 0$;
– nach unten, falls $e < 0$.

Eigenschaften:

(1) Die Symmetrieachse der Parabel fällt mit der y-Achse zusammen.
(2) Der Scheitelpunkt S hat die Koordinaten $(0|e)$.
(3) Für alle $x \leq 0$ fällt die Parabel monoton, für alle $x \geq 0$ steigt sie monoton.
    Der Scheitelpunkt ist der tiefste Punkt der Parabel.
(4) Der Wertebereich der Funktion ist die Menge aller reellen Zahlen y mit $y \geq e$.
(5) Für $e > 0$ hat die Funktion keine Nullstelle, für $e < 0$ hat sie zwei Nullstellen.

Anmerkung: Quadratische Funktionen mit $y = x^2 + e$ sind ein Sonderfall zu $y = x^2 + px + q$. Setze $p = 0$ und $q = e$.

Zum Festigen und Weiterarbeiten

2. Zeichne möglichst einfach den Graphen der Funktion mit:

   a) $y = x^2 + 2$ **b)** $y = x^2 - 3$ **c)** $y = x^2 + 3,5$ **d)** $f(x) = x^2 - 2,5$

Überlege zunächst, wie der Graph aus der Normalparabel entsteht.
Gib die Koordinaten des Scheitelpunktes an. Notiere weitere Eigenschaften.

3. Die in Richtung der y-Achse verschobene Normalparabel geht durch den Punkt P.
Gib die Gleichung der zugehörigen quadratischen Funktion an.

   a) $P(0|-4,2)$ **b)** $P(1|1,8)$ **c)** $P(-1|4)$ **d)** $P(2|-6)$ **e)** $P(-2|-2)$

4. Die Normalparabel ist

a) um 4 Einheiten nach unten verschoben;

b) um 2,5 Einheiten nach oben verschoben.

Welche Funktionsgleichung gehört zu dem neuen Graphen?
Gib auch die Eigenschaften an.

Übungen

5. Zeichne mithilfe einer Parabelschablone den Graphen der Funktion mit:

a) $y = x^2 - 6$ **c)** $y = x^2 + 3,5$ **e)** $y = x^2 - \frac{1}{4}$ **g)** $f(x) = x^2 - \sqrt{2}$

b) $y = x^2 + 1,2$ **d)** $y = x^2 - 8,25$ **f)** $y = x^2 + 1,44$ **h)** $f(x) = x^2 - \pi$

Gib die Eigenschaften an. Orientiere dich am Kasten von Seite 78.

6. Entscheide, welche der Punkte $P_1(1|0)$, $P_2(1|4)$, $P_3(2|7)$, $P_4(2|3)$ auf dem Graphen der Funktion liegen, welche nicht.

a) $y = x^2 - 1$ **b)** $y = x^2 + 3$

7. Die Normalparabel ist verschoben:

a) um 3 Einheiten nach unten   **e)** um 3 Einheiten nach oben

b) um 5 Einheiten nach oben   **f)** um 5 Einheiten nach unten

c) um $2\frac{1}{4}$ Einheiten nach oben   **g)** um $2\frac{1}{4}$ Einheiten nach unten

d) um 4,75 Einheiten nach unten   **h)** um 4,75 Einheiten nach oben

Welche Funktionsgleichung gehört zu dieser Parabel? Notiere auch Eigenschaften.

8. Der Graph gehört zu einer quadratischen Funktion; er ist durch Verschieben der Normalparabel entstanden. Gib die zugehörige Funktionsgleichung an.

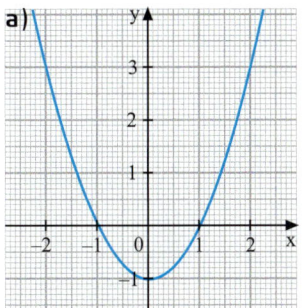 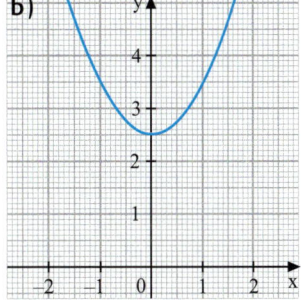 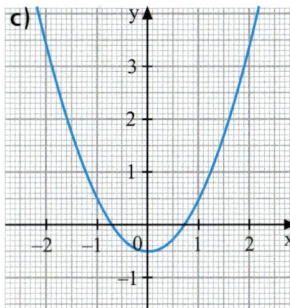

9. Verschiebe die Normalparabel so in Richtung der y-Achse, dass sie den angegebenen Scheitelpunkt besitzt. Gib die Funktionsgleichung an.

a) $S(0|3,5)$ **b)** $S(0|-2,3)$ **c)** $S(0|1,75)$ **d)** $S(0|-0,8)$ **e)** $S(0|\sqrt{2})$

10. Betrachte die quadratische Funktion mit $y = x^2 + e$. Gib eine Zahl für e an, sodass der Scheitelpunkt der zugehörigen Parabel
(1) oberhalb der x-Achse,   (2) unterhalb der x-Achse,   (3) auf der x-Achse liegt.

11. Die quadratische Funktion hat die Gleichung $y = x^2 + e$. Bestimme den Summanden e, sodass die verschobene Parabel durch den Punkt P geht.

a) $P(2|6,5)$ **b)** $P(-2|-1,5)$ **c)** $P\left(-1,5|1\frac{1}{4}\right)$

Quadratische Funktionen mit der Gleichung $y = (x + d)^2$

Einstieg

Untersuche mit deinem Kalkulationsprogramm die Graphen quadratischer Funktionen der Form $y = (x + d)^2$.
Gestalte die Tabelle so, dass du den Wert für d verändern kannst.

→ Wähle für d verschiedene (auch negative) Zahlen. Beschreibe, wie der Graph der Funktion aus der Normalparabel hervorgeht.

→ Gib den Scheitelpunkt der Parabel in Abhängigkeit von d an.

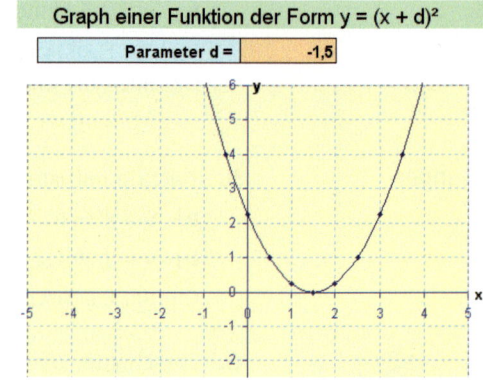

Aufgabe

1. Zeichne die Parabel zu der Funktion mit: (1) $y = (x - 3)^2$; (2) $y = (x + 2)^2$.
Zeichne in dasselbe Koordinatensystem die Normalparabel.
Beschreibe, wie die Parabel zu (1) bzw. (2) aus der Normalparabel hervorgeht.
Gib auch Eigenschaften der Parabel an.

Lösung

(1) $y = (x - 3)^2$

x	−2	−1	0	1	2	3	4	5
x − 3	−5	−4	−3	−2	−1	0	1	2
y	25	16	9	4	1	0	1	4

⎬ − 3

Quadriere

(2) $y = (x + 2)^2$

x	−4	−3	−2	−1	0	1	2
x + 2	−2	−1	0	1	2	3	4
y	4	1	0	1	4	9	16

⎬ +2

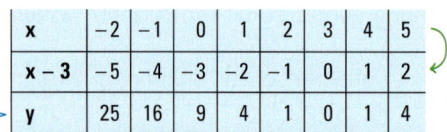

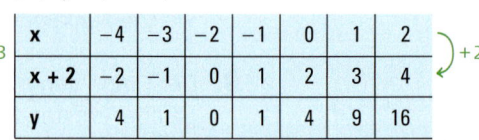

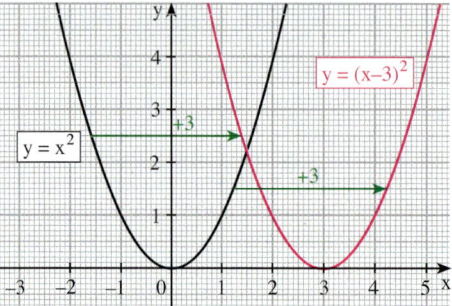

Die rote Parabel erhält man durch Verschieben der Normalparabel in Richtung der x-Achse um 3 Einheiten nach rechts.

Scheitelpunkt: S(3|0)
Symmetrieachse: Parallele zur y-Achse durch S
Wertebereich: Menge aller reellen Zahlen y mit y ≥ 0
Monotonie: Parabel fällt für x ≤ 3, sie steigt für x ≥ 3.
Nullstelle: $x_0 = 3$

Die blaue Parabel erhält man durch Verschieben der Normalparabel in Richtung der x-Achse um 2 Einheiten nach links.

Scheitelpunkt: S(−2|0)
Symmetrieachse: Parallele zur y-Achse durch S
Wertebereich: Menge aller reellen Zahlen y mit y ≥ 0
Monotonie: Parabel fällt für x ≤ −2, sie steigt für x ≥ −2.
Nullstelle: $x_0 = −2$

Diese Eigenschaften sind durch das Verschieben der Normalparabel in Richtung der x-Achse unmittelbar einsichtig.

Information

Anmerkung: Aus der Gleichung $y = (x - 3)^2$ in Aufgabe 1 erhält man durch Anwenden der 2. binomischen Formel $y = x^2 - 6x + 9$, also eine Gleichung der Form $y = x^2 + px + q$.

Den Graphen einer **quadratischen Funktion der Form $y = (x + d)^2$** mit dem Definitionsbereich $\mathbb{R}$ kann man mithilfe einer Schablone für die Normalparabel zeichnen.

Man verschiebt die Normalparabel um d Einheiten in Richtung der x-Achse, und zwar
– nach rechts, falls d < 0;
– nach links, falls d > 0.

Eigenschaften:

(1) Die Symmetrieachse ist eine Parallele zur y-Achse durch den Scheitelpunkt S.
(2) Der Scheitelpunkt S hat die Koordinaten $(-d|0)$.
(3) Für alle $x \leq -d$ fällt die Parabel monoton, für alle $x \geq -d$ steigt sie monoton.
(4) Der Wertebereich ist die Menge aller nichtnegativen reellen Zahlen.
(5) $x_0 = -d$ ist die einzige Nullstelle.

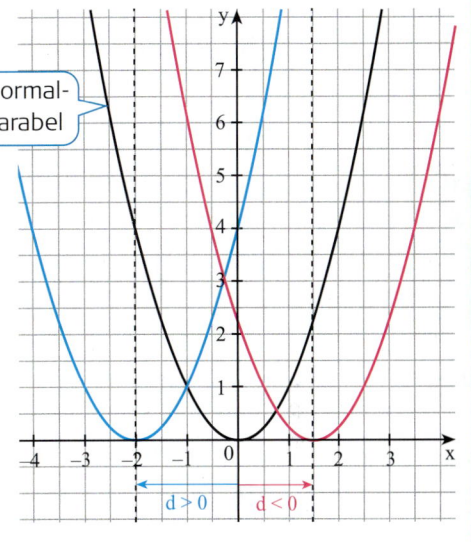

Zum Festigen und Weiterarbeiten

2. Zeichne den Graphen. Erläutere, wie der Graph aus der Normalparabel hervorgeht. Gib die Lage des Scheitelpunktes an. Notiere weitere Eigenschaften des Graphen. Notiere den gemeinsamen Punkt mit der y-Achse.

a) $y = (x - 1)^2$ **b)** $y = (x + 1)^2$ **c)** $y = (x + 3)^2$ **d)** $f(x) = (x + 3{,}5)^2$

3. *Bestimmen der Verschiebung*

Gib an, um wie viele Einheiten die Normalparabel nach rechts bzw. nach links verschoben werden muss, damit die verschobene Parabel zur angegebenen Funktion gehört; nutze die binomischen Formeln.

a) $y = x^2 - 8x + 16$ **b)** $y = x^2 + 7x + 12{,}25$

> $y = x^2 + 6x + 9$
> $= (x + 3)^2$
>
> Die Normalparabel muss um 3 Einheiten nach links verschoben werden.

4. Die Normalparabel ist verschoben

a) um 5 Einheiten nach links; **b)** um 1,5 Einheiten nach rechts.

Welche Funktionsgleichung gehört zur verschobenen Parabel? Gib die Gleichung auch in der Form $y = x^2 + px + q$ an.

5. Verschiebe die Normalparabel so in Richtung der x-Achse, dass sie den Scheitelpunkt (1) $S(1{,}6|0)$, (2) $S(-1{,}6|0)$ besitzt.
Wie lautet die Gleichung der zugehörigen Funktion?

6. Die Parabel mit $y = (x - 3)^2$ hat ihren Scheitel an der Stelle 3 (siehe Aufgabe 1). Begründe, warum der y-Wert der Funktion an dieser Stelle am kleinsten ist.

Übungen

7. Zeichne mithilfe einer Parabelschablone den Graphen mit:

a) $y = (x - 2)^2$ **b)** $y = (x + 1{,}5)^2$ **c)** $y = (x + 5)^2$ **d)** $f(x) = x^2 - 2x + 1$

Gib die Lage des Scheitelpunktes an. Notiere weitere Eigenschaften des Graphen.
Gib den gemeinsamen Punkt mit der y-Achse an. Gib auch den Wertebereich und die Nullstellen der Funktion an.

8. Welche der Punkte $P_1(4|4)$, $P_2(1|16)$, $P_3(-2|1)$, $P_4(-1|9)$ liegen auf dem Graphen der Funktion mit: **a)** $y = (x + 3)^2$ **b)** $y = (x - 2)^2$

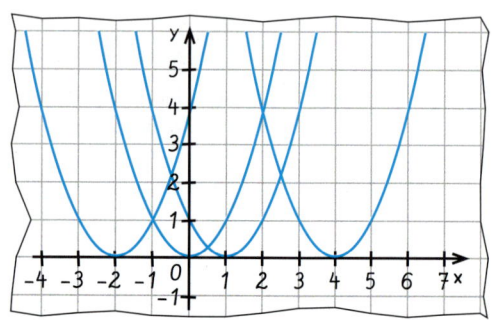

9. Marina sollte Graphen zu den angegebenen Funktionsgleichungen zeichnen. Kontrolliere ihre Hausaufgaben.

(1) $y = x^2$ (3) $y = (x + 4)^2$
(2) $y = (x - 2)^2$ (4) $y = (x + 1)^2$

10. Gib an, um wie viele Einheiten die Normalparabel nach rechts bzw. nach links verschoben werden muss, damit man die verschobene Parabel mit der folgenden Funktionsgleichung erhält. Hier helfen dir die binomischen Formeln.

a) $y = x^2 + 8x + 16$ **c)** $y = x^2 - 9x + 20{,}25$ **e)** $y = x^2 - 0{,}2x + 0{,}01$

b) $y = x^2 - 12x + 36$ **d)** $y = x^2 + 11x + 30{,}25$ **f)** $y = x^2 + \frac{12}{5}x + \frac{36}{25}$

11. Die Normalparabel ist verschoben

a) um 4 Einheiten nach rechts; **d)** um 3 Einheiten nach rechts;

b) um 4 Einheiten nach links; **e)** um 2,5 Einheiten nach links;

c) um 3 Einheiten nach links; **f)** um 2,5 Einheiten nach rechts;

Zu welcher Funktionsgleichung gehört der neue Graph?
Gib die Gleichung auch in der Form $y = x^2 + px + q$ an.

12. Verschiebe die Normalparabel so in Richtung der x-Achse, dass sie den angegebenen Scheitelpunkt besitzt. Wie lautet die Gleichung der zugehörigen Funktion?

a) $S(1{,}8|0)$ **b)** $S(-2{,}4|0)$ **c)** $S(-0{,}9|0)$ **d)** $S(\sqrt{3}|0)$

13. Der Graph gehört zu einer quadratischen Funktion; er ist durch Verschieben der Normalparabel entstanden. Gib den Scheitelpunkt und die Funktionsgleichung an.

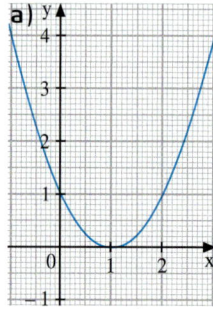 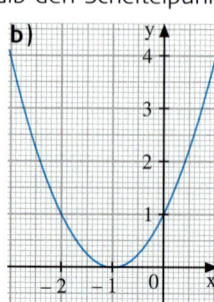 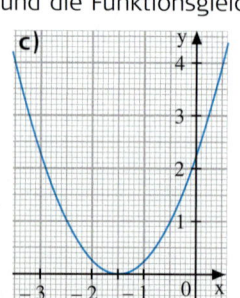 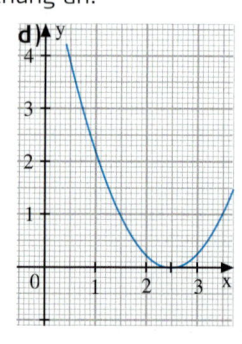

Quadratische Funktionen mit der Gleichung $y = (x + d)^2 + e$

Einstieg

Untersuche mit deinem Kalkulationsprogramm die Graphen quadratischer Funktionen der Form $y = (x + d)^2 + e$. Gestalte die Tabelle so, dass du die Werte für e und d verändern kannst.

→ Die Normalparabel wird um 3 Einheiten nach links und 2 Einheiten nach unten verschoben. Welche Werte musst du für e und d wählen?

→ Gib den Scheitelpunkt der verschobenen Parabel in Abhängigkeit von e und d an.

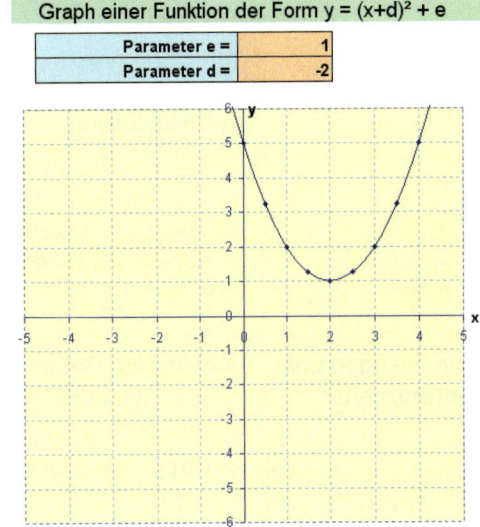

Aufgabe

1. Verschiebe die Normalparabel zunächst um 2 Einheiten nach rechts und dann um 1 Einheit nach oben.
Wie lautet die Funktionsgleichung der zugehörigen Funktion?
Gib auch die Koordinaten des Scheitelpunktes S der verschobenen Parabel an.
Gib weitere Eigenschaften an.
Notiere die Funktionsgleichung auch in der Form $y = x^2 + p\,x + q$.

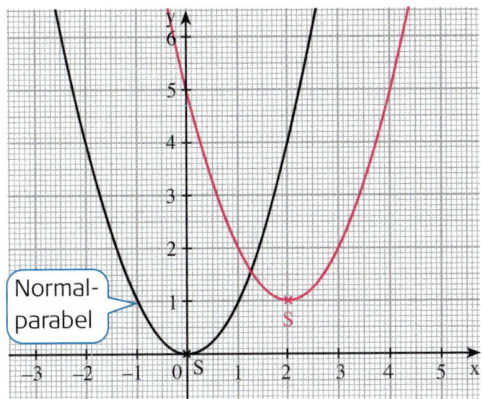

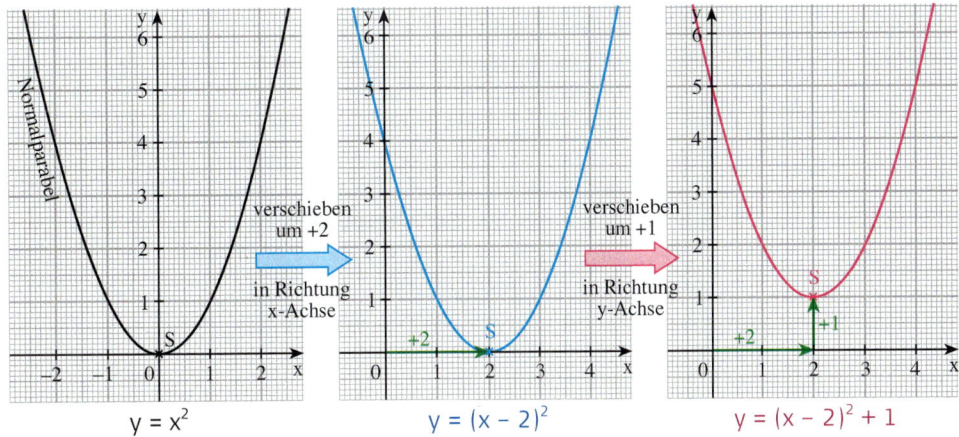

Verschiebt man die Normalparabel um 2 Einheiten nach rechts und dann um 1 Einheit nach oben, so lautet die Funktionsgleichung der zugehörigen Funktion:

$y = (x - 2)^2 + 1$

Die Parabel zu $y = (x - 2)^2 + 1$ hat folgende Eigenschaften:

Scheitelpunkt:	$S(2|1)$
Symmetrieachse:	Parallele zur y-Achse durch S
Wertebereich:	Menge aller reellen Zahlen y mit $y \geq 1$
Monotonie:	Die Parabel fällt monoton für alle $x \leq 2$ und steigt monoton für alle $x \geq 2$
Nullstellen:	keine

Wir formen nun die Funktionsgleichung um, indem wir die Klammer auflösen:

$y = (x - 2)^2 + 1$
$y = x^2 - 4x + 4 + 1$
$y = x^2 - 4x + 5$

Zum Festigen und Weiterarbeiten

2. Zeichne den Graphen. Beschreibe, wie der Graph aus der Normalparabel entsteht. Gib die Lage des Scheitelpunktes und die Lage der Symmetrieachse an. Notiere weitere Eigenschaften sowie den gemeinsamen Punkt mit der y-Achse.

a) $y = (x - 2)^2 + 3$ **b)** $y = (x + 4)^2 - 1$ **c)** $y = (x + 1)^2 - 4$ **d)** $f(x) = x^2 + 4x$

3. Die Normalparabel ist verschoben

  a) um 3 nach links und um 1 nach unten;

  b) um 1,5 nach rechts und um 2,5 nach oben.

Welche Funktion gehört zu dieser Parabel? Gib die Funktionsgleichung auch in der Form $y = x^2 + px + q$ an.

Information

Den Graphen einer **quadratischen Funktion der Form $y = (x + d)^2 + e$** mit dem Definitionsbereich $\mathbb{R}$ kann man mithilfe einer Schablone für die Normalparabel zeichnen. Dazu verschiebt man die Normalparabel um $-d$ in Richtung der x-Achse und um e in Richtung der y-Achse.

Eigenschaften:

(1) Die Symmetrieachse der Parabel ist eine Parallele zur y-Achse durch den Scheitelpunkt S.

(2) Der Scheitelpunkt S der Parabel hat die Koordinaten $(-d|e)$.
Da man aus der Gleichung $y = (x + d)^2 + e$ die Koordinaten des Scheitelpunktes ablesen kann, nennt man sie **Scheitelpunktform**. Die Gleichung $y = x^2 + px + q$ nennt man die **Normalform**.

(3) Für alle $x \leq -d$ fällt die Parabel monoton, für alle $x \geq -d$ steigt sie monoton.
Der Scheitelpunkt ist der tiefste Punkt der Parabel.

(4) Der Wertebereich ist die Menge der reellen Zahlen y mit $y \geq e$.

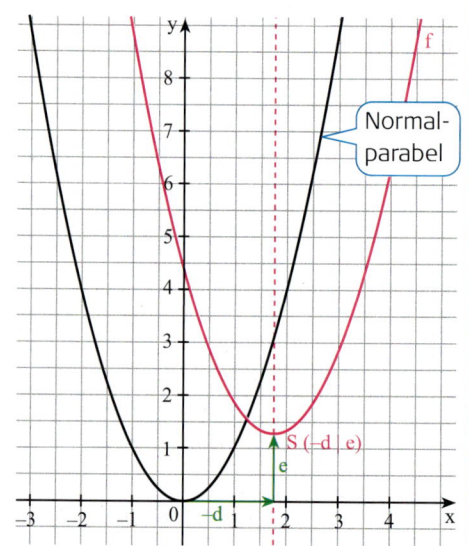

4. Wählt verschiedene Zahlen für d und e; denkt dabei an positive und negative Werte sowie an Null. Zeichnet jeweils den Graphen. Wo liegt der Scheitelpunkt S? Ergänzt.

	e > 0	e = 0	e < 0
d > 0	S liegt im 2. Quadranten.	S liegt …	S liegt …
d = 0			
d < 0			

Information

Berechnen der Scheitelpunktkoordinaten einer Funktion mit der Gleichung $y = x^2 + px + q$

(1) Gegeben ist die quadratische Funktion mit $y = x^2 - 4x + 3$.
Wie lauten die Koordinaten des Scheitelpunktes der zugehörigen Parabel?
Um diese Fragen zu beantworten, bringen wir die gegebene Gleichung auf die Scheitelpunktform $y = (x + d)^2 + e$:

$y = x^2 - 4x + 3$

$y = x^2 - 4x + \left(\frac{4}{2}\right)^2 - \left(\frac{4}{2}\right)^2 + 3$

$y = (x - 2)^2 \qquad - 4 \quad + 3$

$y = (x - 2)^2 - 1$

Wir lesen ab: $S(2|-1)$

(2) Eine beliebige Gleichung $y = x^2 + px + q$ (Normalform) einer quadratischen Funktion lässt sich entsprechend in die Scheitelpunktform umformen.

$y = x^2 + px \qquad\qquad + q$

$y = x^2 + px + \left(\frac{p}{2}\right)^2 - \left(\frac{p}{2}\right)^2 + q$

$y = \left[x + \left(\frac{p}{2}\right)\right]^2 \qquad - \left(\frac{p}{2}\right)^2 + q$

Wir lesen ab: $d = -\frac{p}{2}$; $e = -\left(\frac{p}{2}\right)^2 + q$

also: $S\left(-\frac{p}{2} \middle| -\left(\frac{p}{2}\right)^2 + q\right)$

> Der Graph einer quadratischen Funktion mit der Gleichung $y = x^2 + px + q$ besitzt den Scheitelpunkt $\mathbf{S\left(-\frac{p}{2} \middle| -\left(\frac{p}{2}\right)^2 + q\right)}$.

Wenn du dir nur die x-Koordinate x_S des Scheitelpunktes S merkst, dann kannst du ohne Verwendung der binomischen Formel aus der Gleichung der Parabel in Normalform $(y = x^2 + px + q)$ auch auf folgende Weise die Koordinaten des Scheitelpunktes bestimmen:

Merke:
$x_S = -\frac{p}{2}$
Entgegengesetzte Hälfte von p

$$x_S = -\frac{p}{2}$$

Beispiel: $y = x^2 - 4x + 3$, also $p = -4$.

Somit ist $x_S = -\frac{-4}{2} = 2$.

Durch Einsetzen von 2 in die Funktionsgleichung $y = x^2 - 4x + 3$ erhalten wir:

$y_S = 2^2 - 4 \cdot 2 + 3 = -1$, also: $S(2|-1)$.

Übungen

5. Zeichne mithilfe einer Parabelschablone den Graphen der Funktion zu:

a) $y = (x - 3)^2 + 4$ **c)** $y = (x + 2,5)^2 - 4$ **e)** $y = \left(x - \frac{1}{2}\right)^2 - 3$ **g)** $f(x) = \left(x - \frac{3}{5}\right)^2 - 2,4$

b) $y = (x + 2)^2 - 1$ **d)** $y = (x + 1)^2 + 1$ **f)** $y = (x - 2,5)^2 + \frac{5}{2}$ **h)** $f(x) = \left(x + \frac{11}{2}\right)^2 + \frac{1}{2}$

Gib auch den Scheitelpunkt der Parabel an. Gib weitere Eigenschaften an.
Wie lauten die Koordinaten des gemeinsamen Punktes mit der y-Achse?

6. Welche der Punkte $P_1(-3|1)$, $P_2(-1|-4)$, $P_3(0|-2)$, $P_4(1,5|3,25)$ und $P_5(3|12)$ liegen auf dem Graphen der quadratischen Funktion mit $y = x^2 + 2x - 3$?

7. Gib die Koordinaten des Scheitelpunktes an. Beschreibe, wie man den Graphen der Funktion durch Verschieben aus der Normalparabel erhalten kann.
Wo fällt der Graph monoton, wo steigt er monoton?

a) $y = x^2 - 4x - 5$ **d)** $y = x^2 + 8x + 7$ **g)** $y = x^2 + 3x - 3{,}75$ **j)** $f(x) = x^2 - x - \frac{1}{2}$

b) $y = x^2 - 6x + 5$ **e)** $y = x^2 + 3x + 4$ **h)** $y = x^2 - 4{,}25$ **k)** $f(x) = x^2 - \frac{4}{3}x - \frac{5}{9}$

c) $y = x^2 - 5x + 5$ **f)** $y = x^2 + 3x - 0{,}25$ **i)** $y = x^2 - 2x$ **l)** $f(x) = x^2 - x + \frac{7}{4}$

8. Kontrolliere die Hausaufgaben zur Bestimmung des Scheitelpunktes.

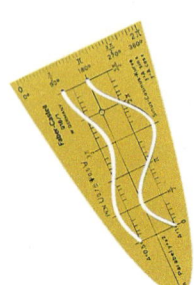

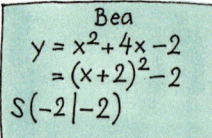

Achim
$y = x^2 - 3x - 2$
$= (x - 1{,}5)^2 - 2{,}25 - 2$
$= (x - 1{,}5)^2 - 4{,}25$
$S(-1{,}5 \mid -4{,}25)$

Bea
$y = x^2 + 4x - 2$
$= (x + 2)^2 - 2$
$S(-2 \mid -2)$

9. Verschiebe die Normalparabel (mithilfe einer Schablone)

a) um 4 Einheiten nach rechts und um 3 Einheiten nach oben;

b) um 4 Einheiten nach rechts und um 3 Einheiten nach unten;

c) um 4 Einheiten nach links und um 3 Einheiten nach oben;

d) um 4 Einheiten nach links und um 3 Einheiten nach unten;

e) um 2,5 Einheiten nach rechts und um 1 Einheit nach unten;

f) um $\frac{4}{5}$ Einheiten nach links und um 4,5 Einheiten nach oben.

Welche Funktion gehört zu dieser verschobenen Parabel?
Notiere die Koordinaten des Scheitelpunktes.
Notiere die Funktionsgleichung auch in der Form $y = x^2 + px + q$.

10. Die Normalparabel wurde verschoben

a) um 2 Einheiten nach rechts und um 1,4 Einheiten nach unten;

b) um 3 Einheiten nach links und um 3,6 Einheiten nach oben.

(1) Gib eine Funktionsgleichung an.
(2) Prüfe, welche der folgenden Punkte auf der verschobenen Parabel liegen:
$P_1(1 \mid 19{,}6)$; $P_2(4 \mid 2{,}6)$; $P_3(-2 \mid 4{,}6)$; $P_4(-3 \mid 23{,}6)$; $P_5(-1 \mid 7{,}6)$

11. Gib die Funktionsgleichung in der Normalform $y = x^2 + px + q$ an.

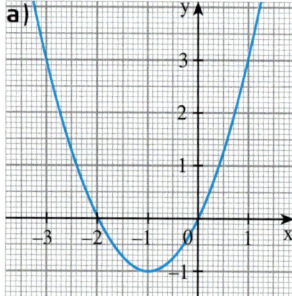

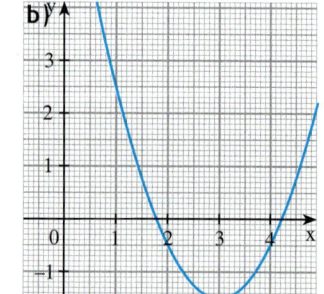

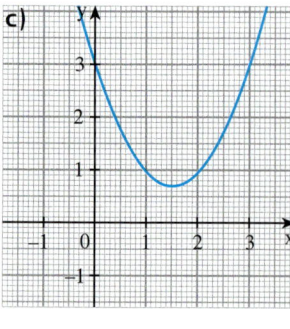

12. Der Graph einer quadratischen Funktion mit der Gleichung $y = x^2 + 4x + q$ geht durch den Punkt $A(1 \mid 4)$. Bestimme q und dann die Koordinaten des Scheitelpunkts.

NULLSTELLEN VON QUADRATISCHEN FUNKTIONEN

Einstieg

Rechts siehst du ein Wasserbecken. Aus einer Düse in Höhe der Wasseroberfläche tritt ein Wasserstrahl aus. Der Wasserstrahl lässt sich als Graph einer quadratischen Funktion mit der Gleichung $y = -1,2x^2 + 2,4x$ beschreiben.

→ Skizziere den Graphen.
Welche Bedeutung hat der Nullpunkt, welche die x-Achse?

→ An welcher Stelle tritt der Wasserstrahl wieder in die Wasserfläche ein?

Aufgabe

1. Gegeben ist die quadratische Funktion mit $y = x^2 - 4x + 3$.
Bestimme zeichnerisch und rechnerisch die Koordinaten der gemeinsamen Punkte (Schnittpunkte; Berührungspunkte) von Graph und x-Achse.

Lösung

(1) *Zeichnerische Lösung*

Um den Graphen mit einer Schablone zu zeichnen, bringen wir die Gleichung auf Scheitelpunktform:

$y = x^2 - 4x + 3$
$y = x^2 - 4x + 2^2 - 2^2 + 3$
$y = (x - 2)^2 - 1$
$S(2|-1)$ ist Scheitelpunkt der Parabel.

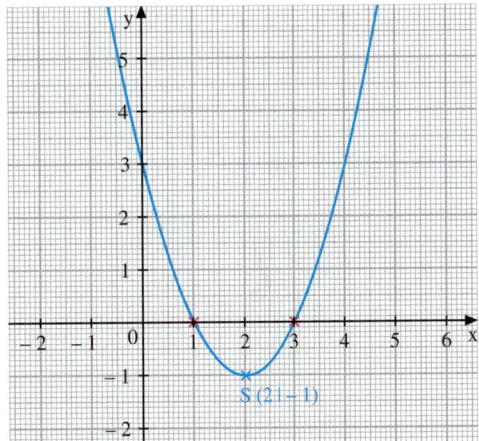

Du kannst auch die Formel verwenden:
$x_S = -\frac{p}{2}$
$y_S = -\left(\frac{p}{2}\right)^2 + q$

Am Graphen lesen wir die Koordinaten der Schnittpunkte mit der x-Achse ab:
$N_1(1|0)$ und $N_2(3|0)$.

(2) *Rechnerische Lösung*

Wir bestimmen die gemeinsamen Punkte von Graph und x-Achse nun auch rechnerisch. An den Stellen, an denen die Parabel und die x-Achse gemeinsame Punkte haben, besitzt die Funktion den Funktionswert 0. Wir suchen also die Stellen x, für die y null ist ($y = 0$).

$x^2 - 4x + 3 = 0$
$x^2 - 4x + 2^2 = 4 - 3$
$x = 3 \ oder \ x = 1$
$L = \{1; 3\}$

An den Stellen 1 und 3 nimmt die Funktion den Wert 0 an.
Solche Stellen heißen *Nullstellen* der Funktion.
Die gemeinsamen Punkte von Graph und x-Achse lauten: $N_1(1|0)$ und $N_2(3|0)$

Zum Festigen und Weiterarbeiten

2. a) Zeichne jeweils den Graphen der Funktion; zeichne auch die Symmetrieachse ein.
(1) $y = x^2 + 4x - 1$ (2) $y = x^2 + 6x + 9$ (3) $f(x) = x^2 - 2x + 3$
Bestimme jeweils die Nullstellen und vergleiche die Anzahl der Nullstellen.

b) Wie viele Nullstellen kann eine quadratische Funktion haben? Begründe deine Vermutung.

Information

Eine Stelle x, an der eine Funktion den Wert 0 annimmt, heißt **Nullstelle** der Funktion.
An den Nullstellen der Funktion schneidet oder berührt ihr Graph die x-Achse.
Die Nullstellen der quadratischen Funktion mit $y = x^2 + px + q$ sind die Lösungen der quadratischen Gleichung $x^2 + px + q = 0$.
Eine quadratische Funktion kann genau zwei, genau eine oder keine Nullstelle haben.

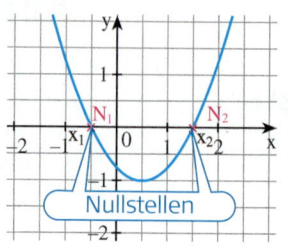

Übungen

3. Die quadratische Funktion hat die Gleichung:

a) $y = x^2 - 4x + 3$

b) $y = x^2 + x + \frac{1}{2}$

c) $y = x^2 + 4x + 4$

d) $y = -0,5x^2 + 2x$

e) $y = \frac{1}{3}x^2 + 2x + \frac{5}{3}$

f) $y = -\frac{3}{2}x^2 + 6x + 3$

(1) Zeichne gegebenenfalls mithilfe einer Wertetabelle den Graphen und auch dessen Symmetrieachse.

(2) Lies aus der Zeichnung die gemeinsamen Punkte des Graphen mit der x-Achse ab. Wie liegen diese Punkte bezüglich der Symmetrieachse?

(3) Berechne die Nullstellen der Funktion und vergleiche das Ergebnis mit (2).

4. Bestimme zeichnerisch und rechnerisch mögliche Nullstellen der quadratischen Funktion mit der angegebenen Gleichung.

a) $y = x^2 - 4$

b) $y = x^2 + 1$

c) $y = x^2 - 4x$

d) $y = x^2 + 2x$

e) $y = x^2 + 2x + 1$

f) $y = x^2 + 6x + 15$

g) $y = x^2 + 2x + 6$

h) $y = x^2 - 4x + 1$

i) $y = 2x^2 + 6x$

j) $y = -\frac{1}{2}x^2 + 2x$

k) $y = -2x^2 + 6x - 2,5$

l) $y = \frac{3}{5}x^2 + 3x - 3$

5. Bestimme rechnerisch die Nullstellen der quadratischen Funktionen mit den angegebenen Gleichungen. Vergleiche die Anzahl der Nullstellen. Was kannst du jeweils über die Lage des Scheitelpunktes des Graphen aussagen?

(1) $y = -x^2 + 4x - 3$ (2) $y = 2x^2 + 2x + 1$ (3) $f(x) = -\frac{1}{3}x^2 + 2x - 3$

6. Die quadratische Funktion hat die Gleichung $y = x^2 + 8x + q$.
Gib für q eine Zahl an, sodass die Funktion

a) genau zwei Nullstellen,   **b)** genau eine Nullstelle,   **c)** keine Nullstelle hat.

7. Wird aus einem Flugzeug in der Höhe h (in m) mit der Geschwindigkeit v (in $\frac{m}{s}$) ein Gegenstand abgeworfen, so bewegt er sich näherungsweise auf einer Parabel mit der Gleichung

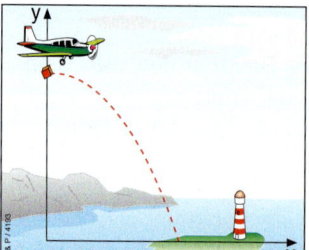

$y = -\frac{5}{v^2}x^2 + h$.

Dabei bezeichnet y die Höhe des Körpers und x die Entfernung von der Abwurfstelle.

a) Ein Flugzeug fliegt mit der Geschwindigkeit 6 $\frac{m}{s}$ und wirft in einer Höhe von 400 m ein Versorgungspaket ab.
In welcher Entfernung von der Abwurfstelle landet das Paket?

b) Löse Teilaufgabe a) für eine doppelt so große (1) Höhe; (2) Geschwindigkeit. Was stellst du fest?

ANWENDEN VON QUADRATISCHEN FUNKTIONEN

Einstieg

Katharina will mit 7 m Maschendraht zwischen der Garagenwand und dem Zaun zum Nachbargrundstück einen rechteckigen Auslauf für ihr Kaninchen abgrenzen.

→ Bestimme die Abmessungen für den Auslauf, damit er möglichst groß wird.

Aufgabe

1. Katharinas Bruder schlägt vor, den Auslauf (siehe Einstieg) nicht am Bretterzaun, sondern nur an der Garagenwand zu errichten.
Bestimme für diesen Vorschlag die günstigsten Abmessungen.

Lösung

(1) *Aufstellen der Funktionsgleichung*

Abstand eines Pfostens von der Wand (in m): x

Abstand der beiden Pfosten (in m): $7 - 2x$

Größe des Auslaufs (in m^2): $x(7 - 2x)$

Einschränkende Bedingung: $0 < x < 3{,}5$

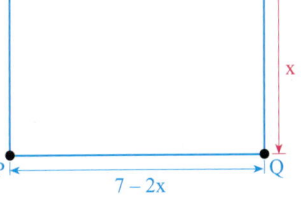

Denn $2x$, also die Abstände der beiden Pfosten von der Wand zusammengenommen, muss kleiner sein als die Gesamtlänge (7 m) des Zaunes. Nur so bleibt etwas für die Breite des Auslaufs übrig.
Wir suchen denjenigen Abstand x eines Pfostens von der Wand, für den der Flächeninhalt $x(7 - 2x)$ des Auslaufs den größten Wert annimmt.
Dazu legen wir eine Wertetabelle an und zeichnen den Graphen der Funktion mit $y = x(7 - 2x)$ und dem Definitionsbereich $\{x \in \mathbb{R} \mid 0 < x < 3{,}5\}$.

(2) *Bestimmen des größten Wertes*

x	x · (7 – 2x)
0,5	3,0
1,0	5,0
1,5	6,0
2,0	6,0
2,5	5,0
3,0	3,0

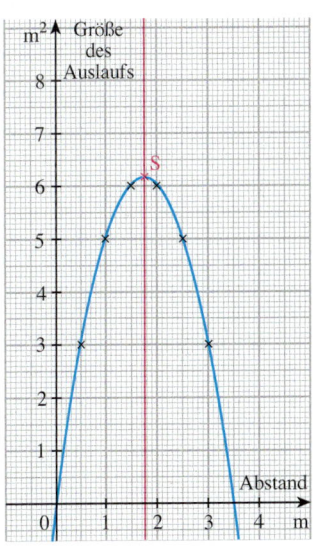

Aus der Zeichnung lesen wir ab:
Der größte Wert ist etwa 6,1.
Er wird etwa an der Stelle 1,75 angenommen.

Wir können diese Stelle auch genau bestimmen:
Die Parabel ist symmetrisch zu der Geraden g, die parallel zur y-Achse durch den Scheitelpunkt S ist.
Daher liegen auch die Schnittpunkte von Parabel und x-Achse symmetrisch zur Geraden g.

(3) *Rückschluss auf den günstigsten Abstand*

Wir bestimmen die Nullstellen der Funktion $y = x(7 - 2x)$:

$x(7 - 2x) = 0$

$x = 0$ *oder* $7 - 2x = 0$

$x = 0$ *oder* $-2x = -7$

$x = 0$ *oder* $x = 3,5$

Die gesuchte Stelle liegt in der Mitte zwischen den Nullstellen 0 und 3,5; also bei 1,75.

Ergebnis: Der größtmögliche Auslauf ergibt sich, wenn die Pfosten P und Q je 1,75 m von der Garagenwand entfernt gesetzt werden.

Übungen

2. Ein 18 cm langer Draht soll zu einem Rechteck gebogen werden.
Für welche Seitenlänge x ist der Flächeninhalt

  a) am größten (wie groß);

  b) 4,25 cm^2 groß;

  c) mindestens 11,25 cm^2 groß?

3. Einem Rechteck mit den Seitenlängen 8 cm und 5 cm wird ein Parallelogramm P einbeschrieben, indem man von jedem Eckpunkt des Rechtecks aus im Uhrzeigersinn eine gleich lange Strecke abträgt.
Bestimme das Parallelogramm mit dem kleinsten Flächeninhalt.
Anleitung: Stelle einen Term für den Flächeninhalt des Parallelogramms auf, indem du von dem Flächeninhalt des Rechtecks die Flächeninhalte von vier Dreiecken subtrahierst.

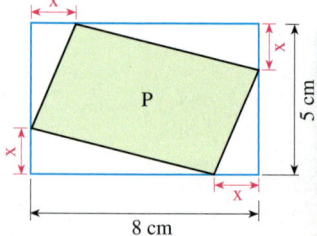

4. Einem Quadrat der Seitenlänge a wird ein neues Quadrat einbeschrieben, indem man von jedem Eckpunkt des äußeren Quadrats aus im Uhrzeigersinn eine Strecke gleicher Länge abträgt.
Bestimme das einbeschriebene Quadrat mit dem kleinsten Flächeninhalt.

5. Für welche Zahl ist das folgende Produkt am kleinsten?

  a) Produkt aus der Zahl und der um 8 vergrößerten Zahl

  b) Produkt aus der um 6 verkleinerten Zahl und dem Dreifachen der ursprünglichen Zahl

  c) Produkt aus der Zahl und dem Doppelten der Zahl vermindert um 1

6. Aus 1 m Draht soll das Kantenmodell einer quaderförmigen Säule mit quadratischer Grundfläche hergestellt werden. Diese soll anschließend zur Dekoration mit Stoff bespannt werden.
Bestimme die Abmessungen, für die möglichst viel Stoff benötigt wird.

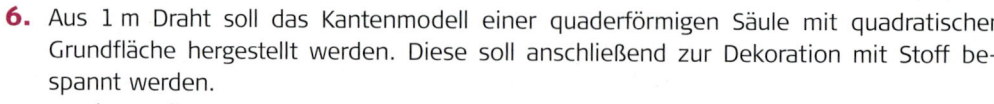

IM BLICKPUNKT: PARABELN IM SPORT

Die Bewegungsabläufe von Sportlern und die Flugbahnen von Bällen, Kugeln und Speeren wurden genau untersucht, um Möglichkeiten für eine Leistungssteigerung festzustellen. In etlichen Fällen kann man die betrachteten Kurven zumindest näherungsweise als Parabeln modellieren.

1. Bei den Olympischen Spielen 1972 in München wurden Kugelstöße erstmals mithilfe von Filmaufnahmen genauer untersucht. Dabei ergab sich für die Flugbahn der Kugel (in m):

Athlet	Land	Gleichung der Kugel-Flugbahn
Woods	USA	$y = -0{,}0433\,x^2 + 0{,}839\,x + 2{,}15$
Komar	Polen	$y = -0{,}0407\,x^2 + 0{,}700\,x + 2{,}26$
Varju	Ungarn	$y = -0{,}0438\,x^2 + 0{,}762\,x + 2{,}21$
Reichenbach	Deutschland	$y = -0{,}0378\,x^2 + 0{,}667\,x + 2{,}13$

Zeichne alle Flugbahnen in ein gemeinsames Diagramm und ermittle jeweils die Stoßweite sowie den höchsten Punkt der Flugbahn. Vergleiche.

2. Untersuche, ob folgende Flugbahn durch eine Parabel beschrieben werden kann. Ermittle eine Gleichung dafür, wenn möglich.
Für einen Freiwurf beim Basketball wurde für die Höhe y (in m) in Abhängigkeit von der Entfernung x (in m) vom Abwurfort festgestellt:

x	0	0,5	1	1,5	2	2,5	3	3,5	4	4,5
y	2,00	2,75	3,20	3,60	3,90	4,05	4,10	3,90	3,75	3,35

3. Beim Hochsprung bewegt sich der Schwerpunkt des Athleten auf einer Parabel. Ziel des Springers ist, dass der Scheitelpunkt der Parabel genau oberhalb der Latte liegt. Damit die Latte nicht gestreift wird, sind 5 cm Abstand erforderlich. Für einen stehenden Menschen beträgt die Höhe des Körperschwerpunktes 60% der Körpergröße.

a) Den im April 2008 immer noch gültigen Weltrekord von 2,45 m stellte der Kubaner Javier Sotomayor am 27. 7. 1993 auf: er übersprang seine eigene Körpergröße (193 cm) um 52 cm.

Bestimme die Gleichung der Parabel des Körperschwerpunktes unter der Annahme, dass Sotomayor 100 cm vor der Latte abgesprungen ist.

b) Hochspringer messen vor dem Sprung die Absprungstelle und den Anlauf genau aus. Untersuche, wie sich ein Verpassen der Absprungstelle um 20 cm nach vorne oder hinten auswirkt. Verschiebe dazu die Parabel aus Teilaufgabe a) entsprechend.

VERMISCHTE UND KOMPLEXE ÜBUNGEN

1. Gegeben sind die quadratischen Funktionen:

(1) $y = x^2 + 4x - 5$ (2) $y = x^2 - 4x + 9$ (3) $f(x) = x^2 + 3x + \frac{9}{4}$

a) In welchem Intervall verläuft die zugehörige Parabel oberhalb der x-Achse?

b) In welchem Intervall verläuft die zugehörige Parabel unterhalb der x-Achse?

c) In welchem Intervall fällt die Parabel monoton, in welchem steigt sie monoton?

d) In welchem Intervall liegt die Parabel zwischen den beiden Parallelen im Abstand von 1 Einheit von der x-Achse?

2. Zeichne mithilfe einer Parabelschablone die Graphen. Bestimme auch mögliche Nullstellen und den Scheitelpunkt.

a) (1) $y = (x + 1)^2$ (2) $y = x^2 + 1$ (3) $y = (x + 1)^2 - 4$ (4) $y = -(x + 1)^2 + 4$

b) (1) $y = (x - 2)^2$ (2) $y = x^2 - 2$ (3 $y = (x - 2)^2 + 3$ (4) $y = -(x - 2)^2 - 3$

3. Die Normalparabel wird in der angegebenen Reihenfolge verschoben

a) um 1,5 Einheiten in Richtung der x-Achse nach rechts, dann um 0,5 Einheiten in Richtung der y-Achse nach unten;

b) um 2 Einheiten in Richtung der x-Achse nach links, dann um 1,8 Einheiten in Richtung der y-Achse nach oben;

c) um 3 Einheiten in Richtung der x-Achse nach rechts, dann um 1 Einheit in Richtung der y-Achse nach oben;

d) um 2,5 Einheiten in Richtung der x-Achse nach links, dann um 1,5 Einheiten in Richtung der y-Achse nach unten.

Wie lautet die Funktionsgleichung der zugehörigen quadratischen Funktion?
Gib auch den Scheitelpunkt an.

4. In welchem Intervall verläuft die Parabel zur Funktion mit $y = x^2 + 2x + 3$ oberhalb des Graphen zur Funktion mit

a) $y = -x + 3$;   **b)** $y = 2x - 1$;   **c)** $y = x^2 - 4x + 3$?

5. Von einem 40 m hohen Turm wird ein Stein mit der Anfangsgeschwindigkeit $v_0 = 20\,\frac{m}{s}$ senkrecht nach oben geworfen. Für die Höhe h (in m) über dem Boden, die der Stein zum Zeitpunkt t (in s) erreicht, gilt die Näherungsformel $h = 40 + 20t - 5t^2$.

a) Welche Höhe über dem Boden erreicht der Stein nach 1 Sekunde?

b) Wie lange dauert es, bis der Stein am Boden ist?

c) Welche Höhe erreicht der Stein maximal?
Welche Zeit benötigt er dazu?

6. Ein Elektronik-Versand verkauft monatlich 600 Digital-Multimeter zu einem Stückpreis von 50 €. Die Marketingabteilung hat herausgefunden, dass eine Preissenkung zu einer dazu proportionalen Absatzerhöhung führen würde, und zwar je 1 € Preissenkung 20 mehr verkaufte Digital-Multimeter.
Bestimme den Preis, der die maximalen Einnahmen ergibt.

7. Gegeben sind eine quadratische Funktion f mit dem Term $f(x) = x^2 + 5x - 3$ und eine lineare Funktion g mit $g(x) = x - 3$.
Berechne die Koordinaten der Schnittpunkte der Graphen beider Funktionen.
Wie weit sind die Schnittpunkte voneinander entfernt?

8. Die Gerade g hat die Gleichung $y = -x + 5$, die Gerade h geht durch den Punkt $P(6|3)$ mit der Steigung $m = \frac{1}{3}$. Der Schnittpunkt S der beiden Geraden ist der Scheitelpunkt einer verschobenen Normalparabel.
Bestimme die Gleichung der zugehörigen quadratischen Funktion.

9. Zeichne den Graphen der quadratischen Funktion mit $y = -\frac{1}{3}x^2 + 3$. Die Parabel schneidet die Koordinatenachsen in drei Punkten, die ein Dreieck bestimmen.
Berechne den Flächeninhalt und den Umfang des Dreiecks.

10. Eine Gerade h_1 hat die Gleichung $y = -3x + 6$. Eine weitere Gerade h_2 hat die Steigung $m = \frac{1}{3}$; sie geht außerdem durch den Punkt $B(-3|-5)$. Der Schnittpunkt der beiden Geraden ist der Scheitelpunkt einer nach oben offenen Normalparabel p.
(1) Bestimme die Gleichung der Parabel.
(2) Berechne die weiteren Schnittpunkte der Parabel mit den Geraden.

11. Gegeben ist eine verschobene Normalparabel p_1. Sie hat die Gleichung $y = x^2 - 4x + 5$. Durch ihren Scheitel verläuft eine Gerade g_1. Diese geht auch durch den Punkt $A(-2|5)$.
Bestimme die Gleichung der Geraden g_1 rechnerisch.
Eine zweite nach oben offene und verschobene Normalparabel p_2 hat ihren Scheitel auf g_1. Für den Scheitel gilt außerdem $S_2(7|y_2)$.
Berechne den Schnittpunkt M der beiden Parabeln.
Durch M verläuft eine zu g_1 parallele senkrechte Gerade g_2.
Bestimme den zweiten Schnittpunkt der Geraden g_2 und der Parabel p_2.

12. Ein Stadion hat die rechts abgebildete Form. Die innere Laufbahn soll 400 m lang sein.
Mit welchen Abmessungen ist das rechteckige Spielfeld in der Mitte möglichst groß?

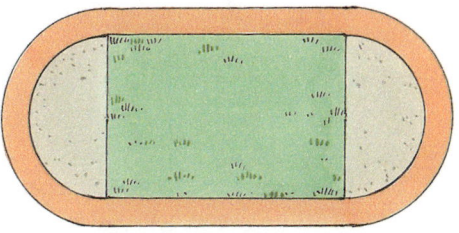

13. Unten siehst du ein Foto der Müngstener Eisenbahnbrücke über die Wupper. Der untere Brückenbogen hat die Form einer Parabel mit der Spannweite w = 160 m und der Höhe h = 69 m.
Beschreibe die Parabel.
Überlege zunächst, wie du das Koordinatensystem legen musst.

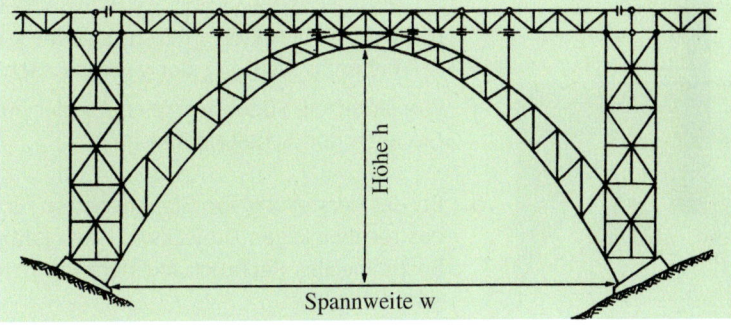

BIST DU FIT?

1. Zeichne mithilfe einer Parabelschablone die Graphen. Berechne die Nullstellen.

a) (1) $y = x^2 + 4$ (2) $y = (x + 1)^2$ (3) $y = (x + 1)^2 - 4$ (4) $y = (x + 1)^2 + 4$

b) (1) $y = x^2 - 2$ (2) $y = (x - 2)^2$ (3) $y = (x - 2)^2 + 3$ (4) $y = (x - 2)^2 - 6$

2. Gegeben ist die quadratische Funktion mit:

a) $y = x^2 + 2x - 8$ **c)** $y = x^2 - 5x + 6,25$ **e)** $f(x) = x^2 - 4x - 12$

b) $y = x^2 + 10x + 21$ **d)** $y = x^2 - 10x + 16$ **f)** $f(x) = \frac{1}{3}x^2 + 2x - 9$

(1) Bestimme die Nullstellen der Funktion.
(2) Ermittle die Koordinaten des Scheitelpunktes S der zugehörigen Parabel.
(3) Welcher Punkt P_1 der Parabel liegt auf der y-Achse?
    Welcher Parabelpunkt P_2 hat die gleiche y-Koordinate wie P_1?
(4) Für welche x steigt die Parabel monoton, für welche x fällt sie monoton?

3. Welcher der Punkte $P_1(5|-3)$, $P_2(-2|5)$, $P_3(-1,3|1,69)$, $P_4(1,6|4,56)$, $P_5(2,4|0,36)$ liegt auf welcher Parabel?
(1) $y = x^2$ (2) $y = x^2 + 2$ (3) $y = (x - 3)^2$ (4) $y = x^2 - 6x + 2$ (5) $y = -2x^2 - 5x + 3$

4. Der Graph gehört zu einer quadratischen Funktion.
Gib die zugehörige Funktionsgleichung an.

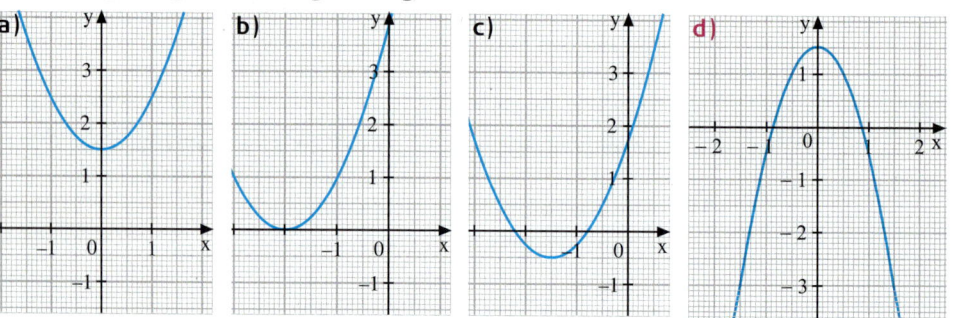

5. Die Normalparabel wird in der angegebenen Reihenfolge

a) um 1,5 Einheiten in Richtung der x-Achse nach rechts, dann um 0,5 Einheiten in Richtung der y-Achse nach unten verschoben;

b) um 2 Einheiten in Richtung der x-Achse nach links verschoben und um 1,8 Einheiten in Richtung der y-Achse nach oben verschoben;

c) mit dem Faktor 3 in Richtung der y-Achse gestreckt, an der x-Achse gespiegelt und um 2 Einheiten in Richtung der y-Achse nach unten verschoben;

d) um 2,5 Einheiten in Richtung der x-Achse nach links verschoben und um 1,5 Einheiten in Richtung der y-Achse nach oben verschoben.

Wie lautet die Funktionsgleichung der zugehörigen quadratischen Funktion?
Gib auch den Scheitelpunkt an.

6. Bei der Herstellung von Giebelfenstern für ein Dachgeschoss ist eine Glasplatte in Form eines rechtwinkligen Dreiecks mit den Kathetenlängen 80 cm und 120 cm übrig geblieben. Bestimme das Rechteck mit dem größten Flächeninhalt, das sich aus dem Dreieck ausschneiden lässt.

IM BLICKPUNKT:
LÄNGER ALS MAN DENKT: DER ANHALTEWEG

Zu hohe und den Straßenverhältnissen nicht angepasste Geschwindigkeit ist die häufigste Unfallursache im Straßenverkehr.

„Ich habe das andere Fahrzeug zu spät gesehen und konnte nicht mehr rechtzeitig bremsen", heißt es oft von den Beteiligten an einem Unfall.

In diesem Blickpunkt erfahrt ihr mehr über Reagieren, Bremsen und Anhalten.

1. Vom Erkennen einer Gefahr bis zum Niedertreten des Bremspedals vergeht bei einem aufmerksamen Fahrer etwa eine Sekunde, die so genannte Schrecksekunde. In dieser Zeit fährt das Fahrzeug ungebremst weiter. Den Weg, den ein Fahrzeug in der Schrecksekunde zurücklegt, nennt man **Reaktionsweg**.

a) Erstelle mit einem Kalkulationsprogramm eine Tabelle für die Zuordnung *Geschwindigkeit* $\left(in \frac{km}{h}\right) \rightarrow$ *Länge des Reaktionsweges (in m)* für Geschwindigkeiten bis 150 $\frac{km}{h}$. Rechne zunächst die Geschwindigkeitsangabe $\frac{km}{h}$ in die Einheit $\frac{m}{s}$ um. Bestimme dann aus der Geschwindigkeit in $\frac{m}{s}$ die Länge des Reaktionsweges.

	A	B	C
1	**Länge des Reaktionsweges (in m)**		
2			
3	Geschwindigkeit		Reaktionsweg (in m)
4	(in km/h)	(in m/s)	
5	0	0,0	0,0
6	10	2,8	2,8
7	20	5,6	5,6
8	30	8,3	8,3
9	40	11,1	11,1
10	50	13,9	13,9

b) Wie ändert sich die Länge des Reaktionsweges, wenn die Geschwindigkeit
(1) verdoppelt   (2) verdreifacht   wird.

c) Lass von deinem Kalkulationsprogramm den Graphen der Zuordnung zeichnen. Welche Art von Zuordnung liegt vor? Begründe mithilfe der Tabelle und anhand des Graphen.

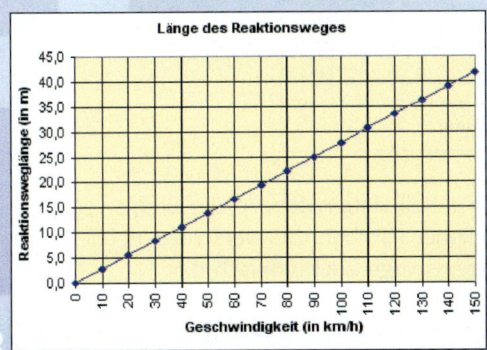

2. Die Dauer der so genannten Schrecksekunde ist je nach Verkehrssituation und Aufmerksamkeit des Fahrers unterschiedlich lang. Bei einer müden Person ist die Reaktionszeit z. B. wesentlich länger als bei einem bremsbereiten Fahrer.
Ergänze die Tabelle aus Aufgabe 1. Berechne auch die Länge des Reaktionsweges für eine Reaktionszeit von 0,8 s und 1,2 s. Lass alle drei Graphen zeichnen. Vergleiche.

Vom Niedertreten des Bremspedals bis zum Stillstand legt ein Fahrzeug einen bestimmten Weg zurück. Dieser Weg wird **Bremsweg** genannt.

Die Länge des Bremsweges lässt sich ungefähr mit folgender Formel berechnen:

Verzögerungswerte	
1,0	Pkw auf vereister Fahrbahn
2,0	Pkw auf schneebedeckter Fahrbahn
5,0	Pkw auf nasser Fahrbahn
8,0	Pkw auf trockener Fahrbahn
3,5	Lkw (beladen) auf trockener Fahrbahn
4,5	Lkw (leer) auf nasser Fahrbahn
5,0	Lkw (leer) auf trockener Fahrbahn
10,0	Motorrad auf trockener Fahrbahn
3,5	Fahrrad auf trockener Fahrbahn

$s_R = \dfrac{v^2}{2 \cdot a}$ (v Geschwindigkeit in $\frac{m}{s}$).

Der Faktor a im Nenner wird *Verzögerungswert* genannt.

Er hängt vom Fahrzeug und der Fahrbahnbeschaffenheit ab.

Die abgebildete Tabelle zeigt einige Werte.

3. a) Erstelle mit einem Kalkulationsprogramm für einen Pkw und verschiedene Fahrbahneigenschaften eine Tabelle für die Zuordnung

Geschwindigkeit $\left(\text{in } \frac{km}{h}\right) \rightarrow$

Länge des Bremsweges (in m).

Wähle Geschwindigkeiten bis 150 $\frac{km}{h}$.

	A	B	C	D	E
1		Länge des Bremsweges (in m)			
2					
3	Geschwindigkeit		Verzögerungswert		
4	(in km/h)	(in m/s)	8,0	5,0	3,5
5	0	0,0	0,0	0,0	0,0
6	10	2,8	0,5	0,8	1,1
7	20	5,6	1,9	3,1	4,4
8	30	8,3	4,3	6,9	9,9
9	40	11,1	7,7	12,3	17,6
10	50	13,9	12,1	19,3	27,6

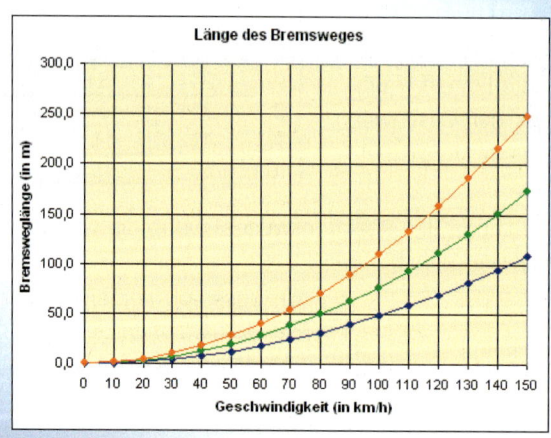

b) Vergleiche die Länge des Bremsweges für eine Geschwindigkeit von 30 $\frac{km}{h}$, 50 $\frac{km}{h}$, 100 $\frac{km}{h}$, 120 $\frac{km}{h}$ und 150 $\frac{km}{h}$.

c) Wie ändert sich die Länge des Bremsweges, wenn die Geschwindigkeit (1) verdoppelt, (2) verdreifacht wird.

d) Lass auch die Graphen der Zuordnung zeichnen. Vergleiche.

4. Vergleiche mithilfe einer Kalkulationstabelle die Bremswege für Pkw, Lkw (unbeladen) und Motorrad auf trockener Fahrbahn für verschiedene Geschwindigkeiten. Stelle die Länge der Bremswege auch grafisch dar.

5. Die Länge des Bremsweges hängt auch von der Qualität der Reifen und dem richtigen Reifendruck ab. Abgefahrene Reifen oder falscher Reifendruck verlängern den Bremsweg. Untersuche die Verlängerung des Bremsweges für einen Pkw auf trockener Fahrbahn. Gehe von einer Abnahme des Verzögerungswertes um 1,0 beziehungsweise 2,0 aus. Erstelle eine Tabelle und lass den Graphen zeichnen.

Der Weg vom Erkennen einer Gefahr bis zum Stillstand des Fahrzeugs wird **Anhalteweg** genannt. Die Länge des Anhalteweges ist die Summe aus der Länge des Reaktionsweges und der Länge des Bremsweges.

6. a) Erstelle eine Kalkulationstabelle und vergleiche die Länge von Reaktionsweg, Bremsweg und Anhalteweg für verschiedene Geschwindigkeiten.

	A	B	C	D	E
1	\multicolumn{5}{c}{**Länge des Anhalteweges (in m)**}				
2					
3				Reaktionszeit (in s):	1,0
4				Verzögerungswert:	8,0
5					
6	Geschwindigkeit		Reaktionsweg	Bremsweg	Anhalteweg
7	(in km/h)	(in m/s)	(in m)	(in m)	(in m)
8	0	0,0	0,0	0,0	0,0
9	10	2,8	2,8	0,5	3,3
10	20	5,6	5,6	1,9	7,5
11	30	8,3	8,3	4,3	12,7
12	40	11,1	11,1	7,7	18,8
13	50	13,9	13,9	12,1	25,9

b) Gestalte die Tabelle so, dass du verschiedene Werte für die Reaktionszeit und den Verzögerungswert eingeben kannst.

c) Stelle die Graphen für Reaktionsweg, Bremsweg und Anhalteweg in einem gemeinsamen Diagramm dar. Vergleiche die Graphen.

7. Untersuche die Auswirkung verschiedener Fahrbahneigenschaften auf die Länge des Anhalteweges eines Pkw. Wähle als Reaktionszeit 1 Sekunde und entnimm die Daten für die Verzögerungswerte der Tabelle.

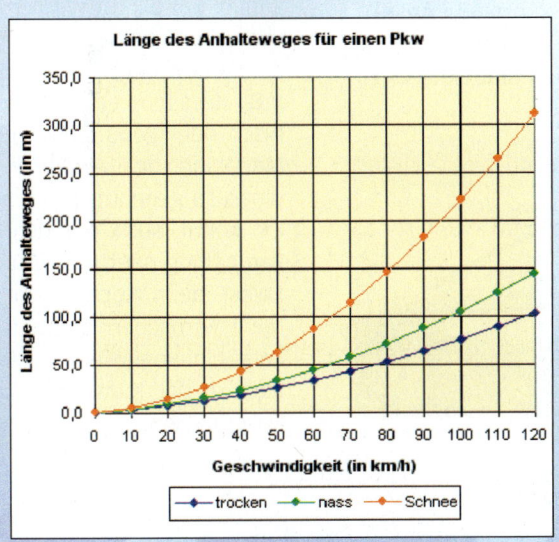

a) Gestalte ein Tabellenblatt für verschiedene Geschwindigkeiten und stelle die Ergebnisse grafisch dar.

b) Bei Nebel oder Regen ist die Sichtweite oft stark eingeschränkt. Lies aus dem Graphen aus Teilaufgabe a) die Höchstgeschwindigkeit ab, mit der ein Pkw fahren darf, um bei einer Sichtweite von 50 m noch rechtzeitig vor einem Hindernis anhalten zu können.

c) Mit welcher Geschwindigkeit darf ein Pkw höchstens fahren, um bei Regen und einer Sichtweite von 80 m noch rechtzeitig vor einem Hindernis anhalten zu können?

8. a) Gestalte eine Tabelle und berechne den Anhalteweg eines Fahrrades auf trockener Fahrbahn. Wähle geeignete Geschwindigkeiten und gehe von einer Reaktionszeit von 1 Sekunde aus.

b) Vergleiche die Anhaltewege für Pkw und Fahrrad auf trockener Fahrbahn.

c) Bestimme für eine Geschwindigkeit von 20 $\frac{km}{h}$ den Sicherheitsabstand eines Fahrrades zu einem mit gleicher Geschwindigkeit vorrausfahrenden Pkw. Berücksichtige, dass der Fahrradfahrer erst auf das Aufleuchten der Bremslichter reagiert.

PROJEKT: QUADRATISCH, PARABLISCH!

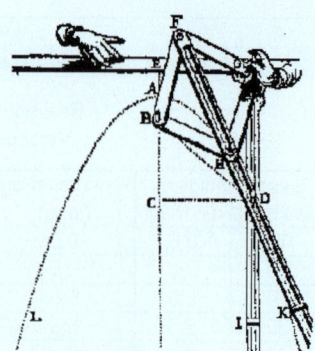

Vorschlag 1:
Parabelkonstruktion

Parabeln habt ihr bisher nur mithilfe einer Funktionsgleichung gezeichnet. Es geht aber auch ganz anders. Versucht herauszufinden, wie man Parabeln konstruieren kann.
Wie kann man ein Parabelzeichengerät bauen?
Auch lassen sich mit einem Dynamischen Geometriesystem Parabeln erzeugen.
Wisst ihr eigentlich, woher der Begriff *Parabel* kommt?

Vorschlag 2:
Parabeln in der Umwelt

Parabeln gibt es nicht nur in der Mathematik, sondern auch in eurer Umwelt. Stellt euch nur die vielen Springbrunnen vor. Wie bewegt sich denn der Wasserstrahl? Auch die Leute beim Brückenbauamt haben mit Parabeln zu tun. Und in der Kunst und Architektur werden auch gerne Parabeln als Objekte verwendet.
Findet eigene Beispiele, untersucht diese auf die Parabeleigenschaften und stellt die Funktionsgleichungen auf.

Quadratische Gleichungen und Parabeln habt ihr in diesem Kapitel kennen gelernt. In diesem Projekt soll nun alles, was mit Parabeln und quadratischen Funktionen zu tun hat, aus einem anderen Blickwinkel betrachtet werden. So kann man versuchen herauszubekommen, woher die Parabel ihren Namen hat. Wusstet ihr z.B., dass man eine Parabel auch mechanisch oder geometrisch erzeugen kann? Man kann sogar ein Parabelzeichengerät, einen so genannten *Parabelzirkel* bauen. Ihr könnt auch herausfinden, was ein Parabelflug oder eine Wurfparabel ist.
Selbst beim Kochen sind manche und beim Fernsehen sogar viele Leute auf Parabeln angewiesen. Parabeln können auch in der Kunst und Architektur eine Rolle spielen.

Vorschlag 3:
Parabeln und Kunst

Eine andere Möglichkeit, sich mit Parabeln zu beschäftigen, ist die künstlerische Gestaltung. So kannst du aus mehreren Parabeln Drehparabeln, Paraboloide herstellen oder Lampenschirme basteln. Auch ist es möglich, Bilder nur aus Parabeln zu gestalten.

Vorschlag 4:
Paraboloide

Wisst ihr, was Paraboloide sind? Man kann sich in der Umwelt umschauen und feststellen, dass Paraboloide überall vorkommen. Ihr kennt Paraboloide von den Satellitenschüsseln. Bei den Solarkochern wird das Brennpunktprinzip des Paraboloiden zum Kochen verwendet. Auch Solarkraftwerke verwenden manchmal Paraboloide. Paraboloide werden ferner als Reflektoren bei Taschenlampen verwendet. Was ist das Geheimnis dieser Paraboloiden?

Sogar beim Brückenbau findet man Parabeln.

Es wäre schön, wenn ihr eure quadratisch guten Parabelideen in einer kleinen Ausstellung im Schulgebäude zeigen könntet. Ihr könnt natürlich auch die Ergebnisse im Rahmen einer Vortragsrunde vor der Klasse präsentieren. Auch ein kleiner Artikel in der Lokalzeitung über besonders interessante Parabelobjekte oder eine Parabelbrücke in eurer Nähe ist denkbar. Hier hilft vielleicht eure Deutschlehrerin oder euer Deutschlehrer.

Wir haben hier für euch ein paar Ideen und Fragen rund um das Parabelprojekt vorbereitet, die ihr aufgreifen könnt. Im Internet findet ihr das Projekt unter **www.mathematik-heute.de**

Vorschlag 5:
Das Fallgesetz

Das Fallgesetz handelt von der Gesetzmäßigkeit, mit der ein Körper zur Erde fällt. Ein berühmter Italiener, Galileo Galilei, hat sich damit in Pisa beschäftigt. Wie wäre es, wenn ihr das Fallgesetz überprüft.
Wie müsst ihr das anstellen?
Wisst ihr, was eine Fallschnur ist?

Vorschlag 6:
Die Wurfparabel

Könnt ihr ein Parabelschussgerät bauen, mit dem ihr Kugeln auf bestimmten Parabeln abschießen könnt. Wie kann man die Wurfweiten berechnen? Habt ihr auch schon einmal etwas vom Parabelflug gehört. Was haben der Parabelflug und die Wurfparabel gemeinsam? Was hat die Schwerelosigkeit mit der Wurfparabel zu tun?

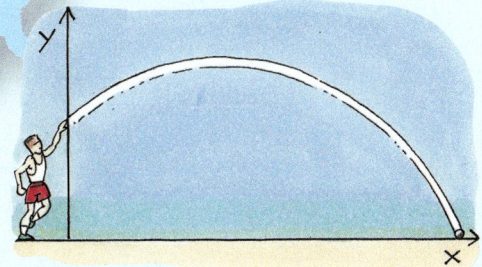

Bleib fit im ...

Umgang mit Pythagoras

Zum Aufwärmen

1. Franz hat sich einen Motorroller ge-
kauft. Er möchte ihn auf einer unbe-
nutzten Terrasse hinter dem Haus ab-
stellen. Diese ist jedoch 82 cm höher
als die Zufahrt. Er will eine Rampe (ge-
neigte Ebene) aus Bohlen bauen. Der
Steigungswinkel der Rampe soll nicht
mehr als 10° betragen.
Wie lang müssen die Bohlen längs zur
Fahrbahn sein?
Beschreibe dein Vorgehen. Denke auch an eine Planfigur.

Zum Erinnern

(1) Begriffe am rechtwinkligen Dreieck

Im **rechtwinkligen Dreieck** haben die Seiten besondere Bezeichnungen:
Die **Hypotenuse** ist die Seite, die dem rechten Winkel
gegenüberliegt. Sie ist die längste Seite im Dreieck.
Die **Katheten** sind die Seiten, die den rechten Winkel
einschließen.

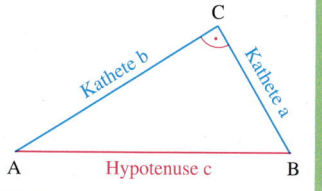

(2) Satz des Pythagoras

In jedem *rechtwinkligen* Dreieck ist der Flächeninhalt
des Hypotenusenquadrates gleich der Summe der
Flächeninhalte der beiden Kathetenquadrate.

Kurz:

Das Hypotenusenquadrat ist genauso groß wie die
beiden Kathetenquadrate zusammen.

Beispiel: $c^2 = a^2 + b^2$ (für $\gamma = 90°$)

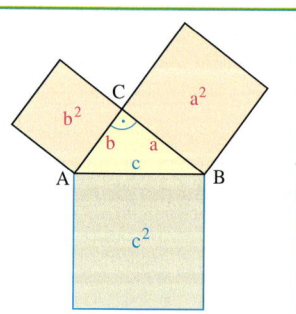

Zum Trainieren

2. Wie viele rechtwinklige Dreiecke erkennst du? Nenne jeweils ihre Eckpunkte und gib die
Gleichung nach dem Satz des Pythagoras an.

(1)

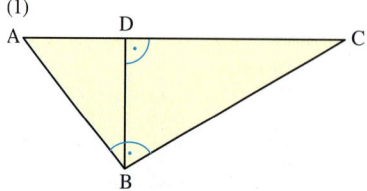

(2)

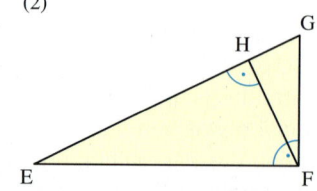

(3)

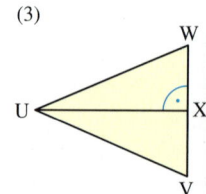

3. a) Zeichne das rechtwinklige Dreieck in dein Heft. Markiere die Hypotenuse blau und die Katheten rot.

b) Zeichne über jeder Dreiecksseite ein Quadrat.

c) Berechne die Flächeninhalte des Hypotenusenquadrates und der beiden Kathetenquadrate.
Prüfe, ob die Summe der Flächeninhalte der Kathetenquadrate gleich dem Flächeninhalt des Hypotenusenquadrates ist.

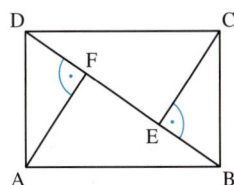

4. In dem Rechteck kannst du rechtwinklige Dreiecke erkennen. Notiere ihre Eckpunkte und gib die Gleichung nach dem Satz des Pythagoras an.

a)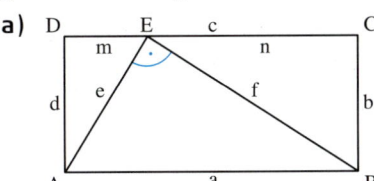

b)

5. Stelle eine Gleichung auf. Berechne x.

a)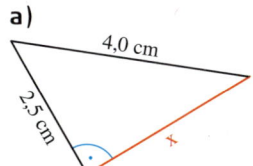

b)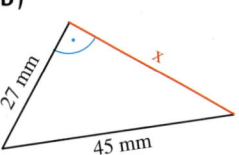

c)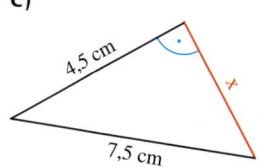

6. Von einem rechtwinkligen Dreieck sind die Längen der Hypotenuse und einer Kathete bekannt. Patrick, Max und Martin wollen die Länge der zweiten Kathete rechnerisch finden. Überprüfe ihre Gleichungen:

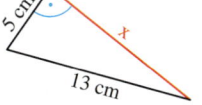

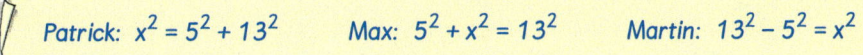

Patrick: $x^2 = 5^2 + 13^2$ Max: $5^2 + x^2 = 13^2$ Martin: $13^2 - 5^2 = x^2$

7. Der Sturm hat die alte Fichte im Stadtpark in einer Höhe von 4,75 m abgeknickt. Die Baumspitze liegt 19,57 m vom Stamm entfernt auf dem Erdboden.

a) Fertige eine Skizze an und trage die bekannten Größen ein.

b) Überschlage, welche Höhe der Baum ursprünglich hatte. Berechne dann.

8. Trage den angegebenen Punkt in ein Koordinatensystem ein. Verbinde ihn mit dem Koordinatenursprung O(0|0). Berechne den Abstand zwischen dem eingetragenen Punkt und O.

a) A(5|3)   **b)** B(2|−1)   **c)** C(−3|−2)   **d)** D(3|3)

9. Berechne die Länge der Strecke $\overline{AB}$.

a) A(2|3); B(5|7)   **d)** A(−4|5); B(2|2)

b) A(0|4); B(4|10)   **e)** A(2|−5); B(−3|9)

c) A(1|5); B(6|2)   **f)** A(−2|−5); B(1|0)

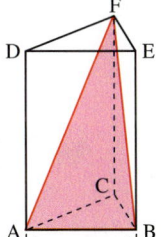

10. Das 11 cm hohe dreiseitige Prisma links hat ein gleichseitiges Dreieck als Grundfläche. Wie groß ist die Schnittfläche ABF?

11. Jonas lässt im Herbstwind seinen Drachen steigen. Die 35 m lange Schnur hat er dabei vollständig ausgerollt. So kann der Drachen weit nach oben steigen. Josi steht 25 m von Jonas entfernt genau unter dem Drachen. Sie schätzt, dass der Drachen eine Höhe von 20 m erreicht hat. Hat sie recht?

12. Susann kam beim Wintersport mit dem Skilift auf den Berg. Dort gab es Pisten für den Abfahrtslauf. Das nebenstehende Bild zeigt die Höhen von Tal- und Bergstation über dem Meeresspiegel.

- **a)** Welchen Höhenunterschied überwindet der Lift?
- **b)** Berechne die Länge der Liftstrecke.

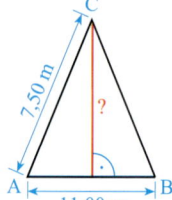

13. Das Dreieck ABC zeigt den Querschnitt eines Satteldaches. Es ist gleichschenklig mit $\overline{AC} = \overline{BC}$.

- **a)** Zeichne das Dreieck in einem geeigneten Maßstab.
- **b)** Berechne die Dachhöhe und vergleiche das Ergebnis mit der Zeichnung.

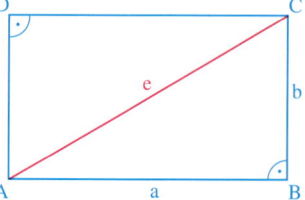

14. Von einem Rechteck ABCD sind zwei Größen gegeben. Berechne die fehlende dritte Größe.

- **a)** a = 8,0 m, b = 5,0 m
- **c)** a = 1,40 m, e = 3,80 m
- **b)** a = 2,0 m, b = 1,2 m
- **d)** b = 4,75 m, e = 8,95 m

15. Eine Ausstellungsfläche hat die rechts angegebenen Abmessungen. Bei B und D stehen zwei Fahnenmasten. Wie weit sind sie voneinander entfernt?

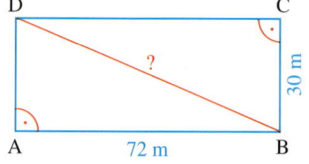

16. Die Grundfläche des Pultdaches einer Lagerhalle ist rechteckig. Durch einen Orkan wurde die gesamte Dachfläche beschädigt.

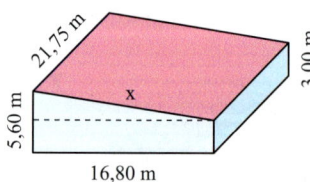

- **a)** Überschlage die Länge von x. Berechne dann.
- **b)** Ein Dachdecker hat die Größe der Dachfläche auf 400 m² geschätzt. Hat er recht?

17. Um das Dach eines 10 m hohen Hauses zu erreichen, soll eine Leiter angestellt werden. Der Fuß der Leiter steht 3 m von der Hauswand entfernt.

- **a)** Wie lang muss die Leiter sein?
- **b)** Bestimme den Anstellwinkel zeichnerisch?

18. Auf dem Wanderweg von A nach B ist durch eine Brücke ein Hindernis zu überwinden. Berechne mit den Kilometerangaben die Länge der Brücke.

19. Finde eine Möglichkeit, um mit 24 Streichhölzern ein rechtwinkliges Dreieck zu legen.

20. In der AG Mathematik fertigen vier Gruppen jeweils vier Schnüre unterschiedlicher Länge an, mit denen sie ein Dreieck abstecken wollen.

(1) Seitenlängen: 9 m; 12 m; 15 m
(2) Seitenlängen: 1,5 m; 2,5 m; 2 m
(3) Seitenlängen: 5 m; 12 m; 13 m
(4) Seitenlängen: 1,9 m; 1,8 m; 0,7 m

a) Welche Gruppe erhält ein rechtwinkliges Dreieck?

b) Stelle drei geeignete Schnüre her. Finde damit im Schulgelände Winkel von 90°.

21. Gegeben ist ein gleichseitiges Dreieck.

a) Gib den Umfang u des Dreiecks an.

b) Berechne die Länge der Strecke x.

c) Ermittle den Flächeninhalt des Dreiecks.

22. In einer Projektwoche der Klasse 10a werden aus Kupferblech dreieckige Ohrhänger hergestellt.
Wie viel cm^2 Blech braucht man mindestens für den Ohrhänger.
Hinweis: Berechne zunächst die Höhe im Dreieck.

a)
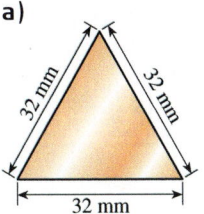

b)
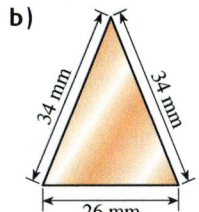

c)
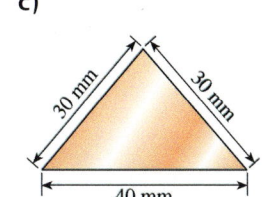

23. Fliesenlegermeister Glatt muss die Fliesen auf einem Fußboden ausrichten. Auszubildender Bruno will dazu Fäden von einer Wandmitte zur anderen spannen. Daran legt er einige Fliesen aus. Bruno meint, dass die Fliesen geradlinig und zueinander rechtwinklig verlaufen. Hat er damit recht?
Begründe deine Entscheidung.

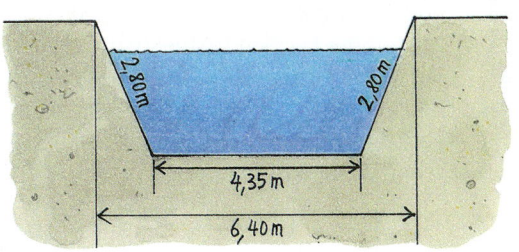

24. Zwei größere Seen wurden durch einen Kanal miteinander verbunden. Das Bild zeigt den Querschnitt des Kanals.

a) Welche Form hat der im Bild dargestellte Kanalquerschnitt?

b) Skizziere den Querschnitt. Trage darin Hilfslinien so ein, dass rechtwinklige Dreiecke entstehen.

c) Wie tief wurde der Kanal ausgeschachtet?

25. Ein dreieckiges Blumenbeet hat einen Umfang von 30 m. Die zwei kürzeren Seiten sind 5 m bzw. 12 m lang. Ist das Blumenbeet rechtwinklig?

4 Berechnungen an Dreiecken

Ein gewaltiger Eisberg hat sich von der antarktischen Eisdecke gelöst und schwimmt im Südpazifik. Er ist etwa 272-Kilometer lang und 40-Kilometer breit.

Der Eisberg wurde von einem Gletscher abgetrennt. Man sagt, der Gletscher *kalbt:* er stößt Eisschollen ins Meer ab. Da in der Antarktis pro Jahr nur etwa 2,5-Zentimeter Niederschläge fallen, dauert es vermutlich 100-Jahre, bis die Eisfläche nachgewachsen sein wird. Wissenschaftler befürchten, dass sich der Eisberg in die für Schiffe von Eis befreiten Rinnen legen und den Verkehr lahm legen könnte. Klimatologen befürchten, dass der seit längerem beobachtete Schmelzprozess in der Antarktis auf eine globale Erderwärmung zurückzuführen ist.
(nach einer dpa-Meldung vom 25.03.2000)

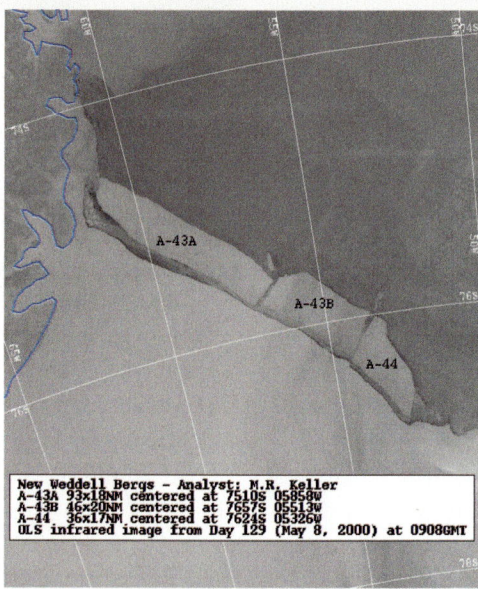

➜ Welche Probleme gibt es, die Abmessungen des Eisberges zu bestimmen?

➜ Wie groß ist die Fläche des Eisberges? Versuche die Größe durch einen geeigneten Vergleich zu veranschaulichen.

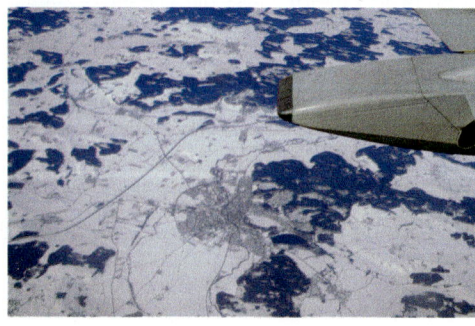

Für Vermessungen riesiger und unwegsamer Gebiete werden Flugzeuge oder Satelliten eingesetzt. Beim Überfliegen der Objekte (Eisberge, Urwälder, Inseln usw.) können über die Winkelmessung die Längen und die Breiten der Flächen festgestellt werden.

Mit Aufnahmen von Satelliten aus ist es heutzutage sogar schon möglich, maßstabgerechte Abbilder von fotografierten Landschaften herzustellen.

In diesem Kapitel lernst du ...

... wie man in beliebigen Dreiecken Längen und Winkel berechnen kann.

SINUS, KOSINUS UND TANGENS IM RECHTWINKLIGEN DREIECK

Einstieg

Segelflugzeuge gleiten. Um fliegen zu können, wandeln sie Höhe in Flugstrecke um. Je weiter sie bei einem Gleitflug aus einer bestimmten Höhe kommen, um so besser sind sie.

Ein Maß für die „Güte" eines Segelflugzeugs ist die *Gleitzahl*. Dies ist das Verhältnis aus dem Höhenverlust und der Länge der dabei zurückgelegten Flugstrecke.

Moderne Segelflugzeuge haben eine Gleitzahl zwischen 1 : 30 und 1 : 70.

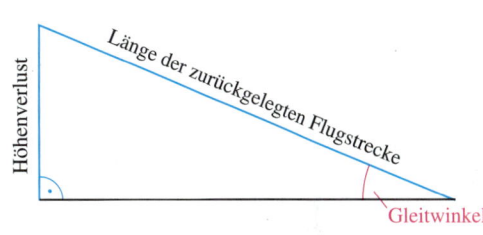

➡ Nimm an, ein Segelflugzeug hat die Gleitzahl 1 : 10.
   Wie viel Höhe verliert es, wenn es   (1) 10 m,   (2) 20 m   Flugstrecke zurücklegt?
   Bestimme jeweils die Größe des Gleitwinkels. Was stellst du fest?

➡ Das Gefälle der Flugstrecke gibt man wie bei einer Straße durch das Verhältnis aus Höhenunterschied und der horizontalen Entfernung an.
   Berechne das Gefälle bei einem Segelflugzeug mit einer Gleitzahl von 1 : 10; gib es auch in Prozent an.

Aufgabe

1.

Im Berner Oberland (Schweiz) fährt eine Standseilbahn von Lauterbrunnen auf einer 1 421 m langen Strecke zur Grütschalp.

Eine Vorstellung von der Steigung (Anstieg) der Bahnstrecke liefert die Größe des Winkels β, auch *Steigungswinkel* genannt.

a) Wie groß ist der Steigungswinkel?

b) Gib die Steigung in Prozent an.

Lösung

a) Die Größe des Winkels β lässt sich zeichnerisch im rechtwinkligen Dreieck ABC bestimmen.

Die Länge von $\overline{AC}$ (das ist der Höhenunterschied) beträgt 1481 m – 796 m, also 685 m. Wir wählen in der Zeichnung 1 cm für 100 m in der Wirklichkeit (Maßstab 1 : 10 000).

Wir konstruieren nun ein rechtwinkliges Dreieck ABC mit dem rechten Winkel bei C sowie den Seitenlängen c = 14,2 cm (Länge der Hypotenuse) und b = 6,9 cm; dies ist die Länge der dem gesuchten Winkel β *gegenüberliegenden* Kathete (SsW).
Wir messen: β = 29°.

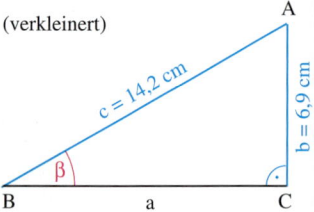

Ergebnis: Der Steigungswinkel beträgt 29°.

b) Du weißt: *Unter der Steigung (dem Anstieg) m versteht man das Verhältnis, also den Quotienten aus Höhenunterschied $\overline{AC}$ und horizontaler Entfernung $\overline{BC}$.*
Den Höhenunterschied haben wir bereits mit $\overline{AC}$ = 685 m berechnet.
Die horizontale Entfernung $\overline{BC}$ müssen wir noch berechnen. Nach dem Satz des Pythagoras gilt für das rechtwinklige Dreieck ABC:

$$a^2 + b^2 = c^2, \text{ also } a = \sqrt{c^2 - b^2}.$$

Wir setzen ein:

$$a = \sqrt{(1421 \text{ m})^2 - (685 \text{ m})^2}$$

$$a = \sqrt{1550016 \text{ m}^2}$$

$$a \approx 1245 \text{ m}$$

Für die Steigung ergibt sich somit das Verhältnis:

$$m = \frac{685 \text{ m}}{1245 \text{ m}}$$

$$m \approx 0,55 \text{ bzw. } m \approx 55\%$$

Ergebnis: Die Steigung beträgt 55%.

Information

(1) Zielsetzung

In rechtwinkligen Dreiecken können wir nach dem Satz des Pythagoras Seitenlängen berechnen. Wie wir in den vorangegangenen Aufgaben gesehen haben, können wir die Größe von Winkeln jedoch nur zeichnerisch ermitteln. Unser Ziel ist es, Verfahren kennenzulernen, mit deren Hilfe man auch die Winkel und die Längen in beliebigen Dreiecken aus gegebenen Stücken *berechnen* kann. Wir beschränken uns hier auf rechtwinklige Dreiecke.

(2) Bezeichnungen an rechtwinkligen Dreiecken

Du kennst bereits die Begriffe Hypotenuse und Kathete am *rechtwinkligen* Dreieck.
Wir unterscheiden nun die beiden Katheten hinsichtlich ihrer Lage zu einem spitzen Winkel, im Bild rechts zu β.
In jedem rechtwinkligen Dreieck nennt man die einem spitzen Winkel *gegenüberliegende* Kathete die **Gegenkathete** zu diesem Winkel.
Die dem spitzen Winkel *anliegende* Kathete heißt **Ankathete** zu diesem Winkel.

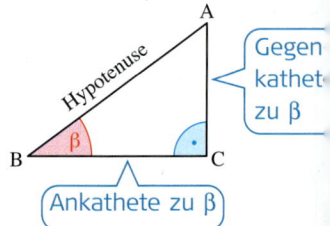

(3) Gleiche Längenverhältnisse in rechtwinkligen Dreiecken

Wir betrachten zwei rechtwinklige Dreiecke ABC und A'B'C', die in der Größe eines spitzen Winkels, z.B. der Größe von β, übereinstimmen. Nach dem Hauptähnlichkeitssatz sind dann die beiden Dreiecke ABC und A'B'C' ähnlich zueinander. Folglich sind die Längenverhältnisse je zweier Seiten von ABC

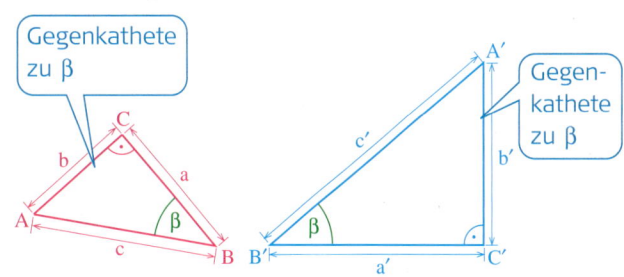

gleich dem Längenverhältnis der beiden entsprechenden Seiten von A'B'C', zum Beispiel:

$$\frac{b}{c} = \frac{b'}{c'}; \quad \frac{a}{c} = \frac{a'}{c'}; \quad \frac{b}{a} = \frac{b'}{a'}$$

Wir erhalten also:

Alle rechtwinkligen Dreiecke, die in einem weiteren Winkel und damit in allen Winkeln übereinstimmen, besitzen dieselben Längenverhältnisse entsprechender Seiten.

Für alle *rechtwinkligen Dreiecke*, die in der Größe eines spitzen Winkels (und damit in allen Winkeln) übereinstimmen, gilt:

- das Längenverhältnis aus Gegenkathete (zu diesem spitzen Winkel) und der Hypotenuse, also

  $$\frac{\text{Gegenkathete des spitzen Winkels}}{\text{Hypotenuse}}$$

  hat immer den gleichen Wert.

- das Längenverhältnis aus der Ankathete (zu diesem spitzen Winkel) und der Hypotenuse, also

  $$\frac{\text{Ankathete des spitzen Winkels}}{\text{Hypotenuse}}$$

  hat immer den gleichen Wert.

- das Längenverhältnis aus der Gegenkathete und der Ankathete (zu diesem spitzen Winkel), also

  $$\frac{\text{Gegenkathete des spitzen Winkels}}{\text{Ankathete des spitzen Winkels}}$$

  hat immer den gleichen Wert.

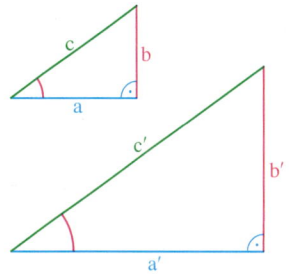

Diese Verhältnisse ändern sich nur, wenn der Winkel sich ändert. Sie bestimmen also den Winkel; deshalb gibt man ihnen eigene Namen.

(4) Der Sinus eines spitzen Winkels

Das Längenverhältnis aus der Gegenkathete zu einem spitzen Winkel und der Hypotenuse im rechtwinkligen Dreieck nennt man den **Sinus** dieses Winkels:

$$\text{Sinus eines Winkels} = \frac{\text{Gegenkathete des Winkels}}{\text{Hypotenuse}}$$

Für das Dreieck ABC mit $\gamma = 90°$ gilt z.B.: $\sin\alpha = \frac{a}{c}$

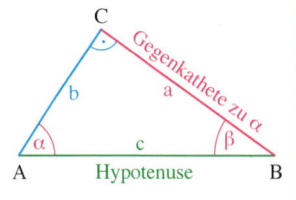

(5) Kosinus und Tangens eines spitzen Winkels

(1) Das Längenverhältnis aus der Ankathete zu einem spitzen Winkel und der Hypotenuse im rechtwinkligen Dreieck nennt man den **Kosinus** dieses Winkels:

Kosinus eines Winkels $= \dfrac{\text{Ankathete des Winkels}}{\text{Hypotenuse}}$

Für das Dreieck ABC mit $\gamma = 90°$ gilt z.B.: $\cos\alpha = \dfrac{b}{c}$

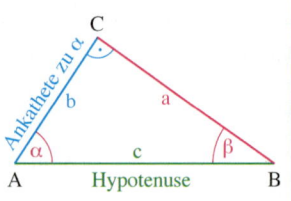

(2) Das Längenverhältnis aus Gegenkathete und Ankathete zu einem spitzen Winkel im rechtwinkligen Dreieck nennt man den **Tangens** dieses Winkels:

Tangens eines Winkels

$= \dfrac{\text{Gegenkathete des Winkels}}{\text{Ankathete des Winkels}}$

Für das Dreieck ABC mit $\gamma = 90°$ gilt z.B.: $\tan\alpha = \dfrac{a}{b}$

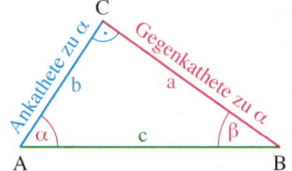

Zum Festigen und Weiterarbeiten

2. Betrachte das rechtwinklige Dreieck rechts.
Formuliere die Längenverhältnisse zu sin β, cos β und tan β.

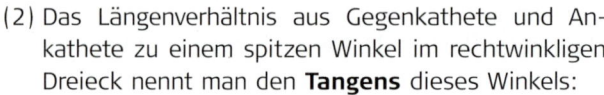

3. Zeichne farbig wie in der Information (3) mehrere verschieden große rechtwinklige Dreiecke ABC mit
(1) α = 30°, (2) α = 44°.
Zeichne dabei die Gegenkathete zu α in rot, die Ankathete in blau und die Hypotenuse in grün ein. Miss jeweils alle Seitenlängen und berechne

a) sin α; **b)** cos α; **c)** tan α. Was stellst du fest?

4. Skizziere das Dreieck zunächst zweimal im Heft; verwende Farben wie in Information (3).
Gib dann den Sinus, den Kosinus und den Tangens der beiden spitzen Winkel jeweils als Längenverhältnis an.

(1) 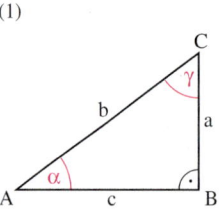 (2) 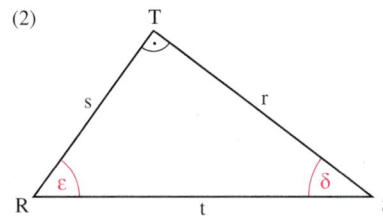 (3)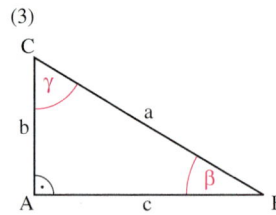

5. Berechne jeweils sin, cos und tan der angegebenen Winkel. Runde gegebenenfalls auf vier Stellen nach dem Komma.

a) 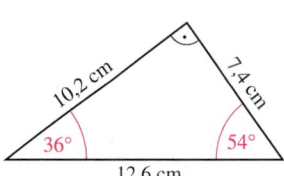 **b)** 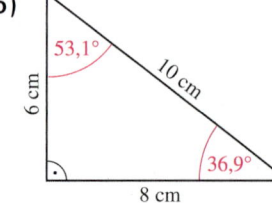 **c)**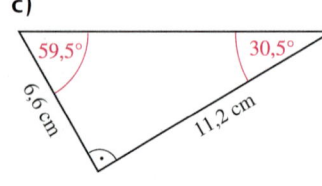

6. Bestimme zeichnerisch die Größe des Winkels α.
Wähle dazu ein geeignetes rechtwinkliges Dreieck ABC.

a) $\sin \alpha = \frac{1}{2}$ **b)** $\cos \alpha = \frac{2}{3}$ **c)** $\tan \alpha = \frac{3}{4}$ **d)** $\sin \alpha = 0{,}75$ **e)** $\cos \alpha = 0{,}4$

7. Zeichne rechtwinklige Dreiecke ABC mit c = 10 cm, γ = 90° und
(1) α = 15°; (2) α = 30°; (3) α = 45°; (4) α = 60°.

a) Bestimme durch Messen und Rechnen jeweils tan α.
Untersuche an den Beispielen, wie sich tan α ändert, wenn man die Winkelgröße α
verdoppelt, verdreifacht oder vervierfacht?

b) Untersuche entsprechend sin α und cos α.

Übungen

8. Ein rechtwinkliges Dreieck (im Bild verkleinert dargestellt) hat die angegebenen Maße.
Berechne sin α, cos α, tan α, sin β, cos β, tan β. Runde auf Tausendstel.

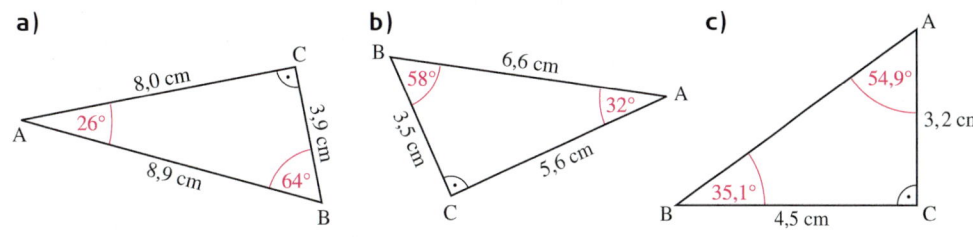

a)   **b)**   **c)**

9. Kontrolliere die Hausaufgaben.

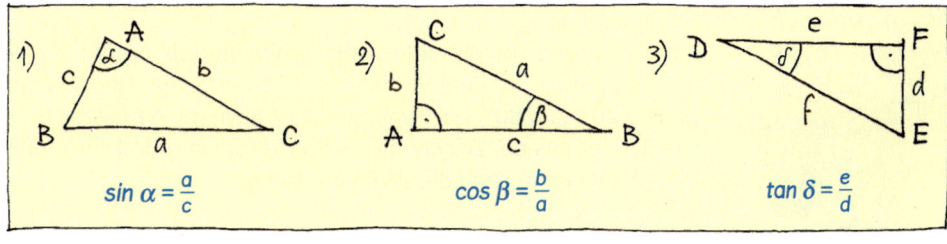

10. Zeichne ein rechtwinkliges Dreieck ABC mit γ = 90°, c = 10 cm sowie

a) α = 35°; **b)** α = 62°; **c)** α = 75°; **d)** α = 53°; **e)** α = 15°.

Miss die Seitenlängen a und b und bestimme näherungsweise sin α und sin β.

11. Konstruiere das Dreieck ABC, markiere die gegebenen Stücke rot. Berechne dann die
fehlende Winkelgröße und miss die fehlenden Seitenlängen.
Bestimme nun in dem rechtwinkligen Dreieck den Sinus, den Kosinus und den Tangens
der beiden spitzen Winkel.

a) α = 90°   **b)** α = 90°   **c)** β = 90°   **d)** β = 90°   **e)** γ = 90°
β = 38°   γ = 48°   a = 5 cm   α = 28°   a = 2,8 cm
c = 9 cm   b = 8 cm   γ = 58°   c = 13 cm   β = 48°

12. Gib – falls möglich – die Größe des Winkels α an. Zeichne dazu dann ein geeignetes
rechtwinkliges Dreieck ABC.

a) $\sin \alpha = \frac{2}{3}$ **b)** $\tan \alpha = \frac{5}{4}$ **c)** $\sin \alpha = 0{,}8$ **d)** $\tan \alpha = 1{,}5$ **e)** $\tan \alpha = 5$
$\cos \alpha = \frac{4}{5}$ $\sin \alpha = 1{,}2$ $\cos \alpha = 0{,}3$ $\tan \alpha = 4$ $\cos \alpha = 0{,}2$
$\tan \alpha = \frac{4}{5}$ $\sin \alpha = 0{,}6$ $\cos \alpha = 1{,}7$ $\sin \alpha = 0{,}2$ $\sin \alpha = 0{,}9$

BESTIMMEN VON WERTEN FÜR SINUS, KOSINUS UND TANGENS

Zeichnerisches Bestimmen von Näherungswerten – Beziehungen zwischen Sinus, Kosinus und Tangens

Einstieg

Zeichne mit einem dynamischen Geometrie-System eine Strecke $\overline{AP}$, eine dazu senk-rechte Gerade durch A sowie dann dazu einen Viertelkreis um A mit dem Radius $\overline{AP}$. Erzeuge nun auf dem Kreisbogen einen Punkt B. Zeichne durch diesen die Senk-rechte zu $\overline{AP}$. Benenne ihren Schnittpunkt mit $\overline{AP}$ mit C.

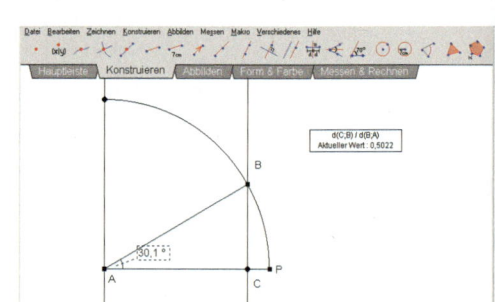

→ Erzeuge ein Termobjekt, das den Sinus des Winkels bei A angibt. Verändere den Winkel und notiere so eine Wertetabelle für Sinuswerte in deinem Heft.

→ Erstelle entsprechend eine Wertetabelle für Kosinuswerte und für die Tangenswerte.

Aufgabe

Geschicktes Vorgehen erspart Rechenarbeit.

1. Bestimme zeichnerisch Näherungswerte von sin α, cos α und tan α für α = 10°, 20°, ..., 80°. Lege eine Tabelle an.

Anleitung:
(1) Zeichne auf Millimeterpapier einen Viertelkreis mit dem Radius 1 dm.
(2) Zeichne in den Viertelkreis rechtwinklige Dreiecke mit den Winkelgrößen 10°, 20°, ..., 80°. Die Hypotenuse ist jeweils ein Kreisradius, sie hat also die Länge 1 dm.
(3) Lies aus der Zeichnung die Werte für sin α und cos α auf Hundertstel ab.
(4) Berechne dann die Werte für tan α.

Lösung

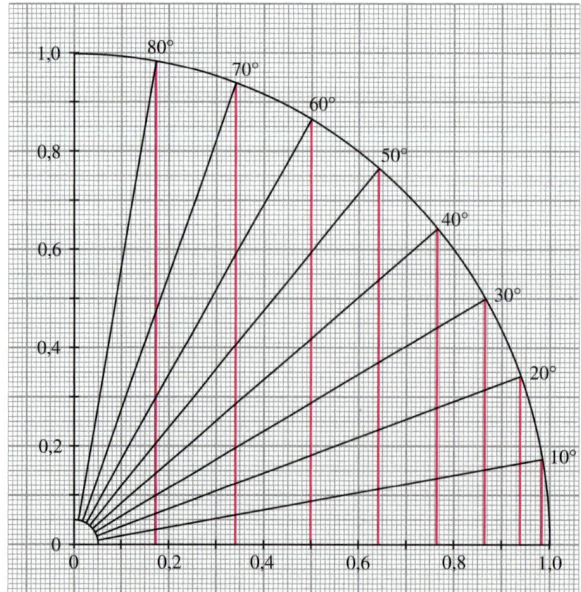

α	sin α	cos α	tan α
Näherungswerte für			
10°	0,17	0,98	0,18
20°	0,34	0,94	0,36
30°	0,50	0,87	0,58
40°	0,64	0,77	0,84
50°	0,77	0,64	1,19
60°	0,87	0,50	1,73
70°	0,94	0,34	2,75
80°	0,98	0,17	5,67

Zum Festigen und Weiterarbeiten

2. Bestimme wie in Aufgabe 1 Näherungswerte von sin α, cos α und tan α für α = 5°, 15°, 25°, ..., 85°.

3. *Sinus, Kosinus und Tangens am Einheitskreis*

Zeichne in ein Koordinatensystem einen Viertelkreis mit dem Radius 1. Einen Kreis mit dem Radius 1 um den Koordinatenursprung O nennt man **Einheitskreis.**

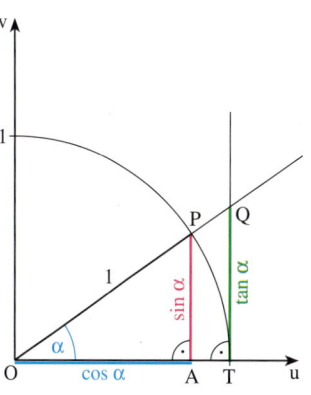

a) Betrachte die rechtwinkligen Dreiecke OAP und OTQ.
Begründe:
cos α = $\overline{OA}$; sin α = $\overline{AP}$; tan α = $\overline{TQ}$
Beachte: $\overline{OP}$ = 1 und $\overline{OT}$ = 1

b) Was kann man anhand der Zeichnung über sin α, cos α und tan α aussagen, wenn sich α immer mehr
(1) dem Wert 0°, (2) dem Wert 90° annähert?

c) Begründe am Einheitskreis: $(\sin α)^2 + (\cos α)^2 = 1$

△ **4.** *Beziehungen zwischen sin α, cos α und tan α*

a) Anhand der Tabelle in Aufgabe 1 erkennst du: sin 10° = cos 80° = cos (90° – 10°)
Bestätige anhand der Tabelle: sin α = cos (90° – α) und cos α = sin (90° – α).
Begründe dies auch mit den Längenverhältnissen am rechtwinkligen Dreieck.

b) Anhand der Berechnung von tan α in Aufgabe 1 erkennst du: tan α = $\frac{\sin α}{\cos α}$

Begründe dies auch mithilfe des Längenverhältnisses am rechtwinkligen Dreieck.

Information

(1) Erweiterung von Sinus, Kosinus und Tangens für 0° und 90°

Bisher haben wir sin α, cos α und tan α nur für Winkelgrößen α mit 0° < α < 90° definiert.
Wir haben am Einheitskreis gesehen (vgl. Aufgabe 3 oben):

(a) Wenn sich α dem Wert 0° annähert, nähert sich sin α der Zahl 0, cos α der Zahl 1 und tan α der Zahl 0 an.

(b) Wenn sich α dem Wert 90° annähert, nähert sich sin α der Zahl 1, cos α der Zahl 0 an.
Der Wert von tan α wächst über alle Grenzen. Er ist daher für 90° nicht definiert.

> Man setzt fest: sin 0° = 0; sin 90° = 1; cos 0° = 1; cos 90° = 0; tan 0° = 0

△ **(2) Beziehungen zwischen Sinus, Kosinus und Tangens**

△ Die Lösungen der Aufgaben 3 und 4 oben führen uns auf folgende Beziehungen:

△
△
△ (a) cos α = sin (90° – α)   (b) tan α = $\frac{\sin α}{\cos α}$ (c) $(\sin α)^2 + (\cos α)^2 = 1$
△   sin α = cos (90° – α)
△
△

Übungen

5. Ordne die Werte der Größe nach.
Denke an die Deutung von Sinus, Kosinus und Tangens am Einheitskreis.

a) sin 80°,   sin 30°,   sin 10°,   sin 50°,   sin 70°,   sin 89°,   sin 25°,   sin 66°

b) cos 80°,   cos 30°,   cos 10°,   cos 50°,   cos 70°,   cos 89°,   cos 25°,   cos 66°

c) tan 80°,   tan 30°,   tan 10°,   tan 50°,   tan 70°,   tan 89°,   tan 25°,   tan 66°

6. Die nebenstehende Gleichung ist durchgestrichen. Zeige anhand der Tabelle auf Seite 110, dass sie nicht gilt.

$$\cancel{\sin(\alpha + \beta) = \sin\alpha + \sin\beta}$$

7. Welche Informationen kann man der Tabelle auf Seite 110 für $\sin\alpha$, $\cos\alpha$ und $\tan\alpha$ entnehmen? Notiere als Antwort eine Ungleichung.

$$0{,}50 < \sin 34° < 0{,}64$$

a) $\alpha = 82°$ **b)** $\alpha = 7°$ **c)** $\alpha = 65°$ **d)** $\alpha = 89°$ **e)** $\alpha = 33°$ **f)** $\alpha = 22°$

8. Welche Information kann man der Tabelle auf Seite 110 für die Winkelgrößen α entnehmen? Notiere das Ergebnis als Ungleichung.

$$\sin\alpha = 0{,}79$$
$$50° < \alpha < 60°$$

a) $\sin\alpha = 0{,}8$ **b)** $\sin\alpha = 0{,}38$ **c)** $\sin\alpha = 0{,}71$ **d)** $\tan\alpha = 0{,}3$ **e)** $\tan\alpha = 5{,}5$
$\cos\alpha = 0{,}8$ $\cos\alpha = 0{,}38$ $\cos\alpha = 0{,}71$ $\tan\alpha = 2{,}5$ $\tan\alpha = 1{,}0$

9. Lies am Viertelkreis auf Seite 110 ab. Für welche Winkelgrößen α gilt:

a) $\sin\alpha = 0{,}2$ **b)** $\sin\alpha = 0{,}4$ **c)** $\sin\alpha = 0{,}6$ **d)** $\sin\alpha = 0{,}7$ **e)** $\sin\alpha = 0{,}8$
$\cos\alpha = 0{,}2$ $\cos\alpha = 0{,}4$ $\cos\alpha = 0{,}6$ $\cos\alpha = 0{,}7$ $\cos\alpha = 0{,}8$

10. Zeichne den Graphen von **a)** $y = \sin\alpha$; **b)** $y = \cos\alpha$; **c)** $y = \tan\alpha$.

Wähle auf der α-Achse (nach rechts gerichtete Achse) 1 cm für 10° und auf der y-Achse (nach oben gerichtete Achse) 5 cm für 1.

Untersuche, ob eine proportionale Zuordnung vorliegt. Erkläre.

△ **11.** Fülle die Tabelle aus. Benutze dabei $\cos\alpha = \sin(90° - \alpha)$ und $\sin\alpha = \cos(90° - \alpha)$.

α	5°	15°	25°	35°	45°	55°	65°	75°	85°
$\sin\alpha$		0,26		0,57		0,82		0,97	
$\cos\alpha$	0,99		0,91		0,71		0,42		0,09

△ **12.** Gegeben ist $\cos 53° = 0{,}60$. Berechne unter Anwendung der Formeln auf Seite 111:
(1) $\sin 53°$; (2) $\tan 53°$; (3) $\sin 37°$; (4) $\cos 37°$; (5) $\tan 37°$.

▲ **13.** Als es noch keine Taschenrechner mit Sinus, Kosinus und Tangens gab, mussten die Werte aus Tabellen abgelesen werden.
Einen Ausschnitt aus einer solchen Tabelle siehst du rechts. Um Platz zu sparen, benutzt man eine Regelmäßigkeit.
Um welche handelt es sich?

14. Betrachte in der Figur in Aufgabe 3 das Dreieck OTQ. Wie lang ist die Strecke $\overline{OQ}$?

α	$\sin\alpha$	$\cos\alpha$	
0°	0,0000	1,0000	90°
5°	0,0872	0,9962	85°
10°	0,1736	0,9848	80°
15°	0,2588	0,9659	75°
20°	0,3420	0,9397	70°
25°	0,4226	0,9063	65°
30°	0,5000	0,8660	60°
35°	0,5736	0,8192	55°
40°	0,6428	0,7660	50°
45°	0,7071	0,7071	45°
	$\cos\alpha$	$\sin\alpha$	α

Bestimmen von Werten mit dem Taschenrechner

Information

(1) Bestimmen des Wertes zu vorgegebener Winkelgröße

Je nach Taschenrechner musst du erst die Winkelgröße eingeben und dann die Taste für z. B. Sinus drücken oder erst die Taste für Sinus und dann die Winkelgröße eingeben. Probiere das bei deinem Taschenrechner am Beispiel sin 27° aus. Achte darauf, dass der Taschenrechner DEG (von *degree*, engl. Grad) für die Winkelgröße anzeigt.
Als Ergebnis musst du 0,45399 ... erhalten.

(2) Bestimmen der Winkelgröße zu vorgegebenem Wert

Die Tasten deines Taschenrechners sind doppelt belegt. Die Tasten $\boxed{\text{sin}}$ $\boxed{\text{cos}}$ und $\boxed{\text{tan}}$ haben $\sin^{-1}$, $\cos^{-1}$ und $\tan^{-1}$ als zweite Belegung.
Man erhält diese, indem man vorher die Taste $\boxed{\text{2nd}}$ (engl. *second*) bzw. $\boxed{\text{SHIFT}}$ drückt.
$\sin^{-1}$ bedeutet: Man erhält umgekehrt zu einem Sinuswert die zugehörige Winkelgröße.
Entsprechendes gilt für $\cos^{-1}$ und $\tan^{-1}$. Probiere das am Beispiel sin α = 0,6 zur Bestimmung von α aus. Als Ergebnis musst du 36,869 ...° erhalten.

Zum Festigen und Weiterarbeiten

1. Bestimme die Winkelgröße α mithilfe des Taschenrechners. Runde auf Zehntel.

    a) sin α = 0,7   **b)** cos α = 0,35   **c)** tan α = 4

2. Was zeigt dein Taschenrechner an, wenn du die Tastenfolge 1.2 $\boxed{\sin^{-1}}$ bzw. $\boxed{\sin^{-1}}$ 1.2 $\boxed{=}$ ausführst, was bei der Tastenfolge 1.2 $\boxed{\cos^{-1}}$ bzw. $\boxed{\cos^{-1}}$ 1.2 $\boxed{=}$?
Probiere auch 1.2 $\boxed{\tan^{-1}}$ bzw. $\boxed{\tan^{-1}}$ 1.2 $\boxed{=}$. Erkläre.

3. Vergleiche sin α und tan α für: (1) α = 1°; (2) α = 0,9°; (3) α = 0,8°; (4) α = 0,7°.
Was stellst du fest? Beschreibe.

Übungen

4. Gib sin α, cos α und tan α an auf vier Stellen nach dem Komma gerundet.

    a) α = 16°   **b)** α = 24°   **c)** α = 38°   **d)** α = 49,7°   **e)** α = 51,2°   **f)** α = 68,5°

5. Bestimme die Winkelgröße α, gerundet auf eine Stelle nach dem Komma.

    a) sin α = 0,1   **b)** sin α = 0,4   **c)** sin α = 0,75   **d)** cos α = 0,88   **e)** cos α = 0,643
        cos α = 0,1   cos α = 0,4   cos α = 0,75   sin α = 0,88   tan α = 0,643
        tan α = 0,1   tan α = 0,4   tan α = 0,75   tan α = 0,88   sin α = 0,643

6. a) Bestimme die Werte tan 89°; tan 89,9°; tan 89,99°; tan 89,999°; tan 89,9999°; tan 89,999999°. Was fällt auf? Beschreibe.

    b) Bestimme die Winkelgröße, gerundet auf eine Stelle nach dem Komma:
        tan α = 3; tan α = 10; tan α = 1 000; tan α = 10 000. Was fällt auf? Beschreibe.

7. Fülle die Tabelle aus.

α							
sin α	0,4067			0,7193		0,2419	
cos α		0,9744			0,0872		0,9659
tan α			0,3443			2,475	0,9657

BERECHNEN VON WINKELN UND LÄNGEN IM RECHTWINKLIGEN DREIECK
Anwendungen zu Sinus, Kosinus und Tangens

Einstieg

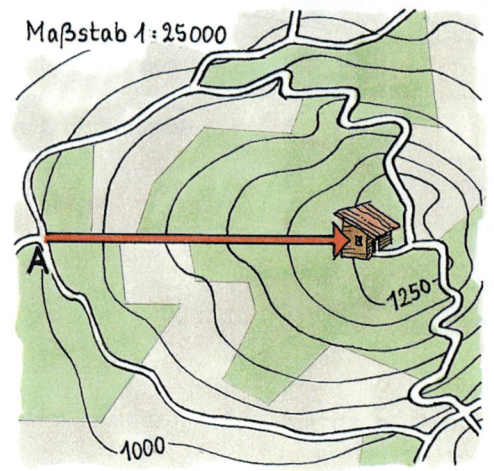

Ein Sendemast soll mit vier Seilen von je 40 m Länge abgespannt werden. Der Neigungswinkel α der Seile soll 55° betragen.

→ In welcher Höhe müssen die Seile befestigt werden?

→ Wie weit vom unteren Ende des Mastes müssen die Seile befestigt werden?

Von der Stelle A führt ein fast gerader Weg hoch zur Hütte.

→ Wie groß ist der Steigungswinkel?

→ Gib die Steigung (den Anstieg) auch in Prozent an.

Aufgabe

1. *Anwendungen zu Sinus und Kosinus*

    a) Eine (aufgeklappte) Leiter von 6 m Länge soll an eine Hauswand gelehnt werden.
    Damit sie nicht abrutscht, muss nach Sicherheitsvorschriften der Neigungswinkel, den sie mit dem waagerechten Erdboden bildet, mindestens 68°, höchstens 75° betragen.
    Die Leiter wird mit einem Neigungswinkel von 70° aufgestellt.
    Welchen Abstand muss das Fußende der Leiter von der Hauswand haben?
    Wie hoch reicht die Leiter dann?
    Verwende zur Berechnung nur gegebene Größen.

    b) Eine 7,00 m lange Leiter soll an einer Wand 6,70 m hoch reichen. Ist dann der Neigungswinkel nach den Sicherheitsvorschriften noch eingehalten worden?

Lösung

a) Die Leiter bildet zusammen mit der Hauswand und der Standfläche ein rechtwinkliges Dreieck mit:

$s = 6{,}00$ m Länge der Leiter
$\alpha = 70°$ Neigungswinkel der Leiter
h gesuchte Höhe an der Hauswand
a gesuchter Abstand von der Hauswand

Der Skizze entnehmen wir:

$$\sin\alpha = \frac{h}{s} \quad \text{und} \quad \cos\alpha = \frac{a}{s}.$$

Wir stellen nach den Variablen h bzw. a um und setzen die gegebenen Werte ein:

$h = s \cdot \sin\alpha$, also $h = 6$ m $\cdot \sin 70°$; $h \approx 5{,}64$ m
$a = s \cdot \cos\alpha$, also $a = 6$ m $\cdot \cos 70°$; $a \approx 2{,}05$ m

Ergebnis: Das Fußende der Leiter muss etwa 2,00 m von der Hauswand entfernt aufgestellt werden; sie reicht dann etwa 5,65 m hoch.

b) Der Skizze zu Teilaufgabe a) entnehmen wir:

$$\sin\alpha = \frac{h}{s} = \frac{6{,}70 \text{ m}}{7{,}00 \text{ m}}; \quad \sin\alpha \approx 0{,}957142857, \quad \text{also:} \quad \alpha \approx 73{,}1650193°$$

Ergebnis: Die Größe des Neigungswinkels der Leiter beträgt etwa 73°. Die Sicherheitsvorschriften wurden eingehalten.

Aufgabe

2. *Anwendungen zum Tangens*

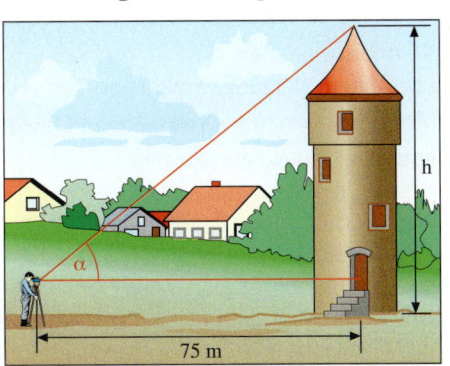

Theodolit
Winkelmessgerät

a) Die Höhe h eines Turmes soll bestimmt werden. Dazu wird in einer Entfernung von 75 m ein 1,50 m hoher Theodolit aufgestellt. Mit dem Theodolit wird die Spitze des Turmes angepeilt und der Höhenwinkel $\alpha = 38°$ gemessen.
Wie hoch ist der Turm?
Verwende zur Berechnung nur gegebene Größen.

b) Wie groß ist der Höhenwinkel α in einer Entfernung von 120 m?

Lösung

a) Aus der Skizze rechts entnehmen wir: $\tan\alpha = \frac{h}{s}$

Wir stellen nach der Variable h um: $h = s \cdot \tan\alpha$
Einsetzen ergibt:
$h = 75$ m $\cdot \tan 38°$; $h \approx 58{,}60$ m
Dazu kommt noch die Höhe des Theodoliten.
Ergebnis: Der Turm ist ungefähr 60 m hoch.

b) Wir rechnen mit dem für h berechneten Wert weiter und finden:

$$\tan\alpha = \frac{h}{s}; \quad \tan\alpha \approx \frac{58{,}60 \text{ m}}{120 \text{ m}} \approx 0{,}488333333, \quad \text{also } \alpha \approx 26{,}02779905.$$

Ergebnis: In einer Entfernung von 120 m ist der Höhenwinkel ungefähr 26° groß.

Zum Festigen und Weiterarbeiten

3. Versuche die Aufgaben 1 und 2 nur mit dem Sinus (also ohne Kosinus oder Tangens) zu lösen. Du darfst jetzt auch berechnete Größen verwenden, die du z. B. mit dem Satz des Pythagoras oder dem Innenwinkelsatz findest.
Welchen Nachteil kann dieses Vorgehen haben?

4. Berechne die rot markierte Größe.

a)

x, 7 cm, 35°

c)

x, 4,2 cm, 53°

e)

α, 8 cm, 6 cm

g)

7,6 cm, α, 5,0 cm

b)

x, 12 cm, 26°

d)

4 cm, 6 cm, α

f)

x, 62°, 8,4 cm

h)

3,6 cm, 2,2 cm, α

5. Die Frauenkirche in Dresden ist 93 m hoch. In welcher Entfernung von der Frauenkirche erscheint sie unter einem Höhenwinkel (1) von 20°, (2) von 9°? Fertige eine Skizze an.

6. a) Eine Leiter soll 3,50 m hoch reichen.
Wie lang muss sie bei einem Neigungswinkel von 70° sein?

b) Eine Leiter von 3,60 m Länge lehnt an einer Wand. Ihr Fußende ist 1,50 m von der Wand entfernt. Bestimme den Neigungswinkel.

7. a) An einer geradlinig verlaufenden Straße zeigt ein Straßenschild ein Gefälle von 14% an. Das bedeutet: Auf 100 m horizontal gemessener Entfernung beträgt der Höhenunterschied 14 m.
Wie groß ist der Neigungswinkel α?

b) Wie viel m beträgt der Höhenunterschied auf 4 km Straßenlänge (bei gleichbleibendem Gefälle)?

c) Tim behauptet, der Neigungswinkel von 90° gehört zu einem Gefälle von 100%. Was meinst du dazu? Erkläre.

d) Wie groß ist das Gefälle in Prozent bei einem Neigungswinkel von 60°?

Übungen

> Kontrolliere durch Konstruktion. Wähle ggf. einen geeigneten Maßstab.

8. In einem Dreieck ABC mit α = 90° sind außerdem folgende Stücke gegeben:

a) a = 13,7 cm   **b)** a = 14,10 m   **c)** b = 8 m   **d)** c = 29,3 cm   **e)** a = 5,3 dm
    c = 5,9 cm   b = 7,80 m   c = 11 m   b = 25,6 cm   c = 3,7 dm

Berechne die Länge der anderen Seite sowie die Größe der beiden anderen Winkel.

9. In einem Dreieck ABC mit c = 6,7 cm sind außerdem folgende Stücke gegeben:

   a) $\alpha = 35°$ **b)** $\alpha = 90°$ **c)** $\beta = 90°$ **d)** $\alpha = 90°$ **e)** $\beta = 47°$ **f)** $\alpha = 25°$

       $\gamma = 90°$ $\beta = 78°$ $\gamma = 11°$ $\gamma = 45°$ $\gamma = 90°$ $\beta = 90°$

   Berechne die fehlenden Stücke. Kontrolliere deine Ergebnisse.

10. Kontrolliere die Hausaufgaben.

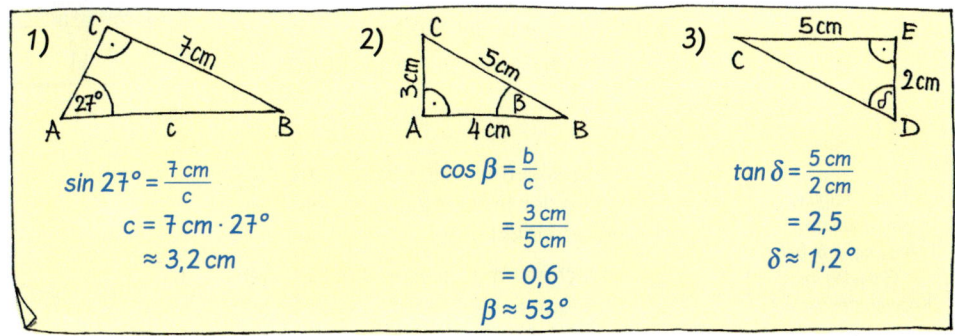

1)
$$\sin 27° = \frac{7\,cm}{c}$$
$$c = 7\,cm \cdot 27°$$
$$\approx 3,2\,cm$$

2)
$$\cos \beta = \frac{b}{c}$$
$$= \frac{3\,cm}{5\,cm}$$
$$= 0,6$$
$$\beta \approx 53°$$

3)
$$\tan \delta = \frac{5\,cm}{2\,cm}$$
$$= 2,5$$
$$\delta \approx 1,2°$$

11. **a)** Eine Rampe für Rollstuhlfahrer ist 4,50 m lang. Der Neigungswinkel beträgt 3,4°.
Welche Höhe wird mit der Rampe überwunden?

   b) Die Neigung einer Rampe für Rollstuhlfahrer beträgt laut Bauvorschrift maximal 6%.
Wurde diese Bestimmung in Teilaufgabe a) eingehalten?

   c) Eine Rampe für Rollstuhlfahrer darf höchstens 6 m lang sein.
Welche Höhe kann damit erreicht werden?

12. Eine Seilbahn überwindet auf einer ersten Teilstrecke von 250 m Länge eine Höhendifferenz von 180 m. Auf einer zweiten Teilstrecke von 124 m Länge beträgt die Höhendifferenz 78 m.
Wie groß sind die Steigungswinkel der beiden Teilstrecken?
Fertige eine Skizze an.

13. In einem Dreieck ABC sind gegeben:

   a) a = 12,3 cm   **b)** a = 7,80 m   **c)** b = 23 dm   **d)** a = 10,4 cm   **e)** a = 4,3 dm

       c = 9,4 cm   b = 5,20 m   c = 16 dm   c = 2,5 cm   b = 5,7 dm

       $\beta = 90°$ $\gamma = 90°$ $\alpha = 90°$ $\beta = 90°$ $\gamma = 90°$

> Kontrolliere durch Konstruktion. Wähle ggf. einen geeigneten Maßstab.

   Berechne die Größe der beiden anderen Winkel sowie die Länge der dritten Seite.

14. In einem Dreieck ABC sind gegeben:

   a) a = 5,5 cm   **b)** c = 13,70 m   **c)** b = 15 m   **d)** a = 27,4 dm   **e)** b = 4,9 cm

       $\gamma = 90°$ $\beta = 90°$ $\gamma = 90°$ $\gamma = 90°$ $\alpha = 90°$

       $\beta = 67°$ $\gamma = 22°$ $\alpha = 79°$ $\alpha = 51°$ $\beta = 50°$

   Berechne die Länge der anderen Kathete und die Länge der Hypotenuse.

1+1=3

15. Der Schatten eines 4,50 m hohen Baumes ist 6,00 m lang.
Wie hoch steht die Sonne, d. h. unter welchem Winkel α treffen die Sonnenstrahlen auf den Boden?

16. Wie groß ist die Steigung (in %) einer Bahnlinie, wenn der Steigungswinkel

a) 0,7°, **b)** 1,4°, **c)** 2,1° beträgt?

17. a) Leite allgemein eine Beziehung zwischen der Steigung m und dem Steigungswinkel α her.

b) Berechne mit dieser Formel den Steigungswinkel α für
(1) $m = \frac{1}{4}$ (2) $m = 0,7$ (3) $m = 15\%$

> *Statt Steigung sagt man auch Anstieg, z. B. bei Geraden im Koordinatensystem*

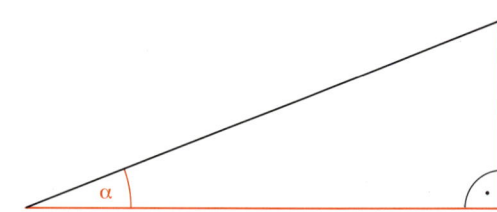

Vermischte Übungen

18. Eine Firma stellt verschieden lange Anlegeleitern her. Der Neigungswinkel soll jeweils 70° betragen.
Die erreichbare Arbeitshöhe ist um 1,35 m höher als die Höhe, bis zu der die Leiter reicht.
Stelle selbst geeignete Aufgaben und löse sie.
Untersuche ob die Zuordnungen
(1) *Länge der Leiter → erreichte Höhe*
(2) *Länge der Leiter → erreichbare Arbeitshöhe*
proportional sind.

Anzahl der Sprossen	Länge der Leiter
9	2,65 m
12	3,50 m
15	4,35 m
18	5,20 m

19. Bei Passstraßen ist auf Straßenkarten stets die größte Steigung angegeben:

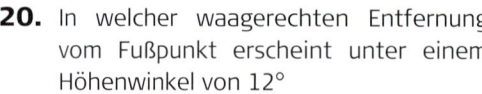

> Jaufenpass: 12%   Timmelsjoch: 13%   St. Gotthard: 10%   Furkapass: 11%

a) Gib jeweils den Steigungswinkel an.

b) Welcher Höhenunterschied wird jeweils bei gleichbleibender Steigung auf einer 1,2 km langen Strecke überwunden?

20. In welcher waagerechten Entfernung vom Fußpunkt erscheint unter einem Höhenwinkel von 12°

a) die Turmspitze des Nordturms des Straßburger Münsters (h = 142 m);

b) die Spitze des Eiffelturmes in Paris (h = 320 m);

c) das Taipeh 101 in Taiwan (h = 508 m)?

Fertige eine Skizze an.

21. Wie hoch ist der Fernsehturm rechts?

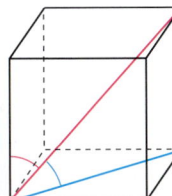

22. Gegeben ist ein Würfel mit der Kantenlänge 5 cm. Wie groß ist der Winkel, den die Raumdiagonale des Würfels

    a) mit einer Kante bildet;   **b)** mit der Diagonalen einer Seitenfläche bildet?

23.

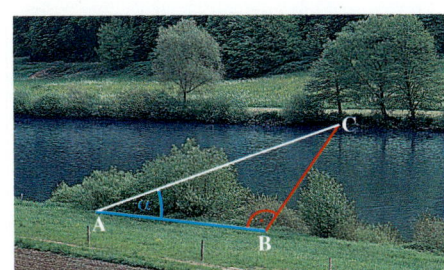

    a) Das nebenstehende Bild zeigt, wie man die Breite eines Flusses an der Stelle B bestimmen kann. Man misst die Länge einer Strecke $\overline{AB}$ (parallel zum Flussufer) und den Winkel α zu einem gegenüberliegenden Punkt C. Da AB parallel zum gegenüberliegenden Ufer, trifft (wegen BC⊥AB) BC senkrecht bei C auf das Ufer. Es soll $\overline{AB}$ = 30 m und α = 52,3° sein. Wie breit ist der Fluss?

    b) Markus will die Breite des Flusses *nur* durch Messen bestimmen. Er schreitet von B aus am Ufer entlang, bis er den Punkt C unter 45° sieht. Erkläre.

24.

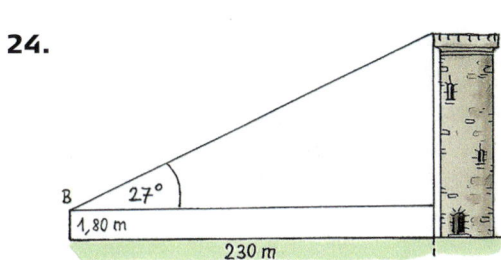

Um die Höhe eines Turms zu bestimmen, wird der Höhenwinkel zur Turmspitze aus einer Entfernung von 230 m bestimmt. Man misst 27°. Der Beobachtungspunkt B liegt 1,80 m höher als der Fußpunkt des Turms. Wie hoch ist er?

25. Die Kantenlänge des Würfels beträgt a = 5,5 cm. Der Winkel α ist 62° groß und die Länge des Streckenzuges MNO beträgt 13,0 cm.
Berechne die Größe des Winkels β.

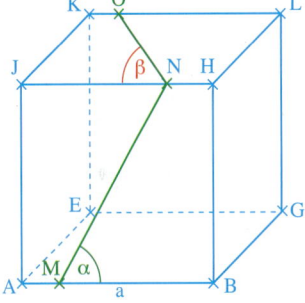

Überblick über verschiedene Aufgabentypen beim Berechnen rechtwinkliger Dreiecke

Einstieg

Verschafft euch einen Überblick über die möglichen Aufgabentypen bei der Berechnung rechtwinkliger Dreiecke.

→ Wie viele Stücke (Seitenlängen bzw. Winkelgrößen) müssen in einem *rechtwinkligen* Dreieck ABC gegeben sein, damit die übrigen berechnet werden können?

→ Stellt verschiedene Typen zusammen.

Aufgabe

1. In einem rechtwinkligen Dreieck ABC sind gegeben:

    a) b = 7,3 cm, α = 90°, γ = 32° (wsw)   **b)** a = 5,7 cm, b = 3,2 cm, α = 90° (SsW)

Berechne mithilfe des Taschenrechners die nicht gegebenen Seitenlängen und Winkelgrößen direkt aus den gegebenen Stücken.
Runde bei den Längen und bei den Winkelgrößen auf eine Stelle nach dem Komma.

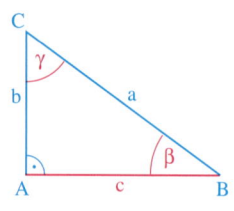

Lösung

a) Gesucht sind β, a und c.

Berechnen von β:	Berechnen von a:	Berechnen von c:
$\beta + \gamma = 90°$	$\cos \gamma = \dfrac{b}{a}$	$\tan \gamma = \dfrac{c}{b}$
$\beta = 90° - \gamma$	$a = \dfrac{b}{\cos \gamma}$	$c = b \cdot \tan \gamma$
$\beta = 90° - 32°$	$a = \dfrac{7,3 \text{ cm}}{\cos 32°}$	$c = 7,3 \text{ cm} \cdot \tan 32°$
$\beta = 58°$	$a \approx 8,608002345 \text{ cm}$	$c \approx 4,561546269 \text{ cm}$

Ergebnis: $a \approx 8,6 \text{ cm}$; $c \approx 4,6 \text{ cm}$; $\beta = 58°$

b) Gesucht sind c, β und γ.

Berechnen von c:	Berechnen von β:	Berechnen von γ:
$c^2 = a^2 - b^2$	$\sin \beta = \dfrac{b}{a}$	$\cos \gamma = \dfrac{b}{a}$
$c = \sqrt{a^2 - b^2}$	$\sin \beta = \dfrac{3,2 \text{ cm}}{5,7 \text{ cm}}$	$\cos \gamma = \dfrac{3,2 \text{ cm}}{5,7 \text{ cm}}$
$c = \sqrt{(5,7 \text{ cm})^2 - (3,2 \text{ cm})^2}$	$\sin \beta \approx 0,561403509$	$\cos \gamma \approx 0,561403509$
$c \approx 4,716990566 \text{ cm}$	$\beta \approx 34,1529154°$	$\gamma \approx 55,8470846°$

Beim Bestimmen von β und γ mit dem Taschenrechner wurde der vorher ermittelte Sinus- bzw. Kosinuswert im Taschenrechner belassen und weitergerechnet.

Ergebnis: $c \approx 4,7 \text{ cm}$; $\beta \approx 34,2°$; $\gamma \approx 55,9°$

Zum Festigen und Weiterarbeiten

2. *Berechnungen im Falle sws und wsw*

Berechne die fehlenden Stücke des rechtwinkligen Dreiecks ABC. Verwende dazu jeweils nur die gegebenen Stücke. Welcher Kongruenzsatz liegt zugrunde?

a) b = 3,8 cm; a = 4,7 cm; $\gamma = 90°$ **b)** b = 4,5 cm; $\alpha = 55°$; $\gamma = 90°$

Übungen

3. In einem Dreieck ABC ist $\gamma = 90°$. Berechne die übrigen Stücke.

a) a = 4,9 cm $\alpha = 32°$	**c)** a = 3,7 cm c = 5,6 cm	**e)** c = 4,5 cm $\beta = 42°$	**g)** a = 7,5 cm $\beta = 55°$	**i)** a = 2,5 cm $\alpha = 25°$
b) b = 6,1 cm $\beta = 75°$	**d)** b = 4,1 cm c = 6,2 cm	**f)** a = 5,4 cm b = 3,6 cm	**h)** c = 7,8 cm $\alpha = 66°$	**j)** b = 7,8 cm $\alpha = 43°$

4. Berechne die fehlenden Stücke des rechtwinkligen Dreiecks ABC.

a) $\gamma = 90°$ a = 4,2 cm c = 7,9 cm	**b)** $\alpha = 90°$ b = 5,5 cm c = 3,1 cm	**c)** $\beta = 90°$ a = 3,2 cm b = 4,9 cm	**d)** $\gamma = 90°$ $\alpha = 35,3°$ b = 5,2 cm	**e)** $\beta = 90°$ $\gamma = 65,9°$ b = 6,3 cm

5. Berechne die übrigen Stücke des Dreiecks ABC mit $\gamma = 90°$ nur mithilfe (1) von Sinus, (2) von Tangens.

a) a = 4,5 cm b = 3,9 cm	**b)** b = 9,7 cm c = 12,5 cm	**c)** a = 5,5 cm b = 7,7 cm	**d)** c = 9,3 cm $\alpha = 23°$	**e)** a = 4,7 cm $\alpha = 71°$

6. Stelle die Formeln zusammen, die du beim Berechnen des rechtwinkligen Dreiecks verwenden kannst.

BERECHNEN GLEICHSCHENKLIGER DREIECKE

Bisher haben wir nur Seitenlängen und Winkelgrößen in *rechtwinkligen* Dreiecken berechnet. Wir wollen nun eine Strategie (einen zielgerichteten Plan) entwickeln, wie man solche Stücke auch in *gleichschenkligen*, speziell in *gleichseitigen* Dreiecken berechnen kann.

Einstieg

Eine Stehleiter ist zusammengeklappt 2,50 m lang. Sie wird mit dem Öffnungswinkel von $\gamma = 50°$ auf einer waagerechten Fläche aufgestellt.

→ Wie hoch reicht die Leiter?

→ Wie weit stehen die Fußpunkte der Leiter auseinander?

→ Die Leiter soll genau 2,20 m hoch reichen.
Wie groß muss der Öffnungswinkel γ sein?

Aufgabe

1. In einer Ferienanlage werden Dachhäuser gebaut. Der Giebel hat die Form eines gleichschenkligen Dreiecks. Die Dachsparren sind 6,50 m lang, der Winkel an der Dachspitze beträgt 50°.
Wie groß ist die Dachneigung?
Wie breit ist der Giebel am Boden?

Lösung

In einem gleichschenkligen Dreieck ABC sind die Länge der beiden Schenkel $a = b = 6{,}50$ m sowie die Größe des Winkels an der Spitze $\gamma = 50°$ gegeben.
Gesucht sind die Länge der Basis sowie die Größe eines Basiswinkels.
Eine solche Aufgabe haben wir bisher zeichnerisch gelöst. Zur rechnerischen Lösung zerlegen wir das gleichschenklige Dreieck ABC durch die Höhe h_c zur Basis $\overline{AB}$ in zwei rechtwinklige Dreiecke.
Wir wissen:
Im gleichschenkligen Dreieck halbiert diese Höhe (Symmetrieachse) die Basis und den Winkel an der Spitze.
In dem rechtwinkligen Teildreieck ADC können wir folgende Berechnungen durchführen:

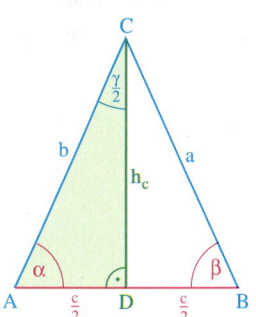

(1) *Berechnen des Basiswinkels α*

$\alpha + \frac{\gamma}{2} = 90°$

$\alpha = 90° - \frac{\gamma}{2}$

$\alpha = 90° - 25°$

$\alpha = 65°$

$\beta = 65°$ ◁ Basiswinkel sind gleich groß

(2) *Berechnen der Basis c*

$\sin \frac{\gamma}{2} = \frac{\frac{c}{2}}{b}$ | $\cdot\ b$

$b \cdot \sin \frac{\gamma}{2} = \frac{c}{2}$ | $\cdot\ 2$

$c = 2\,b \sin \frac{\gamma}{2}$

$c = 2 \cdot 6{,}50\ \text{m} \cdot \sin 25°$

$c \approx 5{,}494037403\ \text{m}$

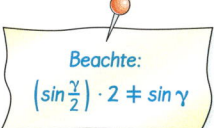

Beachte:
$\left(\sin \frac{\gamma}{2}\right) \cdot 2 \neq \sin \gamma$

Ergebnis: Der Giebel ist am Boden ungefähr 5,50 m breit; die beiden Dachneigungen betragen 65°.

Information

> ### Strategie zur Berechnung von Stücken im gleichschenkligen Dreieck
>
> Das Berechnen von Stücken in gleichschenkligen und damit auch gleichseitigen Dreiecken kann man auf das Berechnen in rechtwinkligen Dreiecken zurückführen, indem man das gleichschenklige Dreieck durch eine geeignete Höhe (Symmetrieachse) in zwei rechtwinklige Dreiecke zerlegt.

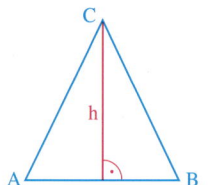

Zum Festigen und Weiterarbeiten

2. Berechne die Höhe h_c und den Flächeninhalt des Dreiecks ABC in Aufgabe 1.

3. Von einem gleichschenkligen Dreieck ABC mit der Basis $\overline{AB}$ sind gegeben:
$c = 5{,}8$ cm; $\alpha = 48°$.
Berechne die Größe des Winkels γ an der Spitze, die Länge eines Schenkels, die Höhe zur Basis sowie den Flächeninhalt.

4. Ein gleichseitiges Dreieck ABC hat die Seitenlänge $a = 4{,}8$ cm. Berechne ohne Verwendung des Satzes des Pythagoras die Höhe. Gib auch den Flächeninhalt an.

5. Von einem gleichschenkligen Dreieck ABC sind gegeben: $\alpha = \beta = 65°$ und $A = 11{,}5$ cm². Wie lang ist die Basis $\overline{AB}$?

Übungen

6. ABC soll ein gleichschenkliges Dreieck mit der Basis $\overline{AB}$ sein.
Berechne aus den Seitenlängen a und c die Winkelgrößen α, β und γ.

    a) $a = 5{,}3$ cm
        $c = 3{,}7$ cm

    b) $a = 4{,}3$ cm
        $c = 7{,}9$ cm

    c) $a = 6{,}9$ cm
        $c = 1{,}3$ cm

    d) $a = 3{,}4$ cm
        $c = 5{,}7$ cm

7. ABC soll ein gleichschenkliges Dreieck mit der Basis $\overline{AB}$ sein. Berechne aus den gegebenen Stücken die übrigen Seitenlängen und Winkel sowie die Höhe zur Basis und den Flächeninhalt.

    a) $c = 25$ m
        $\gamma = 72°$

    b) $c = 34$ cm
        $\beta = 62°$

    c) $b = 112{,}4$ cm
        $\beta = 34°$

    d) $a = 85$ m
        $\alpha = 57°$

8. Bei einem Rechteck ABCD sollen a und b die Seitenlängen, e die Länge einer Diagonalen sowie α_1, γ_1 und ε die Größe der Winkel, die die Diagonalen und Seiten bzw. die beiden Diagonalen miteinander bilden, sein.
Berechne die fehlenden Stücke.

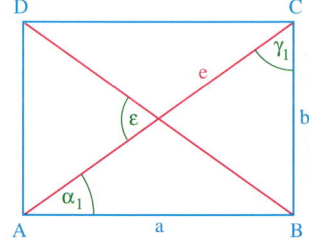

    a) $a = 5{,}5$ cm
        $b = 3{,}8$ cm

    c) $a = 4{,}8$ cm
        $e = 5{,}9$ cm

    e) $e = 4{,}9$ cm
        $\gamma_1 = 41°$

    b) $e = 6{,}4$ cm
        $\varepsilon = 35°$

    d) $e = 5{,}4$ cm
        $\alpha_1 = 23°$

    f) $e = 7{,}4$ cm
        $\varepsilon = 44°$

9. Von einem Drachenviereck ABCD sind die Seitenlängen $a = 3{,}5$ cm und $b = 6{,}5$ cm, ferner die Winkelgröße $\alpha = 88°$ bekannt.
Wie groß sind f, e, β, γ und δ?

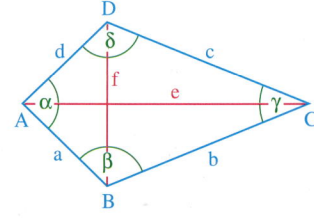

10. Bei einem Rhombus ABCD sind von den Stücken a, e, f, α und β zwei Größen bekannt.
Berechne die fehlenden Stücke und den Flächeninhalt.

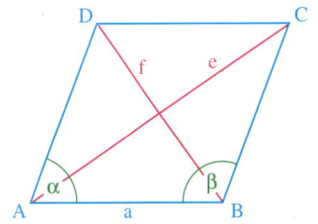

a) a = 17 cm; α = 69°   d) f = 12,5 cm; α = 58°

b) a = 34 cm; f = 61 cm   e) e = 17,4 cm; β = 126°

c) e = 6,4 cm; f = 8,7 cm   f) a = 8,3 cm; e = 11,8 cm

11.

Ein Haus mit Satteldach ist 10,40 m breit. Die Dachsparren sind 6,30 m lang (d); sie stehen 30 cm über. Vernachlässige die Dicke der Dachsparren.

a) Bestimme die Größe des Neigungswinkels α der Sparren.

b) Bestimme den Winkel am First.

c) Bestimme die Höhe h des Daches.

12. Bei einem Kreis mit dem Radius r sollen s die Länge der Sehne, die zum Zentriwinkel ε gehört, sowie d der Abstand des Mittelpunktes von der Sehne sein.
Berechne die fehlenden Größen.

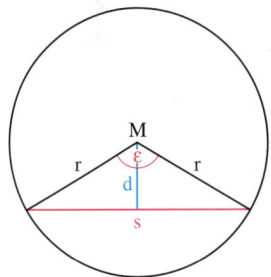

a) r = 6,5 cm   b) r = 9 cm   c) s = 2,5 cm
   ε = 65°   s = 12 cm   d = 1,4 cm

13. Die Sonne sieht man unter einem Winkel von 32′ (gelesen: 32 Minuten). Dies ist ein Winkel, der kleiner ist als 1°. Man teilt einen 1° großen Winkel in 60 gleich große Teile. Ein solcher Teilwinkel ist dann 1 Minute (in Zeichen: 1′) groß. Es gilt: $32' = \left(\frac{32}{60}\right)^{\circ}$

Die Sonne ist $1,5 \cdot 10^8$ km von der Erde entfernt. Welchen Durchmesser besitzt die Sonne ungefähr? Welche Vereinfachung muss man zur Lösung der Aufgabe machen? Betrachte dazu die Skizze rechts.

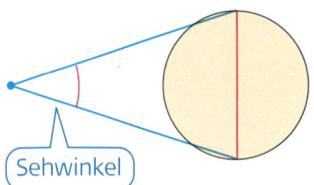

Sehwinkel

14. Gegeben ist ein regelmäßiges Sechseck ABCDEF mit der Seitenlänge a = 30 cm.

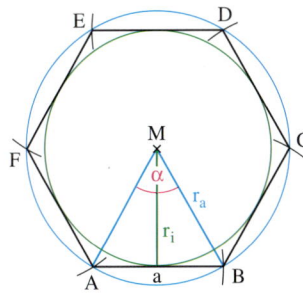

a) Wie groß ist der Winkel α?
   Was für ein Dreieck ist ABM?

b) Wie lang ist der Radius r_a des Umkreises und der Radius r_i des Inkreises des Sechsecks?

c) Wie groß ist der Flächeninhalt des Sechsecks?

15. a) In einen Kreis mit dem Radius 10 cm ist ein regelmäßiges 5-Eck einbeschrieben. Berechne mithilfe des Zentriwinkels den Umfang und den Flächeninhalt des 5-Ecks.

b) Löse die Teilaufgabe a) für ein (1) 100-Eck, (2) 1 000-Eck und vergleiche die Ergebnisse mit dem Umfang und dem Flächeninhalt des Kreises.

▲ BERECHNEN VON SINUS, KOSINUS UND TANGENS FÜR SPEZIELLE WINKELGRÖSSEN

Einstieg

Für einige spezielle Winkelgrößen ergeben sich besondere Werte für Sinus, Kosinus und Tangens.

→ Zeichne ein rechtwinkliges Dreieck mit $\alpha = 45°$. Berechne $\tan 45°$.

→ Gilt dieser Tangenswert für *jedes* rechtwinklige Dreieck mit $\alpha = 45°$? Begründe.

Aufgabe

▲ **1.** Es sollen für die speziellen Winkelgrößen 30° und 60° die Sinus-, Kosinus- und Tangenswerte berechnet werden. Zeichne dazu ein gleichseitiges Dreieck mit der Seitenlänge a (z. B. a = 3 cm).

Lösung

In jedem gleichseitigen Dreieck sind alle Winkel 60° groß. Die Höhe zu einer Seite im gleichseitigen Dreieck halbiert auch den gegenüberliegenden Winkel. In jedem der beiden rechtwinkligen Teildreiecke kommen daher Winkel der Größe 30° und 60° vor.

Nach dem Satz des Pythagoras gilt im gleichseitigen Dreieck:

$$h^2 = a^2 - \left(\frac{a}{2}\right)^2 = \frac{3}{4}a^2,$$

also: $\quad h = \sqrt{\frac{3}{4}a^2} = \frac{a}{2}\sqrt{3}$

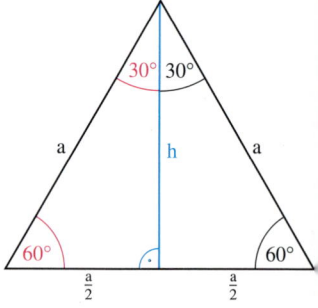

$$\sin 30° = \cos 60° = \frac{\frac{a}{2}}{a} = \frac{a}{2a} = \frac{1}{2}$$

$$\sin 60° = \cos 30° = \frac{h}{a} = \frac{\frac{a}{2}\sqrt{3}}{a} = \frac{1}{2}\sqrt{3}$$

$$\tan 30° = \frac{\frac{a}{2}}{h} = \frac{\frac{a}{2}}{\frac{a}{2}\sqrt{3}} = \frac{1}{\sqrt{3}} = \frac{1 \cdot \sqrt{3}}{\sqrt{3} \cdot \sqrt{3}} = \frac{1}{3}\sqrt{3}$$

$$\tan 60° = \frac{h}{\frac{a}{2}} = \frac{\frac{a}{2}\sqrt{3}}{\frac{a}{2}} = \sqrt{3}$$

Zusammenfassung

▲ Wir notieren die Ergebnisse aus Aufgabe 1 sowie die Werte für 0° und 90° in einer Tabelle.

α	0°	30°	45°	60°	90°
$\sin \alpha$	0	$\frac{1}{2}$	$\frac{1}{2}\sqrt{2}$	$\frac{1}{2}\sqrt{3}$	1
$\cos \alpha$	1	$\frac{1}{2}\sqrt{3}$	$\frac{1}{2}\sqrt{3}$	$\frac{1}{2}$	0
$\tan \alpha$	0	$\frac{1}{3}\sqrt{3}$	1	$\sqrt{3}$	–

Zum Festigen und Weiterarbeiten

▲ **2. a)** Berechne den Umfang u und den Flächeninhalt A des rechtwinkligen Dreiecks.
Verwende zur Berechnung von x und z nur die in der Skizze gegebenen Größen.

b) Löse die Teilaufgabe a) allgemein für ein Dreieck mit gegebener Seitenlänge b und gegebener Winkelgröße α.

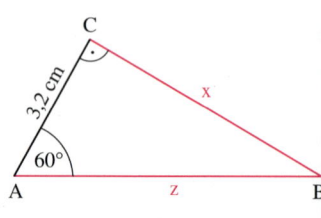

Übungen

▲ **3.** Kontrolliere die Tangenswerte in der Tabelle für 30°, 45° und 60° auf Seite 124 mithilfe der Formel: $\tan\alpha = \dfrac{\sin\alpha}{\cos\alpha}$.

▲ **4.** ABC ist ein gleichschenkliges Dreieck mit γ = 45° und $\overline{CA} = \overline{CB}$ = 10 cm.

    a) Berechne nacheinander x, y und c.

    b) Berechne anschließend sin 22,5°, cos 22,5° und tan 22,5°.

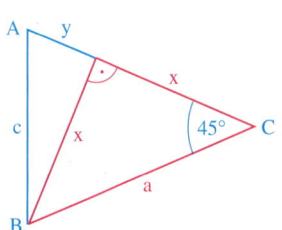

▲ **5.** Berechne den Flächeninhalt des gefärbten Dreiecks in Abhängigkeit von e. Verwende keine Näherungswerte.

    a)

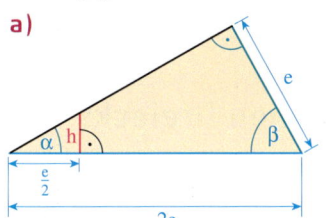

    b)

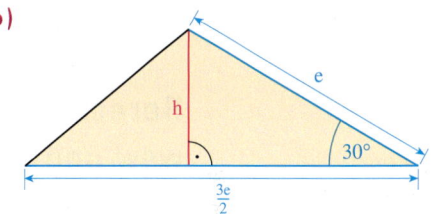

▲ **6.** Berechne den Umfang und den Flächeninhalt des gleichschenkligen Trapezes in Abhängigkeit von e.

    a)

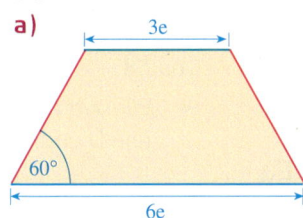

    b)

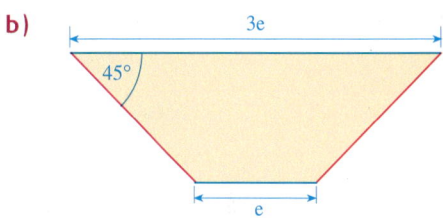

▲ **7.** Stelle eine Formel zur Berechnung des Flächeninhaltes des Parallelogramms auf.

    a)

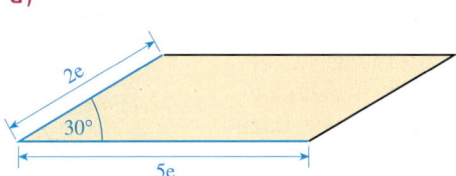

    b)

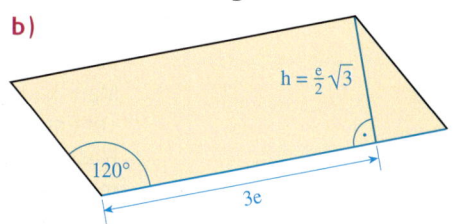

▲ **8.** Gegeben ist der Flächeninhalt A der achsensymmetrischen Figur. Berechne den rot gekennzeichneten Winkel.

    a)

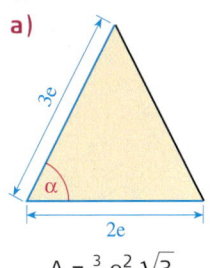

$$A = \tfrac{3}{2}e^2\sqrt{3}$$

    b)

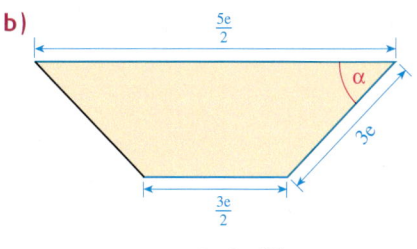

$$A = \tfrac{3}{2}e^2\sqrt{3}$$

BERECHNEN ALLGEMEINER DREIECKE – SINUS- UND KOSINUSSATZ

Bisher haben wir Berechnungen nur bei besonderen Dreiecken, nämlich bei rechtwinkligen und bei gleichschenkligen Dreiecken durchgeführt. Wir wollen nun *beliebige* Dreiecke berechnen. Dabei wird uns die Strategie, die wir schon bei gleichschenkligen Dreiecken kennengelernt haben (Zerlegen des Dreiecks in rechtwinklige Dreiecke, siehe auch Seite 122), hilfreich sein.

Bei den verschiedenen Aufgabentypen orientieren wir uns an den Kongruenzsätzen (wsw, SsW, sws und sss), da wir damit alle Möglichkeiten erfassen, nach denen ein Dreieck durch drei Stücke vollständig festgelegt ist.

Berechnen eines allgemeinen Dreiecks im Falle wsw und SsW – Sinussatz

Einstieg

Die Entfernung zwischen zwei Berggipfeln D und E beträgt 36 km (Bild links). Von D aus sieht man den Gipfel E und einen weiteren Gipfel F unter dem Sehwinkel von 47°, von E aus sieht man D und F unter dem Sehwinkel von 58°.

➡ Wie weit ist der Gipfel F von den Gipfeln D und E entfernt?

Aufgabe

1. a) A, B und C sind die Kirchtürme dreier Dörfer, wobei A von B und C durch einen Fluss getrennt ist.

Man kann die Entfernung $\overline{AC}$ bestimmen, ohne diese (wegen des Flusses) direkt zu messen. Dazu misst man die Entfernung $\overline{BC}$ und die Winkelgrößen β und γ. Es ist:

$\overline{BC}$ = 5,4 km;   β = 44°;   γ = 69°

Aus diesen Daten kann man die Entfernung $\overline{AC}$ bestimmen.

(1) Zeichne ein Dreieck ABC mit den entsprechenden Maßen (Maßstab 1 : 200000) und bestimme einen Näherungswert für die Seitenlänge $\overline{AC}$ durch Messen.

(2) Zerlege das Dreieck in zwei rechtwinklige Teildreiecke und bestimme die Seitenlänge $\overline{AC}$ durch Rechnung.

b) In einem Dreieck ABC sind gegeben: a = 8,0 cm; β = 115°; γ = 20°.
Berechne die Seitenlänge b.

Lösung

a) Wir lösen die Aufgabe zunächst zeichnerisch und dann rechnerisch.

(1) Der Zeichnung entnehmen wir nach maßstäblicher Umrechnung den Näherungswert $\overline{AC}$ = b = 4,0 km.

(2) *Vorüberlegung:* Wir zerlegen das *spitzwinklige* Dreieck ABC mithilfe einer Höhe so in zwei rechtwinklige Teildreiecke, dass in einem der beiden Teildreiecke zwei Stücke gegeben sind. Wir erreichen dieses, indem wir die Höhe h_c zu der Seite $\overline{AB}$ einzeichnen. In dem Teildreieck DBC können wir dann h_c berechnen und anschließend im Teildreieck ADC auch die gesuchte Länge b.

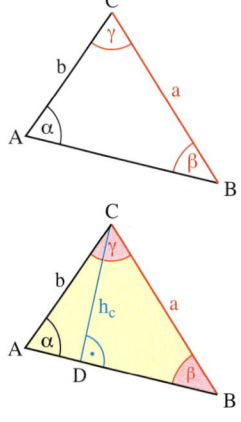

Berechnen von h_c *im Dreieck DBC:*	*Berechnen von α* *im Dreieck ABC:*	*Berechnen von b* *im Dreieck ADC:*
$\sin \beta = \dfrac{h_c}{a}$	$\alpha = 180° - (\beta + \gamma)$	$\sin \alpha = \dfrac{h_c}{b}$
$h_c = a \cdot \sin \beta$	$\alpha = 180° - (44° + 69°)$	$b = \dfrac{h_c}{\sin \alpha}$
$h_c = 5,4 \text{ km} \cdot \sin 44°$	$\alpha = 67°$	
$h_c \approx 3,75 \text{ km}$		$b \approx \dfrac{3,75 \text{ km}}{\sin 67°} \approx 4,08 \text{ km}$

Ergebnis: Die Entfernung b = $\overline{AC}$ beträgt ungefähr 4,1 km.

b) Wir ergänzen das *stumpfwinklige* Dreieck ABC durch die äußere Höhe h_c zur Seite $\overline{AB}$ zu dem rechtwinkligen Dreieck ADC. Im Teildreieck BDC können wir h_c und anschließend im Teildreieck ADC die gesuchte Länge b berechnen.

Berechnen von β_1 und h_c im Dreieck BDC:

$\beta_1 + \beta = 180°$	$\sin \beta_1 = \dfrac{h_c}{a}$
$\beta_1 = 180° - \beta_1$	$h_c = a \cdot \sin \beta_1$
$\beta_1 = 180° - 115°$	$h_c = 8 \text{ cm} \cdot \sin 65°$
$\beta_1 = 65°$	$h_c \approx 7,3 \text{ cm}$

Berechnen von α und b im Dreieck ADC:

$\alpha = 180° - (\beta + \gamma)$	$\sin \alpha = \dfrac{h_c}{b}$
$\alpha = 180° - (115° + 20°)$	
$\alpha = 45°$	$b = \dfrac{h_c}{\sin \alpha}$, also: $b \approx \dfrac{7,3 \text{ cm}}{\sin 45°} \approx 10,3 \text{ cm}$

Ergebnis: Die Seite $\overline{AC}$ ist ungefähr 10,3 cm lang.

Information

(1) Berechnen eines Dreiecks im Falle wsw, sww und SsW

In Aufgabe 1 haben wir ein Dreieck berechnet, in dem eine Seite und die anliegenden Winkel gegeben sind (wsw). Falls in einem Dreieck eine Seite, ein anliegender Winkel und der gegenüberliegende Winkel gegeben sind, kann man den anderen anliegenden Winkel mit dem Innenwinkelsatz berechnen; damit ist dieser Fall auf den Fall wsw zurückgeführt.

Sind in einem Dreieck zwei Seiten und der der größeren Seite gegenüberliegende Winkel gegeben (SsW), kann man durch geeignete Zerlegung bzw. Ergänzung des Dreiecks in zwei rechtwinkligen Dreiecke die übrigen Stücke mit zweimaligem Anwenden des Sinus und des Innenwinkelsatzes berechnen.

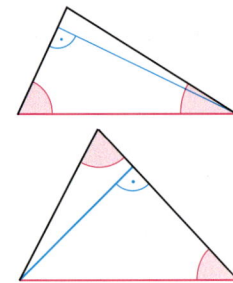

In einem beliebigen Dreieck kann man aus vorgegebenen Stücken wsw bzw. sww und SsW die übrigen mit dem Sinus und dem Innenwinkelsatz berechnen.
Durch Einzeichnen einer geeigneten Höhe zerlegt bzw. ergänzt man das gegebene Dreieck so, dass rechtwinklige Dreiecke entstehen. Man wählt dabei die Höhe so, dass in einem der beiden Teildreiecke zwei Stücke gegeben sind.

▲ **(2) Herleitung des Sinussatzes**

▲ In einem Dreieck ABC sollen wie in Aufgabe 1 die Stücke a, β,
▲ γ und damit auch α gegeben sein. Wir wollen nun die Seiten-
▲ länge b allgemein berechnen.

▲ *1. Fall:* $0° < α < 90°$
▲ Wir zerlegen das spitzwinklige Dreieck ABC durch die Höhe h_c
▲ in zwei rechtwinklige Dreiecke ADC und DBC.

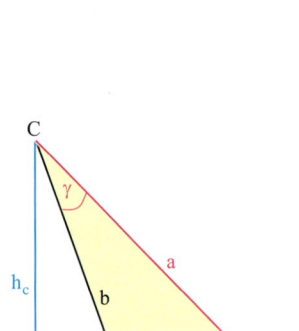

▲ Für das Dreieck DBC gilt: $\sin β = \dfrac{h_c}{a}$, also $h_c = a \cdot \sin β$

▲ Für das Dreieck ADC gilt: $\sin α = \dfrac{h_c}{b}$, also $h_c = b \cdot \sin α$

▲ Gleichsetzen ergibt: $a \cdot \sin β = b \cdot \sin α$

▲ Durch Dividieren durch $\sin β$ und durch $\sin α$ erhalten wir die folgende einprägsame Gleichung:

▲ $\dfrac{a}{\sin α} = \dfrac{b}{\sin β}$ für $0° < α < 90°$

▲ *2. Fall:* $90° < α < 180°$
▲ Dazu ergänzen wir das stumpfwinklige Dreieck ABC durch
▲ die Höhe h_c zu einem rechtwinkligen Dreieck DBC mit dem
▲ rechtwinkligen Teildreieck DAC.

▲ (1) $\sin β = \dfrac{h_c}{a}$,   also $h_c = a \cdot \sin β$

▲ (2) $\sin(180° - α) = \dfrac{h_c}{b}$,   also $h_c = b \cdot \sin(180° - α)$

▲ Gleichsetzen ergibt: $a \cdot \sin β = b \cdot \sin(180° - α)$

▲ Wir dividieren beide Seiten dieser Gleichung durch
▲ $\sin(180° - α)$ und dann durch $\sin β$. Somit erhalten wir:

▲ $\dfrac{a}{\sin(180° - α)} = \dfrac{b}{\sin β}$ für $90° < α < 180°$

(3) Sinus im Bereich $90° < α \le 180°$

Um zu erreichen, dass die Formel $\dfrac{a}{\sin α} = \dfrac{b}{\sin β}$ auch für stumpfe Winkel gilt, erklären wir den Sinus auch für Winkelgrößen zwischen 90° und 180°.

Festlegung:

Für Winkelgrößen α mit $90° < α \le 180°$ soll gelten:

$\sin α = \sin(180° - α)$

Aufgrund dieser Festlegung (Definition) ist unmittelbar klar:

Für alle α mit $90° \le α \le 180°$ gilt: $0 \le \sin α \le 1$.

Dass die Festlegung sinnvoll ist, zeigen auch die folgenden Überlegungen unter (4).

(4) Deutung des Sinus am Einheitskreis

Die Festlegung des Sinus unter (3) können wir am rechtwinkligen Dreieck *nicht* als Längenverhältnis deuten. Wir greifen deshalb die Darstellung des Sinus am Einheitskreis von Seite 111 auf.

Deutung des Sinus am Einheitskreis

Gegeben ist ein Punkt P(u|v) auf dem *Einheitskreis* (Kreis mit dem Radius 1) im 1. Quadranten.
α soll die Größe des Winkels sein, den der Radius $\overline{OP}$ mit der u-Achse bildet.
Dann gilt:

sin α = v (*2. Koordinate von P*)

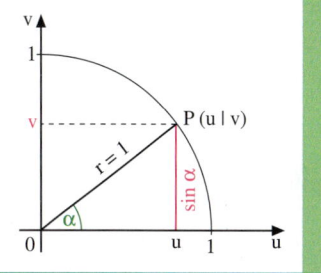

Dass die Festlegung des Sinus unter (3) sinnvoll ist, erkennen wir auch, wenn wir den Einheitskreis im 2. Quadranten betrachten. Es gilt dann nämlich auch für $90° < \alpha \le 180°$:
sin α = v   (2. Koordinate von P).
Denn wegen sin α = sin (180° – α) = v′ = v
gilt: sin α = v.

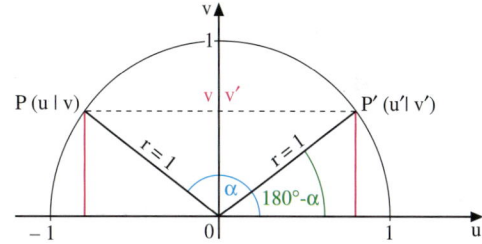

(5) Formulierung des Sinussatzes

Sinussatz

In jedem Dreieck sind die Quotienten aus einer Seitenlänge und dem Sinus des gegenüberliegenden Winkels gleich groß.

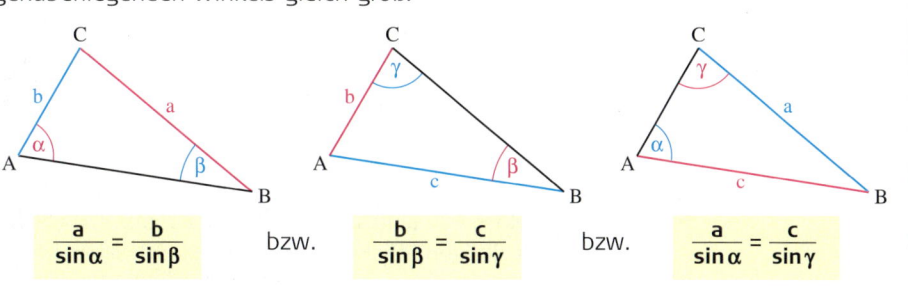

$$\frac{a}{\sin\alpha} = \frac{b}{\sin\beta} \qquad \text{bzw.} \qquad \frac{b}{\sin\beta} = \frac{c}{\sin\gamma} \qquad \text{bzw.} \qquad \frac{a}{\sin\alpha} = \frac{c}{\sin\gamma}$$

Sind in einem Dreieck zwei Winkel und eine Seite oder zwei Seiten und der der größeren Seite gegenüberliegende Winkel gegeben, so kann man die übrigen Stücke mithilfe des Sinussatzes und des Innenwinkelsatzes berechnen.

(6) Verwenden des Taschenrechners bei stumpfen Winkeln

(a) *Bestimmen von Sinuswerten zu vorgegebenen Winkeln*
Der Taschenrechner liefert auch für alle Winkelgrößen im Bereich $90° < \alpha \le 180°$ beim Drücken der Taste $\boxed{\text{sin}}$ die zugehörigen Sinuswerte.
Bestimme mit deinem Taschenrechner sin 130°.

$$0.766044443$$

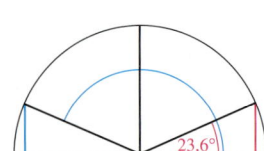

(b) *Bestimmen von Winkelgrößen zu vorgegebenen Sinuswerten*
Am Einheitskreis ist unmittelbar klar, dass es zu einem Sinuswert zwischen 0 und 1 stets zwei Winkelgrößen gibt. Der Taschenrechner liefert aber nur die Winkelgröße im Bereich $0° \leq \alpha \leq 90°$.

Julia hat mit ihrem Taschenrechner den Winkel $\alpha \approx 23{,}6°$ aus $\sin \alpha = 0{,}4$ bestimmt. Prüfe es.

$$\boxed{23.57817848}$$

Wegen $\sin \alpha = \sin(180° - \alpha)$ besitzt die Gleichung $\sin \alpha = 0{,}4$ noch eine zweite Lösung, nämlich $\alpha_2 = 180° - \alpha_1$, also $\alpha_2 \approx 180° - 23{,}6° = 156{,}4°$.

Aufgabe

2. *Vollständige Berechnung eines Dreiecks mithilfe des Sinussatzes*

In einem Dreieck ABC sind gegeben: $a = 3{,}7$ cm; $c = 4{,}8$ cm; $\gamma = 64°$
Berechne die übrigen Stücke des Dreiecks.

Planfigur

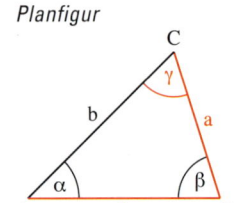

Lösung

Berechnung von α: $\dfrac{a}{\sin \alpha} = \dfrac{c}{\sin \gamma}$, also: $\sin \alpha = \dfrac{a}{c} \cdot \sin \gamma$

Einsetzen ergibt: $\sin \alpha = \dfrac{3{,}7 \text{ cm}}{4{,}8 \text{ cm}} \cdot \sin 64° = 0{,}692820\ldots$

Aus $\sin \alpha = 0{,}692820 \ldots$ folgt $\alpha \approx 43{,}9°$ oder $\alpha \approx 136{,}1°$.
Da der kürzeren Seite der kleinere Winkel gegenüberliegt, gilt wegen $a < c$ auch $\alpha < 64°$.
Somit kommt nur $\alpha = 43{,}9°$ als Lösung in Frage.

Berechnung von β: $\beta = 180° - (\alpha + \gamma)$; $\beta \approx 180° - (43{,}9° + 64°)$, also $\beta \approx 72{,}1°$

Berechnung von b: $\dfrac{b}{\sin \beta} = \dfrac{a}{\sin \alpha}$; $b = a \cdot \dfrac{\sin \beta}{\sin \alpha}$; $b = 3{,}7$ cm $\cdot \dfrac{\sin 72{,}1°}{\sin 43{,}9°}$, also $b \approx 5{,}1$ cm

Zum Festigen und Weiterarbeiten

3. a) Bestimme $\sin \alpha$ mit dem Taschenrechner für folgende Winkelgrößen α:
   106°;   134°;   171°;   159°.

b) Für welche Winkelgrößen α zwischen 0° und 180° gilt
   $\sin \alpha = 0{,}7771$; $\sin \alpha = 0{,}4695$; $\sin \alpha = 0{,}1234$?

4. Berechne die übrigen Stücke des Dreiecks ABC:

a) $b = 7$ cm; $\alpha = 25°$; $\beta = 52°$ **b)** $b = 4$ cm; $\beta = 28°$; $\alpha = 65°$ **c)** $a = 9$ cm; $\alpha = 51°$; $\gamma = 33°$

5. In einem Dreieck ABC sind gegeben: $a = 3{,}7$ cm; $c = 4{,}8$ cm; $\gamma = 112°$.
Berechne die übrigen Stücke des Dreiecks; kontrolliere zeichnerisch.

Übungen

6. a) Mithilfe der Festlegung auf Seite 128 kann man alle Sinuswerte aus dem Intervall $90° < \alpha \leq 180°$ berechnen, indem man sie auf das Intervall $0° \leq \alpha \leq 90°$ zurückführt.
Berechne wie im Beispiel:
$\sin 135°$; $\sin 120°$; $\sin 180°$.

$\boxed{\begin{array}{l} \sin 150° = \sin(180° - 150°) \\ \sin 150° = \sin 30° \\ \sin 150° = \frac{1}{2} \end{array}}$

b) Begründe, dass die Gleichung $\sin \alpha = \sin(180° - \alpha)$ auch für $0° \leq \alpha \leq 90°$ gilt.

7. Bestimme zeichnerisch am Einheitskreis ($r = 1$ dm) die unten angegebenen Sinuswerte auf zwei Stellen nach dem Komma. Kontrolliere das Ergebnis mithilfe der Festlegung auf Seite 128 und der Tabelle links.
$\sin 100°$; $\sin 130°$; $\sin 140°$; $\sin 110°$; $\sin 160°$; $\sin 170°$

α	$\sin \alpha$
10°	0,17
20°	0,34
30°	0,50
40°	0,64
50°	0,77
60°	0,87
70°	0,94
80°	0,98

8. a) Bestimme sin α mit dem Taschenrechner für folgende Winkelgrößen; runde auf vier Stellen nach dem Komma.
117°; 175°; 95°; 143°; 167,4°; 99,5°; 156,1°; 108,8°

b) Für welche Winkelgrößen α zwischen 0° und 180° gilt:
sin α = 0,9945; sin α = 0,5978; sin α = 0,7384; sin α = 0,2345?
Runde auf Zehntel.

9. Konstruiere ein Dreieck ABC aus den Stücken α = 24°; β = 101° und c = 6,3 cm.
Berechne die übrigen Stücke und kontrolliere die Ergebnisse an der Zeichnung.

10. Berechne die Längen der beiden anderen Seiten des Dreiecks ABC.

a) c = 7,7 cm	**c)** a = 8,9 cm	**e)** c = 5,4 cm	**g)** a = 12 cm
α = 15°	α = 63°	β = 65,6°	α = 107°
γ = 85°	γ = 37°	γ = 48,2°	β = 22°
b) a = 7,1 cm	**d)** b = 2,6 cm	**f)** b = 34 cm	**h)** c = 4,8 cm
α = 55°	β = 28,3°	α = 107°	α = 115°
β = 73°	γ = 69,1°	β = 19°	γ = 48°

11. An den Stellen A und B befinden sich Anlagestellen für ein Ausflugsschiff. Wie lang ist der Weg, den das Schiff zurücklegt?

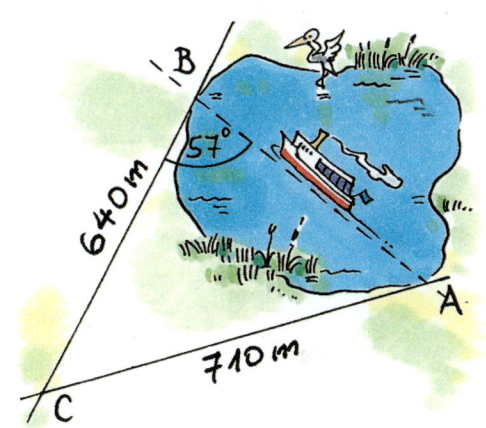

12. Konstruiere ein Dreieck ABC aus den Stücken b = 4,2 cm, c = 5,6 cm und γ = 105°.
Berechne die übrigen Stücke und kontrolliere das Ergebnis an der Zeichnung.

13. In einem Dreieck ABC sind gegeben:
a = 4 cm; b = 6 cm; α = 51°.
Versuche, den Winkel β zu berechnen.
Was fällt auf? Erkläre.

14. Berechne die übrigen Stücke des Dreiecks ABC.

a) a = 4,4 cm	**b)** b = 8,5 cm	**c)** a = 4,9 cm	**d)** a = 3,9 cm	**e)** b = 5,9 cm
b = 6,9 cm	c = 6,9 cm	c = 5,7 cm	b = 7,8 cm	c = 3,2 cm
β = 67°	β = 111°	α = 95°	β = 135,6°	γ = 41,7°

15. Das Grundstück soll vermessen werden. Dazu werden die folgenden Stücke gemessen:
$\overline{BD}$ = 46 m; ∢ ADB = 44°; ∢ DBA = 42°;
∢ BDC = 69°; ∢ CBD = 55°
Bestimme die Längen von $\overline{AB}$, $\overline{AD}$, $\overline{DC}$ und $\overline{BC}$. Fertige eine Skizze an.

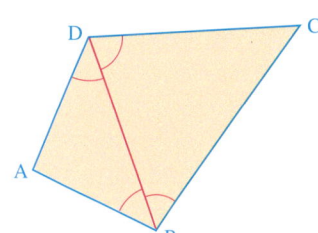

16. Gilt der Sinussatz auch, falls ein gegebener Winkel ein rechter ist?

Berechnen eines allgemeinen Dreiecks im Falle sws und sss — Kosinussatz

Einstieg

Vom Punkt D eines Bergwerks sind zwei Stollen in den Berg getrieben worden. Von E nach F soll nun ein Verbindungsstollen angelegt werden.

→ Wie lang wird der Verbindungsstollen?

→ Welche Winkel bildet er mit den bestehenden Stollen?

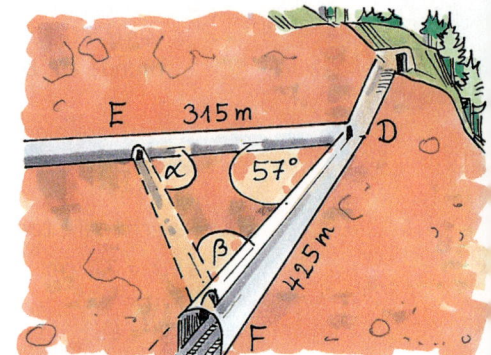

Aufgabe

1. a) Ein Straßentunnel soll geradlinig durch einen Berg gebaut werden. Um seine Länge zu bestimmen, werden von einem geeigneten Punkt C aus die Entfernungen $\overline{CB}$ und $\overline{CA}$ zu den Tunneleingängen sowie die Winkelgröße γ gemessen:
$\overline{CB}$ = 2,85 km; $\overline{CA}$ = 4,42 km; γ = 52,3°
   (1) Zeichne ein Dreieck ABC mit den angegebenen Maßen (Maßstab 1 : 100 000) und bestimme einen Näherungswert für die Seitenlänge c durch Messen.
   (2) Zerlege das Dreieck in zwei rechtwinklige Teildreiecke; bestimme die Seitenlänge c durch Rechnung.

b) In einem Dreieck ABC sind gegeben:
a = 6 cm; b = 8 cm; γ = 140°. Berechne die Seitenlänge c.

Lösung

a) Wir lösen die Aufgabe zunächst zeichnerisch und dann rechnerisch.
   (1) Der Zeichnung entnehmen wir nach maßstäblicher Umrechnung als Näherungswert c = 3,5 km.
   (2) Wir zerlegen das *spitzwinklige* Dreieck ABC in zwei Teildreiecke, indem wir die Höhe h_b zur Seite $\overline{AC}$ einzeichnen. Die Längen der Teilstrecken $\overline{FC}$ und $\overline{FA}$ nennen wir u bzw. v. In dem Teildreieck BCF sind dann die Stücke a und γ gegeben; die Stücke h_b, u und v können wir damit berechnen.
   Nun sind uns im Teildreieck ABF auch zwei Stücke bekannt, mit denen sich die Länge c berechnen lässt.

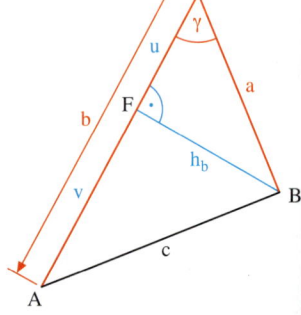

Berechnen von h_b im Dreieck BCF:

$\sin \gamma = \dfrac{h_b}{a}$

$h_b = a \cdot \sin \gamma$

$h_b = 2{,}85 \text{ km} \cdot \sin 52{,}3°$

$h_b \approx 2{,}25 \text{ km}$

Berechnen von u im Dreieck BCF:

$\cos \gamma = \dfrac{u}{a}$

$u = a \cdot \cos \gamma$

$u = 2{,}85 \text{ km} \cdot \cos 52{,}3°$

$u \approx 1{,}74 \text{ km}$

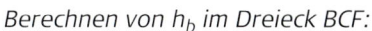

Berechnen von v im Dreieck ABC:

$u + v = b$

$\quad v = b - u$

$v \approx 4{,}42 \text{ km} - 1{,}74 \text{ km}$

$v \approx 2{,}68 \text{ km}$

Berechnen von c im Dreieck ABF:

$c^2 = h_b^2 + v^2$

$c = \sqrt{h_b^2 + v^2}$

$c = \sqrt{(2{,}25 \text{ km})^2 + (2{,}68 \text{ km})^2}$

$c \approx 3{,}50 \text{ km}$

Ergebnis: Die Länge des Tunnels beträgt ungefähr 3,50 km.

b) Wir ergänzen das *stumpfwinklige* Dreieck ABC durch die äußere Höhe h_b zu einem rechtwinkligen Dreieck ABF. In dem Teildreieck BFC sind uns dann zwei Stücke bekannt und wir können die Höhe h_b bestimmen. Anschließend berechnen wir im Dreieck ABF die gesuchte Länge c.

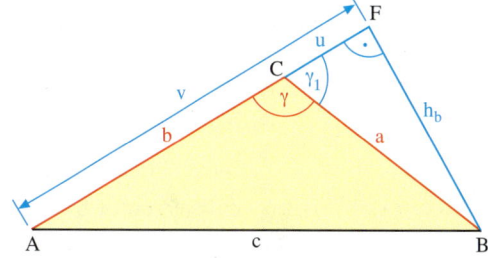

Berechnen von γ_1 im Dreieck BFC:

$\gamma + \gamma_1 = 180°$, also $\gamma_1 = 180° - \gamma$.

Einsetzen ergibt:

$\gamma_1 = 180° - 140°$, also $\gamma_1 = 40°$

Berechnen von h_b im Dreieck BFC:

$\sin \gamma_1 = \dfrac{h_b}{a}$

$h_b = a \cdot \sin \gamma_1$

$h_b = 6 \text{ cm} \cdot \sin 40°$

$h_b \approx 3{,}9 \text{ cm}$

Berechnen von u im Dreieck BFC:

$\cos \gamma_1 = \dfrac{u}{a}$

$u = a \cdot \cos \gamma_1$

$u = 6 \text{ cm} \cdot \cos 40°$

$u \approx 4{,}6 \text{ cm}$

Berechnen von v im Dreieck ABF:

$v = b + u$

$v \approx 8 \text{ cm} + 4{,}6 \text{ cm}$

$v \approx 12{,}6 \text{ cm}$

Berechnen von c im Dreieck ABF:

$c^2 = h_b^2 + v^2$

$c = \sqrt{h_b^2 + v^2}$

$c = \sqrt{(3{,}9 \text{ cm})^2 + (12{,}6 \text{ cm})^2}$

$c \approx 13{,}2 \text{ cm}$

Ergebnis: Die Seitenlänge c beträgt ungefähr 13,2 cm.

Information

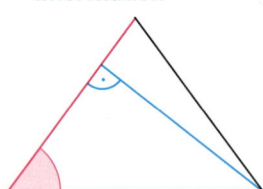

(1) Berechnen eines Dreiecks im Falle sws

In einem beliebigen Dreieck kann man aus vorgegebenen Stücken im Sinne des Kongruenzsatzes sws die übrigen mit dem Kosinus, dem Sinus und dem Innenwinkelsatz berechnen. Durch Einzeichnen einer geeigneten Höhe zerlegt bzw. ergänzt man das gegebene Dreieck so, dass rechtwinklige Dreiecke entstehen. Man wählt die Höhe so, dass in einem der beiden Teildreiecke zwei Stücke gegeben sind.

(2) Herleitung des Kosinussatzes

In einem Dreieck ABC sollen die Stücke a, b und γ gegeben sein. Wir wollen nun wie in der Aufgabe 1 (Seite 132) unten die Seitenlänge c allgemein berechnen.

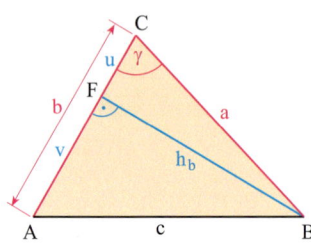

1. Fall: $\gamma < 90°$

Wir zerlegen das Dreieck ABC durch die Höhe h_b in zwei rechtwinklige Dreiecke ABF und BCF.

Im rechtwinkligen Teildreieck ABF ist die Seitenlänge c gesucht. Nach dem Satz des Pythagoras gilt:

$$c^2 = h_b^2 + v^2$$

Da $v = b - u$ ist, folgt durch Einsetzen:

$$c^2 = h_b^2 + (b - u)^2$$
$$c^2 = h_b^2 + b^2 - 2bu + u^2$$

Da in dem Teildreieck BCF die Stücke a und γ gegeben sind, können wir h_b und u bestimmen:

$$h_b^2 = a^2 - u^2 \text{ und } \cos\gamma = \frac{u}{a}, \text{ also } u = a \cdot \cos\gamma$$

Diese Ergebnisse setzen wir in die Gleichung für c^2 ein:

$$c^2 = a^2 - u^2 + b^2 - 2 \cdot b \cdot a \cdot \cos\gamma + u^2, \text{ also}$$

$$\boxed{c^2 = a^2 + b^2 - 2ab \cdot \cos\gamma}$$

2. Fall: $90° < \gamma < 180°$

Wir ergänzen das Dreieck ABC durch die äußere Höhe h_b zu dem rechtwinkligen Dreieck ABF mit dem rechtwinkligen Teildreieck BFC. In dem rechtwinkligen Dreieck ABF ist die Seitenlänge c gesucht. Nach dem Satz des Pythagoras gilt:

$$c^2 = h_b^2 + v^2$$

Da $v = b + u$ ist, folgt durch Einsetzen:

$$c^2 = h_b^2 + (b + u)^2$$
$$c^2 = h_b^2 + b^2 + 2bu + u^2$$

Da im Teildreieck BFC die Stücke a und $\gamma_1 = 180° - \gamma$ bekannt sind, können wir h_b und u bestimmen:

$$h_b^2 = a^2 - u^2 \text{ und } \cos(180° - \gamma) = \frac{u}{a}, \text{ also } u = a \cdot \cos(180° - \gamma)$$

Diese Ergebnisse setzen wir in die Gleichung für c^2 ein:

$$c^2 = a^2 - u^2 + b^2 + 2b \cdot a \cdot \cos(180° - \gamma) + u^2, \text{ also}$$

$$\boxed{c^2 = a^2 + b^2 + 2ab \cdot \cos(180° - \gamma)}$$

(3) Kosinus im Bereich 90° < α ≤ 180°

Um zu erreichen, dass die Formel $c^2 = a^2 + b^2 - 2\,ab \cdot \cos\gamma$ auch für stumpfe Winkel gilt, legen wir den Kosinus auch für Winkelgrößen zwischen 90° und 180° fest.

> **Festlegung:**
>
> Für Winkelgrößen α mit 90° < α ≤ 180° soll gelten:
>
> $$\cos\alpha = -\cos(180° - \alpha)$$

Aufgrund dieser Festlegung (Definition) des Kosinus ist unmittelbar klar:
Für alle α mit 90° ≤ α ≤ 180° gilt: $-1 \leq \cos\alpha \leq 0$

(4) Deutung des Kosinus am Einheitskreis

Wie auf Seite 129 deuten wir nun auch den Kosinus am Einheitskreis.

> **Deutung des Kosinus am Einheitskreis**
>
> Es soll P(u|v) ein Punkt des Einheitskreises sein.
> α soll die Größe des Winkels sein, den der Schenkel $\overline{OP}$ mit der u-Achse bildet.
> Dann gilt:
>
> $$\cos\alpha = u \quad (1.\,Koordinate\ von\ P)$$
>
>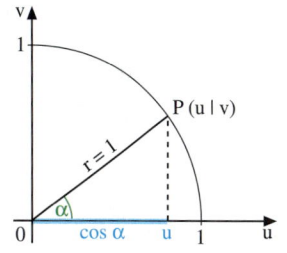

Die Festlegung unter (3) steht im Einklang mit der Deutung des Kosinus als 1. Koordinate eines Punktes am Einheitskreis.
Denn es gilt für 90° < α ≤ 180°:

$\cos\alpha = -\cos(180° - \alpha) = -u' = u$, also
$u = \cos\alpha$

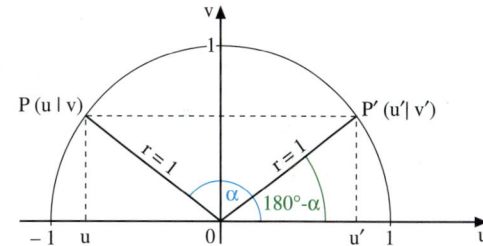

(5) Formulierung des Kosinussatzes

> **Kosinussatz**
>
> In *jedem* Dreieck ABC gilt:
>
> $$a^2 = b^2 + c^2 - 2\,bc \cdot \cos\alpha \qquad b^2 = c^2 + a^2 - 2\,ca \cdot \cos\beta \qquad c^2 = a^2 + b^2 - 2\,ab \cdot \cos\gamma$$
>
> Das Quadrat einer Seitenlänge eines Dreiecks ist gleich der Summe der Quadrate der beiden anderen Seitenlängen vermindert um das Doppelte des Produkts aus diesen Seitenlängen und dem Kosinus des eingeschlossenen Winkels.

Den Kosinussatz nutzt man zur Berechnung eines Dreiecks, wenn die Längen zweier Seiten und die Größe des eingeschlossenen Winkels oder die Längen aller drei Seiten gegeben sind.

(6) Verwenden des Taschenrechners bei stumpfen Winkeln

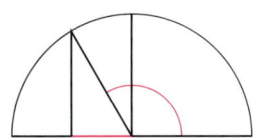

(a) Der Taschenrechner liefert auch für alle Winkelgrößen im Bereich $90° < \alpha \le 180°$ beim Drücken der Taste $\boxed{\cos}$ die zugehörigen Kosinuswerte. Versuche mit deinem Taschenrechner $\cos 130°$ zu bestimmen.

$$-0.642787609$$

(b) Bestimmen von Winkelgrößen zu vorgegebenen Kosinuswerten. Bestimme mit deinem Taschenrechner einen Winkel α mit $\cos \alpha = -0,4$. Kontrolliere dein Ergebnis.

$$113.5781785$$

Aufgabe

2. *Vollständige Berechnung eines Dreiecks mithilfe von Kosinus- und Sinussatz*

Von einem Dreieck ABC sind gegeben: $b = 8,1$ km; $c = 5,3$ km; $\alpha = 36,4°$.
Berechne die übrigen Stücke des Dreiecks.

Planfigur

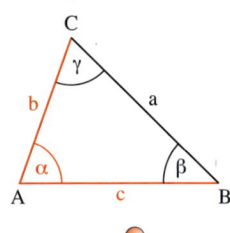

Strategie:
Kleinere Winkel mit dem Sinussatz berechnen, den dritten Winkel mit dem Innenwinkelsatz.

Lösung

(1) Aus den gegebenen Stücken (sws) kann man mithilfe des Kosinussatzes direkt die Seitenlänge a berechnen:

$$a^2 = b^2 + c^2 - 2bc \cdot \cos \alpha$$
$$a = \sqrt{b^2 + c^2 - 2bc \cdot \cos \alpha}$$
$$a = \sqrt{(8,1 \text{ km})^2 + (5,3 \text{ km})^2 - 2 \cdot 8,1 \text{ km} \cdot 5,3 \text{ km} \cdot \cos 36,4°}$$
$$a \approx 5,0 \text{ km}$$

(2) Einen der beiden Winkel β und γ müssen wir mit dem Kosinus- oder Sinussatz berechnen. Der Kosinussatz ist rechentechnisch aufwändig, liefert aber stets nur *eine* Winkelgröße. Dagegen ist die Anwendung des Sinussatzes rechentechnisch weniger aufwändig, liefert jedoch zwei Lösungen. Man weiß dann nicht, welche Winkelgröße die geeignete ist. Berechnet man mit dem Sinussatz den Winkel, hier γ, der der kleineren Seite c gegenüberliegt, so kommt nur eine der beiden Lösungen in Frage.

$$\frac{c}{\sin \gamma} = \frac{a}{\sin \alpha}, \text{ also } \sin \gamma = \frac{c}{a} \cdot \sin \alpha$$

Einsetzen ergibt: $\sin \gamma = \dfrac{5,3 \text{ km}}{4,96 \text{ km}} \cdot \sin 36,4°$; $\sin \gamma \approx 0,63409 \ldots$, also $\gamma \approx 39,4°$

(3) Nach dem Innenwinkelsatz für Dreiecke ergibt sich dann für den Winkel β:
$\beta = 180° - (\alpha + \gamma)$; $\beta \approx 180° - (36,4° + 39,4°)$, also: $\beta \approx 104,2°$

Zum Festigen und Weiterarbeiten

3. a) Bestimme $\cos \alpha$ mit dem Taschenrechner für $\alpha = 106°$; $\alpha = 134°$; $\alpha = 171°$; $\alpha = 159°$.

b) Für welche Winkelgrößen α zwischen 0° und 180° gilt:
$\cos \alpha = -0,7771$; $\cos \alpha = -0,4695$; $\cos \alpha = 0,1234$; $\cos \alpha = 0,9183$?

4. Berechne die fehlenden Stücke des Dreiecks ABC.

a) $a = 5$ cm, $b = 7$ cm, $\gamma = 40°$ **c)** $b = 8,9$ cm, $c = 11,0$ cm, $\alpha = 118°$

b) $a = 9$ cm, $c = 8$ cm, $\beta = 41°$ **d)** $a = 9,4$ cm, $b = 6,9$ cm, $\gamma = 57°$

5. a) Gilt die Formel $c^2 = a^2 + b^2 - 2ab \cdot \cos \gamma$ auch für $\gamma = 90°$?

b) Gilt die Formel $c^2 = a^2 + b^2 - 2ab \cdot \cos \gamma$ auch für den Grenzfall $\gamma = 180°$?

c) Begründe: Für ein beliebiges Dreieck ABC gilt:
(1) $a^2 + b^2 > c^2$, falls $0° < \gamma < 90°$;   (2) $a^2 + b^2 < c^2$, falls $90° < \gamma < 180°$.

6. *Berechnen eines Dreiecks aus den drei Seitenlängen*
In einem Dreieck ABC sind gegeben:　a = 5 cm;　b = 3,5 cm;　c = 6,5 cm.

a) Erkläre die folgende Umstellung nach cos γ.

$$c^2 = a^2 + b^2 - 2\,a\,b \cdot \cos γ \qquad |+2\,a\,b \cdot \cos γ$$
$$c^2 + 2\,a\,b \cdot \cos γ = a^2 + b^2 \qquad |-c^2$$
$$2\,a\,b \cdot \cos γ = a^2 + b^2 - c^2 \qquad |:(2\,a\,b)$$
$$\cos γ = \frac{a^2 + b^2 - c^2}{2\,a\,b}$$

b) Berechne zunächst den größten Innenwinkel, nämlich γ des gegebenen Dreiecks ABC. Warum?

c) Berechne dann die Innenwinkel α und β des Dreiecks ABC. Kontrolliere.

Übungen

7. a) Mithilfe der Festlegung auf Seite 135 kann man alle Kosinuswerte aus dem Intervall $90° < α \le 180°$ berechnen, indem man sie auf das Intervall $0° \le α \le 90°$ zurückführt. Berechne wie im Beispiel:
cos 135°;　cos 120°;　cos 180°

$$\cos 150° = -\cos(180° - 150°)$$
$$\cos 150° = -\cos 30°$$
$$\cos 150° = -\tfrac{1}{2}\sqrt{3}$$

b) Begründe, dass die Gleichung cos α = − cos (180° − α) auch für $0° \le α \le 90°$ gilt.

α	cos α
10°	0,98
20°	0,94
30°	0,87
40°	0,77
50°	0,64
60°	0,50
70°	0,34
80°	0,17

8. Bestimme zeichnerisch am Einheitskreis (r = 1 dm) die unten angegebenen Kosinuswerte auf zwei Stellen nach dem Komma. Kontrolliere das Ergebnis mithilfe der Festlegung auf Seite 135 und der Tabelle links.
cos 100°;　cos 110°;　cos 130°;　cos 140°;　cos 160°;　cos 170°

9. a) Bestimme cos α mit dem Taschenrechner für folgende Winkelgrößen α:
117°;　175°;　95°;　143°;　167,4°;　99,5°;　156,1°;　104,8°

b) Für welche Winkelgrößen α zwischen 0° und 180° gilt:
cos α = − 0,2588;　cos α = 0,9397;　cos α = − 0,5461;　cos α = 0,1212?

10. Konstruiere ein Dreieck ABC aus a = 3,7 cm, c = 4,8 cm und β = 100°.
Berechne die übrigen Stücke und kontrolliere die berechneten Werte an der Zeichnung.

11. Berechne die übrigen Stücke des Dreiecks.

a) a = 7,1 cm　**c)** a = 12,3 cm　**e)** b = 8,1 cm　**g)** a = 3,8 cm　**i)** a = 6,8 cm
　　b = 6,3 cm　　　c = 8,9 cm　　　c = 10,4 cm　　　c = 4,5 cm　　　b = 6,4 cm
　　γ = 66°　　　　β = 53°　　　　α = 67°　　　　β = 49°　　　　γ = 47°

b) a = 2,7 cm　**d)** b = 9,1 cm　**f)** a = 8,3 cm　**h)** a = 5,87 km　**j)** b = 6,3 m
　　b = 3,5 cm　　　c = 6,4 cm　　　c = 9,9 cm　　　b = 22,47 km　　　c = 5,7 m
　　γ = 102°　　　α = 115°　　　β = 95°　　　γ = 122,7°　　　α = 135,4°

12. Konstruiere ein Dreieck ABC aus a = 5,7 cm, b = 6,3 cm und c = 4,3 cm.
Berechne die übrigen Stücke und kontrolliere die berechneten Werte an der Zeichnung.

13. Berechne die übrigen Stücke des Dreiecks. Finde verschiedene Lösungswege. Beschreibe sie.

a) a = 3,8 cm　**b)** a = 12 cm　**c)** a = 7,3 m　**d)** a = 112 km
　　b = 5,1 cm　　　b = 15 cm　　　b = 5,8 m　　　b = 75 km
　　c = 4,4 cm　　　c = 18 cm　　　c = 11,6 m　　　c = 52 km

14. Von einer Straße aus gehen zwei gerad-linig verlaufende Wege in den Wald. Sie sind 412 m und 520 m lang; ihre Rich-tungen bilden einen Winkel von 69°.
Die Endpunkte sollen durch einen Weg verbunden werden.
Wie lang ist dieser neue Weg?
Welche Winkel bildet der neue Weg mit den vorhandenen Wegen?

15. Zwischen zwei Orten A und B liegt ein Berg. Um die Entfernung der beiden Orte zu bestimmen, wird ein Punkt C im Gelände gewählt.
Folgende Größen werden gemessen:
b = 8,3 km; a = 6,7 km; γ = 55°.
Berechne die Entfernung der beiden Orte A und B. Fertige zunächst eine Skizze an.

16. Die Entfernung zwischen drei Burgen A, B und C beträgt:
$\overline{AB}$ = 5,1 km, $\overline{BC}$ = 4,4 km und $\overline{AC}$ = 3,6 km.
Anne fotografiert gern. Sie möchte von einer Burg aus die beiden anderen Bur-gen auf einem Bild aufnehmen.
Auf welcher Burg muss sie dazu den größeren Bildwinkel (durch Zoomen) einstellen?

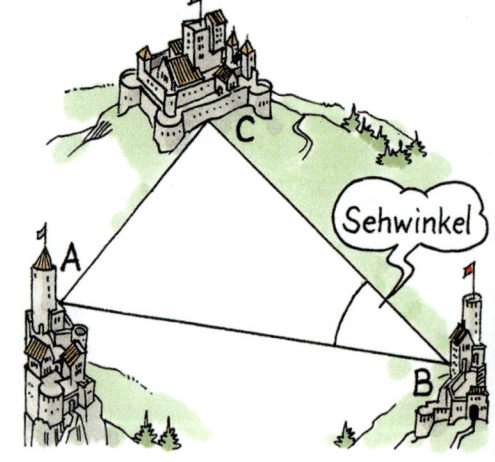

17. *Überblick über die Berechnungen in be-liebigen Dreiecken*

Sind von einem Dreieck eine Seitenlänge und zwei weitere Stücke (Seitenlängen bzw. Winkelgrößen) gegeben, so lassen sich die übrigen drei Stücke mithilfe von Innenwinkelsatz, Sinussatz oder Kosinussatz eindeutig berechnen.
Ausnahme: Gegeben sind zwei unterschiedliche Seitenlängen und die Größe des der kleineren Seite gegenüberliegenden Winkels. Ergänze die Tabelle.

Typ	gegeben	gesucht		
wsw	c, α, β	γ = 180° − (α + β)		
wws	a, α, β		$b = a \cdot \dfrac{\sin \beta}{\sin \alpha}$	
SsW	a, b, α a > b	$\sin \beta = \dfrac{b}{a} \cdot \sin \alpha$		
sws	a, b, γ		$\sin \alpha = \dfrac{a}{c} \cdot \sin \gamma$	
sss	a, b, c	$\cos \alpha = \dfrac{b^2 + c^2 - a^2}{2bc}$		

BERECHNEN DES FLÄCHENINHALTS EINES DREIECKS MIT TRIGONOMETRISCHEN MITTELN

Einstieg

Das Bild zeigt ein Eckgrundstück mit den angegebenen Maßen.

→ Bestimme die Größe des Grundstücks.

→ Beschreibe dein Vorgehen.

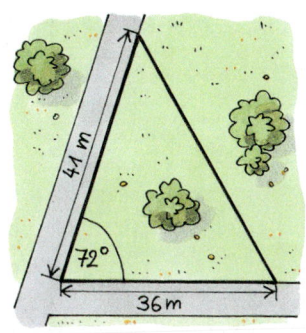

Aufgabe

1. Von einem Dreieck ABC sind die Stücke b, c und α gegeben. Leite eine Formel zur Berechnung des Flächeninhalts des Dreiecks aus diesen Stücken her.
Berechne mit dieser Formel die Größe des Grundstücks aus der Einstiegsaufgabe.

Lösung

Wir wählen c als Grundseite; dann ist h_c die zugehörige Höhe. Es gilt:

$A = \dfrac{c \cdot h_c}{2}$ bzw. $A = \frac{1}{2} c \cdot h_c$

Da $\sin\alpha = \dfrac{h_c}{b}$,   also: $h_c = b \cdot \sin\alpha$

gilt für den Flächeninhalt des Dreiecks ABC:

$A = \frac{1}{2} c \cdot h_c = \frac{1}{2} c \cdot b \cdot \sin\alpha$,   also:

$A = \frac{1}{2} b c \cdot \sin\alpha$

Wir setzen die gegebenen Größen des Grundstücks ein:

$A = \frac{1}{2} \cdot 41 \text{ m} \cdot 36 \text{ m} \cdot \sin 72°$

$A \approx 702 \text{ m}^2$

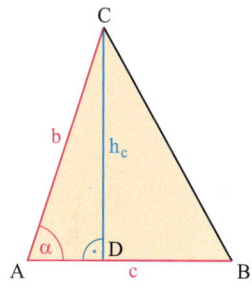

Information

> Der Flächeninhalt eines Dreiecks ist gleich der Hälfte des Produktes aus zwei Seitenlängen und dem Sinus des eingeschlossenen Winkels.
>
> $A = \frac{1}{2} a b \cdot \sin\gamma$; $A = \frac{1}{2} b c \cdot \sin\alpha$; $A = \frac{1}{2} a c \cdot \sin\beta$

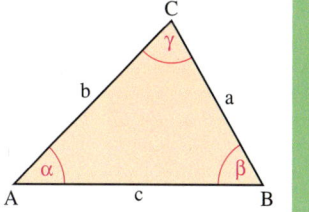

Zum Festigen und Weiterarbeiten

2. Überprüfe die in Teilaufgabe 1 hergeleitete Formel für α = 90° und für α > 90°.

3. Berechne den Flächeninhalt eines Dreiecks ABC mit:

a) a = 4,8 cm; b = 3,2 cm; γ = 37°   b) a = 5,9 cm; c = 4,6 cm; β = 116°

Übungen

4. Berechne den Flächeninhalt des Dreiecks ABC.

a) a = 7,1 cm
b = 6,3 cm
γ = 66°

c) a = 12,3 cm
c = 8,9 cm
β = 53°

e) b = 8,1 cm
c = 10,4 cm
α = 67°

g) a = 3,8 cm
c = 4,5 cm
β = 49°

i) a = 6,8 cm
b = 6,4 cm
γ = 47°

b) a = 2,7 cm
b = 3,5 cm
γ = 102°

d) b = 9,1 cm
c = 6,4 cm
α = 115°

f) a = 8,3 cm
c = 9,9 cm
β = 95°

h) a = 5,87 km
b = 22,47 km
γ = 122,7°

j) b = 6,3 m
c = 5,7 m
α = 135,4°

5. Berechne den Flächeninhalt des Dreiecks ABC.

a) b = 7 cm; α = 35°; β = 52°

d) c = 6 cm; γ = 24°; α = 47°

b) b = 4 cm; β = 28°; γ = 65°

e) b = 5 cm; γ = 42°; α = 28°

c) a = 9 cm; α = 51°; γ = 33°

f) a = 5,3 cm; b = 3,1 cm; c = 4,8 cm

6. Ein dreieckiges Waldstück soll aufgeforstet werden. Die Kosten pro Hektar Mischwald betragen 6 800 €. Um die jungen Pflanzen vor Wildfraß zu schützen, wird die Fläche eingezäunt. Der laufende Meter Zaun kostet 25 €.
Um die gesamten Kosten zu ermitteln, wird die Fläche vermessen:
$\overline{AB}$ = 942 m; α = 57°; β = 39°.
Stelle selbst geeignete Fragen und berechne.

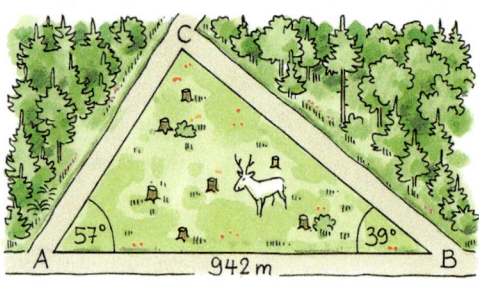

7. a) Leite mithilfe der Formel A = $\frac{1}{2}$a b · sin γ eine Flächenformel für ein gleichschenkliges Dreieck ABC mit $\overline{AB}$ als Basis her.

b) Leite mithilfe der Formel A = $\frac{1}{2}$a b · sin γ eine Flächenformel für ein gleichseitiges Dreieck her.

8. Ein gleichseitiges Dreieck ABC hat die Seitenlänge c = 4,5 cm.
Berechne den Flächeninhalt des Dreiecks.

9. Von einem gleichschenkligen Dreieck ABC mit $\overline{AB}$ als Basis sind die Seitenlängen c = 4,5 cm und a = 5,7 cm bekannt.
Berechne den Flächeninhalt des Dreiecks.

▲ 10. Berechne den Flächeninhalt des Dreiecks ABC mit den angegebenen Seitenlängen.

a) a = 4 cm; b = 5 cm; c = 3 cm

b) a = 6,5 cm; b = 2,9 cm; c = 7,4 cm

▲ 11. Die Fläche eines Baugeländes hat die Form eines Dreiecks (siehe Skizze).

a) Fertige eine Zeichnung im Maßstab 1 : 20 000 an.

b) 40% des Baugeländes sollen Grünanlage werden.
Wie viel Hektar stehen dann für die Bebauung zur Verfügung?

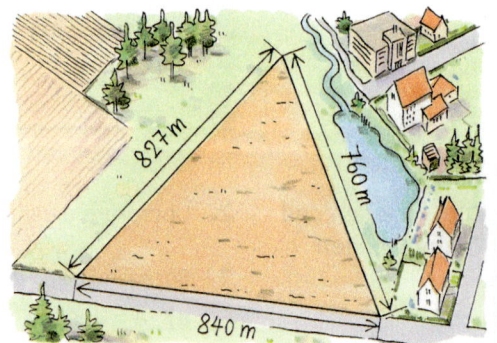

BERECHNEN VON VIELECKEN

Einstieg

Das Rechteck ABCD ist durch die Strecke $\overline{BF}$ in zwei Teilfiguren zerlegt. Es ist bekannt: $\overline{AB}$ = 10,4 cm; $\overline{AE}$ = 9,4 cm.

→ Mache dich mit der Figur rechts vertraut; überlege dir auch, wie die Strecke $\overline{BF}$ gewählt wurde.

→ Ermittle den Umfang und den Flächeninhalt des Trapezes ABFD.

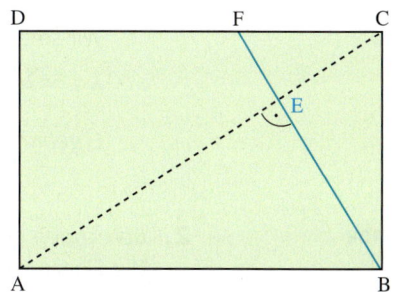

Aufgabe

1. *Berechnen eines Vierecks*

Familie Müller besitzt ein trapezförmiges Grundstück ABCD (AB∥CD) mit den Maßen: $\overline{AB}$ = 28,50 m; $\overline{AD}$ = 23,40 m; α = 125°; β = 110°.

a) Das Grundstück soll eingezäunt werden. Wie lang wird der Zaun?

b) Wie groß ist die Fläche des Grundstücks?

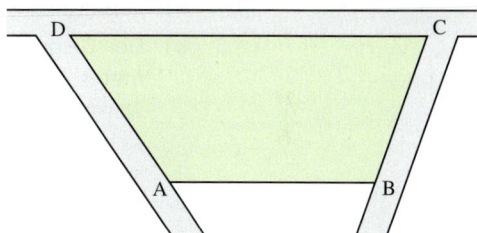

Lösung

a) Um den Umfang des Trapezes zu bestimmen, benötigen wir noch die Längen der Seiten $\overline{BC}$ und $\overline{CD}$. Dazu zerlegen wir das Trapez ABCD durch die Höhen $\overline{AF}$ und $\overline{BF}$ in das Rechteck ABEF und die beiden rechtwinkligen Dreiecke AFD und BCE.

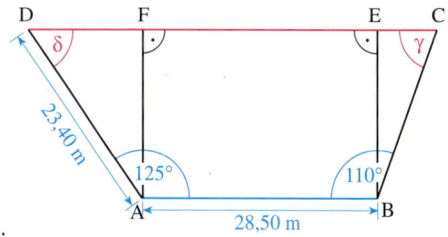

Strategie:
Zerlegen in rechtwinklige Dreiecke und Rechtecke

Für das rechtwinklige Teildreieck AFD gilt:

$\overline{AD}$ = 23,40 m und δ = 180° – 125° = 55°,

da sich wegen der Parallelität von AB und CD die Winkel α und δ zu 180° ergänzen.

$\cos\delta = \dfrac{\overline{FD}}{\overline{AD}}$, also $\overline{FD} = \overline{AD} \cdot \cos\delta$ und somit $\overline{FD}$ = 23,40 m · cos 55°; $\overline{FD}$ ≈ 13,42 m

Für das rechtwinklige Dreieck BCE gilt:

γ = 180° – 110° = 70°, da $\beta + \gamma$ = 180°

$\overline{BE} = \overline{AF}$ mit $\sin 55° = \dfrac{\overline{AF}}{\overline{AD}}$, also $\overline{AF}$ = 23,40 m · sin 55°; $\overline{AF}$ ≈ 19,17 m.

$\overline{BE}$ ≈ 19,17 m

$\tan\gamma = \dfrac{\overline{BE}}{\overline{EC}}$, also $\overline{EC} = \dfrac{\overline{BE}}{\tan\gamma}$ und somit $\overline{EC} = \dfrac{19,17\ m}{\tan 70°}$; $\overline{EC}$ ≈ 6,98 m

$\sin\gamma = \dfrac{\overline{BE}}{\overline{BC}}$, also $\overline{BC} = \dfrac{\overline{BE}}{\sin\gamma}$ und somit $\overline{BC} = \dfrac{19,17\ m}{\sin 70°}$; $\overline{BC}$ ≈ 20,40 m

Für das Rechteck ABEF gilt: $\overline{FE} = \overline{AB}$ = 28,50 m

Damit ergibt sich für den Umfang des Trapezes ABCD:

$u = \overline{AB} + \overline{BC} + \overline{CE} + \overline{FE} + \overline{DF} + \overline{AD}$

u = 28,50 m + 20,40 m + 6,98 m + 28,50 m + 13,42 m + 23,40 m = 121,20 m

Ergebnis: Der Zaun wird etwa 121,20 m lang.

b) Für den Flächeninhalt des Trapezes ABCD gilt:

$$A = \frac{(a+c)\cdot h}{2}$$

Dabei ist a = 28,50 m; c = 6,98 m + 28,50 m + 13,42 m = 48,90 m; h = 19,17 m.
Wir setzen ein:

$$A = \frac{(28,50\ m + 48,90\ m)\cdot 19,17\ m}{2},\ \text{also}\ A \approx 741,88\ m^2$$

Ergebnis: Das Grundstück ist etwa 742 m² groß.

Aufgabe

2. *Berechnen eines Fünfecks*
Die Skizze zeigt den Giebel eines Hauses. Es gilt:
a = 7,50 m   c = 3,15 m
b = e = 5,00 m   d = 6,00 m

a) Wie groß sind die Neigungswinkel des Daches?

b) Der Giebel soll neu verputzt werden. Pro Quadratmeter muss mit einem Preis von 78 € gerechnet
werden. Das Fenster und die Tür bleiben unberück-
sichtigt.
Wie teuer wird das Verputzen?

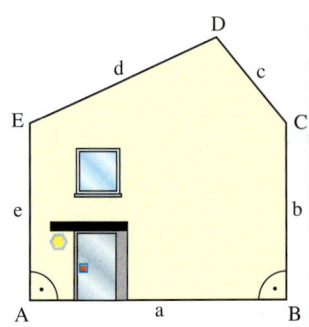

Lösung

Der Giebel des Hauses ist ein Fünfeck ABCDE. Wir zerlegen es durch die Strecke $\overline{EC}$ in das
Rechteck ABCE und das Dreieck ECD.

a) (1) Der Neigungswinkel γ ist der größere von beiden, denn er liegt der größeren Seite gegenüber. Wir berechnen ihn mit dem Kosinussatz:

$$d^2 = c^2 + a^2 - 2ca\cdot \cos\gamma$$

$$\cos\gamma = \frac{c^2 + a^2 - d^2}{2ca}$$

$$\cos\gamma = \frac{(3,15\ m)^2 + (7,50\ m)^2 - (6,00\ m)^2}{2\cdot 3,15\ m\cdot 7,50\ m}$$

$$\cos\gamma \approx 0,638571428,\ \text{also}\ \gamma \approx 50,3°$$

(2) Wir berechnen nun den nächst kleineren Winkel im Dreieck ECD mit dem Sinussatz. Es ist ε < δ, weil c < a, also $\sin\varepsilon = \frac{c}{d}\cdot \sin\gamma$

$$\sin\varepsilon \approx \frac{3,15\ m}{6,00\ m}\cdot \sin 50,3°;\ \sin\varepsilon \approx 0,403934\ldots,\ \text{also}\ \varepsilon \approx 23,8°$$

Ergebnis: Die beiden Neigungswinkel betragen 50,3° und 23,8°.

b) *(1) Berechnen des Flächeninhalts A_R des Rechtecks*
$A_R = a\cdot b$;   A = 7,50 m · 5 m, also A = 37,50 m²

(2) Berechnen des Flächeninhalts A_D des Dreiecks
$A_D = \frac{1}{2}ac\cdot \sin\gamma$; $A_D \approx \frac{1}{2}\cdot 7,50\ m\cdot 3,15\ m\cdot \sin 50,3°$, also $A_D \approx 9,09\ m^2$

(3) Berechnen des Flächeninhalts A des Fünfecks
$A = A_R + A_D$;   A ≈ 37,50 m² + 9,09 m², also A ≈ 46,59 m²

(4) Berechnen der Kosten K
$K \approx 46,59\ m^2\cdot 78\ \frac{€}{m^2} = 3\,634,02\ €$

Ergebnis: Die Kosten betragen ungefähr 3 634 €.

Information

> **Strategie zur Berechnung von Vielecken**
>
> Um Größen in Vielecken zu berechnen, zerlegt man das gegebene Vieleck in geeignete Teilfiguren, wie z. B. rechtwinklige Dreiecke, Rechtecke oder Quadrate. Gegebenenfalls muss man das Vieleck auch geeignet ergänzen.

Zum Festigen und Weiterarbeiten

▲ 3. Das Dreieck ABD ist gleichseitig. Das Viereck ABCD hat den Flächeninhalt:

$$A = \frac{5a^2}{3}\sqrt{3}$$

Berechne ohne Verwendung gerundeter Werte den Winkel $\beta_2 = \sphericalangle CBD$.
Denke an die Sinuswerte spezieller Winkelgrößen (Seite 124).

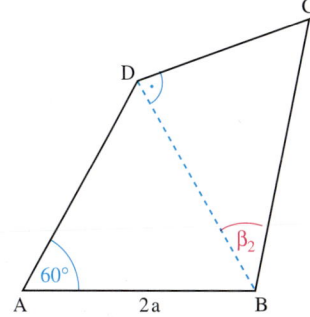

Übungen

4. Berechne von den Stücken a, b, α, β, e, f und ε eines Parallelogramms die fehlenden Stücke.

a) a = 5 cm;   d = 4 cm;   β = 130°

b) e = 8 cm;   f = 6 cm;   ε = 55°

c) a = 7 cm;   b = 4,3 cm;   β = 65°

d) a = 5,3 cm;   f = 5,1 cm;   β = 115°

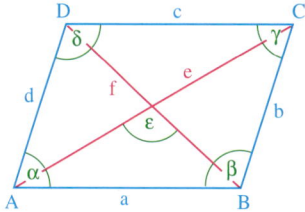

5. Berechne von den Stücken a, b, c, α, γ, e eines gleichschenkligen Trapezes ABCD die fehlenden Stücke.

a) a = 5,4 cm;   d = 3,1 cm;   β = 64,5°

b) c = 3,5 m;   d = 2,8 m;   γ = 125,7°

c) a = 6,1 km;   c = 2,9 km;   β = 68,8°

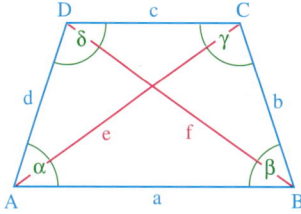

6.

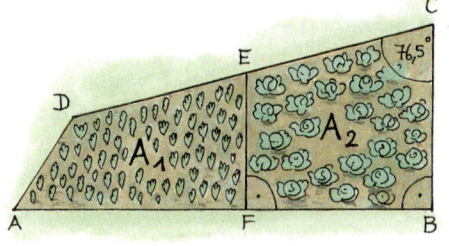

Zu Forschungszwecken soll eine Anbaufläche ABCD in zwei kleinere Felder geteilt werden, um die Wirkung unterschiedlicher Düngemittel zu testen.
Punkt E halbiert die Seite $\overline{CD}$.
Folgende Messwerte wurden ermittelt:

$\overline{AB}$ = 75,0 m $\overline{CF}$ = 34,5 m

$\overline{BC}$ = 32,0 m $\overline{FD}$ = 28,5 m

$\sphericalangle ECB$ = 76,5°

a) Ermittle die Länge der Grenzlinie $\overline{EF}$.

b) Der Dünger, der auf Feld A_2 eingesetzt wird, wurde in 10-l-Kanistern geliefert. Pro Quadratmeter müssen 25 ml Dünger verwendet werden.
Wie viele Kanister müssen von diesem Dünger im Lager sein?

7. Berechne von den Stücken a, b, f, α, β, γ eines Drachen-
vierecks ABCD die fehlenden Stücke.

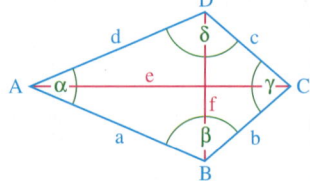

a) a = 6 cm; b = 4 cm; α = 40°

b) e = 6,2 cm; α = 110°; γ = 44°

c) e = 8,4 cm; β = 70°; a = 5,3 cm

8. a) Es soll α der Winkel zwischen den Seiten a und b
eines Parallelogramms sein.
Begründe: Für den Flächeninhalt A des Parallelogramms gilt: A = a · b · sin α

b) Berechne die Höhen eines Parallelogramms mit
a = 7,3 cm, b = 4,9 cm und α = 126°.

c) Berechne von den Größen A, a, b, α eines Parallelogramms die fehlende.

(1) a = 4,8 cm (2) a = 17,8 m (3) a = 23,5 cm (4) a = 14,9 m
  b = 2,7 cm   b = 29,7 m   α = 104°   b = 8,4 m
  α = 43,1°   α = 151,8°   A = 310,1 cm² A = 113,4 m²

9.

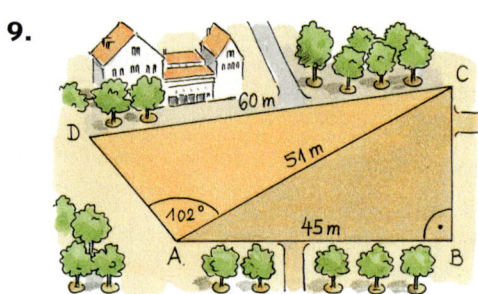

Ein Parkplatz soll vergrößert werden. Dazu
wird die ursprüngliche Parkfläche (Dreieck
ABC) zum Viereck ABCD erweitert.
Wie groß war die ursprüngliche Parkfläche?
Wie groß ist die Fläche des neuen Park-
platzes?
Um wie viel Prozent vergrößert sich durch
den Ausbau die Parkkapazität?

▲ 10. Berechne ohne Verwendung gerundeter Werte den Flächeninhalt des Trapezes ABCD in Abhängigkeit von e.

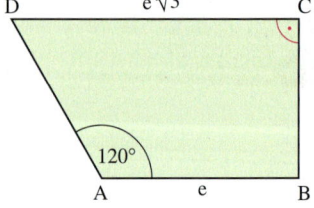

11. Im gleichschenkligen Trapez ABCD gilt:
$\overline{AB}$ = 3 a; $\overline{BC}$ = 2 a; α = 60°.

a) Berechne ohne Verwendung gerundeter Werte den
Flächeninhalt A des Trapezes in Abhängigkeit von a.

b) Berechne die Länge der Strecke $\overline{BD}$ in Abhängigkeit
von a.

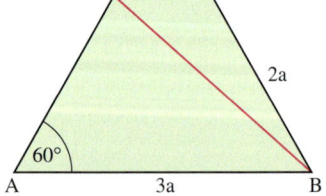

12. Das Fünfeck ABCDE setzt sich zusammen aus einem
gleichschenkligen Trapez und einem rechtwinkligen Dreieck. Es gilt:
$\overline{CD}$ = 7,6 cm; $\overline{AE}$ = 3,3 cm;
γ = 119°; $A_{Dreieck}$ = 52,3 cm².

Berechne die Länge der Seite $\overline{AB}$ des Fünfecks ABCDE.

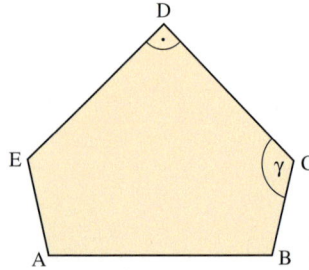

VERMISCHTE UND KOMPLEXE ÜBUNGEN

1. In einem Fluss liegt eine Insel mit einem Turm T. Um die Entfernung des Turmes vom Ufer zu bestimmen, werden am Ufer eine 40 m lange Strecke $\overline{AB}$ abgesteckt und die beiden Winkelgrößen α und β gemessen: α = 62°; β = 51°.
Berechne die Entfernung vom Punkt D aus.

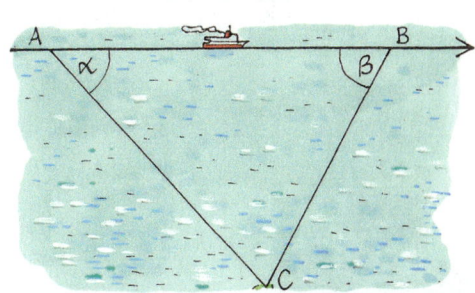

2. Die beiden Neigungswinkel eines 10,50 m breiten Satteldaches (siehe Seite 123) betragen jeweils 38°.
(1) Wie hoch ist der Dachraum?
(2) Wie lang sind die Dachsparren, wenn sie 60 cm überstehen sollen?

3. Vor der Insel Rügen kommt eine Fähre am Kap Arkona vorbei. Bei geradem Kurs wurde vom Punkt A aus der Leuchtturm C angepeilt. Dabei wurde der Winkel α gemessen: α = 46,3°.
Nach einer Fahrstrecke $\overline{AB}$ = 14,6 sm wurde der Leuchtturm vom Punkt B aus erneut angepeilt und der Winkel β gemessen: β = 61,4°.

a) Gib die Länge der Fahrstrecke $\overline{AB}$ in Kilometern an.

b) Eine Seemeile ist 1 852 m lang. Berechne die Entfernung von A nach C in sm.

c) Auf der Fahrt von A nach B hatte das Schiff im Punkt D den kürzesten Abstand zu C. Berechne, wie weit das Schiff in D vom Leuchtturm C entfernt war.

4. Ein Hubschrauber fliegt in 32 m Höhe. Vom Hubschrauber aus werden die Ufer eines Flusses angepeilt und die Tiefenwinkel α und β gemessen:
α = 25,5°; β = 60,7°.
Wie breit ist der Fluss?

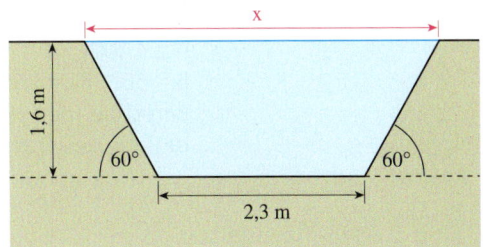

5. Ein Graben ist 1,6 m tief, die Sohlenbreite beträgt 2,3 m, der Böschungswinkel ist beiderseits 60°.

a) Welche Weite hat der Graben oben?

b) Wie viel Liter Wasser fasst er auf 10 m Länge bei einem Wasserstand von 1 m Höhe?

6. Berechne die fehlenden Stücke des rechtwinkligen Dreiecks ABC; berechne auch den Umfang und den Flächeninhalt.

a) $a = 7$ cm; $\quad \beta = 14°$; $\quad \gamma = 90°$

b) $a = 4,4$ cm; $\quad \alpha = 44°$; $\quad \beta = 90°$

c) $\alpha = 90°$; $\quad a = 185$ m; $\quad \gamma = 58°$

d) $c = 41$ m; $\quad \beta = 34°$; $\quad \gamma = 90°$

e) $\gamma = 90°$; $\quad b = 84$ cm; $\quad \beta = 43°$

f) $c = 7,8$ cm; $\quad \gamma = 51°$; $\quad \beta = 90°$

7. Gegeben ist ein gleichschenkliges Dreieck ABC mit $\overline{AB}$ als Basis.
Bestimme aus den gegebenen Stücken die übrigen. Berechne auch den Flächeninhalt.

a) $c = 17$ cm; $\quad a = 14$ cm

b) $c = 150$ m; $\quad \gamma = 126°$

c) $c = 23$ m; $\quad \alpha = 77°$

d) $a = 67$ m; $\quad \gamma = 55°$

e) $a = 104,7$ cm; $\quad \alpha = 17°$

f) $h_c = 25$ m; $\quad \alpha = 36°$

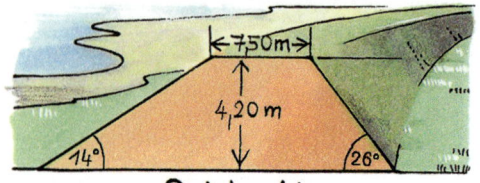
Deichsohle

8. Der Böschungswinkel eines Deiches beträgt zur Seeseite 14°, zur Landseite 26°. Der Deich ist 4,20 m hoch, die Deichkrone 7,50 m breit. Wie lang ist die Deichsohle?

9. Auf einem Berg steht ein 10 m hoher Turm. Von einem Punkt im Tal aus sieht man den Fußpunkt des Turmes unter dem Höhenwinkel $\alpha = 44°$ und die Spitze des Turmes unter dem Höhenwinkel $\beta = 45,5°$. Wie hoch erhebt sich der Berg über die Talsohle? Fertige zunächst eine Skizze an.

10. Der Hersteller von Objektiven für Spiegelreflexkameras gibt zu den verschiedenen Objektiven die horizontalen Bildwinkel an.
Ein 90 m breites Schloss soll fotografiert werden. Welchen Abstand vom Gebäude muss man bei den verschiedenen Objektiven mindestens haben, um es vollständig auf das Bild zu bekommen?

Objektiv	Bild-winkel
50 mm (Normal)	47°
28 mm (Weitwinkel)	75°
135 mm (Tele)	18°

steigt 150 m auf 5 km

11. Auf dem Foto siehst du eine Art Steigungsangabe für Fahrradfahrer.

a) Erkläre sie.

b) Wie kann man die Steigung des Fahrradweges auf andere Weise angeben?

12. Die neue Schanze in der Vogtland-Arena in Klingenthal wurde in den Jahren 2003–2005 gebaut.

a) Der Anlaufturm ist 30,27 m hoch; der geradlinige Teil des Anlaufs besitzt eine Neigung (Gefälle) von 35°. Wie lang ist der Anlauf?

b) Der Schanzentisch hat eine Neigung von 11°. Gib sie in Prozent an.

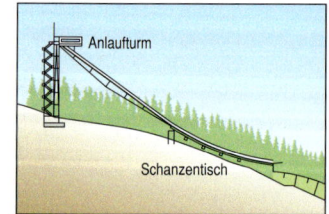

13. Gegeben ist ein Trapez ABCD mit:
$b = 4,5$ cm; $d = 4,0$ cm; $f = 6,8$ cm; $\beta = 60°$; $\beta_1 = 25°$.
Berechne den Flächeninhalt und den Umfang des Trapezes.

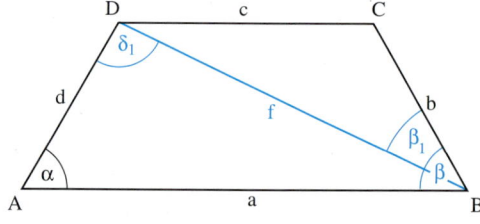

14. Der Flächeninhalt A eines Rhombus (einer Raute) hängt außer von der Seitenlänge a auch vom Winkel α ab.

a) Leite eine Formel her, mit der man zu vorgegebener Seitenlänge a und vorgegebenem Winkel α den Flächeninhalt berechnen kann.

b) Bei einem Rhombus (einer Raute) mit der Seitenlänge a = 3,5 cm hängt der Flächeninhalt nur noch vom Winkel α ab.
Gib die Funktionsgleichung der Funktion
Winkel α (in Grad) → Flächeninhalt A (in cm²) an.
In welchem Bereich kann α liegen? Zeichne den Graphen der Funktion.

15. Um die Entfernung zweier Orte A und B zu bestimmen, die wegen eines Hindernisses nicht direkt gemessen werden kann, werden von einem dritten Punkt C aus die Entfernungen $\overline{AC}$ und $\overline{BC}$ gemessen, ebenso der Winkel γ, unter dem $\overline{AB}$ von C aus erscheint. Berechne die Entfernung $\overline{AB}$ für $\overline{AC}$ = 290 m, $\overline{BC}$ = 600 m und γ = 100,3°.

16. Die Entfernung der beiden Berggipfel P und Q soll bestimmt werden. Dazu wird eine 2,943 km lange Standlinie $\overline{AB}$ abgesteckt, von den Endpunkten A und B aus der Punkt P angepeilt und die Winkel $α_1$ und $β_1$ gemessen:
$α_1$ = 87,7°; $β_1$ = 47,4°.
Dieses Verfahren heißt *Vorwärtseinschneiden*.
Dann wird auf dieselbe Weise von A und B aus der Punkt Q angepeilt und die Winkel $α_2$ und $β_2$ gemessen:
$α_2$ = 42,3°; $β_2$ = 109,5°.
Berechne die Entfernung von P und Q.

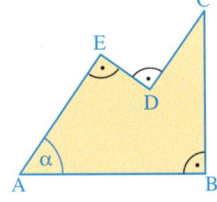

17. Von der Figur ABCDE sind gegeben:
$\overline{BC}$ = 9,8 cm; $\overline{AE}$ = 8,8 cm; $\overline{DE}$ = 3,7 cm; α = 55,0°.
Berechne den Flächeninhalt der Figur.

18. Auf einem Berg steht ein 10 m hoher Turm. Von einem Punkt im Tal aus sieht man den Fußpunkt des Turmes unter dem Winkel α = 44,3° (gegen die Horizontale) und die Spitze des Turmes unter dem Winkel β = 45,5°.
Wie hoch erhebt sich der Berg über die Talsohle?
Fertige zunächst eine Skizze an.

19. Familie Hase kauft sich ein Baugrundstück. In der Zeichnung sind die Längen zweier Grundstücksseiten und die Größe dreier Winkel eingetragen.

a) Gib den Umfang des Baugrundstücks an.

b) 1 m² des Grundstücks kostet 45 €. Wie viel Euro kostet es?

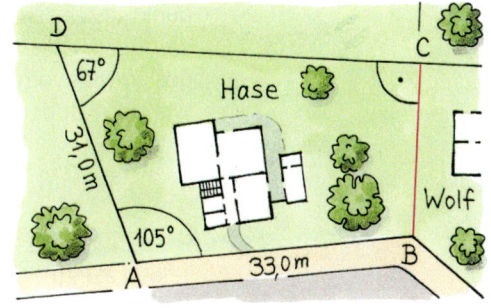

20. Eine Turmuhr wird aus 35 m Entfernung am oberen und unteren Rand des kreisförmigen Zifferblatts angepeilt. Es ergeben sich die Höhenwinkel 29° und 24°.
Berechne daraus den Flächeninhalt des Zifferblattes.

21. a) Vom Viereck ABCD sind gegeben:
$\overline{AB}$ = 6,40 cm; $\overline{BC}$ = $\overline{CD}$;
$\overline{AD}$ = 3,80 cm; δ = 129°.
Wie weit ist D von $\overline{BC}$ entfernt?

b) In der Figur gilt:
$\overline{AB}$ = 9,70 cm;
$\overline{AE}$ = 6,50 cm; β = 54,0°.
Berechne die Länge $\overline{CD}$.

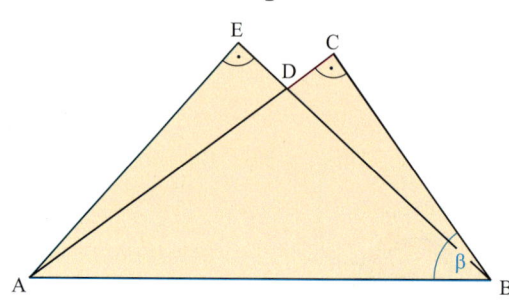

22. Ein Quader besitzt die Kantenlängen a = 8,5 cm;
b = 4,2 cm; c = 5,9 cm.
Wie groß ist der Winkel, den

a) eine Flächendiagonale mit den Kanten bildet;

b) eine Raumdiagonale mit den Kanten bildet;

c) eine Raum- mit einer Flächendiagonalen bildet;

d) zwei Raumdiagonalen miteinander bilden?

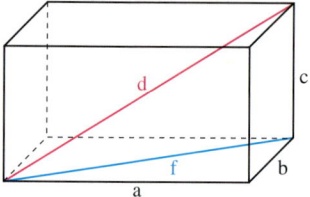

23. Berechne den Umfang, den Flächeninhalt und die Innenwinkel des rotgefärbten Dreiecks.

a)

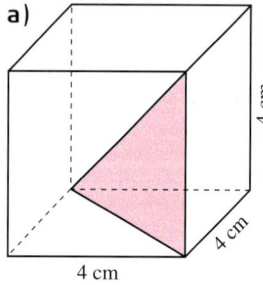

4 cm
4 cm
4 cm

b)

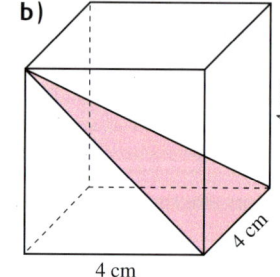

4 cm
4 cm
4 cm

c)

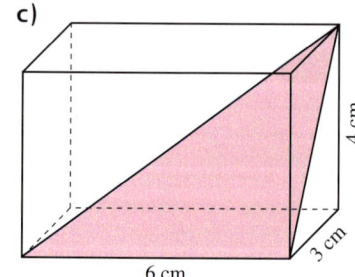

4 cm
6 cm
3 cm

24. Von einem 7 m hohen Beobachtungspunkt B (z.B. Fenster eines Hauses) sieht man die Spitze eines Turms unter dem Höhenwinkel α = 17° und den Fußpunkt unter dem Tiefenwinkel β = 10°. Welches ist die waagerechte Entfernung des Turmes vom Beobachtungspunkt? Wie hoch ist der Turm?

25. Die Sonnenhöhe beträgt 46°. Eine Säule wirft auf eine waagerechte Ebene einen 8,72 m langen Schatten. Wie hoch ist die Säule?

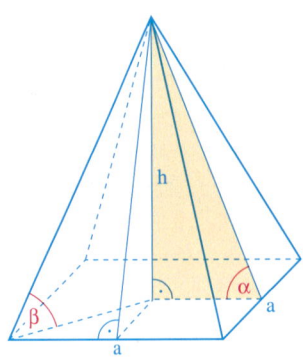

26. Bei einer quadratischen Pyramide beträgt die Länge der Grundkante a = 12 cm und die Höhe h = 15 cm.

  a) Wie groß ist der Neigungswinkel α einer Seitenfläche?

  b) Wie groß sind die drei Innenwinkel der Seitenflächen?

  c) Wie groß ist der Neigungswinkel β einer Seitenkante?

  d) Löse die Teilaufgaben a) bis c) für die Cheopspyramide (a = 227 m, h = 137 m).

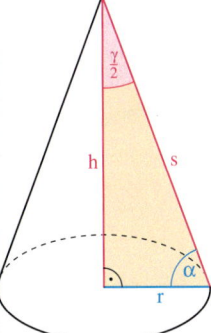

27. Von einem Kegel ist bekannt:

  a) der Radius r = 11,4 cm des Grundkreises und die Körperhöhe h = 30 cm. Wie lang ist eine Mantellinie?
  Wie groß ist der Neigungswinkel α einer Mantellinie gegen die Grundfläche?
  Wie groß ist der Öffnungswinkel γ an der Spitze?

  b) der Radius r = 7,4 cm des Grundkreises und der Neigungswinkel α = 75° einer Mantellinie gegen den Grundkreis. Berechne die Länge s einer Mantellinie, die Körperhöhe h und den Öffnungswinkel γ an der Spitze.

  c) der Radius r = 5,30 cm des Grundkreises und der Öffnungswinkel γ = 37,8° an der Spitze. Berechne die Körperhöhe h und die Länge s einer Mantellinie.

28. Ein regelmäßiges Fünfeck hat eine Seitenlänge a = 4,5 cm.

  a) Zeichne das Fünfeck.

  b) Berechne den Flächeninhalt des Fünfecks auf zwei unterschiedlichen Wegen.

  c) Welche Kantenlänge hat ein regelmäßiges Fünfeck mit dem halben Flächeninhalt des gegebenen Fünfecks?

29. Einem Kreis mit dem Radius r wird ein regelmäßiges Vieleck einbeschrieben.
Berechne die Seitenlänge a des Vielecks.

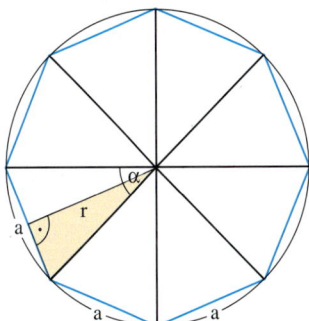

  a) r = 5,80 cm; einbeschrieben ist ein regelmäßiges Fünfeck.

  b) r = 6,40 cm; einbeschrieben ist ein regelmäßiges Achteck.

30. Gegeben ist der Würfel mit der Kantenlänge a = 6,60 cm. Der Winkel α beträgt 30,0°; der Winkel β beträgt 40,0°. Berechne die Länge des Streckenzugs $\overline{PQRS}$.

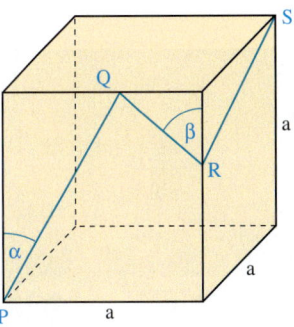

31. Von einem Viereck ABCD ist bekannt:
$\overline{AB}$ = 4,5 cm; $\overline{CD}$ = 7,0 cm;
∢BCD = 110°; ∢CDA = 40°.
Berechne den Abstand des Punktes D von der Seite $\overline{AB}$ bzw. deren Verlängerung. Fertige zunächst eine Skizze an.

BIST DU FIT?

1. Berechne die fehlenden Stücke des rechtwinkligen Dreiecks ABC; berechne auch den Umfang und den Flächeninhalt.

a) a = 7 cm; β = 14°; γ = 90°

b) a = 4,4 cm; α = 44°; β = 90°

c) α = 90°; a = 185 m; γ = 58°

d) c = 41 m; β = 34°; γ = 90°

e) γ = 90°; b = 84 cm; β = 43°

f) c = 7,8 cm; γ = 51°; β = 90°

2. Gegeben ist ein gleichschenkliges Dreieck ABC mit $\overline{AB}$ als Basis.
Bestimme aus den gegebenen Stücken die übrigen. Berechne auch den Flächeninhalt.

a) c = 17 cm; a = 14 cm

b) c = 150 m; γ = 126°

c) c = 23 m; α = 77°

d) a = 67 m; γ = 55°

e) a = 104,7 cm; α = 17°

f) h_c = 25 m; α = 36°

3. **a)** Wie groß ist in der nebenstehenden Dachkonstruktion der Neigungswinkel α?

b) Berechne die Höhe des Dachraumes.

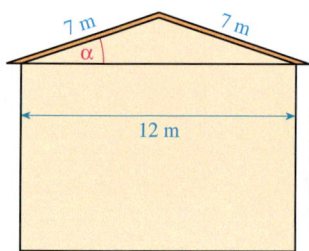

4. Die Sonnenhöhe beträgt 39°. Ein Strommast wirft auf eine waagerechte Ebene einen 12,15 m langen Schatten. Wie hoch ist der Mast?

5. Eine Dachform wie links heißt Sägedach. Der Querschnitt soll aus einem rechtwinkligen Dreieck mit den angegebenen Maßen bestehen. Berechne die Dachneigungen.

6. Die Neigung einer Garageneinfahrt darf höchstens 16% betragen. Wie groß darf maximal der Höhenunterschied auf einer 5 m langen Einfahrt sein?

7. Bei einer bequemen Treppe beträgt die Stufenhöhe 18 cm und die Stufenbreite 27 cm.
Wie groß ist der Steigungswinkel α der Treppe?
Gib die Steigung auch in Prozent an.

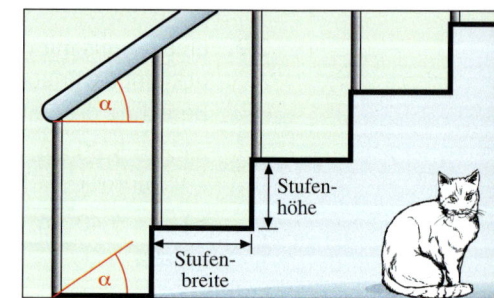

8. Mit der *Fichtelberg-Schwebebahn* in Oberwiesenthal erreichen die Skibegeisterten die wichtigsten Abfahrtsstrecken am Fichtelberg. Die Trasse ist 1 175 m lang und überwindet einen Höhenunterschied von 303 m.

a) Wie groß ist der durchschnittliche Steigungswinkel der Bahn? Gib die Steigung auch in Prozent an.

b) Die Fahrgeschwindigkeit der Gondeln beträgt 7,0 $\frac{m}{s}$. Wie lange dauert danach die Fahrt?
Im Internet findet man die Angabe 3 min 33 s. Vergleiche und erkläre.

c) Wie lang erscheint die Trasse auf einer Wanderkarte (Maßstab 1 : 50 000)?

9. Berechne aus den gegebenen Stücken des Dreiecks ABC die übrigen.

a) a = 5 cm; b = 4 cm; γ = 67°

b) c = 9 cm; a = 6 cm; γ = 53,5°

c) a = 4,5 cm; β = 57,3°; γ = 43,8°

d) c = 5,3 km; α = 44,4°; β = 61,2°

e) b = 8,1 km; c = 5,3 km; α = 36,4°

f) c = 6,2 cm; a = 5,4 cm; γ = 129°

g) b = 8,4 cm; c = 5,9 cm; γ = 28,2°

h) a = 3,6 cm; b = 2,9 cm; c = 3,2 cm

10. Für den Bau einer Brücke über einen Fluss werden verschiedene Varianten besprochen.

a) Wie lang ist die Brückenvariante von A nach C?

b) Wie lang muss die Brücke mindestens sein?

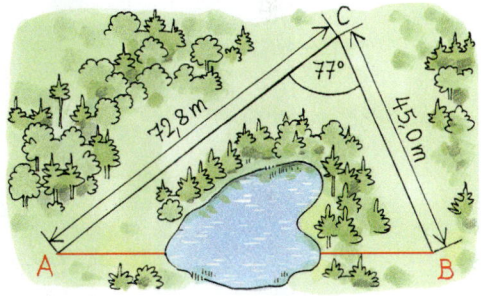

11. Ein Vermessungsteam hat die Länge einer unzugänglichen Strecke $\overline{AB}$ zu bestimmen. Dazu wurden nebenstehende Messwerte ermittelt.

a) Wie weit sind die Punkte A und B voneinander entfernt?

b) Stelle das Dreieck ABC in einem geeigneten Maßstab dar und gib diesen an.

12.

Bei den Arbeiten zur Verbreiterung der Autobahn A14 wurde es notwendig, das Feld der Familie Korn aufzukaufen.

a) Wie groß ist die Fläche des Feldes?

b) Die kürzeste Seite des Feldes war mit einer Hecke begrenzt.

Für 1 m² Feld wurden Familie Korn 15 € Entschädigung gezahlt, für 1 m Hecke 2,50 €. Wie viel Euro erhielt Familie Korn?

13. Der Böschungswinkel eines Deiches beträgt zur Seeseite 9°, zur Landseite 18°. Der Deich ist 9,50 m hoch, die Deichkrone 7,50 m breit. Wie breit ist die Deichsohle?

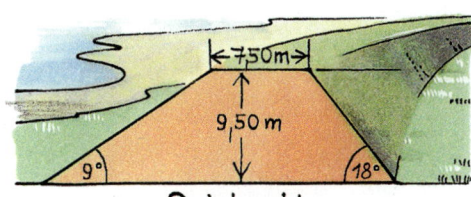

Deichsohle

14. Das Grundstück soll vermessen werden. Dazu werden die folgenden Stücke gemessen:
$\overline{BD}$ = 36 m; ∡ ADB = 44°; ∡ DBA = 42°; ∡ BDC = 69°; ∡ CBD = 55°
Bestimme die Längen von $\overline{AB}$, $\overline{AD}$, $\overline{DC}$ und $\overline{BC}$.

IM BLICKPUNKT:
WIE HOCH IST EIGENTLICH ... EUER SCHULGEBÄUDE?

Mit etwas handwerklichem Geschick könnt ihr euch selbst einfache Geräte basteln, mit denen ihr Gebäude vermessen könnt. Die Geräte eignen sich auch dazu, im freien Gelände beispielsweise die Breite eines Flusses zu bestimmen. Wie das funktioniert, erfahrt ihr hier.

Vermessen mit einem Försterdreieck

1. Auf dieser Seite ist unten die Bauanleitung zu einem Försterdreieck abgebildet. Seht euch die Skizze an und erläutert das Funktionsprinzip des Gerätes (Tipp: ähnliche Dreiecke!). Baut euch selbst ein Försterdreieck. Worauf müsst ihr achten, wenn ihr das Gerät zur Höhenmessung einsetzt? Besprecht euch untereinander!

2. Bestimmt mithilfe von Maßband und Försterdreieck die Gebäudehöhe eines Flachbaus. Schätzt zunächst!
Fertigt anschließend eine Planfigur an und messt die notwendigen Größen.

3. Sucht euch im Gelände weitere Objekte (z. B. Bäume, Fahnenstangen usw.) und bestimmt ihre Höhe.

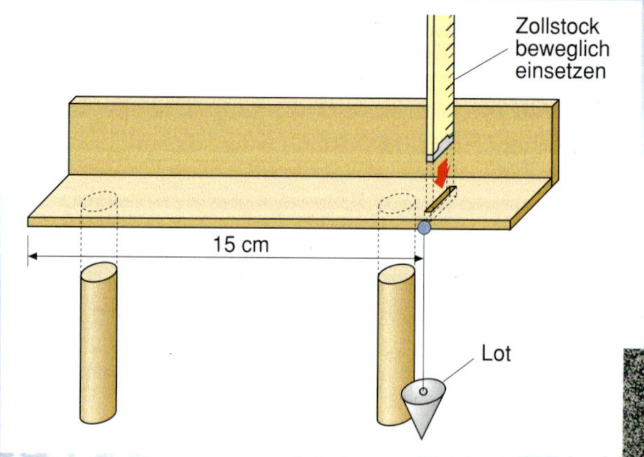

Zollstock beweglich einsetzen

15 cm

Lot

Vermessen mit einem Winkelmesser

4. Auf dieser Seite findet ihr unten die Bauanleitung zu einem Winkelmesser. Seht euch die Skizze an und erläutert die Funktionsweise des Gerätes. Baut euch selbst einen Winkelmesser.

5. Mit dem Winkelmesser könnt ihr nun auch dann die Höhe eurer Schule bestimmen, wenn das Schulgebäude kein Flachbau ist.
Peilt dazu die höchste Stelle von zwei Punkten an, die auf einer Linie liegen.
Fertigt zunächst eine Skizze an.
Messt dann die notwendigen Größen und bestimmt hieraus die Gebäudehöhe.

In der nächsten Aufgabe lernt ihr ein Verfahren kennen, um beispielsweise die Breite eines Flusses zu bestimmen.

6. Nehmt an, der Schulhof ist euer Fluss. Peilt von zwei Stellen auf der einen Seite des Schulhofes eine Stelle auf der gegenüberliegenden Seite an, wobei einer der beiden Peilwinkel 90° groß sein soll. Bestimmt die Größe des anderen Peilungswinkels. Mithilfe dieses Winkels und der Entfernung der beiden Peilstellen könnt ihr die Breite des Schulhofes (Flusses) berechnen. Fertigt zuerst eine Skizze an. Überprüft am Ende euer berechnetes Ergebnis durch Nachmessen.
Hinweis: Zum Peilen müsst ihr den Winkelmesser auf die Seitenplatte legen.

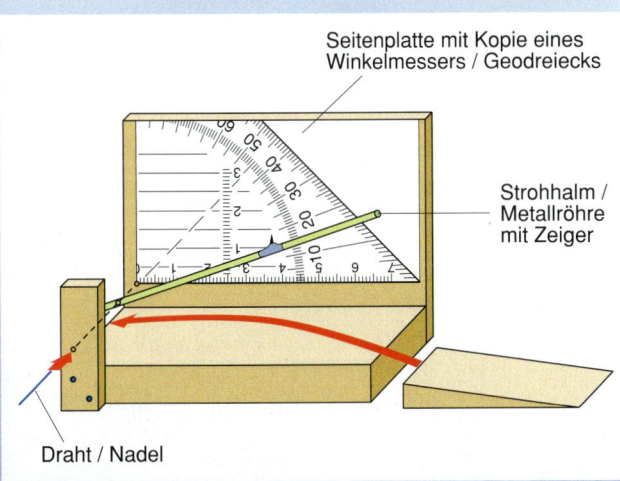

Seitenplatte mit Kopie eines Winkelmessers / Geodreiecks

Strohhalm / Metallröhre mit Zeiger

Draht / Nadel

5 Sinusfunktionen

In der Natur und im Alltag gibt es viele periodische (d. h. regelmäßig wiederkehrende) Vorgänge. Im Bild unten siehst du Skifahrer, die mit Parallelschwüngen einen Hang hinabfahren. Sie führen Schwingungen aus, deren Spur man im Schnee sieht. Im Bild links wird der Ton eines Musikinstrumentes mit einem Mikrofon aufgenommen und die Schallschwingungen werden auf einem Oszillograf sichtbar gemacht.

In Hammerfest, der nördlichsten Stadt Europas, scheint die Sonne vom 13. Mai bis zum 29. Juli Tag und Nacht. Selbst bei Mitternacht sehen die Menschen in der Polarregion die so genannte „Mitternachtssonne". Im unteren Fotomosaik wurde der Stand der Sonne über dem Horizont in stündlichen Abständen fotografiert.

In diesem Kapitel lernst du ...
... Vorgänge, die sich in regelmäßigen Zeitabschnitten wiederholen, mathematisch zu beschreiben.

SINUS EINES WINKELS AM EINHEITSKREIS

Einstieg

Ein sich gleichmäßig drehendes Fahrradpedal zeigt bei Betrachtung von hinten eine besondere Auf- und Abbewegung. Diese Bewegung soll durch ein mathematisches Modell untersucht werden.

Anstelle des Fahrradpedals betrachten wir einen Zeiger der Länge r. Er dreht sich um einen Mittelpunkt M mit gleich bleibender Geschwindigkeit. Beleuchtet man den Zeiger von der linken Seite (Ansicht des Pedals von hinten), so entsteht an der Wand ein Schatten des Zeigers. Die Länge v des Schattens ist dabei abhängig von der Größe α des Drehwinkels des Zeigers.

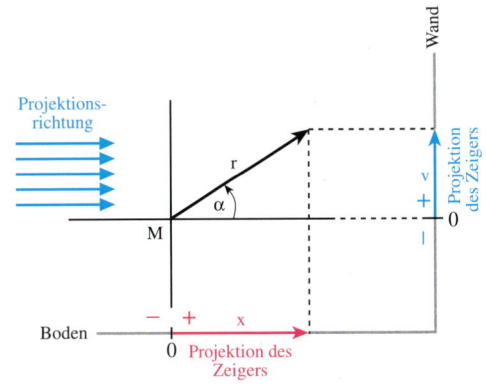

→ Zeichne den Graphen der Funktion, die jeder Größe α des Drehwinkels die Länge v des Schattens zuordnet. Zeigt die Pfeilspitze des Schattens nach oben, so wählen wir v positiv, sonst negativ.

→ Beschreibe die Funktion im Intervall $0° \leq \alpha \leq 180°$ durch eine Gleichung.

Aufgabe

1. Wir betrachten die Drehbewegung eines Kreissägeblattes mit dem Radius r entgegen dem Uhrzeigersinn. Einer der Zähne des Sägeblattes ist rot markiert. Den Abstand des markierten Zahnes vom Sägetisch nennen wir h. Falls sich der Zahn unterhalb des Sägetisches befindet, wählen wir h negativ.

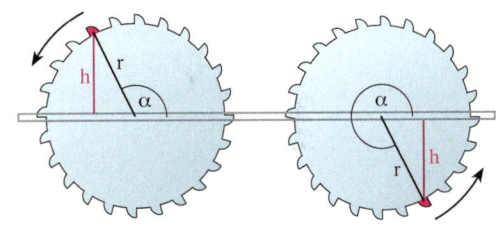

Wir untersuchen, wie der Abstand h des Sägeblattes vom Tisch bei einer vollen Umdrehung vom Drehwinkel α abhängt.

a) Zeichne den Graphen der Funktion, die jedem Drehwinkel α den (positiven bzw. negativen) Abstand h zur Tischplatte zuordnet.
(Die Dicke des Sägetisches soll klein sein und daher außer Betracht bleiben.)

b) Beschreibe die Funktion aus Teilaufgabe a) im Intervall $0° \leq \alpha \leq 180°$ durch eine Funktionsgleichung.

Lösung

a)

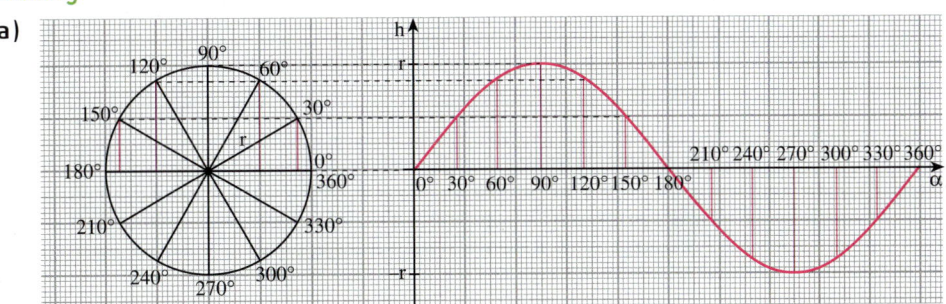

b) Wir unterscheiden verschiedene Fälle.

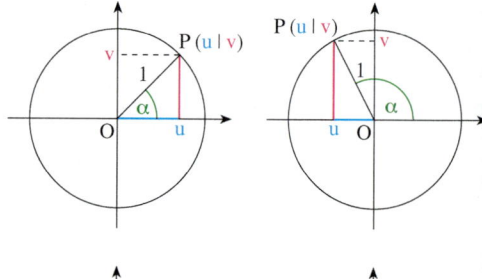

Fall 1: $0° < \alpha < 90°$

In dem Dreieck OAP gilt: $\dfrac{h}{r} = \sin\alpha$.

Daraus folgt: $h = r \cdot \sin\alpha$.

Fall 2: $90° < \alpha < 180°$

In dem Dreieck OAP gilt: $\dfrac{h}{r} = \sin\beta$.

Daraus folgt: $h = r \cdot \sin\beta = r \cdot \sin(180° - \alpha)$
Für $90° < \alpha < 180°$ gilt aber (vgl. Seite 134): $\sin\alpha = \sin(180° - \alpha)$.
Somit gilt auch in diesem Fall: $h = r \cdot \sin\alpha$.

Fall 3: $\alpha = 0°$ oder $\alpha = 180°$
In beiden Fällen ist h = 0. Da $\sin 0° = \sin 180° = 0$, gilt auch hier: $h = r \cdot \sin\alpha$.

Fall 4: $\alpha = 90°$
In diesem Fall ist h = r. Da $\sin 90° = 1$, gilt hier ebenso: $h = r \cdot \sin\alpha$.

Ergebnis: Im Intervall $0° \le \alpha \le 180°$ wird die Funktion, die jedem Drehwinkel α den Abstand h zuordnet, durch die Funktionsgleichung $h = r \cdot \sin\alpha$ beschrieben.

Information

(1) Erklärung von Sinus am Einheitskreis

Die nebenstehenden Figuren zeigen jeweils einen Kreis im Koordinatensystem. Der Kreismittelpunkt liegt im Koordinatenursprung O, der Radius ist 1 (Koordinateneinheit). Ein solcher Kreis heißt **Einheitskreis**. $P(u|v)$ ist ein Punkt auf dem Einheitskreis. Wir haben bereits erkannt (vergleiche Seite 135):

Für $0° \le \alpha \le 180°$ gilt:

$\sin\alpha = v$

Diese Beziehung übertragen wir nun auf den ganzen Einheitskreis; sie soll also für alle Winkel α mit $0° \le \alpha \le 360°$ gelten.

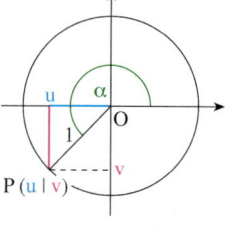

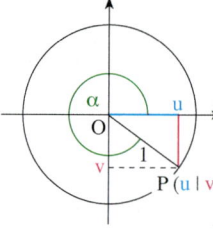

Sinus im Intervall $0° \le \alpha \le 360°$

Der Punkt $P_\alpha(u|v)$ liegt auf dem Einheitskreis.
α ist die Größe des Winkels, den die u-Achse mit dem Schenkel $\overline{OP_\alpha}$ bildet.

Für alle Winkelgrößen α mit $0° \le \alpha \le 360°$ setzen wir fest:

$\sin\alpha = v$ (= 2. Koordinate des Punktes P_α)

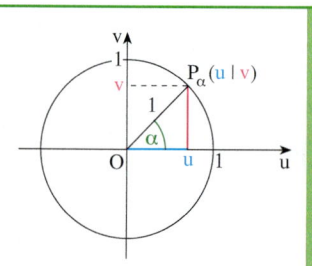

Aus dieser Erklärung folgt unmittelbar:

$\sin 0° = 0$ $\sin 90° = 1$ $\sin 180° = 0$ $\sin 270° = -1$ $\sin 360° = 0$

(2) Winkelgrößen über 360° und negative Winkelgrößen

Den Schenkel $\overline{OP_\alpha}$ haben wir bisher entgegen dem Uhrzeigersinn (mathematisch positiv genannt) mit einem Drehwinkel von 0° bis 360° gedreht. So, wie ein Kreissägeblatt auch mehr als eine volle Drehung ausführt, können wir auch den Schenkel $\overline{OP_\alpha}$ über eine volle Drehung hinaus weiterdrehen.
Im Bild (1) bildet der Schenkel mit der u-Achse einen Winkel von 40°. Der Schenkel

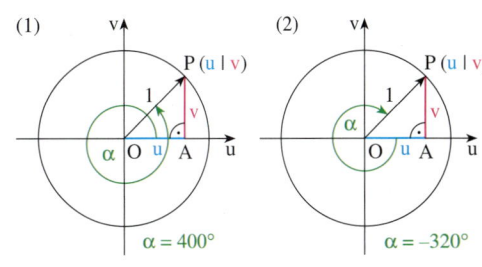

hat diese Lage durch eine Volldrehung und zusätzlich durch eine Drehung um 40°, also insgesamt durch eine Drehung von 400° erreicht: 360° + 40° = 400°.
Ebenso kann man die Lage des Schenkels durch eine Drehung entgegen dem Uhrzeigersinn um 40° + 2 · 360° (= 760°), um 40° + 3 · 360° (= 1 120°) usw. erreichen,
Dreht man den Schenkel im Uhrzeigersinn (mathematisch negativ genannt), so gibt man den Drehwinkel durch eine negative Maßzahl an, z. B. – 320° im Bild (2).

(3) Sinus für beliebige Winkelgrößen

Auch für Winkelgrößen über 360° und für negative Winkelgrößen können wir die Koordinate v des Punktes P_α auf dem Einheitskreis zeichnerisch ermitteln bzw. auf das Intervall $0° \le \alpha \le 360°$ zurückführen.
An den obigen Bildern (1) und (2) lesen wir ab:

sin 400° = sin (40° + 360°) = sin 40°, also sin 400° ≈ 0,64
sin (– 320°) = sin (40° – 360°) = sin 40°, also sin (– 320°) ≈ 0,64

Wir erweitern die Erklärung für Sinus auf beliebige Winkelgrößen, also für positive Winkelgrößen über 360° und für negative Winkelgrößen.

> Für beliebige Winkelgrößen soll gelten:
>
> $\sin\alpha = \sin(\alpha + 360°)$; $\sin\alpha = \sin(\alpha + 2 \cdot 360°)$; $\sin\alpha = \sin(\alpha + 3 \cdot 360°)$ usw.
> $\sin\alpha = \sin(\alpha - 360°)$; $\sin\alpha = \sin(\alpha - 2 \cdot 360°)$; $\sin\alpha = \sin(\alpha - 3 \cdot 360°)$ usw.

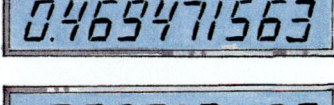

(4) Bestimmen von Sinuswerten für beliebige Winkelgrößen mit dem Taschenrechner

Der Taschenrechner liefert für beliebige Winkelgrößen α, also auch für α < 0° und α > 180° beim Drücken der Tasten ⎡sin⎤ sofort die Werte für sin α.
Achte darauf, dass der Taschenrechner den Modus *Deg* anzeigt.
Bestimme mit dem Taschenrechner sin 748° und sin (– 23°).

Übungen

2. Bestimme zeichnerisch am Einheitskreis (r = 1 dm) auf Hundertstel. Verwende Millimeterpapier.

    a) sin 115°   **b)** sin 156°   **c)** sin 214°   **d)** sin 258°   **e)** sin 281°   **f)** sin 349°

3. Bestimme zeichnerisch am Einheitskreis (r = 1 dm) die Winkelgrößen aus dem Intervall $0° \le \alpha \le 360°$, für die gilt:

    a) $\sin \alpha = 0,24$ **b)** $\sin \alpha = -0,56$ **c)** $\sin \alpha \ge 0,35$ **d)** $\sin \alpha \le -0,45$

4. Bestimme mithilfe des Taschenrechners. Runde auf vier Stellen nach dem Komma.

    a) sin 119,5°   **b)** sin 202,8°   **c)** sin 299,9°   **d)** sin 98,4°   **e)** sin 358,1°

5. Für welche Winkelgrößen α im Intervall 0° ≤ α ≤ 360° gilt: (1) sin α > 0; (2) sin α < 0?

6. Gib ohne den Taschenrechner zu benutzen an, ob der Wert sin 34°; sin 329°; – sin 104°; sin 202° größer oder kleiner als 0 ist. Begründe.

7. a) Begründe am Einheitskreis:

$$sin(180° - α) = sin α; \quad sin(180° + α) = -sin α; \quad sin(360° - α) = -sin α$$

b) Mithilfe der Formeln in Teilaufgabe a) kann man alle Werte von Sinus im Intervall 90° < α ≤ 360° berechnen, indem man sie auf das Intervall 0° ≤ α ≤ 90° zurückführt. Tim berechnet sin 245° wie im Beispiel rechts. Julia verwendet dabei die Formel sin(180° + α) = – sin α. Verfahre ebenso.

> sin 245° = – sin (360° – 245°)
> sin 245° = – sin 115°
> sin 245° = – sin (180° – 115°)
> sin 245° = – sin 65°
> sin 245° ≈ – 0,9063

c) Es ist sin 58° = 0,8480. Berechne: (1) sin 122°; (2) sin 234°; (3) sin 289°.

8. Die Tabelle rechts (siehe Seite 124) enthält die Sinuswerte für die speziellen Winkelgrößen 0°, 30°, 45°, 60° und 90°. Ergänze die Tabelle für:
120°, 135°; 150°; 180°; 210°; 225°, 240°, 270°, 300°, 315°, 330°, 360°.

α	0°	30°	45°	60°	90°
sin α	0	$\frac{1}{2}$	$\frac{1}{2}\sqrt{2}$	$\frac{1}{2}\sqrt{3}$	1

9. Für welche Winkelgrößen α im Intervall 0° ≤ α ≤ 360° gilt:

a) sin α = 1; **b)** sin α = 0; **c)** sin α = – 1 **d)** sin α = $\frac{1}{2}$ **e)** sin α = – $\frac{1}{2}$?

10. a) Zum Punkt $P_α$ auf dem Einheitskreis soll der Drehwinkel α gehören.
(1) α = 43° (2) α = 157° (3) α = 206° (4) α = 311°
Gib alle Winkelgrößen aus dem Intervall – 720° ≤ α ≤ 1 080° an, die dieselbe Lage des Punktes $P_α$ beschreiben.

b) Zu dem Punkt $P_α$ soll der Drehwinkel α gehören.
(1) α = 466° (2) α = 1 718° (3) α = – 341° (4) α = – 633°
Durch welche Winkelgröße aus dem Intervall 0° ≤ α ≤ 360° wird dieselbe Lage des Punktes beschrieben?

11. Die Werte für Sinus für beliebige Winkelgrößen können wir stets auf die für Winkelgrößen aus dem Intervall 0° ≤ α ≤ 360° zurückführen. Bestimme wie im Beispiel rechts:

> sin 940° = sin (940° – 2 · 360°)
> sin 940° = sin 220°
> sin 940° ≈ – 0,6428

a) sin 610° **b)** sin 1 110° **c)** sin (– 350°) **d)** sin (– 560°)
sin 768° sin 920° sin (– 102°) sin (– 416°)

12. Bestimme mit dem Taschenrechner. Runde auf vier Stellen nach dem Komma.
sin 875°; sin 1 043°; sin (– 84°); sin (– 26°); sin (– 685°); sin (– 500°); sin (– 1 246°)

13. Bestimme mit dem Taschenrechner die Sinuswerte für:

a) 563° **c)** – 63° **e)** – 9 855° **g)** 888° **i)** 497° **k)** – 319°
b) 1 273° **d)** – 615° **f)** – 124° **h)** 409° **j)** 705° **l)** – 500°

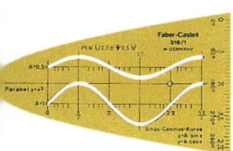

SINUSFUNKTION — EIGENSCHAFTEN
Bogenmaß eines Winkels

Die nebenstehenden Zeichnungen zeigen drei Graphen der Zuordnung
Größe α des Drehwinkels → Ordinate des Punktes $P_α$ auf dem Einheitskreis,
bei denen die Länge der Strecke für den Winkelbereich von 0° bis 360° unterschiedlich gewählt wurde.

Die untere Darstellung wurde dabei mit einer im Handel erhältlichen Schablone angefertigt. Bei diesen Schablonen wird für eine Einheit auf der y-Achse stets 1 cm und für den Winkelbereich von 0° bis 360° immer eine feste Strecke verwendet (nämlich ungefähr 6,3 cm).

In diesem Abschnitt wollen wir untersuchen, wie diese Strecke festgelegt wird.

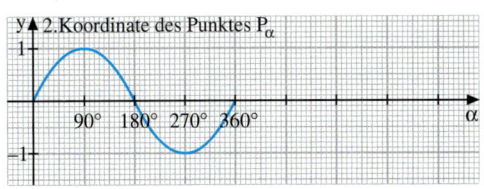

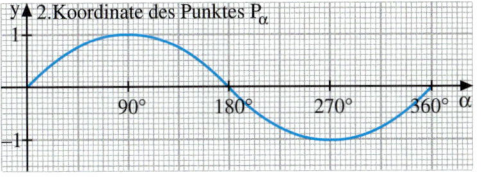

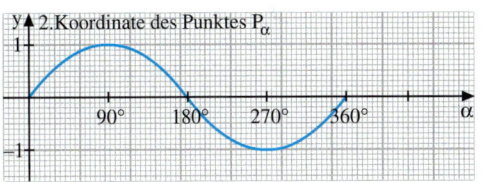

Information

Im Bild rechts ist zu dem Zentriwinkel α der Bogen auf dem Einheitskreis rot markiert.
Die Zuordnung
Größe des Zentriwinkels → Länge des Bogens auf dem Einheitskreis
ist direkt proportional, denn:
Bei doppelt (dreimal, viermal, ...) so großem Zentriwinkel ist der zugehörige Bogen des Einheitskreises auch doppelt (dreimal, viermal, ...) so lang.
Zum Vollwinkel (360°) gehört die Maßzahl $2π$ ($≈ 6{,}28$) der zugehörigen Bogenlänge, hier des Umfangs des Einheitskreises.
Mithilfe des Dreisatzes kann man so zu jeder Winkelgröße α (im Gradmaß) die Maßzahl x der Bogenlänge auf dem Einheitskreis berechnen (s. Tabelle rechts).
Die Zahl x nennt man das **Bogenmaß** der Winkelgröße.

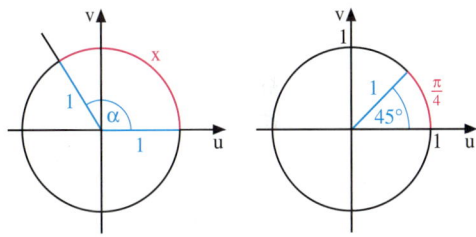

Größe α des Zentriwinkels	Maßzahl x der Bogenlänge am Einheitskreis
360°	$2π$
180°	$π$
1°	$\dfrac{π}{180°}$
37°	$37 · \dfrac{π}{180°}$
α	$α · \dfrac{π}{180°}$

Die Überlegung in der Dreisatztabelle liefert die Formel: $x = α · \dfrac{π}{180°}$

Mit dieser Formel können wir zu jeder Winkelgröße, deren Gradmaß α bekannt ist, das zugehörige Bogenmaß x berechnen.

Löst man die Formel nach α auf, so erhält man: $α = x · \dfrac{180°}{π}$

Hiermit kann man umgekehrt zum Bogenmaß x das zugehörige Gradmaß berechnen.

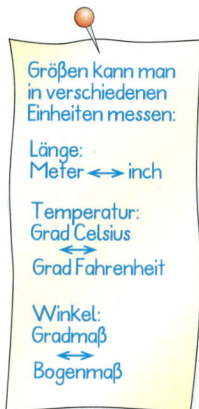

Größen kann man in verschiedenen Einheiten messen:

Länge:
Meter ←→ inch

Temperatur:
Grad Celsius
←→
Grad Fahrenheit

Winkel:
Gradmaß
←→
Bogenmaß

Unter dem **Bogenmaß x** einer Winkelgröße im Gradmaß α versteht man die Maßzahl der zugehörigen Bogenlänge im Einheitskreis.

(1) Zu dem Gradmaß α eines Winkels gehört das Bogenmaß $x = \alpha \cdot \dfrac{\pi}{180°}$.

(2) Zu dem Bogenmaß x eines Winkels gehört das Gradmaß $\alpha = x \cdot \dfrac{180°}{\pi}$.

Beispiele: $\alpha = 152°$

$x = \alpha \cdot \dfrac{\pi}{180°}$

$x = 152° \cdot \dfrac{\pi}{180°}$

$x \approx 2{,}65$

$x = 5{,}5$

$\alpha = x \cdot \dfrac{180°}{\pi}$

$\alpha = 5{,}5 \cdot \dfrac{180°}{\pi}$

$\alpha \approx 315{,}1°$

Am Einheitskreis gibt das Bogenmaß eines Winkels die Länge des zum Winkel gehörenden Kreisbogens ohne Einheit an. Zum Gradmaß 360° des Vollwinkels gehört das Bogenmaß $2\pi \approx 6{,}3$. Das ist genau die Länge, die auf den handelsüblichen Schablonen für das Intervall $0° \leq \alpha \leq 360°$ verwendet wird (siehe 3. Bild von oben auf Seite 159).

Aufgabe

1. Gib für – 90°, 0°, 30°, 45°, 60°, 90°, 180°, 270°, 360° und 720° den Zusammenhang zwischen Gradmaß und Bogenmaß an. Beginne bei 90° und nutze Rechenvorteile.

Lösung

Zu dem Gradmaß $\alpha = 90°$ eines Winkels gehört das Bogenmaß $x = 90° \cdot \dfrac{\pi}{180°}$, also $x = \dfrac{\pi}{2}$.

Die weiteren Werte für das Bogenmaß ergeben sich aus der Tatsache, dass die Zuordnung zwischen Gradmaß und Bogenmaß direkt proportional ist.

180° entspricht π

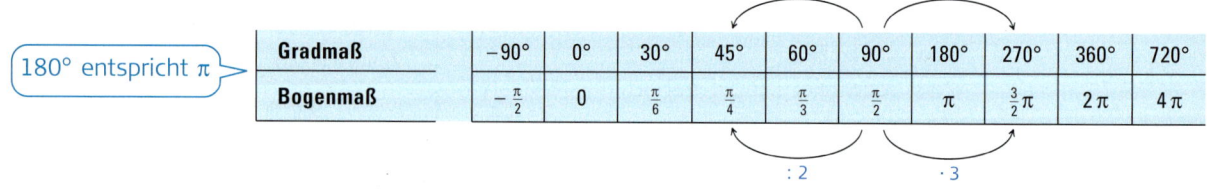

Gradmaß	−90°	0°	30°	45°	60°	90°	180°	270°	360°	720°
Bogenmaß	$-\dfrac{\pi}{2}$	0	$\dfrac{\pi}{6}$	$\dfrac{\pi}{4}$	$\dfrac{\pi}{3}$	$\dfrac{\pi}{2}$	π	$\dfrac{3}{2}\pi$	2π	4π

Information

Verschiedene Winkelmaße beim Taschenrechner

Der Taschenrechner kann neben dem bisher verwendeten Gradmaß auch das Bogenmaß für Berechnungen verwenden. Dazu muss er aber auf das Bogenmaß umgeschaltet werden. Die Umschaltung zwischen den Winkelmaßen wird bei vielen Taschenrechnern mit der Taste DRG oder mithilfe der Taste MODE vorgenommen. Im Anzeigefeld wird das eingestellte Winkelmaß angezeigt. Für das Gradmaß wird dabei die Abkürzung *Deg* (Degree) und für das Bogenmaß die Abkürzung *Rad* (Radiant) verwendet. Weitere Winkelmaße, die der Taschenrechner verarbeiten kann, sind für uns ohne Bedeutung.

Auch Tabellenkalkulationsprogramme verwenden das Bogenmaß für Winkelgrößen.

Zum Festigen und Weiterarbeiten

2. a) Berechne das Bogenmaß der im Gradmaß angegebenen Winkelgröße, gerundet auf Hundertstel.
58°; 150°; 12°; 1°; 250°; 300°; 570°; −210°; 34,4°; −65,8°

b) Berechne das Gradmaß zu dem Bogenmaß, gerundet auf eine Stelle nach dem Komma.
(1) 4; 3; 6; 1; 5; 2; 10; −6; −1; −3
(2) 0,4; 1,4; 2,8; 3,7; 4,1; 8,2; −3,5; −7,2; −10,5
(3) 0,38; 1,45; 2,33; 3,17; 4,81; −2,42; −4,67; −8,11

Übungen

3. Gegeben sind Winkelgrößen im Gradmaß. Berechne jeweils das zugehörige Bogenmaß, gerundet auf Hundertstel.

a) 37°; 109°; 204°; 291°; 348°; 258°   **b)** −55°; 456°; −125°; 3576°; −518°

4. Gegeben sind Winkelgrößen im Gradmaß. Bestimme jeweils das zugehörige Bogenmaß; gib es als Vielfaches von π an.

a) 120°; 135°; 210°; 225°; 240°; 300°; 315°; 330°

b) 15°; 75°; 105°; 165°; 195°; 285°; 405°; 465°

5. Gegeben sind Winkelgrößen im Bogenmaß. Berechne jeweils das zugehörige Gradmaß, gerundet auf Zehntel.

a) 2,67; 5,14; 0,5; 4,85; 5,34   **c)** $\frac{3}{2}\pi$; $\frac{5}{2}\pi$; $\frac{\pi}{4}$; $\frac{3}{4}\pi$; $-\frac{7}{4}\pi$; $-\frac{11}{2}\pi$

b) 10,34; −3,25; 23,6; −1,3; 20,4   △ **d)** $\frac{\pi}{8}$; $-\frac{3}{8}\pi$; $-\frac{5}{8}\pi$; $\frac{7}{8}\pi$; $-\frac{\pi}{6}$; $\frac{35}{12}\pi$

6. Rechne jeweils in das andere Winkelmaß um, gerundet auf Zehntel.

a) 17°; 3,4°; 2,7°; 93°; 1,9°; −1,9°   **c)** 1°; 1; −1; −1°; 5°; 5; −5; −5°

b) 13,4°; 13,4; 48°; 48; −13,7°; −13,7   **d)** π; $-\frac{\pi}{2}$; 3π; $-\frac{\pi}{3}$; 4π

7. a) Welche Winkelgröße im Gradmaß hat das folgende Bogenmaß (auf Zehntel gerundet)?
(1) 5; 2; −6; 8; −5; 4   (2) 0,6; −1,3; 2,7; 3,1; −4,2

b) Welche Winkelgröße im Bogenmaß hat das folgende Gradmaß (auf Zehntel gerundet)?
(1) 56°; −159°; 14°; −1°; 256°   (2) 26°; 17°; −183°; 270°; −100°

8. a) Zum Punkt P auf dem Einheitskreis gehört der Drehwinkel x im Bogenmaß mit:
(1) $x = \frac{\pi}{2}$ (2) $x = \frac{\pi}{4}$ (3) $x = \pi$ (4) $x = \frac{3}{2}\pi$ (5) $x = \frac{5}{4}\pi$
Gib alle Winkelgrößen x im Bogenmaß aus dem Intervall $-4\pi \leq x \leq 4\pi$ an, die dieselbe Lage des Punktes P beschreiben.

b) Zum Punkt P auf dem Einheitskreis gehört der Drehwinkel x im Bogenmaß mit:
(1) $x = \frac{7}{3}\pi$ (2) $x = \frac{19}{4}\pi$ (3) $x = -\frac{7}{4}\pi$ (4) $x = -\frac{7}{3}\pi$
Durch welche Winkelgröße im Bogenmaß aus dem Intervall $0 \leq x \leq 2\pi$ wird dieselbe Lage des Punktes beschrieben?

9. Zum Punkt P auf dem Einheitskreis gehört der Drehwinkel $x = k \cdot \frac{\pi}{6}$ mit k = −6; −5; −4; ...; −1; 0; 1; ...; 10; 11; 12.
Welche dieser Winkel beschreiben dieselbe Lage des Punktes P?

10. Lass dir von deinem Partner einen Winkel im Bogenmaß bzw. im Gradmaß sagen. Schätze den Winkel im anderen Maß. Dein Partner berechnet den Wert zur Kontrolle. Tauscht die Rollen nach jeder Aufgabe.

Sinusfunktion und ihre Darstellung

Information

Wir haben $\sin \alpha$ als die 2. Koordinate des Punktes P_α auf dem Einheitskreis eingeführt. Dabei haben wir den Winkel α im Gradmaß angegeben. Statt dessen kann man ihn auch im Bogenmaß, also durch eine reelle Zahl angeben. Wir schreiben dann x statt α für die Winkelgröße.

> Die Funktion mit der Gleichung $y = \sin x$ und $\mathbb{R}$ als Definitionsbereich heißt **Sinusfunktion**. Ihr Graph heißt auch **Sinuskurve**.

Einstieg

Untersuche mit deinem Kalkulationsprogramm den Graphen der Sinusfunktion mit $y = \sin x$. Erstelle dazu eine Wertetabelle und zeichne den Graphen der Funktion.

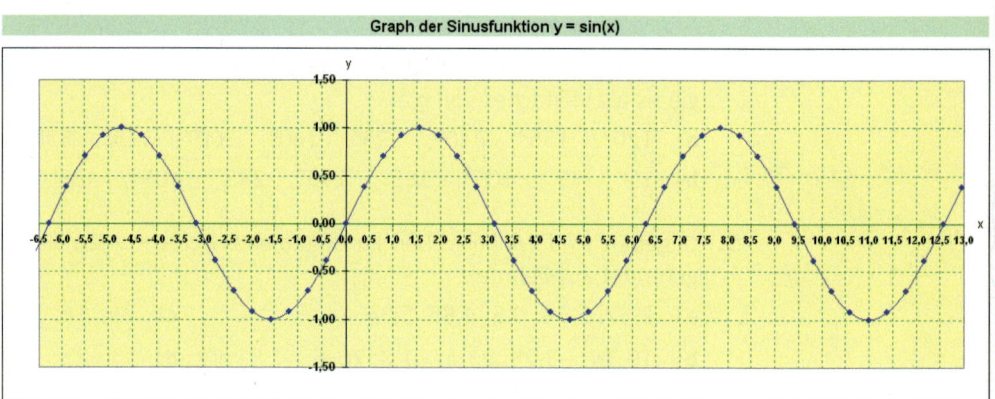

Graph der Sinusfunktion y = sin(x)

→   Beschreibe den Verlauf des Graphen. Welche Besonderheiten fallen dir auf?

Aufgabe

1. *Graph und Wertebereich der Sinusfunktion*

a) Zeichne den Graphen der Sinusfunktion im Intervall $-2\pi \leq x \leq 2\pi$; gib an der x-Achse zusätzlich die Werte für das Gradmaß an.

b) Lies am Graphen Näherungswerte für die Funktionswerte $\sin 0{,}5$; $\sin 1$; $\sin \frac{\pi}{2}$; $\sin 4$; $\sin \pi$; $\sin(-0{,}5)$; $\sin(-1)$; $\sin\left(-\frac{3}{2}\pi\right)$; $\sin(-5{,}5)$ ab.

c) Gib den Wertebereich der Sinusfunktion an.

Lösung

a)

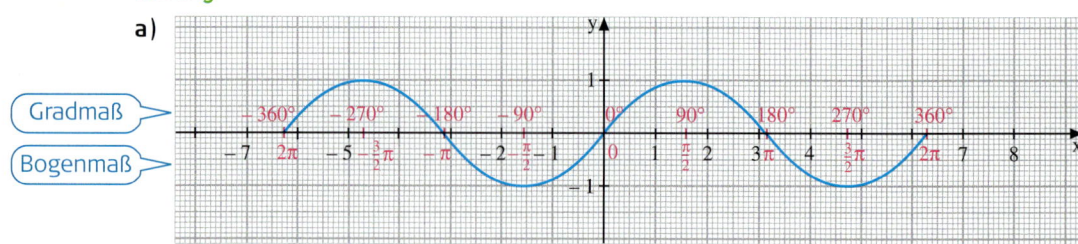

b) Unter Berücksichtigung der Ablesegenauigkeit ergibt sich:
$\sin 0{,}5 \approx 0{,}5$; $\sin 1 \approx 0{,}8$; $\sin \frac{\pi}{2} = 1$; $\sin 4 \approx -0{,}8$; $\sin \pi = 0$; $\sin(-0{,}5) \approx -0{,}5$; $\sin(-1) \approx -0{,}8$; $\sin\left(-\frac{3}{2}\pi\right) = 1$; $\sin(-5{,}5) \approx 0{,}7$.

c) Der größte Funktionswert der Sinusfunktion ist 1, der kleinste Funktionswert ist -1. Der Wertebereich der Sinusfunktion besteht aus allen reellen Zahlen y mit $-1 \leq y \leq 1$.

Aufgabe

2. *Sinusfunktion als periodische Funktion*

   a) Erläutere am Einheitskreis, in welchen festen Abständen sich die Sinuswerte regelmäßig wiederholen und erstelle dafür eine Formel.

   b) Zeichne den Graphen der Sinusfunktion im Intervall $-2\pi \le x \le 4\pi$.

Lösung

a) Die Sinuswerte sind am Einheitskreis als 2. Koordinate eines Punktes P_α in Abhängigkeit von der Winkelgröße α definiert. Vergrößert sich die Winkelgröße α, zu dem der Sinuswert bestimmt werden soll, um 360°, so verändert der Punkt P_α auf dem Einheitskreis seine Lage nicht. Es gilt also:

$$\sin \alpha = \sin (\alpha + 360°)$$

Bei weiterer Vergrößerung um ganzzahlige Vielfache von 360°, also um $2 \cdot 360°$, $3 \cdot 360°$ usw. bleiben die Sinuswerte ebenfalls gleich.
Das können wir auch mithilfe des Bogenmaßes formulieren:
Die Sinuswerte wiederholen sich also in Abständen von 2π, $2 \cdot 2\pi$, $3 \cdot 2\pi$, allgemein $k \cdot 2\pi$ mit $k \in \mathbb{Z}$. Die kleinste Periodenlänge, kurz *Periode*, ist 2π.
Es gilt also z.B.: $\sin x = \sin (x - 2 \cdot 2\pi)$; $\sin x = \sin (x - 2\pi)$; $\sin x = (x + 2\pi)$; $\sin x = \sin (x + 2 \cdot 2\pi)$, allgemein $\sin x = \sin (x + k \cdot 2\pi)$.

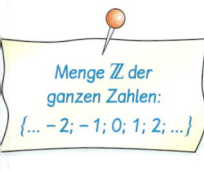

Menge $\mathbb{Z}$ der ganzen Zahlen:
$\{... -2; -1; 0; 1; 2; ...\}$

b)

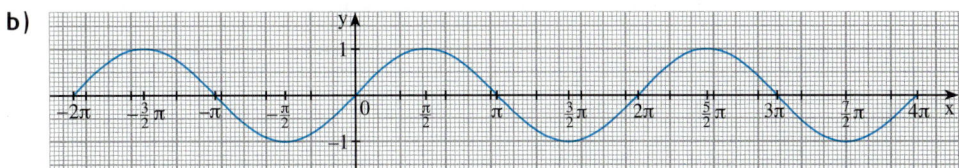

Bei der Sinuskurve wiederholt sich eine „Welle" (z.B. Graph im Intervall $0 \le x \le 2\pi$) im Abstand von 2π nach links und auch nach rechts.

Zum Festigen und Weiterarbeiten

3. Stelle auf dem Taschenrechner den Modus *Rad* ein. In diesem Modus erhält man direkt zu jeder reellen Zahl die Werte der Sinusfunktion.
Gib auf vier Stellen nach dem Komma gerundet an:

   a) $\sin 1,2$ **b)** $\sin 3,4$ **c)** $\sin (-2,7)$ **d)** $\sin (-3,1)$ **e)** $\sin 7,9$

Information

(1) Wertebereich der Sinusfunktion

Die Sinusfunktion besitzt die Zahl 1 als größten Funktionswert und die Zahl -1 als kleinsten Funktionswert.
Der Wertebereich der Sinusfunktion ist die Menge aller reellen Zahlen y mit $-1 \le y \le 1$.

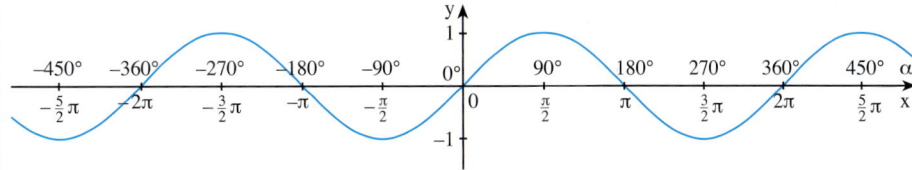

(2) Sinusfunktion als periodische Funktion

Funktionen, bei denen sich die Funktionswerte in festen Abständen (Periodenlängen) wiederholen, heißen **periodische Funktionen.** Die Sinusfunktion ist eine solche periodische Funktion. Die kleinste Periodenlänge, kurz **Periode**, beträgt bei ihr 360° bzw. 2π.

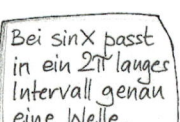

Bei sinX passt in ein 2π langes Intervall genau eine Welle, also: $\sim$.

Die Sinusfunktion besitzt die kleinste Periode 2π.

Sinusfunktion $y = \sin x$

Bei der Sinuskurve wiederholt sich eine „Welle" (z. B. Graph im Intervall $0 \le x \le 2\pi$) in Abständen von 2π.

(3) Bestimmen von Sinuswerten durch Zurückführung auf das Intervall $0 \le x \le 2\pi$

Weil $\sin \alpha = \sin(\alpha + k \cdot 360°)$ mit $k \in \mathbb{Z}$ bzw. $\sin x = \sin(x + k \cdot 2\pi)$ ist, kann man Sinuswerte für *alle* Winkelgrößen auf die Werte für eine Winkelgröße im Bereich von 0° bis 360° bzw. von 0 bis 2π zurückführen.

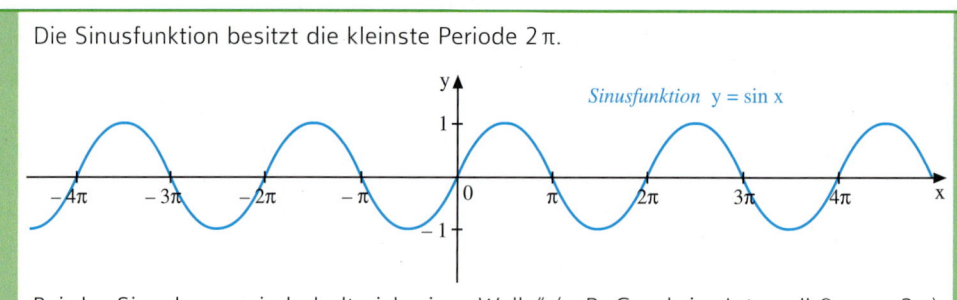

$\sin 1\,348° = \sin(268° + 3 \cdot 360°)$
$\sin 1\,348° = \sin 268°$

Übungen

4. Fülle die Tabelle im Heft aus.

x	0	$\frac{\pi}{6}$	$\frac{\pi}{4}$	$\frac{\pi}{3}$	$\frac{\pi}{2}$	$\frac{3}{2}\pi$	$\frac{3}{4}\pi$	$\frac{5}{6}\pi$	π	$\frac{7}{6}\pi$	$\frac{5}{4}\pi$	$\frac{4}{3}\pi$	$\frac{3}{2}\pi$	$\frac{5}{3}\pi$	$\frac{7}{4}\pi$	$\frac{11}{6}\pi$	2π
sin x																	

5. Drücke den angegebenen Sinuswert mithilfe einer Winkelgröße aus dem Intervall $0° \le \alpha \le 360°$ bzw. $0 \le x \le 2\pi$ aus.

a) $\sin 768°$ **c)** $\sin(-102°)$ **e)** $\sin\left(-\frac{\pi}{2}\right)$ **g)** $\sin\left(-\frac{5}{2}\pi\right)$

b) $\sin 920°$ **d)** $\sin(-416°)$ **f)** $\sin\left(-\frac{9}{4}\pi\right)$ **h)** $\sin\left(-\frac{11}{2}\pi\right)$

6. Bestimme:

a) $\sin\left(-\frac{\pi}{2}\right)$ **c)** $\sin\left(\frac{11}{4}\pi\right)$ **e)** $\sin\left(-\frac{17}{6}\pi\right)$ **g)** $\sin\left(\frac{17}{6}\pi\right)$ **i)** $\sin\left(\frac{15}{2}\pi\right)$

b) $\sin\left(-\frac{3}{4}\pi\right)$ **d)** $\sin(-5\pi)$ **f)** $\sin(9\pi)$ **h)** $\sin\left(\frac{11}{3}\pi\right)$ **j)** $\sin\left(-\frac{15}{4}\pi\right)$

7. Bestimme mit dem Taschenrechner, gerundet auf 4 Stellen nach dem Komma.

a) $\sin 2{,}54$ **b)** $\sin 1{,}56$ **c)** $\sin 5{,}96$ **d)** $\sin(-5{,}84)$ **e)** $\sin 1{,}95$
     $\sin(-4{,}8)$ $\sin(-2{,}5)$ $\sin(-14{,}9)$ $\sin(-9{,}16)$ $\sin(-8{,}9)$
     $\sin(-0{,}4)$ $\sin(-0{,}9)$ $\sin(-16{,}7)$ $\sin(-1{,}46)$ $\sin 13{,}3$

8. Zeichne den Graphen der Sinusfunktion im Intervall $-2\pi \le x \le 4\pi$.
Lies am Graphen zu den Werten $-0{,}3$; $0{,}3$; $-0{,}8$; $0{,}8$ jeweils die zugehörigen Winkel im Bogenmaß ab.

Eigenschaften der Sinusfunktion

Einstieg

Zeichne die Sinuskurve im Intervall $-2\pi \leq x \leq 4\pi$.

→ Beschreibe den Verlauf der Sinuskurve.

→ Gib besondere Punkte des Graphen an.

Aufgabe

1. *Nullstellen der Sinusfunktion*

Zeichne den Graphen der Sinusfunktion im Intervall $-4\pi \leq x \leq 4\pi$.
Gib die Nullstellen der Sinusfunktion an. Welche Besonderheit fällt dir auf?

Lösung

Beachte die
unterschiedliche
Einteilung der Achsen.

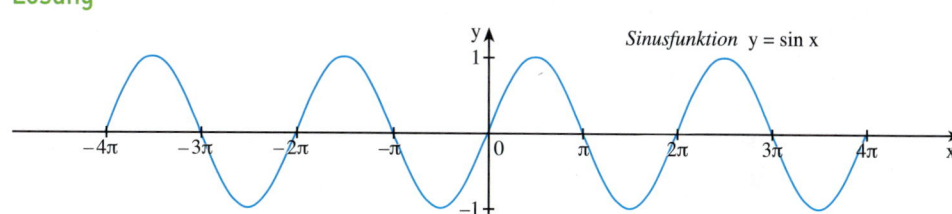

An den Nullstellen schneidet die Sinuskurve die x-Achse.
Nullstellen der Sinusfunktion im Intervall $-4\pi \leq x \leq 4\pi$ sind:

$-4\pi,\ -3\pi,\ -2\pi,\ -\pi,\ 0,\ \pi,\ 2\pi,\ 3\pi,\ 4\pi$.

Da sich jeder Sinuswert, also auch der Wert null, im Abstand von 2π wiederholt, sind z. B.
auch $-6\pi, -5\pi, 5\pi, 6\pi$ Nullstellen der Sinusfunktion.
Hat man eine Nullstelle gefunden, so erhält man eine weitere, indem man π addiert oder
subtrahiert.

Information

> Die Sinusfunktion besitzt die Nullstellen
> $\ldots, -4\pi, -3\pi, -2\pi, -\pi, 0, \pi, 2\pi, 3\pi, 4\pi, \ldots$,
> allgemein $k \cdot \pi$ mit $k \in \mathbb{Z}$
>
>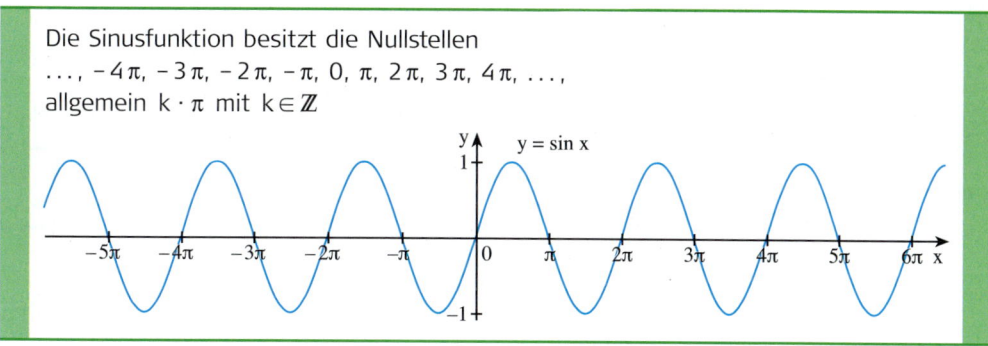

Zum Festigen und Weiterarbeiten

2. a) Der *größte* Sinuswert ist 1. Lies am Graphen der Sinusfunktion von Aufgabe 1 ab, für
welche Winkelgrößen (Argumente) die Sinusfunktion diesen größten Wert im Intervall $-4\pi \leq x \leq 4\pi$ annimmt. Nenne 4 weitere solche Argumente außerhalb des angegebenen Intervalls. Denke an die Periode.

b) Verfahre entsprechend mit dem kleinsten Sinuswert -1. Lies am Graphen der Sinusfunktion von Aufgabe 1 ab, für welche Winkelgrößen (Argumente) die Sinusfunktion
diesen kleinsten Wert annimmt. Nenne 4 weitere solche Argumente.

Information

> Die Sinusfunktion nimmt ihren *größten Wert*, nämlich 1, für die Winkelgrößen $\frac{\pi}{2} + k \cdot 2\pi$ mit $k \in \mathbb{Z}$ an, also z. B. für $-\frac{11}{2}\pi$; $-\frac{7}{2}\pi$; $-\frac{3}{2}\pi$; $\frac{\pi}{2}$; $\frac{5}{2}\pi$; $\frac{9}{2}\pi$.
>
> Der *kleinste Wert*, nämlich -1, wird für die Winkelgrößen $\frac{3}{2}\pi + k \cdot 2\pi$ mit $k \in \mathbb{Z}$ angenommen, also z. B. für $-\frac{9}{2}\pi$; $-\frac{5}{2}\pi$; $-\frac{\pi}{2}$; $\frac{3}{2}\pi$; $\frac{7}{2}\pi$; $\frac{11}{2}\pi$.

Aufgabe

3. *Symmetrie der Sinuskurve*

Zeichne den Graphen der Sinusfunktion im Intervall $-6\pi \leq x \leq 6\pi$. Untersuche den Graphen auf Symmetrien.

Lösung

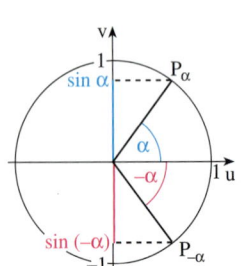

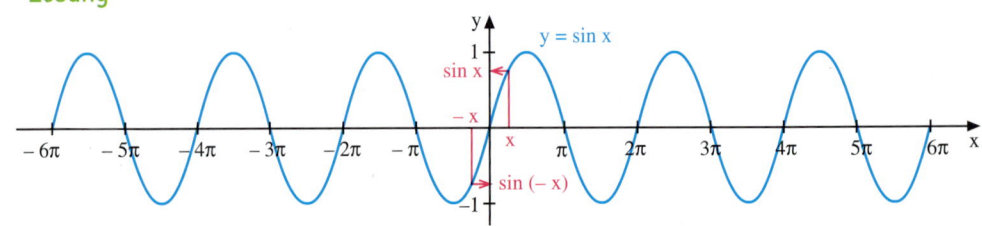

Der Graph der Sinusfunktion ist punktsymmetrisch zum Ursprung. Durch eine Halbdrehung um $O(0|0)$ geht er nämlich in sich über.

Information

> Der Graph der Sinusfunktion ist punktsymmetrisch zum Koordinatenursprung O.
> Es gilt: $\sin(-\alpha) = -\sin \alpha$ bzw. $\sin(-x) = -\sin x$.

Übungen

4. Zeichne die Sinuskurve für   (1) $-4\pi \leq x \leq 2\pi$;   (2) $0 \leq x \leq 6\pi$.
Gib 4 Nullstellen an, die außerhalb des angegebenen Intervalls liegen.

5. Drücke den angegebenen Sinuswert mithilfe einer Winkelgröße aus dem Intervall $0° \leq \alpha \leq 360°$ aus.

a) $\sin(-82°)$ **b)** $\sin(-138°)$ **c)** $\sin(-218°)$
$\sin(-17°)$ $\sin(-154°)$ $\sin(-195°)$

> $\sin(-30°) = -\sin 30°$
> $\sin(-30°) = -0{,}5$

6. Betrachte die Sinusfunktion im Intervall $-2\pi \leq x \leq 2\pi$.
In welchen Teilintervallen steigt der Graph der Sinusfunktion, in welchen fällt er?

7. a) Betrachte den Graphen der Sinusfunktion im Intervall $-6\pi \leq x \leq 6\pi$. In welchen Teilintervallen steigt die Sinuskurve, in welchen fällt sie?

b) Verallgemeinere das Ergebnis aus Teilaufgabe a).

8. a) Du weißt: Die Sinuskurve ist punktsymmetrisch zum Ursprung $O(0|0)$.
Versuche weitere Punkte anzugeben, zu denen die Sinuskurve punktsymmetrisch ist.

b) Untersuche, ob die Sinuskurve auch achsensymmetrisch ist. Gib gegebenenfalls Symmetrieachsen an.

FUNKTIONEN MIT DER GLEICHUNG $y = a \cdot \sin x$

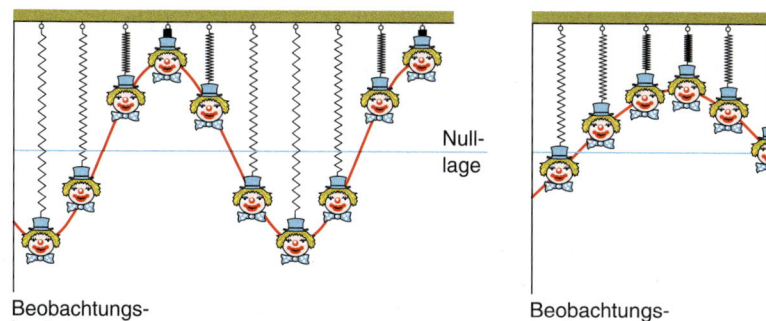

Null-
lage

Beobachtungs-
beginn

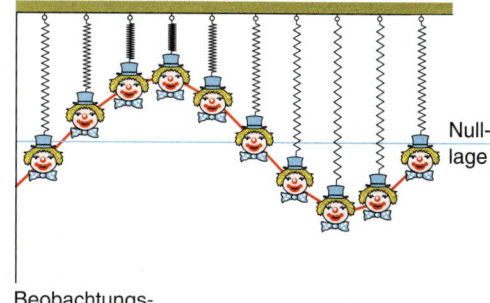

Null-
lage

Beobachtungs-
beginn

Die Bilder zeigen Bewegungen verschiedener auf- und abschwingender Federclowns. Es erge-
ben sich Graphen, die der Sinuskurve sehr ähnlich sind. Im Vergleich zur Sinuskurve sind sie in
Richtung der x- und y-Achse gestreckt oder gestaucht. Stauchen ist ein Strecken mit einem
Faktor zwischen 0 und 1.
Solche Funktionen werden auch als *allgemeine Sinusfunktionen* bezeichnet.

Einstieg

Untersuche mit deinem Kalkulationsprogramm den Graphen der Funktion mit der Gleichung
$y = a \cdot \sin x$.
Gestalte die Tabelle so, dass du den Wert für a verändern kannst.

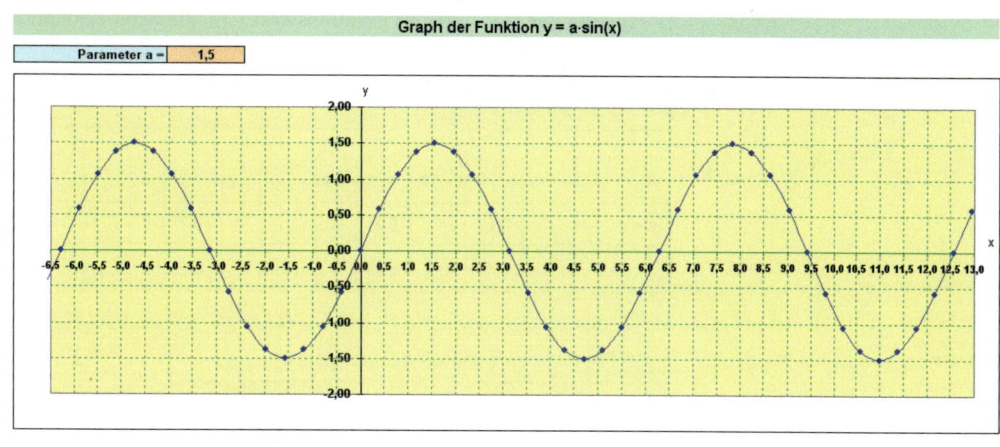

Graph der Funktion y = a·sin(x)

Parameter a = 1,5

→ Wähle für a verschiedene positive Werte. Vergleiche mit dem Graphen der Funktion
$y = \sin x$.

△ → Wähle a = – 1. Wie erhältst du diesen Graphen aus der Sinuskurve?

Aufgabe

1. Zeichne die Sinuskurve im Intervall $-2\pi \leq x \leq 2\pi$. Zeichne in dasselbe Koordinatensystem
den Graphen der Funktion mit:

a) $y = 2 \cdot \sin x$ **b)** $y = \frac{1}{2} \cdot \sin x$

Vergleiche beide Graphen mit der Sinuskurve; vergleiche auch ihre Eigenschaften.

Das kenne ich schon von der Normalparabel.

Lösung

a)

x	-2π	$-\frac{7}{4}\pi$	$-\frac{3}{2}\pi$	$-\frac{5}{4}\pi$	$-\pi$	$-\frac{3}{4}\pi$	$-\frac{\pi}{2}$	$-\frac{\pi}{4}$	0	$\frac{\pi}{4}$	$\frac{\pi}{2}$	$\frac{3}{4}\pi$	π	$\frac{5}{4}\pi$	$\frac{3}{2}\pi$	$\frac{7}{4}\pi$	2π
sin x	0	0,71	1	0,71	0	−0,71	−1	−0,71	0	0,71	1	0,71	0	−0,71	−1	−0,71	0
2 · sin x	0	1,42	2	1,42	0	−1,42	−2	−1,42	0	1,42	2	1,42	0	−1,42	−2	−1,42	0

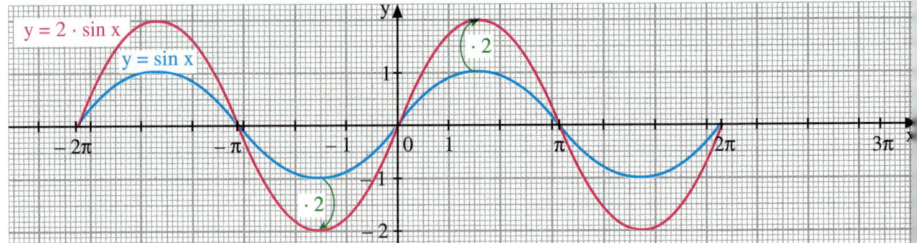

Der Graph der Funktion zu y = 2 · sin x entsteht aus der Sinuskurve durch Streckung von der x-Achse aus in Richtung der y-Achse mit dem Faktor 2.
Deshalb gilt:
Beide Graphen besitzen

- dieselben Nullstellen ..., −2π, π, 0, π, 2π, ...
- dieselben Intervalle, in denen sie steigen bzw. fallen.
- dieselbe (kleinste) Periode 2π.

Beide Funktionen unterscheiden sich bei dem größten und kleinsten Funktionswert und folglich beim Wertebereich:

Funktion zu	größter Funktionswert	kleinster Funktionswert	Wertebereich
y = sin x	1	−1	−1 ≤ y ≤ 1
y = 2 · sin x	2	−2	−2 ≤ y ≤ 2

b)

x	-2π	$-\frac{7}{4}\pi$	$-\frac{3}{2}\pi$	$-\frac{5}{4}\pi$	$-\pi$	$-\frac{3}{4}\pi$	$-\frac{\pi}{2}$	$-\frac{\pi}{4}$	0	$\frac{\pi}{4}$	$\frac{\pi}{2}$	$\frac{3}{4}\pi$	π	$\frac{5}{4}\pi$	$\frac{3}{2}\pi$	$\frac{7}{4}\pi$	2π
sin x	0	0,71	1	0,71	0	−0,71	−1	−0,71	0	0,71	1	0,71	0	−0,71	−1	−0,71	0
$\frac{1}{2}$ · sin x	0	0,35	0,5	0,35	0	−0,35	$-\frac{1}{2}$	−0,35	0	0,35	$\frac{1}{2}$	0,35	0	−0,35	−0,5	−0,35	0

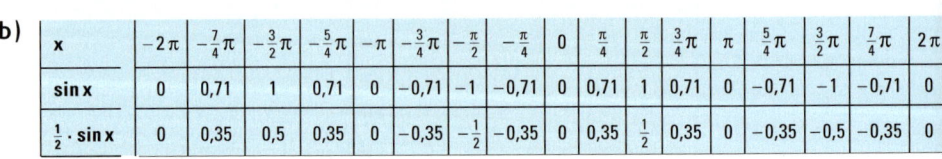
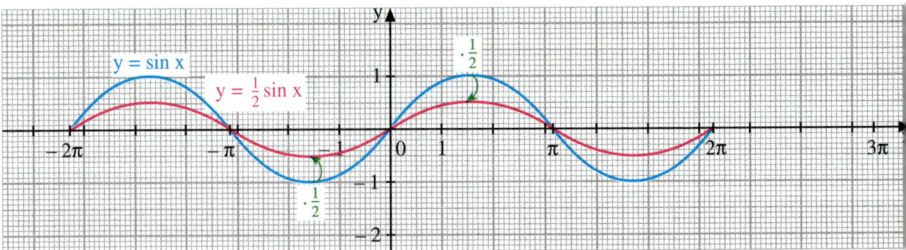

Der Graph der Funktion zu y = $\frac{1}{2}$ · sin x entsteht aus der Sinuskurve durch Streckung von der x-Achse aus in Richtung der y-Achse mit dem Faktor $\frac{1}{2}$.
Beachte: Man spricht in der Mathematik auch von Streckung, wenn der positive Streckungsfaktor kleiner als 1 ist, also eine Stauchung vorliegt.
Deshalb gilt: Beide Graphen besitzen

- dieselben Nullstellen ..., −2π, −π, 0, π, 2π, ...
- dieselben Intervalle, in denen sie steigen bzw. fallen.
- dieselbe (kleinste) Periode 2π.

Beide Funktionen unterscheiden sich bei dem kleinsten und größten Funktionswert und folglich beim Wertebereich:

Funktion zu	größter Funktionswert	kleinster Funktionswert	Wertebereich
$y = \sin x$	1	-1	$-1 \leq y \leq 1$
$y = -\frac{1}{2} \cdot \sin x$	$\frac{1}{2}$	$-\frac{1}{2}$	$-\frac{1}{2} \leq y \leq \frac{1}{2}$

Zum Festigen und Weiterarbeiten

2. Zeichne den Graphen der Sinusfunktion im Intervall $-2\pi \leq x \leq 2\pi$. Zeichne in dasselbe Koordinatensystem den Graphen der Funktion mit:

a) $y = 3 \cdot \sin x$ **b)** $y = 0,8 \cdot \sin x$

Vergleiche die Eigenschaften beider Funktionen.

Information

Durch Strecken der Sinuskurve von der x-Achse aus in Richtung der y-Achse erhält man Graphen zur Beschreibung der Bewegung von Federclowns, deren maximale Auslenkung verschieden ist.

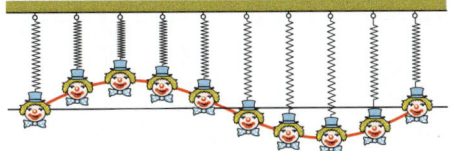 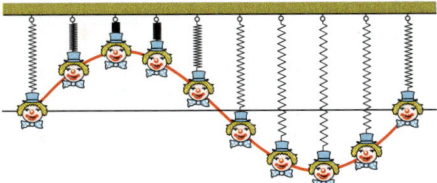

Die maximale Auslenkung bezeichnet man auch als *Amplitude*.

Eigenschaften der Funktionen mit $y = a \cdot \sin x$ ($a > 0$)

(1) Nullstellen sind $\ldots, -4\pi, -3\pi, -2\pi, -\pi, 0, \pi, 2\pi, 3\pi, 4\pi, \ldots$, allgemein $k \cdot \pi$ mit $k \in \mathbb{Z}$.
(2) Die (kleinste) Periode ist 2π.
(3) Der größte Funktionswert ist a, der kleinste $-a$.
(4) Der Wertebereich ist die Menge aller reellen Zahlen y mit $-a \leq y \leq a$.
(5) Der Graph entsteht aus der Sinuskurve durch Strecken von der x-Achse aus mit dem Faktor a in Richtung der y-Achse.

Beachte: Für $a = 1$ erhältst du die Eigenschaften der Sinusfunktion.

Da der Faktor der Funktion mit $y = a \cdot \sin x$ die Amplitude beeinflusst, ist diese Funktion gut geeignet, z. B. Wechselspannungen mit unterschiedlichen Maximalwerten zu beschreiben. Das zeigen die folgenden Bilder auf dem Schirm eines Oszilloskops.

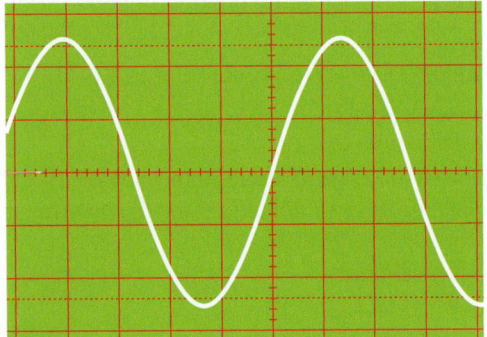 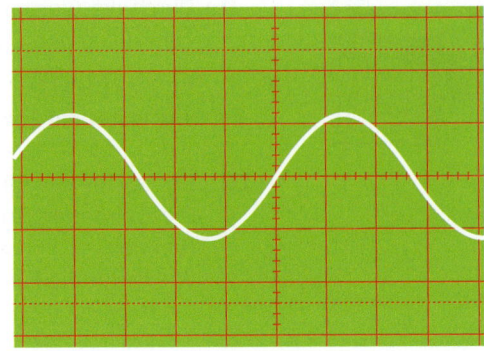

Übungen

3. Zeichne im Intervall $-2\pi \leq x \leq 2\pi$ den Graphen der Funktion mit:

a) $y = 2,5 \cdot \sin x$ **b)** $y = 0,4 \cdot \sin x$ **c)** $y = 1,5 \cdot \sin x$

Gib Eigenschaften der Funktion an.

4. Der Graph der Sinusfunktion mit $y = \sin x$ wird in Richtung der y-Achse gestreckt

a) mit dem Faktor 2,6;   **c)** mit dem Faktor $3\frac{1}{2}$;

b) mit dem Faktor 0,3;   **d)** mit dem Faktor $\frac{3}{4}$.

Gib die Funktionsgleichung zu diesem Graphen an.
Zeichne ihn auch im Intervall $-2\pi \leq x \leq 4\pi$.

5. Beschreibe, wie der Graph mit der angegebenen Gleichung aus der Sinuskurve entsteht.

a) $y = 1,8 \sin x$ **b)** $y = 0,8 \sin x$ **c)** $y = 2,1 \sin x$ **d)** $y = 0,7 \sin x$

6. Gib zu den Graphen die Funktionsgleichung an.

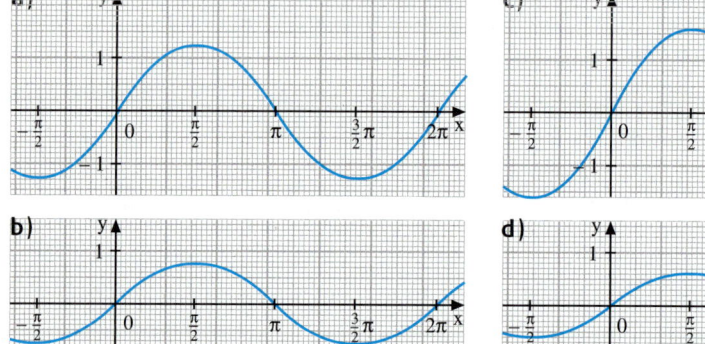

7. Gegeben ist die Funktion mit $y = 2,5 \cdot \sin x$ im Intervall $-\frac{\pi}{2} \leq x \leq \frac{\pi}{2}$.

a) Der Punkt $P_1\left(\frac{\pi}{4}\,|\,y_1\right)$ soll zum Graphen gehören. Bestimme die fehlende Koordinate.

b) Der Punkt $P_2\left(x_2\,|-1,25\right)$ soll zum Graphen gehören. Bestimme die fehlende Koordinate.

8. Durch die Gleichung $y = a \cdot \sin x$ ist eine Funktion gegeben. Bestimme den Faktor a, falls gilt:

a) Der Wertebereich der Funktion ist die Menge aller reellen Zahlen y mit $-1,3 \leq y \leq 1,3$.

b) Der Graph geht durch den Punkt $P\left(\frac{\pi}{6}\,|\,3\right)$.

9. Durch die Gleichung $y = a \cdot \sin x$ ist eine Funktion gegeben. Der Graph dieser Funktion geht durch den Punkt:

a) $P\left(\frac{\pi}{6}\,|\,1,4\right)$ **b)** $P\left(-\frac{\pi}{3}\,|-1,9\right)$ **c)** $P\left(\frac{7}{4}\pi\,|-0,4\right)$ **d)** $P\left(-\frac{5}{4}\pi\,|\,1,5\right)$

Wie lautet die Funktionsgleichung?

10. Der Radius des Sägeblattes in Aufgabe 1 auf Seite 155 soll 20 cm sein.
Die Zuordnung *Drehwinkelgröße x → Abstand y zur Tischplatte* ist eine allgemeine Sinusfunktion.
Wie lautet die Funktionsgleichung?

BIST DU FIT?

1. Rechne um.

a)

Gradmaß α	360°	30°	−120°			
Bogenmaß x (als Vielfaches von π)				4π	$-\frac{2}{3}\pi$	$\frac{\pi}{12}$

b)

Gradmaß α	81°	−115,4°	222°			
Bogenmaß x (als Dezimalbruch)				2,55	−0,55	10

2. Bestimme die Funktionswerte.

a) $\sin 90°$ b) $\sin 210°$ c) $\sin(-270°)$ d) $4\sin(-33°)$

3. Bestimme die Funktionswerte.

a) $\sin -\frac{3\pi}{2}$ b) $\sin 1{,}25$ c) $\sin\frac{7}{3}\pi$ d) $5\sin\frac{2\pi}{3}$

4. a) Zeichne den Graphen der Sinusfunktion mit $y = \sin x$ im Intervall $-3\pi \le x \le 3\pi$.
   Lies am Graphen ab: Für welche Argumente in diesem Intervall nimmt die Sinusfunktion den Wert (1) 0,4, (2) −0,4 an?

   b) Gib die Nullstellen der Sinusfunktion in diesem Intervall $-3\pi \le x \le 3\pi$ an; gib auch vier Nullstellen an, die nicht in diesem Intervall liegen.

   c) In welchen Teilintervallen von $-3\pi \le x \le 3\pi$ steigt die Sinuskurve, in welchen fällt sie?

5. Gegeben ist die Funktion mit $y = 2 \cdot \sin x$ $(x \in \mathbb{R})$.

   a) Skizziere den Graphen der Funktion im Intervall $-\pi \le x \le 3\pi$.

   b) Gib den Wertebereich und die Nullstellen im genannten Intervall an.

   c) In welchen Intervallen steigt der Graph, in welchen fällt er?

   d) Der Punkt $P\left(\frac{\pi}{6}\middle|y\right)$ gehöre zum Graphen der Funktion. Berechne die fehlende Koordinate.

6. Die Abbildung zeigt den Graphen einer Funktion mit der Gleichung $y = a \cdot \sin x$ im Intervall $0 \le x \le 4\pi$.

   a) Gib für die Funktion die Funktionsgleichung an.

   b) Gib für die Funktion den Wertebereich an.

   c) Gib die Nullstellen aus dem Intervall an.

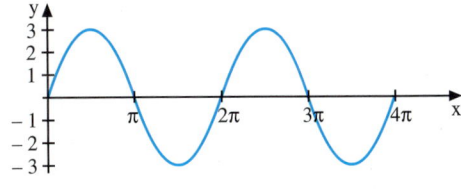

7. Durch die Gleichung $y = a \cdot \sin x$ $(a \in \mathbb{R},\ a > 0)$ ist eine Funktion gegeben.

   a) Der Punkt $A\left(\frac{1}{2}\pi\middle|4\right)$ gehört zum Graphen der Funktion mit der angegebenen Gleichung.
   Bestimme a und notiere die Funktionsgleichung.

   b) Der Wertebereich der Funktion ist $-2{,}8 \le y \le 2{,}8$. Bestimme a und notiere die Funktionsgleichung.

IM BLICKPUNKT: PERIODISCHE VORGÄNGE

1. Im Schweizer Wintersportort Engelberg führt ein Sessellift von Ristis zur Brunnihütte. In einer 10-minütigen Fahrt überwindet er eine Höhendifferenz von 260 m.

Für eine Fahrt mit dem Sessellift soll die Abhängigkeit der erreichten Höhe (über der Starthöhe) von der Fahrzeit untersucht werden.

a) Betrachte einen Sessel des Sesselliftes. Zeichne den Graphen der Funktion *Zeit (in min) → erreichte Höhe über Starthöhe (in m)* für den Zeitraum einer Stunde. Vereinfache dazu die Bewegung und gib an, welche Vereinfachungen du vorgenommen hast.

b) Durch welche Art von Funktionen kann man die Bewegung beim Sessellift beschreiben?

2.

Nockenwellen dienen z. B. zur Steuerung der Ein- und Auslassventile in den Motoren von Kraftfahrzeugen.
Die Nocken einer Nockenwellen sind auf einem sich drehenden Stab (Welle) montiert. Dabei wird die Drehbewegung der Welle oder Scheibe in eine Hub- oder Hebelbewegung umgesetzt. Je nach Anforderung gibt es Nocken mit einfachen und komplizierten Profilen. Um die jeweils gewünschte Bewegungsfolgen zu erzielen, muss man in vielen Fällen das Nockenprofil nur leicht verändern.
Auch in Automaten für die Massenproduktion werden Nockenwellen zur Steuerung der Prozesse eingesetzt.

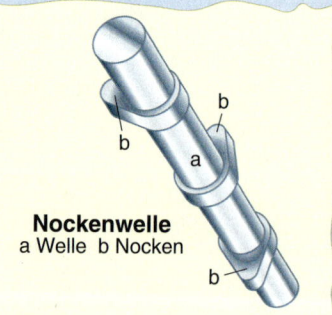

Nockenwelle
a Welle b Nocken

Rechts siehst du die Hubbewegung einer Nocke in Abhängigkeit von der Zeit.

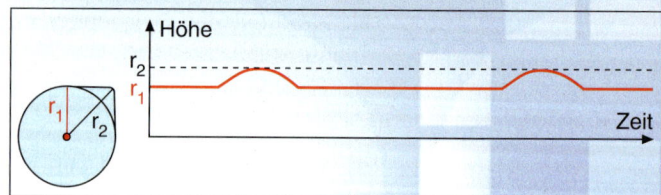

a) Zeichne die entsprechenden Graphen zu folgenden Nocken:

(1) 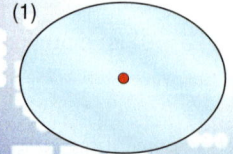 (2) 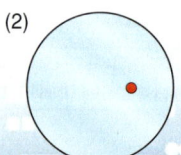 (3) 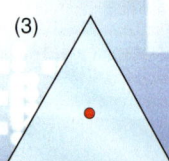 (4)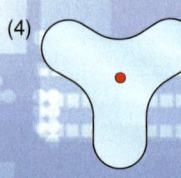

b) Erfinde selbst weitere Nockenformen und zeichne die zugehörigen Graphen.

3. Unten siehst du das Gelände der Rennstrecke auf dem Sachsenring. Es wird auch als Auto-Teststrecke genutzt. Skizziere für die Rundkurse A und B jeweils ein Diagramm für die Geschwindigkeit eines Testfahrzeugs, das auf dieser Strecke fährt.

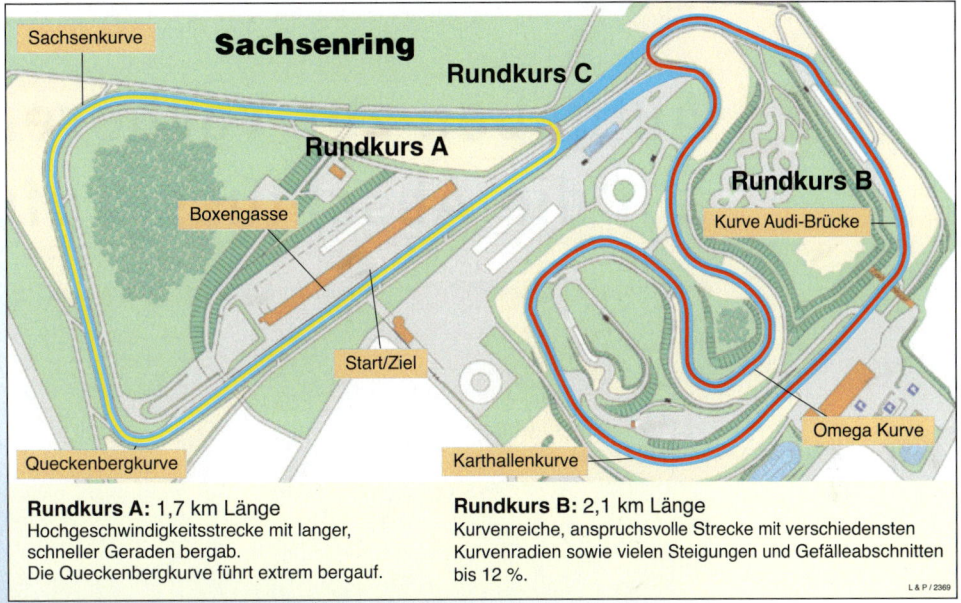

Rundkurs A: 1,7 km Länge
Hochgeschwindigkeitsstrecke mit langer, schneller Geraden bergab.
Die Queckenbergkurve führt extrem bergauf.

Rundkurs B: 2,1 km Länge
Kurvenreiche, anspruchsvolle Strecke mit verschiedensten Kurvenradien sowie vielen Steigungen und Gefälleabschnitten bis 12 %.

L & P / 2369

4. Die Gezeiten an der Nordsee ändern den Wasserstand in den Seehäfen.
Große, schwer beladene Schiffe benötigen eine Mindestwassertiefe zum Ein- und Auslaufen in den Hafen.

Gezeiten in Wilhelmshaven					
September					
Tag	Hochwasser		Tag	Hochwasser	
1	04 : 54	17 : 06	16	04 : 53	17 : 09
2	05 : 33	17 : 48	17	05 : 17	17 : 35
3	06 : 11	18 : 31	18	05 : 42	18 : 03
4	06 : 52	19 : 22	19	06 : 15	18 : 45
5	07 : 48	20 : 32	20	07 : 10	19 : 57
6	09 : 08	22 : 04	21	08 : 34	21 : 31
7	10 : 40	23 : 36	22	10 : 08	23 : 02
8	12 : 01	–	23	11 : 29	–
9	00 : 49	13 : 01	24	00 : 14	12 : 30
10	01 : 41	13 : 47	25	01 : 08	13 : 18
11	02 : 24	14 : 29	26	01 : 55	14 : 02
12	03 : 02	15 : 08	27	02 : 37	14 : 43
13	03 : 35	15 : 42	28	03 : 14	15 : 22
14	04 : 04	16 : 13	29	03 : 50	16 : 01
15	04 : 28	16 : 41	30	04 : 26	16 : 42

Ein Containerschiff wird beladen und soll am 12. Oktober bei Hochwasser auslaufen.

a) Stelle den Zeitpunkt des Hochwassers an den verschiedenen Tagen im September grafisch dar (siehe Tabelle).
Achte auf geeignetes Verbinden der Punkte. Beschreibe das Diagramm.

b) Erstelle eine Prognose für den Hochwasserzeitpunkt am 12. Oktober.

c) Gib Grenzen des Modells an: Welche Besonderheiten wurden nicht beachtet, welche Vereinfachungen wurden vorgenommen?

5. Findet weitere Beispiele für periodische Vorgänge im Alltag. Stellt sie grafisch dar. Gestaltet eine Ausstellung dazu im Klassenraum.

6 Aufgaben zur Vorbereitung auf die Abschlussprüfung

ÜBUNGEN ZU VERSCHIEDENEN BEREICHEN – HILFSMITTEL SIND NICHT ERLAUBT

Rechnen können

1. Rechne im Kopf.

a) $100 \cdot 27$
$4,35 \cdot 1000$
$35 \cdot 7$
$13 \cdot 13$

b) $100 \cdot 0,432$
$12,3 \cdot 4$
$0,3 \cdot 0,08$
$1,4 \cdot 1,4$

c) $427 : 100$
$3,58 : 1000$
$57 : 3$
$12,5 : 5$

d) $250 : 2,5$
$0 : 5$
$0,56 : 0,8$
$12 : 0$

e) $87 + 38$
$152 - 67$
$0 - 18$
$1083 + 118$

2. a) $31,4 + 0,78$
$6,56 + 12,005$
$27 - 3,4$
$47,6 - 21,8$

b) $207,4 \cdot 8$
$23 \cdot 8,45$
$39,7 \cdot 12,4$
$0,452 \cdot 0,78$

c) $22,96 : 7$
$158,58 : 12$
$36,48 : 0,8$
$5,076 : 0,12$

d) $128,7 + 76,94$
$0,482 + 238,75$
$47,83 - 5,76$
$362,62 - 48,82$

3. a) $12,453 + 7,83 + 15 + 132,8002$
$0,57 + 27,5 + 285 + 12,032$
$237,54 - 1,8 - 52,12$
$54,1 + 134,85 - 7,63$

b) $12,38 + 2,1 \cdot 7,6$
$6,5 \cdot 8,2 - 3,5 \cdot 8,2$
$0,6 \cdot (0,4 + 0,03)$
$27 - 41,7 : 3$

c) $2,7 - 0,5 \cdot 1,2 + 3 \cdot 1,5$
$(0,3 \cdot 0,7) : 0,5$
$4 \cdot (0,5 + 2,2)$
$(1,6 + 0,6) \cdot 1,3$

4. Bestimme die fehlende Zahl.

a) $79 + x = 233$
b) $0,6 \cdot y = 24$
c) $z - 4,7 = 12,5$
d) $a : 0,5 = 8$
e) $m + 1,9 = 2,09$
f) $-\frac{1}{2} \cdot t = -20$
g) $4 - b = -13$
h) $1,6 : n = 4$

5. a) $\frac{19}{12} + \frac{3}{4}$
$\frac{7}{15} + \frac{1}{5} + \frac{8}{3}$
$\frac{27}{5} - \frac{3}{4}$
$\frac{9}{16} - \frac{1}{4} + \frac{3}{2}$

b) $\frac{7}{12} \cdot \frac{4}{5}$
$\frac{8}{13} \cdot \frac{3}{4} \cdot \frac{26}{5}$
$7 \cdot \frac{17}{3}$
$2\frac{1}{2} \cdot \frac{4}{5}$

c) $\frac{27}{14} : \frac{3}{2}$
$1\frac{3}{4} : \frac{7}{4}$
$3 : \frac{5}{3}$
$\frac{18}{5} : 6$

d) $\frac{3}{4} \cdot \frac{2}{5} + \frac{8}{15}$
$\frac{3}{2} - \frac{2}{9} \cdot \frac{4}{3}$
$\frac{9}{16} \cdot \frac{8}{15} + \frac{3}{25} \cdot \frac{5}{12}$
$\frac{4}{3} - \frac{5}{6} \cdot \frac{7}{12}$

e) $3 + \frac{8}{15} \cdot \frac{3}{4}$
$\frac{7}{3} \cdot \frac{5}{2} + \frac{5}{2} \cdot \frac{4}{15}$
$\frac{3}{7} \cdot \left(\frac{7}{3} - \frac{17}{12}\right)$
$\left(\frac{7}{4} + \frac{1}{5}\right) : \frac{13}{5}$

6. a) $\frac{1}{2} + \frac{1}{4}$
$\frac{1}{5} - \frac{1}{10}$

b) $3,4 + \frac{1}{2}$
$1,2 - \frac{7}{10}$

c) $2\frac{1}{4} - 0,5$
$\frac{1}{10} + \frac{2}{100} + \frac{3}{1000}$

d) $\frac{21}{10} + 1\frac{1}{2} - 0,2$
$0,4 + \frac{3}{4} - \frac{3}{10}$

7. a) $14 - 27$
$-2,5 + 4$
$0 - 4,2$

b) $6 - (-13)$
$-1,5 + (-2,7)$
$-7 - (-1,2) + 3,8$

c) $12 \cdot (-7)$
$-1,5 \cdot (-0,4)$
$-12,5 : (-5)$

d) $-7 + 12 - 20 - 7$
$80 : (-4) \cdot (-3)$
$(-27 - 5) \cdot (-6)$

8. Berechne nacheinander die Summe, die Differenz, das Produkt und den Quotienten der beiden Zahlen.

a) $12; 25$
b) $-4; 20$
c) $0,5; 1,6$
d) $0,25; \frac{3}{4}$
e) $-\frac{1}{5}; -0,5$

9. a) 7^2
12^2
15^2

b) $0,3^2$
$0,8^2$
$1,3^2$

c) $(-0,2)^2$
$(-1,4)^2$
$\left(-\frac{1}{2}\right)^2$

d) $\sqrt{64}$
$\sqrt{121}$
$\sqrt{0,01}$

e) $9^2 - \sqrt{0,36}$
$\sqrt{5^2 - 3^2}$
$4^2 + 2^3 - 5^2$

10. a) $2,5 \cdot 10^2 \cdot 4 \cdot 10^3$
b) $\frac{28 \cdot 10^5}{7 \cdot 10^2}$
c) $4 \cdot 10^5 \cdot 0,5 \cdot 10^{-2}$
d) $\frac{6 \cdot 10^2}{3 \cdot 10^{-2}}$

Umgang mit Größen

1. Schreibe mit der in Klammern angegebenen Einheit.

a)	7 km	(m)	**c)**	290 g	(kg)	**e)**	1 l	(dm^3)
	54 dm	(m)		780 kg	(t)		7 m^3	(l)
	0,3 m	(cm)		20 g	(kg)		18 m^3	(dm^3)
	1,09 km	(m)		1,05 kg	(g)		5 000 cm^3	(l)
b)	3 h	(min)	**d)**	25 000 m^2	(ha)	**f)**	2 480 mm	(m)
	4,5 h	(min)		3 900 a	(ha)		7,3 t	(kg)
	365 min	(h)		31 km^2	(ha)		90 min	(h)
	5 d	(h)		600 ha	(km^2)		4,5 ha	(m^2)

2. Drücke in der kleineren Einheit aus.

a) 5 km 20 m	**b)** 7 min 13 s	**c)** 8 t 180 kg	**d)** 7 ha 5 a	**e)** 71 m^3 5 l
43 dm 8 cm	6 d 2 h	5 g 12 mg	63 a 12 m^2	3 l 280 ml
7 m 5 dm	22 h 51 min	3 kg 14 g	29 cm^2 81 mm^2	2 m^3 180 dm^3
9 cm 4 mm	7 d 7 h	12 t 500 kg	3 km^2 7 ha	27 cm^3 50 mm^3

3. Schreibe in der nächst kleineren Einheit.

a) $\frac{1}{2}$ m	**b)** $\frac{3}{4}$ h	**c)** $\frac{1}{2}$ kg	**d)** $\frac{3}{4}$ ha	**e)** $\frac{5}{8}$ l
$1\frac{1}{4}$ km	$5\frac{1}{2}$ min	$2\frac{1}{2}$ kg	$2\frac{1}{2}$ a	$7\frac{1}{2}$ m^3
$\frac{3}{5}$ dm	$\frac{1}{10}$ min	$\frac{1}{4}$ t	$\frac{2}{5}$ m^2	$5\frac{3}{4}$ dm^3
$12\frac{1}{2}$ cm	$7\frac{1}{2}$ h	$\frac{2}{5}$ g	$\frac{1}{2}$ km^2	$2\frac{1}{2}$ l

4. Rechne. Achte besonders auf die Einheiten.

a) 7 km + 120 m	**b)** $1\frac{1}{2}$ h · 3	**c)** 3,2 kg · 5	**d)** $4\frac{4}{5}$ ha : 4
15,9 m · 2	20 min + 5 h 50 min	13,2 t : 4	5 l : 2 dm^3
800 m – 20 dm	$5\frac{1}{4}$ h – 30 min	5 t + 4 800 kg	1,2 ha + 720 m^2
12,5 km : 5 km	1 h : 4	5 kg – 1 090 g	2,5 m^2 + 700 cm^2

5. Berechne. Überlege, ob das Ergebnis eine Länge, ein Flächeninhalt oder ein Volumen ist. Notiere dann erst das Ergebnis.

a) 50 m · 25 cm	**c)** 125 m^2 · 5 dm	**e)** 800 m^2 : 50 dm	**g)** 50 cm · 9 dm
b) 75 m^3 : 15 dm^2	**d)** 99 km^3 : 3 km	**f)** 7 m · 8 m · 9 m	**h)** (3 m + 50 cm) · 4 m

6. Ordne. Beginne mit der kleinsten Größe.

a) $2\frac{1}{2}$ m; 2,2 dm; 202 m	**d)** 70 a; 7 km^2; 170 m^2	**g)** 750 W; 0,03 kW; 0,5 MW
b) 0,5 h; 25 min; 2 500 s	**e)** 18 m^3; 1,8 l; $8\frac{1}{2}$ dm^3	**h)** 35 mA; 0,02 A; $\frac{1}{2}$ A
c) 6,3 g; 360 kg; $3\frac{1}{2}$ t	**f)** 2,50 €; 1 € 90 Cent; 2 €	**i)** 700 $\frac{Nm}{s}$; 0,8 kW; 2 000 W

7. Vergleiche.

a) 3,450 t ■ 3 t 45 kg		**f)** 720 min ■ 7 h 20 min
b) 7 600 kg ■ 7,6 t		**g)** $5\frac{1}{4}$ m^3 ■ 5 025 l
c) 9 m ■ 90 cm		**h)** 27 dm^3 ■ 2 700 l
d) 3 km 32 m ■ 3,320 km		**j)** 0,5 ha ■ 500 m^2
e) $6\frac{1}{2}$ h ■ 380 min		**j)** 64 cm^2 ■ 0,64 m^2

Vermischte Aufgaben

1. a) (1) Schreibe die Zahl „sechsmillionensiebenundzwanzigtausendfünfhundertsieben"
   mit Ziffern.
   (2) Eine natürliche Zahl und ihr Nachfolger ergeben als Summe 157.
   Wie heißen die beiden Zahlen?

b) Wie groß ist ungefähr
   (1) der Flächeninhalt?   (2) das Volumen?

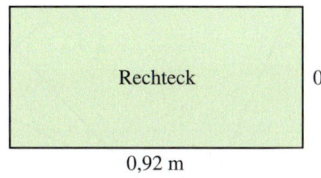 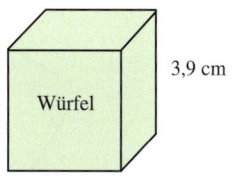

c) Wie groß ist die Wahrscheinlichkeit, beim einmaligen Würfeln
   (1) eine durch 3 teilbare Zahl zu würfeln;   (2) eine Primzahl zu würfeln?

d) Schau dir die Formeln genau an. Was wird aus welchen Größen jeweils berechnet?
   Stelle die Formeln nach jeder Größe um.
   (1) $u = \pi \cdot d$ (2) $v = \dfrac{s}{t}$ (3) $A = \dfrac{g \cdot h}{2}$ (4) $V = A_G \cdot h$ (5) $A = \pi \cdot r^2$

e) Berechne:
   (1) 25% von 1 200 €;   (2) 1% von 376 kg;   (3) 4% von 70 t;   (4) 150% von 30 m²

f) Ein Holzbrett ist 1,80 m lang. Es wird in Stücke zu je 15 cm zersägt.
   Wie viele Schnitte sind notwendig?

2. a) Wie viel Prozent der rechteckigen Fläche ist gefärbt?

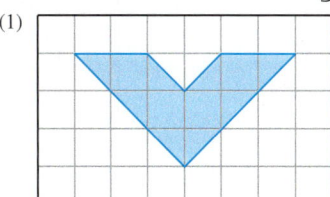 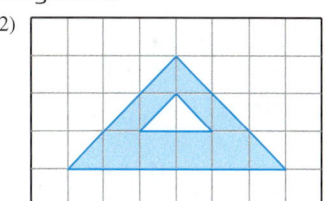

b) Berechne:
   (1) $5 - \dfrac{7}{4}$ (2) $4 : \dfrac{2}{5}$ (3) $3\dfrac{1}{2} \cdot \dfrac{3}{10}$ (4) $9 + 5 \cdot (1,8 - 2)$ (5) $1^2 + 2^3 - \sqrt{10^2}$

c) Erhöhe die folgende Größenangabe jeweils um 10%.
   (1) 800 m   (2) 85 kg   (3) 13,40 €   (4) 1,0 km   (5) 1 h

d) Ergänze im Heft:

a	4	– 3	1,5	2	0	
3 a – 2						13

e) Teile das „U" (Abbildung links) in deinem Heft mit zwei Geraden in
   (1) 5 Teile;   (2) 4 Teile;   (3) 6 Teile.

f) Skizziere ein Schrägbild eines dreiseitigen Prismas.
   Wie viele Ecken, Kanten und Flächen besitzt dieser Körper?

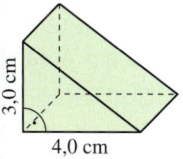

3. a) Berechne: (1) $\dfrac{1}{2}$ h + 25 min;   (2) $\dfrac{1}{4}$ von 2 m;   (3) 20% von 1,5 kg.

b) Heike soll von dem links abgebildeten Prisma mit dem Volumen V = 72 cm³ die Pris-
   menhöhe herausfinden. Welcher Wert ist richtig?
   (1) 3 cm   (2) 6 cm   (3) 12 cm

Auf der nächsten Seite geht es weiter.

c) Runde:

(1) 474 387 auf Tausender;   (3) 239,57 auf Ganze;

(2) 25,4735 auf Hundertstel;   (4) 87,182 auf Zehntel.

d) Ordne die Seiten a, b, c von jedem der folgenden Dreiecke der Größe nach.

(1) $a = 5{,}3$ cm; $b = 5\frac{1}{2}$ cm; $c = 5\frac{1}{3}$ cm   (3) $\alpha = 65°$; $\beta = 25°$

(2) $a = 4{,}2$ cm; $c = 7{,}9$ cm; $\beta = 94°$ (4) $\beta = \gamma = 48°$

e) Gib die Größe der fehlenden Winkel an.

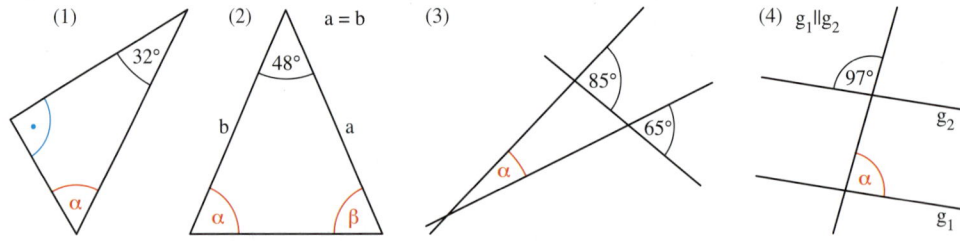

f) Wie groß ist der Unterschied zwischen

(1) 0,9 m und 1,01 m;   (2) $-3{,}2\,°C$ und $1{,}7\,°C$;   (3) $\frac{1}{5}\,l$ und $\frac{1}{4}\,l$?

4. a) Kann man ein Becken (3,5 m lang; 2,0 m breit; 0,7 m hoch) mit 5 000 l Wasser füllen?

b) Berechne den Umfang und den Flächeninhalt der Kreise (verwende $\pi \approx 3{,}14$).

(1) $d = 20{,}0$ cm   (2) $r = 2{,}0$ dm   (3) $d = 1{,}0$ m

c) Welches Volumen hat der Körper?

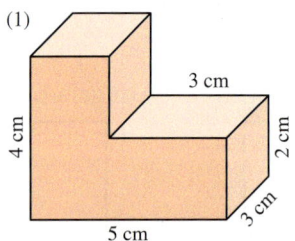 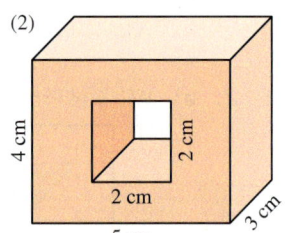

d) Barbara hat Pythagorasfiguren aus einem rechtwinkligen Dreieck und drei Quadraten gezeichnet.

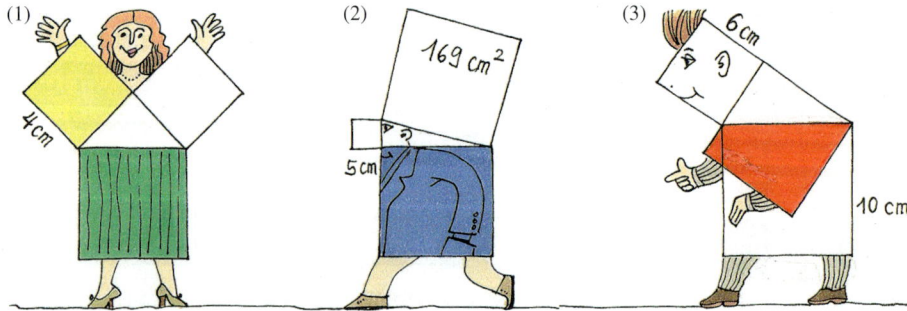

Wie groß ist die

- gelbe Ärmelfläche   • Huthöhe   • rote Ärmelfläche
- grüne Rockfläche   • blaue Jackenfläche

Auf der nächsten Seite geht es weiter.

e) Wie viele Straßenlampen müssen auf der rechten Seite einer 500 m langen Straße aufgestellt werden, wenn der Lampenabstand 50 m betragen soll und am Anfang und Ende der Straße auch eine Lampe steht?

f) Ein Zug ist von A-Stadt nach B-Stadt unterwegs.
Ergänze in deinem Heft.

	Abfahrt	Ankunft	Fahrzeit
(1)	7^{10}	9^{30}	
(2)	16^{43}	22^{37}	
(3)	21^{37}	1^{07}	
(4)	9^{25}		3 h 45 min
(5)		13^{05}	2 h 20 min

5. a) Eine Tasse hat ein Fassungsvermögen von $\frac{1}{4}\,l$.
Wie viele solche Tassen könnte man mit Kakao füllen, wenn der Topf 3,5 l fasst?

b) Drei Traktoren gleicher Stärke pflügen gemeinsam eine Fläche in 8 Stunden.
Wie lange hätten zwei Traktoren dazu gebraucht?

c) Eine Keramikfirma stellt am Tag 5 000 Blumenübertöpfe her. Erfahrungsgemäß sind
ca. 25 Töpfe fehlerhaft. Wie viel Prozent sind das?
(1) 0,2%   (2) 5%   (3) $\frac{1}{2}$%   (4) 2%

d) Vereinfache die Terme.
(1) $5a + 7b - 7a$
(2) $2,5xy^2 \cdot 4xy$
(3) $-3(0,5m - n)$
(4) $(9x^2 - 0,6) : 0,3$

e) Die Summe in den Spalten, Zeilen und Diagonalen im Bild rechts
soll gleich sein.

		4,0
	4,3	
4,6	4,9	

f) (1) Schreibe die Quadratzahlen von 0; 1; 2; 3; ...; 20
untereinander auf.
(2) Bilde nunmehr die Differenz zweier aufeinanderfolgender
Quadratzahlen. Beginne dabei von unten mit der letzten Zahl
und schreibe die Ergebnisse jeweils auf Lücke daneben.
Was fällt dir auf?

6. a) Setze richtige Rechenzeichen, damit eine wahre
Aussage entsteht:
4 ▮ 3 ▮ 7 = 25

b) Wie viele Quadrate enthält die Figur rechts?

c) Ermittle mit einem Überschlag den Umfang und den Flächeninhalt der Kreise.
(1) d = 3,9 mm   (2) r = 9,7 m   (3) d = 20,2 cm

d) Für eine Jacke wurde der Preis um 25% gesenkt. Sie kostet jetzt nur noch 60 €.
Wie teuer war sie vorher?

e) Die Schüler der 10. Klasse haben in
einem Projekt die Längen $\overline{BC}$ und $\overline{DF}$
zweier Teiche in einem Landschafts-
schutzgebiet ermittelt.
Für ihre Rechnung benutzten sie die
folgenden Streckenlängen:

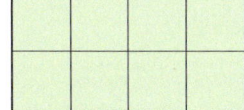

CE ∥ DF

$\overline{AB}$ = 12 m, $\overline{CD}$ = 82 m, $\overline{CE}$ = 44 m und $\overline{AE} = \overline{EF}$ = 100 m.

f) Vergleiche: (1) 4^3 mit 3^4; (2) π mit 3,14; (3) 0,3 mit $\frac{1}{3}$; (4) 10^{-1} mit 2^{-1}

7. a) Welche Überschläge passen am besten zur Aufgabe 725,3 : 8,9?

    (1) 700 : 10   (4) 1 000 : 10   (7) 8 000 : 80

    (2) 1 000 : 9   (5) 700 : 7   (8) 725 : 9

    (3) 720 : 8   (6) 800 : 10   (9) 720 : 9

b) Für das Trapez ABCD rechts gilt $\overline{AD} = \overline{DC}$.
Wie groß ist β?

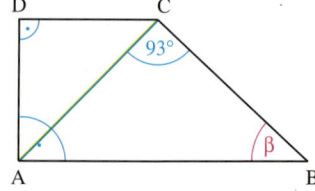

c) Ordne im Heft gleiche Größen einander zu.

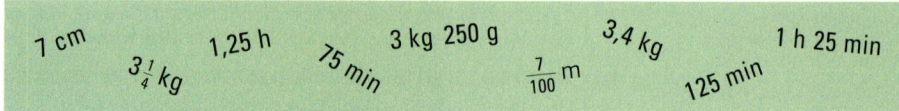

7 cm $3\frac{1}{4}$ kg   1,25 h   75 min   3 kg 250 g $\frac{7}{100}$ m   3,4 kg   125 min   1 h 25 min

d) Berechne das Volumen des Körpers, der im Bild rechts als Netz dargestellt ist.

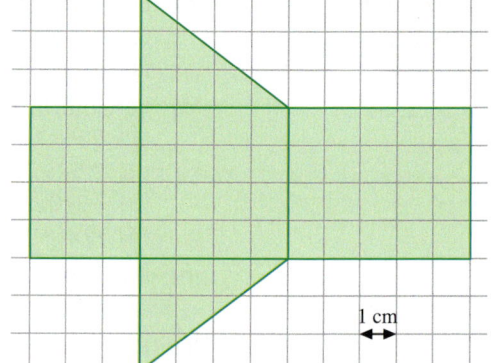

1 cm ↔

e) Ergänze im Heft die fehlende Zahl bei

    (1) direkter Proportionalität;

a	1,4	
b	4	12

    (2) indirekter Proportionalität.

x	2,5	5
y	4	

f) Familie Sommer will am 1. Mai vormittags von Dresden Hbf nach Oederan fahren.
Gib die Abfahrts- und Ankunftszeit an.
Wie lange dauert die Fahrt?

Zug **IRE 3**   **Dresden - Chemnitz - Zwickau - Plauen (V) - Hof**
MITTELSACHSEN-VOGTLAND-EXPRESS   **DB**

VVO-Tarif Dresden - Klingenberg-Colmnitz

		MONTAG - FREITAG											SAMSTAG, SONN- UND FEIERTAG						
ZUGGATTUNG		IRE	IRE	IRE	IRE	IRE	IRE	IRE	IRE	IRE	IRE	IRE	IRE	IRE	IRE	IRE	IRE	IRE	IRE
ZUGNUMMER		17058	17040	17042	17044	17046	17048	17050	17052	17054	17056	17058	17040	17042	17044	17046	17048	17050	17
Dresden Hbf	ab		5.13	7.13	9.13	11.13	13.13	15.13	17.13	19.13	21.13			7.13	9.13	11.13	13.13	15.13	
Freital-Deuben			5.23	7.23	9.23	11.23	13.23	15.23	17.23	19.23	21.23			7.23	9.23	11.23	13.23	15.23	
Tharandt			5.28	7.28	9.28	11.28	13.28	15.28	17.28	19.28	21.28			7.28	9.28	11.28	13.28	15.28	
Klingenberg-Colmnitz	an		5.39	7.39	9.39	11.39	13.39	15.39	17.39	19.39	21.39			7.39	9.39	11.39	13.39	15.39	
Klingenberg-Colmnitz	ab		5.39	7.39	9.39	11.39	13.39	15.39	17.39	19.39	21.39			7.39	9.39	11.39	13.39	15.	
Freiberg (Sachs)	an		5.50	7.50	9.50	11.50	13.50	15.50	17.50	19.50	21.50			7.50	9.50	11.50	13.50	15.	
Freiberg (Sachs)	ab		5.51	7.51	9.51	11.51	13.51	15.51	17.51	19.51	21.51			7.51	9.51	11.51	13.51		
Oederan			6.02	8.02	10.02	12.02	14.02	16.02	18.02	20.02	22.02			8.02	10.02	12.02	14.02		
Flöha			6.09	8.09	10.09	12.09	14.09	16.09	18.09	20.09	22.09			8.09	10.09	12.09	14.0		
Niederwiesa			6.13	8.13	10.13	12.13	14.13	16.13	18.13	20.13	22.13			8.13	10.13	12.13			
Chemnitz Hbf	an		6.22	8.22	10.22	12.22	14.22	16.22	18.22	20.22	22.22			8.22					
Chemnitz Hbf	ab		6.23	8.23	10.23	12.23	14.23	16.23	18.23	20.23									
Hohenstein-Ernstthal			6.38	8.38	10.38	12.38	14.38												

8. a) Runde auf volle Meter.

    (1) 3,87 m   (2) 82,74 dm   (3) $2\frac{1}{2}$ m   (4) 0,0784 km   (5) 4 720 mm

b) Für die im Jahre 2010 erstmals bezogene 75-m²-Wohnung in Magdeburg bezahlte die Familie Baum zunächst 500 € Miete.
Damals wurde ihr gesagt, dass sie alle 5 Jahre mit einer Mietpreiserhöhung von 10% der jeweils gültigen Miete rechnen muss.
Wie hoch wird die Miete voraussichtlich im Jahre 2020 sein?

c) Prüfe, ob die Ergebnisse richtig sind.

    (1) $1,7 + (0,9 - 1,2) = 2$ (2) $\frac{1,2 \cdot 8}{2} = 4,8$ (3) $\frac{7 - 1,3}{0,3} = 1,9$

Auf der nächsten Seite geht es weiter.

d) Familie Heuer will die 64 km vom Heimatort zum Urlaubsort folgendermaßen aufteilen:
Zunächst fahren sie 28 km mit dem Zug. Den Rest wandern sie, wobei sie nach dem ersten Drittel der Wanderstrecke die erste Pause einlegen.
Wie weit sind sie vom Zielort entfernt?

e) Was kostete der 3. Artikel?

$$\begin{array}{r} 4{,}15\ € \\ +\ 13{,}99\ € \\ +\ \rule{1cm}{0.3cm}\ € \\ \hline 25{,}74\ € \end{array}$$

f) Ermittle eine Funktionsgleichung der Form $y = mx + n$ für die rechts abgebildete Gerade.

zu **f)**

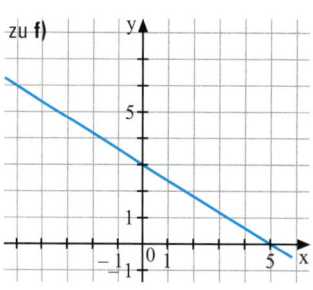

9. a) Berechne.
(1) $2\,m\,(1{,}2 - 3\,mn)$ (2) $(2x - 3)(x + 5)$ (3) $(8a - 3)\left(\frac{1}{2}a - 2\right)$

b) Gib drei Zahlen an, die kleiner als $-3{,}1$ aber größer als $-3{,}2$ sind.

c) Noras Großeltern haben Kaninchen und Enten.
Wie viele Kaninchen und Enten können es sein, wenn sie ihrem Bruder Johann die Zahl 20 als Anzahl aller Tierbeine nennt?

d)

Die drei Körper bestehen aus Würfeln mit der Kantenlänge 2 cm.
(1) Setze die drei Körper zu einem Quader zusammen. Zeichne ihn als Schrägbild im Maßstab 1 : 2 und gib seine Länge, Breite und Höhe an.
(2) Berechne das Volumen und den Oberflächeninhalt des Quaders.

e) Bestimme die Summe und das Produkt aller ganzen Zahlen zwischen – 6 und 6.

f) Drei Gemeinden bauen zusammen ein Kulturhaus.
Die Kosten werden wie nebenstehend aufgeteilt.
Stelle dir selbst Aufgaben und löse sie.

Gemeinde A	35 % der Kosten
Gemeinde B	$\frac{1}{4}$ der Kosten
Gemeinde C	160 000 €

10. a) Eine Schraubenfeder aus dem Physikkabinett dehnt sich durch Einwirken einer Kraft von 3 N um 12 cm aus.
(1) Um wie viel cm dehnt sie sich bei einer Kraft von 5 N aus?
(2) Welche Kraft wirkt bei einer Ausdehnung von 2,4 cm?

b) Schreibe ohne Zehnerpotenz.
(1) 10^6 (2) $4{,}3 \cdot 10^2$ (3) 10^{-2} (4) $1{,}5 \cdot 10^{-3}$ (5) $0{,}028 \cdot 10^4$

Auf der nächsten Seite geht es weiter.

c) Leite eine Flächenformel für die gefärbte Fläche her.

(1)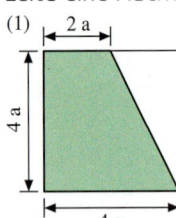

(2)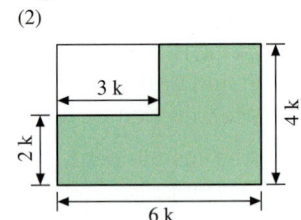

(3)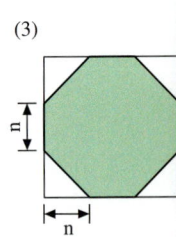

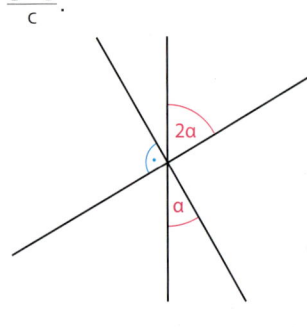

d) Welche Terme sind wertgleich?

(1) $6x - 2$ (2) $9x - (3x - 1) - 5$ (3) $(1 - 3x) \cdot (-2)$ (4) $-3 + (7x - 1) - x$

e) Stelle die Formel $A_O = 4\pi \cdot r^2$ für den Oberflächeninhalt und die Formel $V = \frac{4\pi \cdot r^3}{3}$ für für das Volumen einer Kugel jeweils nach r um.

f) Wie groß ist α?

11. a) Schreibe mit der in der Klammer stehenden Einheit.

(1) $5 \cdot 10^{-3}$ kg (g)   (2) $5 \cdot 10^{-4}$ m (mm)   (3) $5 \cdot 10^{6}$ mm (km)

    $5 \cdot 10^{4}$ g (kg) $5 \cdot 10^{3}$ mm (m) $5 \cdot 10^{-7}$ kg (mg)

b) Ein Unternehmen für Schülerreisen stellt den 45 Schülern der 10. Klassen für eine Fahrt nach Berlin einen Bus für 720 € zur Verfügung.

Welchen Betrag muss jeder nach der Fahrt bezahlen, wenn ein Schüler wegen Krankheit nicht mitfahren kann und die vier Begleitpersonen sich auch an den Kosten beteiligen?

c) Zeichne für folgende Körper ein Zweitafelbild.

(1)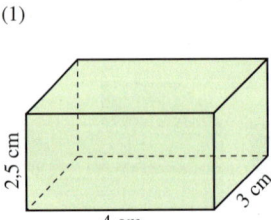

(2)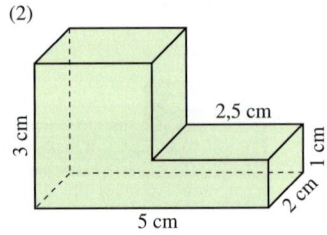

(3)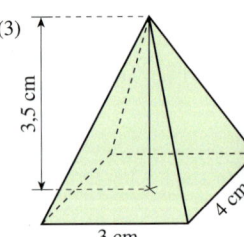

d) Es soll a = 4, b = −2,4 und c = 0,2 sein.

Berechne den Termwert von (1) $a + b - c$ und (2) $\frac{a - b}{c}$.

e) Wie groß ist in der Figur rechts der Winkel α?

f) Verwandle die Terme durch Ausklammern in Produkte.

(1) $3a + 15b$

(2) $33xy^2 + 44xy + 22y$

(3) $10a^2 - 0,25ab + 5a$

12. a) Schreibe mit abgetrennten Zehnerpotenzen.

(1) 63 700   (3) 0,000475

(2) 1 Milliarde   (4) 41 527,3

Auf der nächsten Seite geht es weiter.

b) Löse das Gleichungssystem $\left| \begin{array}{l} y = \frac{1}{2}x + 1 \\ y + x = 4 \end{array} \right.$

c) Florian sieht sofort, dass
(1) die rote Seite die halbe Länge s hat;
(2) die roten Strecken gleich lang sind;
(3) die rote Seite die doppelte Länge von h hat.

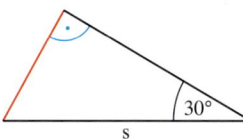
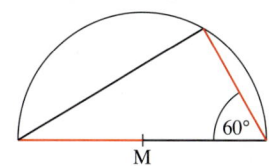
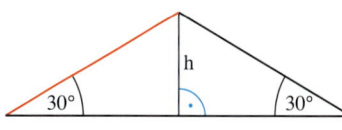

Begründe, ohne Zuhilfenahme einer Rechnung, die Gültigkeit seiner Aussagen.

d) Berechne x.

(1) $\frac{5}{2} = \frac{x}{8}$ (2) $\frac{2x}{3} = \frac{6}{1,5}$ (3) $\frac{x-1}{3} = 5$ (4) $\frac{x}{5} + \frac{x}{10} = 3$

e) (1) Ergänze im Heft die Wertetabelle für die Funktion mit der Gleichung $y = 2x - 3$.

x	– 1,5	– 1	0	1	2
y					4

(2) Zeichne den zugehörigen Graphen im Intervall $-1 \leq x \leq 3$ in ein Koordinatensystem (Einheit 1 cm).
(3) Ermittle die Nullstelle.
(4) Zeichne einen zweiten Graphen, welcher parallel zu dem gegebenen Graphen liegt und durch den Punkt $P(0|1)$ geht.
Gib auch seine Gleichung an.

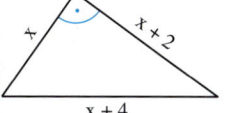

f) Ermittle für das links abgebildete Dreieck die Seitenlängen, wenn es einen Flächeninhalt von 24 cm² hat.

13. a) Vereinfache den Term $3r(0,5 - 2r) + (r - 2)^2 - 2,5r^2$.

b) Mit welcher der Formeln lässt sich das Volumen des Prismas berechnen? Begründe.

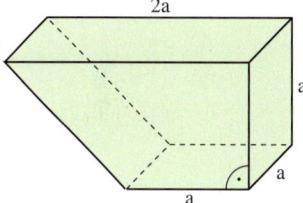

(1) $V = a \cdot a \cdot a$
(2) $V = a \cdot a \cdot a + \frac{a \cdot a \cdot a}{2}$
(3) $V = 1,5\,a^3$
(4) $V = \frac{(a + 2a) \cdot a}{2} \cdot a$

c) Bestimme die Lösungsmenge. Führe auch die Probe durch.
(1) $5x - 3 - 2x = 9$ (2) $3a + 8 = 3 - 2a$ (3) $7(y - 1) = 5y + 11$

d) Gegeben ist rechts ein Prisma im Zweitafelbild ohne Benennung. Zeichne ein Netz des Prismas. Entnimm die Maße dem Zweitafelbild.

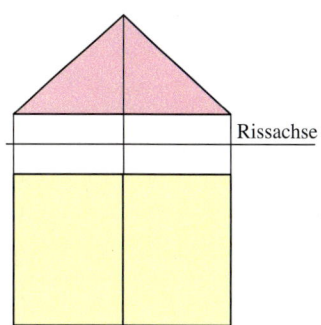

e) In einer Autofabrik werden an 3 Montagebändern in 8 Stunden insgesamt 720 Autos hergestellt. Ein Band fällt 30 min aus.
Wie viele Autos werden dadurch weniger hergestellt?

f) Wie groß ist α?

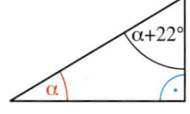
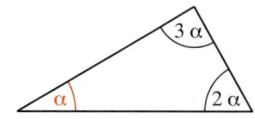
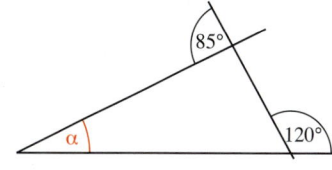

ÜBUNGEN ZU VERSCHIEDENEN BEREICHEN – HILFSMITTEL SIND ERLAUBT
Zahlen – Terme – Gleichungen

Zahlen

Symbol	Zahlenbereich	
$\mathbb{N}$	Natürliche Zahlen (*einschl.* Null)	$\mathbb{N} = \{0;\ 1;\ 2;\ \dots\}$
$\mathbb{Z}$	Ganze Zahlen	$\mathbb{Z} = \{\dots;\ -3;\ -2;\ -1;\ 0;\ 1;\ 2;\ 3;\ 4;\ \dots\}$
$\mathbb{Q}_+$	Gebrochene Zahlen	*Kleinste* gebrochene Zahl: 0 Alle anderen gebrochenen Zahlen sind *positiv*, z. B. 0,5; 1; $\frac{5}{4}$; 2; $2\frac{1}{2}$; $3,\overline{3}$
$\mathbb{Q}$	Rationale Zahlen	
$\mathbb{R}$	Reelle Zahlen	Alle rationalen Zahlen $\left(\text{z. B. } -1\frac{1}{2};\ -0,75;\ 1;\ 3,\overline{3}\right)$ und dazu die unendlichen nichtperiodischen Dezimalbrüche (nichtrationale Zahlen), z. B. $1,121314\dots$; $\sqrt{2}$; π

1. Gegeben sind die Zahlen: 1; $\frac{4}{3}$; 0; $\frac{7}{5}$; 4; 0,05; $\frac{3}{3}$; 500; $1\frac{1}{3}$; 5%; die entgegengesetzte Zahl von 4; $1,\overline{3}$; 2^2; $1\frac{2}{5}$; $\sqrt{16}$; $-2,1$; $5 \cdot 10^2$; -4; $\frac{5}{100}$; $-\frac{21}{10}$; 1,4; $\sqrt{2}$; 3^0; $5 \cdot 10^{-2}$; 2^{-2}. Welche der Zahlen sind gleich?

2. Ordne die Zahlen der Größe nach. Beginne mit der kleinsten Zahl.

a) $\frac{14}{10}$; -3; 0; 1,05; $-3,1$

b) $1\frac{1}{3}$; 5; -2; 0,5; 1,3

c) $\frac{12}{5}$; $3,\overline{6}$; -4; $7\frac{1}{5}$; -7

d) -1; 3,14; $-(-2)$; $\sqrt{9,61}$; π

3. Gib drei

a) natürliche Zahlen an zwischen 7,8 und 11,1;

b) ganze Zahlen an zwischen $-3,7$ und 4,3;

c) gebrochene Zahlen an zwischen $\frac{1}{4}$ und $\frac{1}{3}$;

d) gebrochene Zahlen an zwischen $2,\overline{2}$ und $2\frac{2}{5}$;

e) rationale Zahlen an zwischen $-1\frac{1}{2}$ und π;

f) nichtrationale Zahlen an zwischen 3 und 5;

g) gerade Zahlen an zwischen 2^4 und 3^2;

h) ungerade Zahlen an zwischen $\sqrt{400}$ und $\sqrt{625}$;

i) Primzahlen an zwischen 1 und 9.

4. Vergleiche die reellen Zahlen.

a) $\frac{1}{9}$ $\square$ 3^{-2}

b) 5 $\square$ 11^0

c) $\frac{22}{7}$ $\square$ π

5. Rechne mit dem Taschenrechner. Runde auf Hundertstel.

a) $1,79 \cdot 0,045 + 15,9$ e) $2,7^2 \cdot \pi$ i) $5,4 \cdot \sin 32°$

b) $13,8 - (7,5 + 1,08)$ f) $\dfrac{0,276 \cdot 765}{0,038}$ j) $\sqrt{25,7^2 - 13,4^2}$

c) $13,1^2 + 25,7^2$ g) $\dfrac{1,8}{2,4 \cdot 5,3}$ k) $\dfrac{4,2}{\sin 57°}$

d) $4,5 + \sqrt{27,4}$ h) $\dfrac{5,8 + 2,29}{4,7 \cdot 3,2}$ l) $2,5^2 + 3,7^2 - 2 \cdot 2,5 \cdot 3,7 \cdot \cos 60°$

6. Berechne.

a) $\frac{1}{2} + \frac{2}{3} - \frac{3}{4}$ b) $\left(\frac{7}{9} + \frac{5}{12}\right) \cdot \frac{2}{5}$ c) $\frac{4}{9} + \frac{2}{3} \cdot \frac{9}{10}$ d) $\frac{5}{12} - \left(\frac{8}{15} - \frac{2}{5}\right)$ e) $1\frac{1}{2} : 2\frac{2}{3}$

Terme

7. Stelle den Term auf:

a) Eine Zahl a vermindert um 5;

b) das Dreifache der Zahl b vermehrt um 2;

c) der vierte Teil der Zahl x;

d) die Differenz aus dem Vierfachen der Zahl a und dem Dreifachen der Zahl b;

e) das Doppelte der Summe aus den Zahlen x und y;

f) die Differenz der Quadratzahlen von a und b.

8. Beschreibe den Term wie in Aufgabe 7 mit Worten.

a) $x + 5$ b) $4 \cdot a$ c) $\frac{y}{2}$ d) $12 - b$ e) $4 \cdot z - 3$ f) $2 \cdot x + 3 \cdot x$

9. a) Addiere zu 0,75 die Differenz von $\frac{5}{7}$ und $\frac{3}{8}$.

b) Vermindere das Produkt aus $2\frac{1}{2}$ und 0,7 um 0,15.

c) Subtrahiere 0,5 von der Differenz der Zahlen $\frac{7}{3}$ und $1\frac{1}{2}$.

d) Bilde das Produkt aus der Summe und der Differenz der Zahlen 1,4 und $\frac{1}{5}$.

10. a) Das Produkt von drei Faktoren ist 72. Der erste Faktor ist 4, der zweite Faktor 1,5. Wie groß ist der dritte Faktor?

b) Das Fünffache einer Zahl vermehrt um 3 ergibt 38. Wie lautet die Zahl?

11. Ergänze die Tabelle im Heft.

a)

a	b	$2 \cdot a + b$	$(a - b) \cdot 2$	$\dfrac{a + 3}{b}$	$\frac{1}{2}a - 3b$
4	1				
-5	2				
3		6			

b)

a	b	c	a^2	b^3	$\dfrac{1}{c}$	$\dfrac{a + 3}{2b - c}$	$3a^2 - bc$	$\dfrac{4a}{b \cdot c}$	$\dfrac{1}{b^3}$
7	4,5	9							
-3	-5	1							
1	2				n.l.				

12. Für welches x $(x \in \mathbb{R})$ ist der Term nicht definiert?

a) $\frac{5}{x}$
b) $\frac{7}{x-2}$
c) $\frac{x-4}{0,2x}$
d) $\frac{x-4}{-0,2x-1}$
e) $\frac{2}{21-3x}$
f) $\frac{1}{x^2-1,21}$

13. Stelle einen Term für den Umfang auf. Findest du mehrere Möglichkeiten?

a) 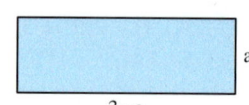   b) 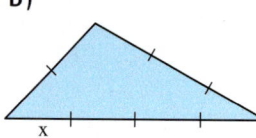   c) 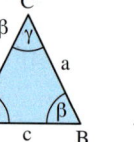   d)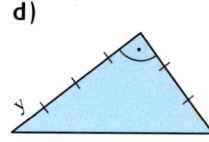

Umformen von Termen

14. Fasse zusammen.

a) $5x - 3 + 13xy - 15 - 12y$

b) $0,7x - 1,8 + 2,1x^2 - 1,5x + 3,5$

c) $2,5a^2b - 8,1ab + 7,3ba - 1,9ab^2$

d) $\frac{1}{2}a + \frac{1}{4}b - \frac{2}{3}a + \frac{1}{3}b + \frac{1}{10}$

e) $7a^2 + \sqrt{16a^2} + (2a)^2 - 1,5a$

f) $\frac{2}{3}t^2 - \frac{4}{5}u - (2t)^2 - 0,2u$

15. Löse erst die Klammern auf und fasse dann zusammen.

a) $2a + (7b - 3a)$

b) $1,5x - (-3y + 2,5x)$

c) $(4 - 3a) + (3a - 4)$

d) $(1,5x - 2) - (2 - 1,5x)$

e) $a - (7 - 2b) - 15$

f) $5x^2 - (8 - 2x + y) - 3y + 0,5$

16. Vereinfache den Term.

a) $3 \cdot 1,2a$

b) $5a \cdot 1,2b \cdot 3$

c) $2x \cdot (-3xy)$

d) $(-0,5) \cdot (-0,8z)$

e) $16a : 0,4$

f) $(-10a) : 0,05$

g) $\frac{1}{2}x \cdot (-0,5xy)$

h) $\left(-\frac{2}{3}y\right) : \left(-\frac{1}{3}\right)$

17. Verwandle das Produkt in eine Summe.

a) $0,3a(5 - 10b)$

b) $(x - 0,2y) \cdot 7x$

c) $-0,3(0,5x - 0,03y)$

d) $(2a - 6)(1,5a - 0,2)$

e) $(5b - 0,2)(5b - 0,2)$

f) $5(2n + 1)(2n - 1)$

g) $(-2a - 0,4b)(-0,7 + 8a)$

$$5(4x+2y) = 5 \cdot 4x + 5 \cdot 2y = 20x + 10y$$

$$(2a + 3b)(3a - 4b)$$
$$= 2a \cdot 3a - 2a \cdot 4b + 3b \cdot 3a - 3b \cdot 4b$$
$$= 6a^2 - 8ab + 9ab - 12b^2$$
$$= 6a^2 + ab - 12b^2$$

18. Multipliziere und fasse dann zusammen.

a) $2(3a - 4) + (a + 5)(-7 + 2a)$

b) $-5x(4 - 2x) + (x + 4)(x - 4)$

c) $(4a - 2)(3a + 5) - 3(2a^2 - 5a)$

d) $(4y - 3z)(2y - 5z) - (3y - 7z)(4y + 3z)$

19. Klammere möglichst viele Faktoren aus.

a) $3a + 18b$

b) $xy + xz$

c) $2a + ab$

d) $7y + 7$

e) $4xy + 8xz$

f) $16a^2b + 8ab$

g) $3a^2 - 12ab + 18a$

h) $44ay^2 - 55by + 77cy$

i) $72u^2v - 12u^2 + 6u$

20. Löse die Klammern auf und fasse – wenn möglich – zusammen.

a) $(a + 4)^2$

b) $(3 - x)^2$

c) $(3a + 0,5)^2$

d) $(0,2 - y)^2$

e) $(2n + 1)^2$

f) $(2n - 1)^2 - 3$

g) $(1 - 0,5b)(1 + 0,5b) - 2b$

h) $(x + 3)(x - 3) - (4x - 3)^2$

Lineare Gleichungen

21. Stelle durch eine Probe fest, ob die angegebene Zahl eine Lösung der Gleichung ist.

a) $17,2 - a = 4,4$; $13,8$ **b)** $4 \cdot z - 3 = -11$; -2 **c)** $b : 2\frac{1}{2} = 10$; 25

22. Ermittle die Lösung der Gleichung. Kontrolliere sie durch eine Probe.

a) $x + 37 = 111$ **c)** $7 \cdot a = 84$ **e)** $9 \cdot a - 3 = 87$ **g)** $-8 = y - 18$

b) $y - 13 = 28$ **d)** $b : 4 = 13$ **f)** $13 = \frac{x}{2} + 3$ **h)** $4 \cdot b = -32$

23. Bestimme die Lösungsmenge der Gleichung. Der Variablengrundbereich soll die Menge der reellen Zahlen sein.

a) $4x + 3 = 3x - 7$

b) $70 - 3z + 8z = 78 + 3z$

c) $5a + 3(2a - 4) = 14 + 12a$

d) $3x - (x - 7) = 19$

e) $4x - (2x + 0,5) = 15 + 3(7 - x)$

f) $4a(2 + a) = 2(2a^2 + 5)$

g) $\dfrac{6a - 10}{2} = 25$

h) $\dfrac{2m - 2}{4} - 1 = 4$

$$\begin{aligned}
34 + 9x &= x - (2x + 6) \\
34 + 9x &= x - 2x - 6 \\
34 + 9x &= -x - 6 &&| +x \\
34 + 10x &= -6 &&| -34 \\
10x &= -40 &&| : 10 \\
x &= -4
\end{aligned}$$

Probe:

$$34 + 9 \cdot (-4) \overset{?}{=} -4 - (2 \cdot (-4) + 6)$$

LS: $34 + 9 \cdot (-4)$ RS: $-4 - (2 \cdot (-4) + 6)$

    $= 34 - 36$ $= -4 - (-8 + 6)$

    $= -2$ $= -4 - (-2)$

                     $= -2$

$L = \{-4\}$

24. Bestimme die Lösungsmenge unter Beachtung des vorgegebenen Grundbereiches.

a) $5(2x + 15) - 9x = 69$; $x \in \mathbb{Z}$ **c)** $(4y - 3)5 - 6y = -4(5 + 9y)$; $y \in \mathbb{Q}_+$

b) $18 + 5(3a - 2) = 2(7a + 1)$; $a \in \mathbb{N}$ **d)** $(x - 4)(x + 2) = x(x - 3) + 5$; $x \in \mathbb{N}$

25. Stelle eine Gleichung auf und löse sie.

a) Addiert man 8,7 zum Dreifachen einer Zahl, so ergibt sich 12.

b) Die Zahl 8 erhält man, wenn der fünfte Teil einer Zahl um 7 vermindert wird.

26. Berechne den Umfang.

(1)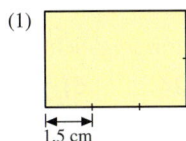
   1,5 cm

(2)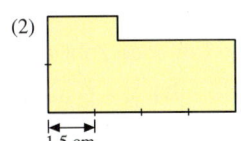
   1,5 cm

(3)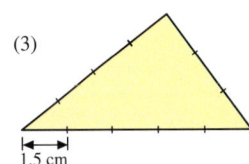
   1,5 cm

27. In einem gleichschenkligen Dreieck ist die Basis 4,5 cm länger als einer der Schenkel. Das Dreieck hat einen Umfang von 25,5 cm. Wie lang ist jede Dreieckseite?

28. Wenn man bei einem Quadrat die Länge um 3 cm verkürzt, die Breite um 3 cm verlängert, so erhält man ein Rechteck mit dem Flächeninhalt von 667 cm². Wie lang sind die Rechteckseiten?

29. Dirk hat im Supermarkt für 2 kg Äpfel und 10 Brötchen 3,48 € bezahlt. Er weiß noch, dass ein Brötchen 15 Cent gekostet hat. Zu welchem Kilopreis waren die Äpfel ausgeschildert?

30. Ein Wanderer legte an 3 Tagen 77 km zurück. Am ersten Tag waren es 5 km mehr als am zweiten Tag, am dritten Tag gar 12 km mehr als am zweiten Tag. Wie viel Kilometer legte er jeden Tag zurück?

31. Auf einem Kleintransporter befinden sich zwei Container, von denen der eine dreimal so viel wiegt wie der andere. Insgesamt wiegt das Fahrzeug mit Ladung 2 400 kg. Wie groß ist die Masse der Container, wenn der Transporter eine Leermasse von 1 600 kg hat?

32. Der Altersunterschied zwischen Vater und Sohn beträgt 24 Jahre. Die Mutter ist zwei Jahre jünger als der Vater. Alle zusammen sind 97 Jahre alt. Wie alt ist jeder?

33. Wenn man bei einem Würfel die Kanten jeweils um 2 cm verlängert, so vergrößert sich sein Oberflächeninhalt um 120 cm². Bestimme die ursprüngliche Kantenlänge.

34. In einer Klasse hat ein Viertel aller Schüler eine „2", ein Sechstel eine „1" und ein Drittel eine „4". Fünf erreichten die Note „3". Nur ein Schüler bekam eine „5". Die „6" gab es nicht. Wie viele Schüler sind in der Klasse?

35. Gegeben ist der Term $\frac{2x-5}{5-4x}$.

    a) Berechne den Wert des Terms für   (1) $x = 0,5$;   (2) $x = -2$.

    b) Für welche reelle Zahl x ist der Term nicht definiert?

    c) Welche Zahl muss man für x einsetzen, damit der Term den Wert 2 annimmt?

Verhältnis-gleichungen

> Beim Vergleich zweier Zahlen (zweier Größen) a und b bezeichnet man den Bruch $\frac{a}{b}$ bzw. den Quotienten a : b als *Verhältnis*.
>
> Den Bruch $\frac{a}{b}$ bzw. den Quotienten a : b liest man: *a (verhält sich) zu b.*
>
> Eine Verhältnisgleichung wie $\frac{a}{b} = \frac{3}{5}$ bzw.
>
>   a : b = 3 : 5 liest man: *a (verhält sich) zu b wie 3 zu 5.*
>
> Da ein Bruch bzw. Quotient eine Zahl ist, kann man also eine Zahl auch als Verhältnis verstehen. Die Zahlen 1,75; $\frac{7}{4}$; $1\frac{3}{4}$ und der Quotient 7 : 4 drücken alle das Verhältnis 7 zu 4 aus.

36. Welche Verhältnisse sind gleich?

    $\frac{3}{2}$;   0,5; $\frac{1}{100}$;   2 : 1;   100; $1\frac{1}{2}$;   1 : 100; $\frac{5}{10}$;   2;   0,01

37. Ergänze die fehlende Zahl so, dass die Verhältnisse gleich sind.

    a) $\frac{1}{2} = \frac{\square}{6}$ **b)** $\frac{\square}{16} = \frac{1}{4}$ **c)** $5 : 2 = \square : 24$ **d)** $\frac{\square}{4} = \frac{35}{7}$ **e)** $\frac{7}{\square} = \frac{11}{33}$

38. Löse die Verhältnisgleichung.

    a) $\frac{x}{8} = \frac{1}{2}$

    b) $\frac{27}{18} = \frac{x}{2}$

    c) $\frac{y}{1} = \frac{7}{5}$

    d) $\frac{y}{4} = \frac{6}{5}$

    e) $\frac{2}{z} = \frac{7}{21}$

    f) $\frac{5}{3} = \frac{4}{z}$

    g) $\frac{a+1}{10} = \frac{1}{5}$

    h) $\frac{1}{2} = \frac{3-b}{6}$

> $\frac{3}{x} = \frac{5}{4}$ bzw. $\frac{x}{3} = \frac{4}{5}$
>
> **Schreibe die Gleichung so, dass x stets im Zähler steht**
>
> *1. Weg:* $\frac{x}{3} = \frac{4}{5}$
>
> $\frac{x \cdot 5}{3 \cdot 5} = \frac{4 \cdot 3}{5 \cdot 3}$ ⎫
>
> $\frac{5 \cdot x}{15} = \frac{12}{15}$ ⎬ Gleichnamig machen
>
> $5 \cdot x = 12$ Vergleich der Zähler
>
>   also $x = 2,4$
>
> *2. Weg:* $\frac{x}{3} = \frac{4}{5}$ Rückwärtsrechnen!
>
>   Aus dem Pfeilbild $x \xrightarrow[\cdot 3]{: 3} \frac{4}{5}$
>
>   erkennt man $\frac{4}{5} \cdot 3 = x$
>
> $\frac{12}{5} = x$
>
> $x = 2,4$

39. Stelle fest, ob die angegebene Zahl eine Lösung der Verhältnisgleichung ist.

a) $\frac{x}{10} = \frac{1}{2}$; 20   c) $\frac{x}{28} = \frac{3}{4}$; 12   e) $\frac{65}{13} = \frac{10}{x}$; 2

b) $\frac{1}{5} = \frac{x}{45}$; 9   d) x : 10 = 7 : 25; 2,8   f) $\frac{3}{x} = \frac{5}{4}$; 2

40. Übernimm die Tabelle und ergänze.

Maßstab bedeutet:
Bild : Original

	a)	b)	c)	d)	e)	f)
Maßstab	1 : 4	4 : 1	1 : 50 000	1 : 10 000		
Länge in der Zeichnung	60 mm	60 mm	4 cm		6 cm	9 m
Länge in der Wirklichkeit				15 km	12 km	4,5 mm

41. Auf einer topografischen Karte (Maßstab 1 : 25 000) misst Peter 33 cm für die Entfernung zweier Rathausplätze. Wie groß ist ihr Abstand (Luftlinie)?

42. Herr Richter hat sich beim Vermessen seines Fischteiches nebenstehende Skizze angelegt (Maße in m). Welche Länge x des Teiches hat er errechnet?

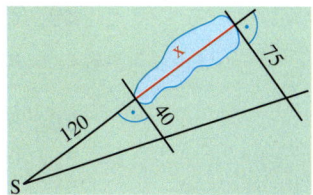

43. Ein Storchennest wird aus einer Augenhöhe von 1,60 m über eine Messlatte anvisiert. Wie hoch ist das Nest über dem Erdboden?

44. Gegeben ist ein Dreieck ABC mit a = 4 cm, b = 3 cm und c = 5,5 cm. Ein zu ABC ähnliches Dreieck A'B'C' hat den Umfang u' = 25 cm.
Wie lang sind die Seiten des Dreiecks A'B'C'?
Gib das Verhältnis der Flächeninhalte der Dreiecke ABC und A'B'C' an.

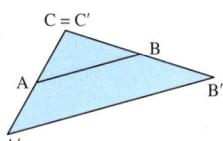

45. Carsten und Markus wollten in einem Schaubild die in den Jahren 2009 und 2010 von ihrem Apfelbaum geernteten Äpfel vergleichen. Im Jahre 2010 wurden von ihnen im Vergleich zu 2009 zweimal so viele Obstkörbe vollständig mit Äpfeln gefüllt. Die Erträge haben sie mit zwei unterschiedlich großen aber ähnlichen Äpfeln dargestellt.
Ist das Schaubild richtig? Begründe.

Quadratische Gleichungen

46. Bestimme die Lösungsmenge der quadratischen Gleichung.

a) $x^2 = 16$ c) $7x^2 + 2 = 1 + 3x^2$ e) $y^2 - 5y = 0$

b) $3a^2 - 12 = 0$ d) $x(x + 5) = 0$ f) $4a^2 - 1 = 0$

47. Multipliziert man eine ganze Zahl mit der um 3 größeren ganzen Zahl, so erhält man 3 420. Finde die zwei Zahlen durch sinnvolles Probieren.

48. Löse die Gleichung. Der Grundbereich soll die Menge der reellen Zahlen sein.
Führe die Probe durch. Gib dann die Lösungsmenge an.

a) $x^2 + 12x - 28 = 0$

b) $x^2 + 5x - 24 = 0$

c) $a^2 - 12a + 35 = 0$

d) $x^2 - 1,6x - 0,8 = 0$

e) $x^2 + 2x = 63$

f) $2x^2 - 28x = 550$

g) $-5a^2 + 315 = -10a$

h) $4x + 2 = -2x^2$

i) $12x^2 = 24x - 60$

j) $(7 + x)(9 - x) + (7 - x)(9 + x) = 76$

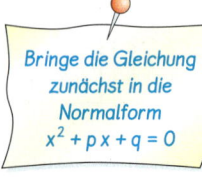

Bringe die Gleichung zunächst in die Normalform
$x^2 + px + q = 0$

$$
\begin{aligned}
2x^2 - 4x &= 30 && | - 30 \\
2x^2 - 4x - 30 &= 0 && | : 2 \\
x^2 - 2x - 15 &= 0 && \text{(Normalform)}
\end{aligned}
$$

$$x_{1,2} = -\frac{p}{2} \pm \sqrt{\left(\frac{p}{2}\right)^2 - 9}$$

$$x_{1,2} = -\frac{-2}{2} \pm \sqrt{\left(\frac{-2}{2}\right)^2 - (-15)}$$

$$x_{1,2} = 1 \pm 4$$

$$x_1 = 5$$

$$x_2 = -3 \qquad L = \{5; -3\}$$

49. Gegeben ist die Gleichung $x^2 + bx + c = 0$ ($x, b, c \in \mathbb{R}$). Berechne die Lösungen.

a) $b = 0$; $c = -0,25$ b) $b = 2$; $c = 2$ c) $b = -4$; $c = 0$

50. Bei einem Rechteck mit dem Flächeninhalt $A = 11,25$ cm^2 unterscheiden sich die Seitenlängen um 2 cm.
Berechne den Umfang des Rechtecks.

51. Berechne die Länge x in cm. Der Flächeninhalt ist in cm^2 gegeben.

a) $A = 35,28$ c) $A = 71,25$

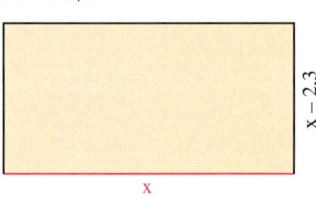
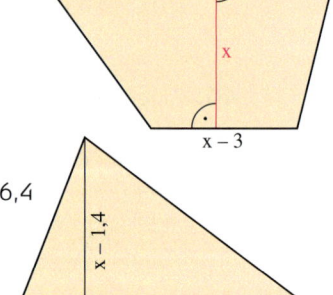

b) $A = 18,45$ d) $A = 26,4$

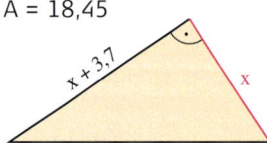

52. Ein Quader hat einen Oberflächeninhalt von 94 cm^2. Die Maßzahlen für die Länge, Breite und Höhe sind drei aufeinanderfolgende natürliche Zahlen.

53. Wenn man bei einem Quadrat die Länge um 3 cm verkürzt, die Breite um 3 cm verlängert, so erhält man ein Rechteck mit dem Flächeninhalt von 667 cm^2.

a) Wie lang sind die Rechteckseiten?

b) Wie groß war der Flächeninhalt des Quadrates?

54. Für die Anzahl d der Diagonalen eines n-Ecks gilt: $d = \frac{n(n - 3)}{2}$.

a) Ermittle zeichnerisch die Anzahl der Diagonalen für ein Fünfeck. Prüfe dieses Ergebnis mit der obigen Formel nach.

b) Berechne die Anzahl der Diagonalen für ein 50-Eck.

c) Wie viele Ecken hat ein Vieleck, das 4752 Diagonalen besitzt?

**Gleichungen
mit Potenzen**

55. Löse die Gleichung $(x \in \mathbb{R})$.

a) $6^3 = x$ c) $x^2 = 25$ e) $2^x = \frac{1}{32}$ g) $10\,000 = 10^x$

b) $x^3 = 64$ d) $0{,}5^x = 0{,}125$ f) $\frac{1}{4} = \frac{1}{x^2}$ h) $10^x = 0{,}01$

**Umstellen
von Formeln**

Opera- tion	Umkehr- operation
+	−
−	+
·	:
:	·
Qua- drieren[1]	Wurzel- ziehen[1]

[1] Nur für positive Zah-
len und 0.

56. Martin hat sich folgende Schritte für das Umstellen von Formeln gemerkt:

Vorüberlegung: Zunächst untersucht er die gegebene Formel, die er umstellen soll,
auf die Art und die Reihenfolge der Rechenoperationen, die in Ver-
bindung mit den Größen auszuführen sind (Vorwärtsrechnen).

Rückwärtsrechnen: Von der zuletzt erkannten Rechenoperation bildet er die Umkehroperation und wendet diese auf die entsprechenden Größen an.
Dieses Rückwärtsrechnen mit der Umkehroperation setzt er so
lange fort, bis die gesuchte Größe übrig bleibt.

Hat Martin bei den folgenden Formelumstellungen die Schrittfolge eingehalten? Begründe.

a) $A = \frac{g \cdot h}{2}$ (nach g)

Vorüberlegung: „g mal h durch 2 ergibt A"

Rückwärts: „A mal 2 durch h ergibt g"
$$(A \cdot 2) : h = g$$

bzw. $\frac{A \cdot 2}{h} = g$

oder $g = \frac{2A}{h}$

b) $u = 2 \cdot (a + b)$ (nach a)

Vorüberlegung: „a plus b mal 2 ergibt u"

Rückwärts: „u durch 2 minus b ergibt a"
$$(u : 2) - b = a$$

bzw. $\frac{u}{2} - b = a$

oder $a = \frac{u}{2} - b$

57. Welche Umstellung ist richtig? Gib auch die Bedeutung der Variablen an.

a) $A = \frac{(a + c) \cdot h}{2}$ (nach a)

(1) $(A \cdot 2) - c : h = a$ (2) $(A \cdot 2) : h - c = a$ (3) $a = \frac{2A}{h} - c$

b) $A_M = 2 \cdot \pi \cdot r \cdot h$ (nach r)

(1) $(A_M : h) : \pi : 2 = r$ (2) $(A_M : h) : 2\pi = r$ (3) $r = \frac{A_M}{2\pi h}$

c) $A = \pi \cdot r^2$ (nach r)

(1) $(A : \pi) : 2 = r$ (2) $A : \pi = r^2$ (3) $r = \sqrt{\frac{A}{n}}$

58. a) Lisa hat für die Gleichung $a = b \cdot c$ die umgestellten Gleichungen $b = \frac{a}{c}$ und $c = \frac{a}{b}$ erhalten. Prüfe nach.

b) Sie meint, dass man im links angegebenen *Umstellungsdreieck* alle Gleichungen wie-
derfindet. Man muss nur beachten, dass (1) nebeneinanderstehende Variable ein Produkt und (2) untereinanderstehende Variable einen Quotienten bilden. Hat sie recht?

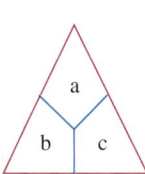

c) Stelle die Formeln nach allen Größen um.

(1) $A = a \cdot b$ (2) $W = F \cdot s$ (3) $u = \pi \cdot d$ (4) $W = G \cdot p\%$

59. a) Was wird aus welchen Größen in den folgenden Formeln berechnet? Stelle die Formeln

(1) $v = \frac{s}{t}$,   (2) $\sin \alpha = \frac{a}{c}$,   (3) $\rho = \frac{m}{V}$,   (4) $p = \frac{F}{A}$ nach allen Größen um.

b) Lisas Freundin Heike behauptet, dass sie die gegebenen Formeln auch in ein *Umstellungsdreieck* eintragen kann. Wie geht sie dabei vor?

60. Stelle die Formel nach der in der Klammer angegebenen Größe um.

a) $A_M = \pi \cdot r \cdot s$ (r)   b) $A_O = \pi r^2 + \pi r s$ (s)   c) $A_O = 4\pi r^2$ (r)   d) $V = \frac{4\pi r^3}{3}$ (r)

Prozent- und Zinsrechnung

Prozentrechnung

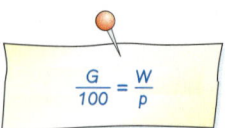

$$\frac{G}{100} = \frac{W}{p}$$

(1) Begriffe:	(2) Grundaufgaben:

(1) Begriffe:

Prozentwert W
Grundwert G
Prozentsatz p%

(2) Grundaufgaben:

Gesucht	Pfeilbild
W	$G \xrightarrow{\cdot\, p\%} W$
G	$G \xleftarrow{\;:\,p\%\;} W$
p%	$p\% \xleftarrow{\;:\,G\;} W$

1. Ergänze in deinem Heft.

Prozentschreibweise	1%	7%			75%		200%	
Zehnerbruch			$\frac{19}{100}$		$\frac{3}{10}$		$\frac{119}{100}$	
Dezimalschreibweise				0,1				1,5

2.

1%		50%	25%	75%	10%	20%	$33\frac{1}{3}$%	300%
Hundertstel		Hälfte						

3. Berechne den Prozentwert W.

   a) 4% von 300 kg   **b)** 25% von 48 t   **c)** 35,8% von 22 ha

       10% von 54 km   75% von 32 €   7,5% von 170 s

4. Überschlage zunächst. Rechne dann genau.

   a) 0,93% von 783,00 kg   **b)** 48,5% von 59,80 cm^3 **c)** 5,5% von 12,50 ha

       12,2% von 29,50 m^2 24,7% von 8,10 t   101,2% von 2,90 *l*

5. Berechne den Grundwert G.

   a) 1% von G sind 4,5 kg   **b)** 7% von G sind 140 *l*

       25% von G sind 12 €   38% von G sind 95 cm

       200% von G sind 140 mg   4,5% von G sind 8,1 t

6. Berechne den Prozentsatz p%.

   a) p% von 144 m sind 36 m   **b)** p% von 80 kg sind 28 kg

       p% von 25 € sind 2,50 €   p% von 49,5 *l* sind 7,92 *l*

       p% von 2 m sind 80 cm   p% von 3,6 km sind 900 m

7. Der mittlere Erdradius beträgt 6 371 km. Das sind nur etwa 0,92% des Radius der Sonne. Bestimme mit einer Überschlagsrechnung den Sonnenradius.

8. Von den 24 Schülern der 10. Klasse schlossen 37,5% die Mathematikprüfung mit gutem bzw. sehr gutem Ergebnis ab. Wie viele Schüler waren das?

9. Bei der Landtagswahl gaben nur 59 400 der 90 000 Wahlberechtigten eines Wahlbezirkes ihre Stimme ab. Wie viel Prozent gingen zur Wahl?

10. In einem Hotel wurden im Monat August 612 Übernachtungen registriert, was einer Auslastung von 85% entspricht.

11. Familie Wolf hatte für ihr neues Auto 19 800 € bezahlt. Kurz danach erhöhte das Autohaus die Preise für diesen Pkw-Typ um 3%.

12. In einem Betrieb sind 160 Personen beschäftigt. Da sich die Auftragslage sehr verbessert hat, soll die Belegschaft auf 107% erhöht werden.

13. Der Preis für ein Mountainbike wird von 450 € auf 396 € gesenkt.
Um wie viel Prozent wurde der Preis gesenkt?

14. Beim Sonderverkauf senkt ein Warenhaus alle Preise um 15%. Eine Deckenlampe kostet nun 44,20 €. Berechne den ursprünglichen Preis.

15. Herr Rühle sagt: „Wir haben im Monat April 6 m^3 Wasser mehr verbraucht als im Monat März; das ist eine prozentuale Steigerung von 15%."

   a) Wie viel m^3 Wasser wurden im März verbraucht?

   b) Wie viel m^3 Wasser wurden im April verbraucht?

16. Für die im Jahre 2010 erstmals bezogene Wohnung in Halle bezahlte die Familie Damm 500 € Miete. Damals wurde ihr gesagt, dass sie alle 5 Jahre mit einer Mietpreiserhöhung von 10% der jeweils gültigen Miete rechnen muss.
In welchem Jahr würde die Familie erstmals mehr als 1 000 € Miete bezahlen?

17. Sylvia weiß, dass die Mehrwertsteuer 19% beträgt. Mit einer Überschlagsrechnung will sie ungefähr die Verkaufspreise einschließlich Mehrwertsteuer berechnen.
Welchen Rechenweg wählt sie?
Übernimm die Tabelle ins Heft und ergänze die Überschlagswerte.

Produkt		Schuhe	Pullover	Jeans	T-Shirt
Preis (in €, ohne MwSt)		49,90	24,99	60	12,50
Überschlagswert (in €, inkl. MwSt)					

18. Der Preis für eine Digitalkamera wird von 184 € auf 138 € gesenkt.
Um wie viel bzw. auf wie viel Prozent wird reduziert?

19. Ein Küchenstudio bietet der Familie Pretzschel eine Einbauküche zum Preis von 2 000 € (ohne MwSt) an.

   a) Zu welchem Preis inklusive MwSt würde die Küche verkauft werden?

   b) Zwei Monate später wirbt das Küchenstudio damit, dass es den Kunden 19% Preisnachlass auf den Verkaufspreis aller Küchen gewährt.
Was würde die Küche der Familie Pretzschel jetzt kosten? Fällt dir etwas auf?

20. In Deutschland wurden in einem Jahr insgesamt 35,5 Mio. Tonnen Getreide geerntet. Das Diagramm zeigt, wie sich die Getreideernte auf die einzelnen Getreidearten verteilt.

   a) Wie viel Tonnen Weizen wurden geerntet?

   b) Beantworte die gleiche Frage für die anderen Getreidearten.

Streifendiagramm:

44 % Weizen	31 % Gerste	8 % Roggen	5 % Hafer	12 % Sonstige

21. Anett hat im Monat April für alle Ausgaben ein Haushaltsbuch geführt. Den Einnahmen von 1 750 € standen folgende Ausgaben gegenüber:

Miete	Nahrungs- u. Genussmittel	Energie	Bildung u. Freizeit	Kleidung	Sonstiges
420 €	525 €	157,50 €	105 €	227,50 €	315 €

a) Gib die verschiedenen Ausgabenanteile in Prozent an.

b) Veranschauliche diese Anteile in einem Streifen- bzw. Säulendiagramm.

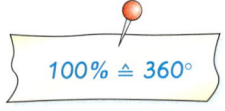
100 % ≙ 360°

22. In Betrieben fallen jährlich viele Arbeits-stunden wegen Krankheit aus. Die Tabelle rechts zeigt, warum Arbeit-nehmer krankgeschrieben werden. Veranschauliche die Prozentsätze durch ein Kreisdiagramm.

Wirbelsäulenschaden, Rheuma	30%
Erkrankungen der Atemwege und Erkältungen	18%
Verdauungsbeschwerden	10%
Herz- und Kreislauferkrankungen	8%
Verletzungen, Vergiftungen	14%
Sonstiges	20%

23. Am 31. 12. 2009 gab es in Deutschland 81 802 257 Einwohner. In der Übersicht sind für einige Bundesländer die Fläche und ihre damalige Bevölkerungszahl zusammen gestellt.

Bundesland	Fläche (in km^2)	Bevölkerung
Mecklenburg-Vorpommern	23 189	1 651 216
Berlin	891	3 442 675
Brandenburg	29 482	2 511 525
Sachsen-Anhalt	20 449	2 356 219
Thüringen	16 172	2 249 882
Sachsen	18 420	4 168 732

a) Zeichne ein Kreisdiagramm, das die Einwohnerzahl der einzelnen Bundesländer be-züglich Gesamtdeutschland widerspiegelt.

b) Wie viel Prozent der Bevölkerung Deutschlands lebten damals in diesen Ländern?

c) Stelle jeweils eine Rangliste obiger Länder geordnet nach ihrer Fläche bzw. ihrer Ein-wohnerzahl auf.

d) Berechne die Bevölkerungsdichte (in Einwohner je km^2) für jedes der sechs Länder. Stelle auch hierfür eine Rangfolge auf. Vergleiche das Ergebnis von Sachsen-Anhalt mit der Bevölkerungsdichte Gesamtdeutschlands.

e) Stelle weitere Aufgaben und beantworte sie. Weitere Daten kannst du im Internet aus der Datenbank des Statistischen Bundesamtes entnehmen.

24. Volker weiß von seinen Eltern, die ein Sportartikelgeschäft betreiben, dass die Verkaufs-preise (Endpreise) durch eine Kalkulation entstehen. Dabei gehen sie vom Bezugspreis aus, den sie an den Lieferanten bezahlen müssen.

a) Erklärt den Preisanstieg einer Ware vom Bezugspreis bis zum Endpreis mit dem Kalkulationsschema rechts.

b) Für Inliner bezahlten Volkers Eltern 27,60 € an den Lieferanten. Zu welchem Endpreis werden sie verkauft, wenn mit 25% Geschäfts-kosten und 20% Gewinn kalkuliert wird?

Endpreis (Bruttopreis)	
Nettopreis	Mehrwertsteuer

Selbstkosten	Gewinn

Bezugs-preis	Geschäfts-kosten

Auf der nächsten Seite geht es weiter.

c) Ein Steilwandzelt wird für 357 € verkauft. Das sind 175 % des Bezugspreises.
   (1) Wie viel Euro Mehrwertsteuer müssen sie beim Verkauf eines Zeltes an das Finanzamt abführen?
   (2) Zu welchem Bezugspreis hatten sie das Zelt eingekauft?
   (3) Ihre Geschäftskosten und ihren Gewinn haben sie mit dem gleichen Prozentsatz kalkuliert. Berechne den Prozentsatz.
   (4) Wie viel Euro Gewinn erzielen sie beim Verkauf eines Zeltes?

25. Renate weiß, dass es zwei Arten von Preisnachlässen gibt.

Rabatt bei:
– *Warenmängeln*
– *Kauf großer Stückzahlen*
– *Ausverkauf*

Skonto bei:
– *kurzfristiger*
– *bzw. sofortiger Zahlung*

a) Welche Art des Preisnachlasses liegt vor, wenn sie bei einer Geschäftsauflösung für eine Jacke statt 64 € nur 44,80 € bezahlt hat?
Wie viel Prozent betrug der Preisnachlass?

b) Renates Vater will eine Heizungsreparatur bezahlen. Die Rechnung ist rechts zum Teil abgebildet.
   (1) In welcher Zeit muss die Rechnung beglichen werden, damit der Preisnachlass von 2 % wirksam wird?
   (2) Muss Renates Vater dann den um 2 % reduzierten Nettobetrag plus MwSt bezahlen oder den um 2 % reduzierten Bruttobetrag? Begründe.

Rechnung			
Gesamt	Lohn	Euro	38,58
Gesamt	Teile	Euro	106,48
Summe	(Netto)	Euro	145,06
Gesamt	MwSt	Euro	27,56
Endsumme	(Brutto)	Euro	172,62

2 % Skonto
(zahlbar innerhalb 7 Tage auf den Rechnungsbetrag)

26. Eine beliebige Ware wird dreimal hintereinander um jeweils 10 % gesenkt.

a) Gib den gesamten Preisnachlass in Prozent an.

b) Um wie viel Prozent müsste man den 3fach reduzierten Preis erhöhen, um wieder den Ausgangspreis zu erhalten?

Zinsrechnung

Pfeilbilder und Begriffe für

(1) Geldanlagen (1 Jahr)

$$K \xrightarrow[\cdot\text{Zinssatz}]{\cdot p\%} Z$$

Kapital → Jahreszinsen

(2) Darlehen / Kredite (1 Jahr)

$$K \xrightarrow[\cdot\text{Zinssatz}]{\cdot p\%} Z$$

Darlehensbetrag → Sollzinsen

27. Berechne die Jahreszinsen und das Endkapital bei einer Geldanlage von einem Jahr.

	Anfangskapital	Zinssatz
a)	450 €	2 %
b)	83 €	0,5 %
c)	3 780 €	4,75 %

28. Berechne die fehlenden Größen bei einer Kapitalanlage von einem Jahr.

	a)	b)	c)	d)	e)	f)
Anfangskapital	1 900 €	3 600 €		8 400 €		
Zinssatz	2,5 %		5 %			8 %
Jahreszinsen		144 €	45 €		448 €	
Endkapital				8 631 €	13 248 €	7 128 €

29. Ein Sparbuch, auf dem sich zum 1. Januar 1450 € befanden, zeigte nach genau einem Jahr ein Haben von 1471,75 € an.
Wie hoch war der Zinssatz?

30. Herr Altmann leiht sich bei der Bank 2500 € zu einem Zinssatz von 5,75%. Nach einem Jahr muss er das Darlehen plus der Sollzinsen zurückzahlen.
Welchen Betrag muss er überweisen.

31. Berechne jeweils die fehlende Größe bei einem einjährigen Darlehen.

	a)	b)	c)	d)	e)	f)
Darlehensbetrag	1200 €	3250 €	8500 €		1800 €	
Zinssatz	5%	6,75%		7%		12,5%
Sollzinsen (1 Jahr)			510 €	210 €	81 €	1937,50 €

32. Eine Bank verzinst einjährige Festgeldanlagen zu einem Zinssatz von 3%. Dagegen werden Kredite zu einem Zinssatz von 6,5% vergeben.
Welchen Gewinn macht die Bank in einem Jahr, wenn ein Kunde 15000 € anlegt und eine andere Person für die gleiche Zeit einen Kredit von 15000 € aufnimmt? (Gebühren sollen keine Beachtung finden.)

33. Katharinas Eltern wollen ihr geerbtes Geld von 20000 € für 3 Jahre fest anlegen.
Welches der Angebote würdest du empfehlen? Begründe.

> p. a. = per annum
> (lat.: für das Jahr)

1. Angebot

Zinssatz: 4% (p. a.)
Die Zinsen werden jeweils zum Jahresende ausgezahlt.

2. Angebot

Zinssatz: 1. Jahr: 3%
             2. Jahr: 3,75%
             3. Jahr: 5%

Die Zinsen werden nicht am Jahresende ausgezahlt, sondern dem Kapital hinzugefügt und im Jahr darauf mit verzinst (Zinseszins).

34. Familie Sorglos nahm für ein Jahr bei der Bank einen Kredit über 8000 € zu einem Zinssatz von 6,5% auf. Am Laufzeitende sollten sie insgesamt 8600 € an die Bank zahlen.
Wie hoch sind die Bearbeitungsgebühren?

35. Familie Schmidt kauft im Möbelhaus eine Wohnzimmereinrichtung für 6600 €. Da sie diesen Betrag nicht sofort zahlen kann, vereinbart sie folgende Zahlungsbedingungen:
Als Anzahlung sofort 25% des Rechnungsbetrages und nach einem Jahr den Restbetrag plus der Sollzinsen von 148,50 €. Welcher Zinssatz gilt für den Restbetrag?

> Festlegung im
> Bankwesen:
> 1 Jahr = 360 Zinstage
> 1 Monat = 30 Zinstage

36. Andrea weiß noch nicht, wie lange sie ihre 2880 € auf ihrem Extrakonto (Geld ist täglich verfügbar) mit einem Zinssatz von 3% p.a. liegen lassen kann.
Vorsorglich erstellt sie sich eine Übersicht über die anfallenden Zinsen bei verschiedenen Laufzeiten. Welche Zinsen hat sie jeweils eingetragen?

Laufzeit	1 Jahr	$\frac{1}{2}$ Jahr	3 Monate	1 Monat	1 Tag	10 Tage	30 Tage
Zinsen							

37. Berechne aus dem Anfangskapital, dem Zinssatz und der Laufzeit die Zinsen und das Endkapital.

	a)	b)	c)	d)	e)	f)
Anfangskapital	1 200 €	1 200 €	840 €	840 €	3 600 €	3 600 €
Zinssatz	3 %	3 %	1,5 %	1,5 %	4 %	4 %
Laufzeit	$\frac{1}{2}$ Jahr	2 Monate	1 Monat	10 Tage	7 Monate	5 Tage

38. Herr Wolf nimmt für den Kauf eines Motorrades einen Kredit von 2 400 € zu einem Zinssatz von 6 % auf.
Nach 7 Monaten zahlt er den Kredit plus Sollzinsen zurück. Wie viel muss er zahlen?

39. Herr Fuhrmeister will einen Gebrauchtwagen für 7 500 € kaufen. Da er diesen Betrag nicht sofort zahlen kann, erkundigt er sich nach Finanzierungsmöglichkeiten.

Angebot A

Sofortige Anzahlung von 30 % des Rechnungsbetrages;
Zahlung des Restbetrages mit einem Aufschlag von 420 € nach 6 Monaten.

Angebot B

Keine Anzahlung; Zahlung des gesamten Rechnungsbetrages mit einem Aufschlag von 5 % und einer Gebühr von 50 € nach 4 Monaten.

a) Wie viel Euro müsste Herr Fuhrmeister insgesamt bei jedem Angebot zahlen?

b) Um wie viel Prozent ist der Betrag höher als der Rechnungsbetrag
   (1) beim Angebot A;   (2) beim Angebot B?

c) Mit welchem Jahreszinssatz wird Herrn Fuhrmeister beim Angebot A der zu zahlende Restbetrag in Rechnung gestellt?

d) Mit welchem Jahreszinssatz wird beim Angebot B der Rechnungsbetrag von 7 500 € in Rechnung gestellt?

40. Frau Unbedacht überzieht ihr Konto um 240 €. Daraufhin verlangt ihre Bank Überziehungszinsen zu einem Zinssatz von 12 %. Nach 20 Tagen gleicht Frau Unbedacht ihr Konto wieder aus. Wie viel Euro Zinsen muss sie zahlen?

41. Familie Sommer nimmt am Jahresanfang ein Darlehen von 20 000 € auf. Sie vereinbart mit der Bank eine Rückzahlung des Betrages in Raten zu jeweils 1 000 € zusätzlich anfallender Zinsen zum jeweiligen Jahresende. Die Restschuld wird stets mit 8 % verzinst.
Verschaffe dir mit einem Tilgungsplan eine Übersicht über die jährlich anfallenden Zinsen. Wie viel Euro Zinsen wurden insgesamt gezahlt?

Jahr	Restschuld (in €) am Jahresanfang	Am Jahresende		
		Tilgung (in €)	Zinsen (in €)	Restschuld (in €)
1.	20 000 €			
2.				
⋮				

42. Ein Guthaben von 5 000 € wird für 3 Jahre fest angelegt. Der Zinssatz beträgt 2,5 %. Auf welchen Betrag wächst das Guthaben zusammen mit den Zinsen und Zinseszinsen an?

Daten und Zufall

1. Für die Präsentation mit dem Titel „Unsere Schule" erstellten Lisette und Dirk eine Tabelle über die augenblickliche Schüleranzahl in den einzelnen Klassen.

Klasse	5a	5b	6a	6b	6c	7a	7b	7c	7d	8a	8b	8c	9a	9b	10a	10b
Anzahl	18	22	21	21	24	21	19	17	19	25	29	24	27	23	29	29

a) Stelle die Schüleranzahl je Klassenstufe in einem Säulen-, Streifen- und Kreisdiagramm dar.

b) Berechne die durchschnittliche Schülerzahl je Klasse für die Klassenstufen 5; 6; 7; 8; 9 und 10.

c) Welche durchschnittliche Schülerzahl ergibt sich je Klasse für die gesamte Schule?

2. Alle Beschäftigten eines Kaufhauses wurden befragt, wie lange sie für den täglichen Weg von zu Hause bis zum Warenhaus brauchen.

Zeit	5 min	10 min	15 min	20 min	30 min	1 h
Anzahl der Befragten	5	8	1	6	4	1

Wie lange braucht ein Beschäftigter durchschnittlich für seinen Weg zur Arbeit? Gib die Zeit in Minuten und Sekunden an.

3. Julia hat an fünf aufeinanderfolgenden Tagen im Bus zur Schule die Fahrgäste gezählt.

a) Stelle ihre statistische Erhebung in einem Säulendiagramm dar.

Tag	Mo.	Di.	Mi.	Do.	Fr.
Anzahl	18	11	19	6	36

b) Ermittle die Spannweite bezüglich der Anzahl der Fahrgäste.

c) Berechne die durchschnittliche Anzahl der Fahrgäste je Tag und kennzeichne sie im Diagramm.

d) Berechne die durchschnittliche (absolute) Abweichung.

4. Bei einer Kontrolle in einer Mosterei wurde an Stichproben geprüft, ob sich in den abgefüllten 0,7-*l*-Flaschen tatsächlich die angegebenen Mostmengen befinden:

699 ml, 703 ml, 689 ml, 700 ml, 701 ml, 695 ml, 694 ml, 704 ml, 703 ml, 691 ml
695 ml, 692 ml, 700 ml, 705 ml, 704 ml, 699 ml, 699 ml, 702 ml, 697 ml, 693 ml

a) Wie viel ml Most befanden sich durchschnittlich in einer Flasche?

b) Berechne die Spannweite und die durchschnittliche (absolute) Abweichung von 0,7 *l*.

5. In einer Wohnsiedlung wurden Familien nach der Anzahl ihrer Kinder befragt.

Sie gaben an: 1   1   0   2   2   3   4   2   1   0   2   3   5   1   2   3   1   2   3

a) Wie viele Kinder leben durchschnittlich in einer Familie?

b) Berechne die relativen Häufigkeiten für die Familien mit 0, 1, 2, 3, 4, 5 Kindern. Gib die relativen Häufigkeiten in Prozent an.

c) Zeichne ein Säulendiagramm und ein Streifendiagramm (10 cm), welche die relativen Häufigkeiten veranschaulichen.

d) Wie viel Prozent aller Familien haben mehr als 2 Kinder?

e) Wie viel Prozent aller Kinder leben in Familien mit mehr als 2 Kindern?

6. Die Fahrgäste eines Zuges wurden befragt: „Zu welchem Zweck unternehmen Sie diese Bahnfahrt?"
Rechts findest du die Liste der Antworten.

Geschäftsreise: ‖‖ I
Berufsverkehr: ‖‖ ‖‖ ‖‖ ‖‖ ‖‖ ‖‖ ‖‖ I
Schule / Fortbildung: ‖‖ ‖‖‖‖
Zum Einkaufen: ‖‖ ‖‖ ‖‖ ‖‖ ‖‖ II
Urlaub: ‖‖‖‖
Verwandtenbesuch: ‖‖ ‖‖ II
Sonstiges: ‖‖ ‖‖ ‖‖‖‖

a) Übernimm die untenstehende Tabelle in dein Heft. Übertrage die Reisegründe und ergänze die Zahlenangaben.

Reisegrund	Anzahl bzw. absolute Häufigkeit	Anteil bzw. relative Häufigkeit	
		in Dezimalschreibweise	in Prozentschreibweise
. . . . .	. . . . .	. . . . .	. . . . .
. . . . .	. . . . .	. . . . .	. . . . .
Summe	. . . . .	. . . . .	. . . . .

b) Stelle die absolute Häufigkeit in einem Säulendiagramm dar.

c) Veranschauliche die relative Häufigkeit in einem Streifen- bzw. Kreisdiagramm.

7. Ein Hersteller für Autoradios befragte 250 Autofahrer nach ihrer Meinung bezüglich der Qualität eines bestimmten Radiotypes.

sehr zufrieden	zufrieden	teilweise zufrieden	unzufrieden
26%	44%	18%	12%

a) Veranschauliche die relativen Häufigkeiten in einem geeigneten Diagramm.

b) Wie viele Autofahrer waren mindestens zufrieden mit dem Radio?

8. Veronika und Dieter aus der Klasse 10 a sind sich nicht einig, welche ihrer Aussagen eine größere Eintrittschance hat. In der Turnhalle ihrer Schule treffen sich nämlich alle Schüler der 9. Klassen in folgender Zusammensetzung:

9 a	9 b	9 c
16 Mädchen / 14 Jungen	8 Mädchen / 20 Jungen	12 Mädchen / 10 Jungen

Veronika: „Wenn ich in die Halle eintrete, treffe ich als erstes einen Schüler aus der Klasse 9 a."
Dieter: „Ich treffe als erstes ein Mädchen."
Hilf den beiden.

9. Mit welcher Wahrscheinlichkeit erhält man beim einmaligen Drehen mit dem Glücksrad eine durch 9 teilbare ungerade Zahl?

10. Auf dem Tisch stehen 3 Gefäße mit roten bzw. blauen Kugeln.

(1) (2) (3)

Welches Gefäß würdest du wählen, wenn du mit geschlossenen Augen eine blaue Kugel ziehen musst, um zu gewinnen?

11. Welche der Vorhersagen für das einmalige Würfeln ist wahrscheinlicher?
Helen: „Meine Augenzahl ist durch 2 und 3 teilbar."
Lutz: „Ich erwarte nicht mehr als drei Augen."
Heike: „Meine Zahl wird eine Primzahl sein."
Hans-Ulrich: „Die Augenzahl 5 und 6 schaffe ich nicht."

12. Im Sommer kommen täglich ca. 120 Schüler mit dem Fahrrad zur Schule. Überraschend werden an einem Tag 48 Fahrräder auf Verkehrssicherheit geprüft. An 18 Fahrrädern werden dabei Mängel festgestellt.

a) Wie groß ist etwa die Wahrscheinlichkeit, dass ein beliebig herausgegriffenes Fahrrad eines Schülers Mängel aufweist?

b) Schätze ab, wie viele der 120 Fahrräder Mängel aufweisen?

13. Bei einem Preisausschreiben werden von 1215 richtigen Einsendungen zunächst 3 Hauptpreise, danach 5 Einkaufsgutscheine und letztlich 10 Trostpreise gezogen.
Wie groß ist die Wahrscheinlichkeit, mit einer richtigen Einsendung einen Hauptpreis zu gewinnen?

14. In einem Gefäß sind 3 rote und 7 blaue Kugeln. Zwei Kugeln werden mit Zurücklegen gezogen.

a) Zeichne ein Baumdiagramm für diesen zweistufigen Zufallsversuch und schreibe die Wahrscheinlichkeiten an die Pfade.

b) Wie groß sind die Wahrscheinlichkeiten für folgende Ereignisse?
(1) Die gezogenen Kugeln sind beide rot.
(4) Die Kugeln haben unterschiedliche Farben.
(2) Die Kugeln sind beide blau.
(5) Die erste Kugel ist blau.
(3) Die erste Kugel ist rot, die zweite Kugel ist blau.
(6) Die zweite Kugel ist rot.
(7) Die zweite Kugel ist blau.

15. Bearbeite die Aufgabe 14 für den Fall, dass die beiden Kugeln ohne Zurücklegen gezogen werden.

16. In einem Losbeutel befinden sich noch 9 Nieten und 6 Gewinne. Jemand kauft zwei Lose.

a) Zeichne für diesen zweistufigen Zufallsversuch ein Baumdiagramm und schreibe an die einzelnen Zweige die zugehörigen Wahrscheinlichkeiten.

b) Wie hoch ist die Wahrscheinlichkeit, dass genau zwei Gewinne gezogen werden?

c) Wie wahrscheinlich ist es, dass genau ein Gewinn dabei ist?

d) Wie groß ist die Chance, dass mindestens ein Gewinn dabei ist?

17. Bei einer Stichprobe in einer Porzellanmanufaktur wurde bei der Qualitätskontrolle von 240 Vasen 36-mal eine Rückstufung von der 1. Wahl in die 2. Wahl vorgenommen, was eine 50%-ige Preisminderung bedeutet. Der Produktionsabgabepreis für eine Vase der 1. Wahl beträgt 2,80 €.

a) Wie viel Euro Verlust erleidet die Manufaktur täglich, wenn sie eine Tagesproduktion von etwa 6 400 Vasen hat?

b) Die Arbeiter nehmen sich vor, die Qualitätsminderung von der 1. zur 2. Wahl um 20% zu verringern. Auf wie viel Euro erhöht sich dadurch der Wert einer Tagesproduktion Vasen?

Zuordnungen — Funktionen — Lineare Gleichungssysteme

**Darstellungs-
möglichkeiten
für Zuordnungen**

Diagramme

z. B. für die Zuordnung: *Zensur → Anzahl der Schüler*

● Säulendiagramm

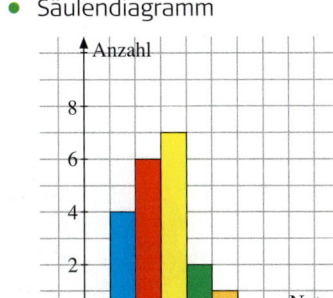

● Streifendiagramm

● Kreisdiagramm

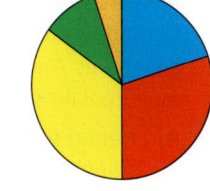

Tabelle – Gleichung – Koordinatensystem

z. B. für die Zuordnung: *Länge a eines Quadrates → Flächeninhalt A*

●

a (in cm)	0,1	1	1,7	2	2,5
A (in cm²)	0,01	1	2,89	4	6,25

● $A = a^2$

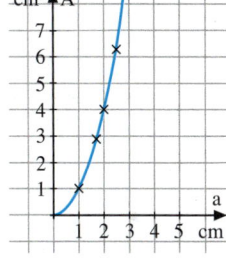

Wortvorschrift

z. B. für die Zuordnung: *Masse (in kg) von Äpfeln → Preis (in €)*

● Jedes Kilogramm Äpfel kostet 1,80 €.

---

1. a) Der Zahl x soll eine Zahl y zugeordnet werden, die das Vierfache der Ausgangszahl ist. Ergänze im Heft.

x	2	1	− 3	0,7	$1\frac{1}{4}$
y					

b) Notiere eine Gleichung, mit der du die Zahl y aus der Zahl x berechnen kannst.

c) Trage die zugehörigen Punkte P(x|y) in ein Koordinatensystem ein.

2.

Uhrzeit	6.00	9.00	12.00	15.00	18.00
Temperatur (in °C)	7	10	18	16	13

a) Formuliere die Zuordnung. Stelle sie in einem geeigneten Diagramm dar.

b) Benutze nun das Koordinatensystem für die Darstellung. Kann man in diesem die Temperatur für 13.00 Uhr ablesen? Begründe.

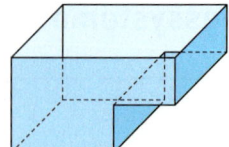

3. Links siehst du die Skizze eines Schwimmbeckens. In dieses Becken wird gleichmäßig Wasser eingelassen. Welcher Graph (1) bis (4) kann dazu passen? Begründe.

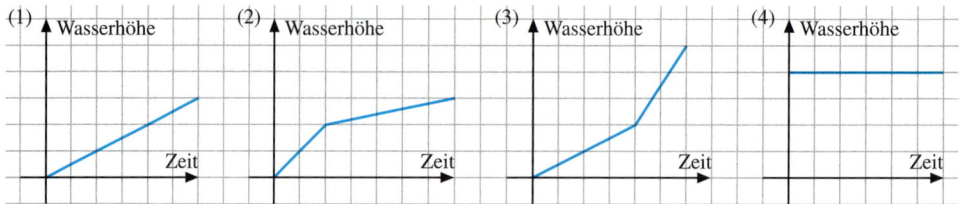

4. Bianca soll 7 Brötchen und ihre Freundin Gerlind 9 Brötchen kaufen. Nach dem Lesen des Angebotes beschließen beide eine geniale Kaufstrategie.

a) Nenne den Kaufpreis, den jeder für seine Brötchen bezahlt hat.

b) Bei dieser Aufgabe existieren verschiedene Zuordnungen. Nenne drei Zuordnungen.

c) Welche davon sind eindeutig?

5. Eine Zuordnung heißt Funktion, wenn sie eindeutig ist. Welche der Darstellungen sind Funktionsgraphen?

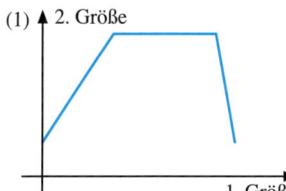  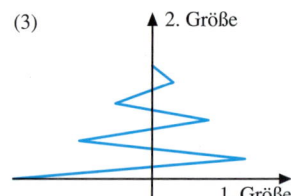

6. Ein Schlüsseldienst in einer Stadt berechnet pauschal 10 € Fahrtkosten und für jede volle bzw. angerissene halbe Arbeitsstunde 25 €.

Hinweis: Die Beträge enthalten bereits die Mehrwertsteuer.

a) Übernimm die Tabelle ins Heft und ergänze sie.

b) Stelle die Zuordnung *Arbeitszeit → Kosten* für alle Arbeitszeiten bis zu 3 Stunden in einem Koordinatensystem dar.

Arbeitszeit	Kosten
$\frac{1}{2}$ h	
13 min	
45 min	
1,5 h	
$2\frac{3}{4}$ h	

Direkt und indirekt proportionale Zuordnungen

Direkt proportional bedeutet z.B.:
Verdoppelt sich die Ausgangsgröße (der Ausgangswert), dann verdoppelt sich auch die zugeordnete Größe (der zugeordnete Wert).

Indirekt proportional bedeutet z.B.:
Verdoppelt sich die Ausgangsgröße (der Ausgangswert), dann muss man die zugeordnete Größe (den zugeordneten Wert) halbieren.

7. Entscheide und begründe, ob folgende Zuordnung direkt proportional, indirekt proportional oder von anderer Art ist.
(1) *Anzahl der Brötchen → zu zahlender Preis*
(2) *Seitenlänge → Flächeninhalt (beim Quadrat)*
(3) *Geschwindigkeit bei gleichförmiger Bewegung → Fahrzeit zum Reiseziel (ohne Pause)*
(4) *Alter eines Menschen → Körpergröße*
(5) *Anzahl der Personen einer Tippgemeinschaft → Lottogewinn je Person*
(6) *Wohnungsgröße (in m²) → Mietpreis (in €)*

8. Ist die Zuordnung direkt proportional, indirekt proportional oder von anderer Art? Begründe.

a)

Masse (in kg)	Preis (in €)
2	4,86
7	17,01
14	34,02
9	21,87

b)

Anzahl der Maschinen	Zeitbedarf (in h) für eine Ackerfläche
4	18
5	14,4
10	7,2
12	6

9. a) Vervollständige die Wertetabellen in deinem Heft.

(1) Direkt proportionale Zuordnung

x	4	7	8	
y			12	18

(2) Indirekt proportionale Zuordnung

x	4	6		12
y			9	6

b) Zeichne mit den Zahlenpaaren die Graphen beider Zuordnungen in dasselbe Koordinatensystem (Einheit 1 cm). Vergleiche ihren Verlauf.

10. Übernimm die Zuordnungstabelle und ergänze.

a) *Preistabelle* **b)** *Bauarbeiten* **c)** *Weg-Zeit-Zuordnung (gleichförmige Bewegung)*

Benzin (in *l*)	Preis (in €)	Anzahl der Arbeiter	Bauzeit (in h)	Entfernung (in m)	Zeit (in s)
4		2		72	18
8	12,24	6	6		0,5
	38,25	8		360	
1		9		4	

11. Frau Engelhardt kauft 5 m Kleiderstoff für 33,50 €. Was kosten 7 m dieses Stoffes?

12. a) Berechne den Preis für $1\frac{1}{2}$ kg Rinderbraten, 350 g Hackfleisch und 0,7 kg Nussschinken.

b) Wie viel Kilogramm Halberstädter Würstchen bekommt man für 10 €?

13. Eine 10. Klasse verbrauchte im ganzen Schuljahr 420 Hefte mit einer Gesamtmasse von 50,4 kg. Wie viel kg Papier könnte die Klasse einsparen, wenn sie durch umsichtigeres Arbeiten nur 395 Hefte verbrauchen würde?

14. Die Lebensmittelvorräte einer 6-köpfigen Bergsteigergruppe reichen 12 Tage.
Wie lange würden dieselben Vorräte bei einer 8-köpfigen Gruppe reichen?

15. In Markos Schule werden Malerarbeiten durchgeführt.
Er stellte fest, dass an den 9 Arbeitstagen immer die
gleiche Anzahl Handwerker arbeitete. Für dieses Zahlen-
paar (Anzahl der Handwerker/Anzahl der Arbeitstage)
hat er den zugehörigen Punkt in ein Koordinatensystem
eingetragen.

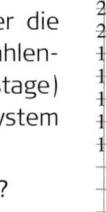

a) Wie viele Handwerker arbeiteten an jedem Tag?

b) Marko hat für eine angenommene kleinere bzw.
größer Anzahl Handwerker die zugehörigen Arbeitstage berechnet und die Zahlenpaare in das gleiche
Koordinatensystem eingetragen. Ist seine Darstellung richtig?

16. Familie Döhnert zahlt 518 € für ihre 70 m² große Wohnung in der 2. Etage.

a) Wie hoch ist die Miete der Familie Weiß, die auf der gleichen Etage eine Wohnung
mit einer Fläche von 92 m² bewohnt?

b) Familie Bleyer bewohnt eine Wohnung in der 1. Etage und zahlt 407 € Miete.
Wie groß ist die Wohnfläche?

Beachte: Die drei Wohnungen haben denselben Preis pro m².

17. Fünf Bagger vertiefen ein Flussbett in 9 Tagen. Wie viele Bagger müsste man einsetzen,
wenn das Vorhaben nicht länger als 7 Tage dauern soll?

18. Ein Reiterhof hat 15 Pferde. Der Heuvorrat reicht 14 Tage.
Wie viele Tage würde der Vorrat reichen, wenn noch 6 Pensionspferde hinzukommen?

19. Das Auto von Familie Baum verbrauchte 20,8 *l* Benzin für die 325 km bis zum Urlaubsort.
Wie hoch ist der Benzinverbrauch auf 100 km?

20. Uwe beobachtet das gleichmäßige Abbrennen einer Kerze. Zu Beginn seiner Beobach-
tung war sie 17 cm lang. Nach 20 Minuten hat sie nur noch eine Länge von 15 cm.

a) Welche Länge hat sie nach einer weiteren Stunde Brennzeit?

b) Wie lange kann sie dann noch bis zum völligen Verbrauch brennen?

21. Eine Tauchpumpe wirft in einer Stunde 2 400 *l* Wasser aus einem Teich.

a) Zeichne den Graphen der Zuordnung *Zeit t (in h) → abgepumpte Wassermenge (in l)*
in ein Koordinatensystem (Einheit 1 cm) ein.

b) Lies aus dieser Darstellung die Wassermenge ab, die in 2,5 h bzw. 15 min ausgewor-
fen wird. Prüfe durch eine Rechnung.

c) In welcher Zeit werden 3 200 *l* abgepumpt?

Lineare Funktionen **22.** **a)** $y = 2x + 1$　　**b)** $y = 0,5x$　　**c)** $y + x = 0$　　**d)** $y - x = 4$　　**e)** $2x - y = 8$

Durch die obige Gleichung der Form $y = mx + n$ ist eine eindeutige Zuordnung, eine so
genannte lineare Funktion bestimmt.
Ermittle den x-Wert bzw. y-Wert für jedes der folgenden Zahlenpaare so, dass sie die
Funktionsgleichung erfüllen:　$(4|\square)$;　$(-1|\square)$;　$(\square|2)$;　$(0|\square)$;　$(\square|0)$.

23. Vervollständige im Heft die Wertetabelle. Trage danach die zugehörigen Punkte $P(x|y)$ in ein Koordinatensystem (Einheit 1 cm) ein und verbinde sie zu einer Geraden.

a) $y = 3x - 1,5$

x	2	1	0	−1	−2
y					

b) $y = -0,5x + 3$

x	−2	0	1	2	3
y					

24. Finde jeweils drei Zahlenpaare $(x|y)$ für die zur linearen Funktion gehörende Gleichung.

a) $y = 1,5x$ **b)** $y = 4x + 3$ **c)** $y = \frac{3}{4}x - 1$ **d)** $y - x = 1,5$ **e)** $2y - 4x = 6$

25. Zeichne die Graphen der linearen Funktionen.

a) $y = 3x$
$y = 3x - 1$
$y = -3x + 1$

b) $y = \frac{1}{2}x$
$y = -\frac{1}{2}x + 2$
$y = \frac{1}{2}x - 2$

c) $y = \frac{4}{3}x - 1$
$y = -\frac{1}{3}x + 2$
$y = 3 - \frac{x}{4}$

d) $2y - 2x = 2$
$2y - 3x = -6$
$0,5y - x - 1,5 = 0$

26. Die Punkte liegen auf dem Graphen der Funktion mit $y = 5x - 3$.
Gib jeweils die fehlende Koordinate an.
$P_1(2|\square)$; $P_2(1,5|\square)$; $P_3(0,5|\square)$; $P_4(-2|\square)$; $P_5(\square|2)$; $P_6(\square|12)$

27. Gib jeweils die Funktionsgleichung $y = mx + n$ für die Gerade an. Begründe.

a)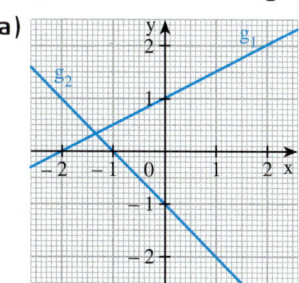

b)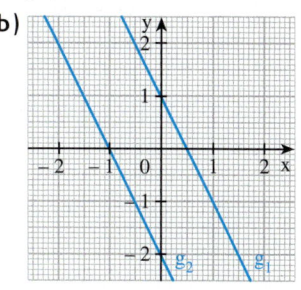

c)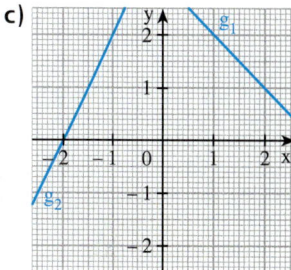

28. Ermittle zeichnerisch und rechnerisch die Nullstellen der Funktion.

a) $y = \frac{2}{3}x - 2$

b) $y = 3x - 1$

c) $y = -\frac{3}{2}x + 2$

d) $y = -x - 1,5$

e) $y = -4x + 6$

f) $y = 0,5x - 2,5$

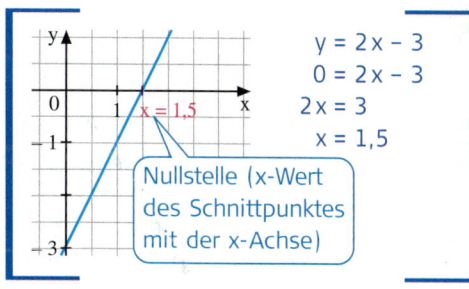

$y = 2x - 3$
$0 = 2x - 3$
$2x = 3$
$x = 1,5$

Nullstelle (x-Wert des Schnittpunktes mit der x-Achse)

29. Der Graph einer linearen Funktion schneidet die Koordinatenachsen in den gegebenen Punkten. Notiere die Gleichung der Funktion.

a) $P_1(6|0)$; $P_2(0|3)$ **b)** $P_1(0|-1)$; $P_2(-1,5|0)$ **c)** $P_1(-2|0)$; $P_2(0|2)$

30. a) Zeichne die Graphen der beiden Funktionen mit den Gleichungen $y = 0,5x$ und $y = -x + 3$ in ein gemeinsames Koordinatensystem (Einheit 1 cm) ein und benenne die Schnittpunkte der Geraden mit der y-Achse mit A bzw. B.

b) Gib die Koordinaten des Schnittpunktes S der Geraden an.

c) Berechne den Flächeninhalt des Dreiecks ASB.

31. Zeichne die Graphen der beiden linearen Funktionen in ein Koordinatensystem ein und gib die Koordinaten des Schnittpunktes der beiden Geraden an.

a) $y = x$
$y = -2x + 3$

b) $y = 3x$
$y = -\frac{1}{3}x$

c) $y = \frac{1}{2}x + 1$
$y = -x + 4$

d) $y = -x + 1$
$y = \frac{2}{3}x - 4$

32. Durch die Punkte $P_1(-4|0)$, $P_2(-3|0,5)$ und $P_3(0|2)$ verläuft eine Gerade, die Graph einer linearen Funktion ist.

a) Zeichne den Graphen dieser Funktion; gib die Gleichung der Funktion an.

b) Berechne den Anstiegswinkel, den die Gerade mit der x-Achse bildet.

c) Berechne die Länge der Strecke $\overline{P_1P_3}$.

33. Die lineare Funktion hat die Gleichung $y = \frac{3}{2}x + n$. Welche Zahl muss man für n einsetzen, damit der Graph durch den Punkt P geht?

a) $P(2|5)$

b) $P(6|7)$

c) $P(-4|0)$

d) $P(1|2)$

34. Für eine Abschlussfahrt soll Marco für jede Übernachtung (inklusive Verpflegung) 35 € bezahlen und einmalig 25 € für die Busfahrt.

a) Schreibe für diesen Sachverhalt eine lineare Gleichung auf, mit der man die Gesamtkosten y (in €) in Abhängigkeit von der Anzahl x der Übernachtungen berechnen kann.

b) Zeichne den zur Gleichung gehörigen Graphen in ein geeignetes Koordinatensystem.

c) Wie hoch wären seine Kosten, wenn die Klasse fünf Tage verreist?

35. Ein quaderförmiges Schwimmbecken ist mit Wasser gefüllt, die Wasserhöhe beträgt 2,4 m. Das Becken soll leer gepumpt werden. Dabei sinkt der Wasserspiegel in jeder Stunde um 0,3 m.

a) Zeichne mithilfe einer Wertetabelle den Graphen der Funktion
Zeit x (in h) → Wasserhöhe y (in m). Notiere auch die Funktionsgleichung.

b) Nach wie viel Stunden ist das Becken leer gepumpt?

c) Stündlich werden 6 m³ Wasser abgepumpt. Wie groß ist die Grundfläche des Beckens?

Firma Müll
Grundgebühr: 25 €
Preis je m³: 8 €

Firma Schutt
Grundgebühr: 45 €
Preis je m³: 4 €

36. Familie Petschauer hat sich zwei Angebote für den Abtransport ihres Bauschuttes mit einem 10-m³-Container eingeholt. Damit Herr Petschauer beide Angebote vergleichen kann, will er diese in einem Koordinatensystem veranschaulichen.

a) Stelle dir zwei Wertetabellen auf und zeichne damit beide Graphen in ein Koordinatensystem.

b) Welche Empfehlung würdest du der Familie Petschauer geben? Begründe deine Antwort.

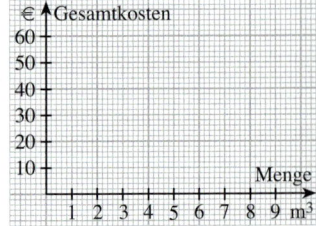

Lineare Gleichungssysteme

37. Gegeben sind jeweils zwei Gleichungen der Form $y = mx + n$.

(1) $y = 3x - 1$
$y = -2x + 4$

(2) $y = 2x + 1$
$y = 2x - 2$

(3) $y = -x + 3$
$2y + 2x = 6$

a) Welches der Zahlenpaare $(2|0)$; $(-1|-4)$; $(1|2)$; $(0|1)$ und $(2|1)$ gehört sowohl zur ersten als auch zur zweiten Gleichung?

b) Zeichne die Graphen beider Funktionen in ein Koordinatensystem ein und lies die Koordinaten des Schnittpunktes beider Geraden ab. Vergleiche mit Teilaufgabe a).

38. Löse das Gleichungssystem zeichnerisch. Führe eine Probe durch.

a) $\left| \begin{array}{l} y = -\frac{1}{2}x + 4 \\ y = x - 2 \end{array} \right|$

b) $\left| \begin{array}{l} y = 2x - 5 \\ y = \frac{1}{2}x + 1 \end{array} \right|$

c) $\left| \begin{array}{l} y = -\frac{3}{2}x + 3 \\ y = \frac{1}{4}x - 4 \end{array} \right|$

d) $\left| \begin{array}{l} y = -x + 3 \\ y = -x + 1 \end{array} \right|$

e) $\left| \begin{array}{l} y = -\frac{2}{3}x - 3 \\ y = \frac{1}{2}x + \frac{1}{2} \end{array} \right|$

f) $\left| \begin{array}{l} y = -\frac{3}{2}x + 6 \\ y = 2x - 1 \end{array} \right|$

g) $\left| \begin{array}{l} y = -4x + 11 \\ y = -x + 5 \end{array} \right|$

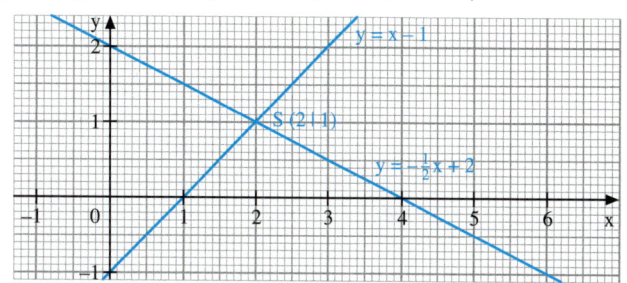

Grafisches Lösen eines linearen Gleichungssystems

z. B. $\left| \begin{array}{l} y = x - 1 \\ 2y + x = 4 \end{array} \right|$ bzw. $\left| \begin{array}{l} y = x - 1 \\ y = -\frac{1}{2}x + 2 \end{array} \right|$

Die Geraden schneiden sich im Punkt S(2|1).
Das Zahlenpaar (2|1) erfüllt sowohl die erste als auch die zweite Gleichung.

39. Wie verlaufen die Geraden zueinander? Wie viele Lösungen hat das Gleichungssystem?

a) $\left| \begin{array}{l} x + y = 3 \\ y = 5 - 2x \end{array} \right|$

b) $\left| \begin{array}{l} x + y = 5 \\ x + y = 2 \end{array} \right|$

c) $\left| \begin{array}{l} y - 2x = 0 \\ 4x - 2y = 0 \end{array} \right|$

d) $\left| \begin{array}{l} y = 2x - 2 \\ y = -2x - 2 \end{array} \right|$

40. Löse das Gleichungssystem rechnerisch. Kontrolliere das Ergebnis.

a) $\left| \begin{array}{l} 5x + 2y = 13 \\ y = 5 - x \end{array} \right|$

b) $\left| \begin{array}{l} 6x + 3y = 42 \\ y = 3x - 1 \end{array} \right|$

c) $\left| \begin{array}{l} 3x - 2y = 13 \\ y + 4 = x \end{array} \right|$

d) $\left| \begin{array}{l} 3y = 2x + 3 \\ 3y = x + 5 \end{array} \right|$

e) $\left| \begin{array}{l} a + b = 1 \\ a - 2b = 4 \end{array} \right|$

f) $\left| \begin{array}{l} a + b = 5 \\ 8a - 12 = 6b \end{array} \right|$

41. Löse rechnerisch und zeichnerisch.

a) $\left| \begin{array}{l} y = \frac{3}{2}x - 2 \\ y = -\frac{1}{2}x + 2 \end{array} \right|$

b) $\left| \begin{array}{l} 3y - 6x = 0 \\ x + y = 4 \end{array} \right|$

c) $\left| \begin{array}{l} 4y + x = 24 \\ 10x + y = 6 \end{array} \right|$

d) $\left| \begin{array}{l} y = \frac{2}{3}x - 1 \\ y + 2 = \frac{2}{3}x \end{array} \right|$

42. Die Summe zweier Zahlen ist 36. Addiert man zum Dreifachen der ersten Zahl das Doppelte der zweiten Zahl, so erhält man 89. Wie heißen die beiden Zahlen?

43. Welche Discothek besuchst du?

a) Schreibe die zugehörige lineare Gleichung für die Kosten y (in €) in Abhängigkeit der Anzahl x der Getränke für jeden Disco-Besuch auf.

„Power"	„Super"
Eintritt: 5 €	Eintritt: 3 €
Jedes nichtalkoholische Getränk: 1,80 €	Jedes nichtalkoholische Getränk: 2,20 €

b) Zeichne beide Funktionen in ein Koordinatensystem.

c) Was sagt dir diese Darstellung?

d) Überprüfe deine Entscheidung durch eine Rechnung.

44. In einer Herberge gibt es Zwei- und Dreibettzimmer. Für die 29 Schüler einer 10. Klasse werden 12 Zimmer reserviert.
Wie viele Zwei- und Dreibettzimmer sind das, wenn alle Zimmer voll belegt werden?

45. Ein Rechteck hat den Umfang 63 cm. Eine Seite ist 13 cm länger als die benachbarte Seite.

46. a) Löse das Gleichungssystem: $\left|\begin{array}{l} a + b = 10 \\ a : b = 1 : 3 \end{array}\right|$

   b) Zwei natürliche Zahlen verhalten sich wie 3 : 5. Addiert man zu jeder der beiden Zahlen die Zahl 5, so verhalten sich die Summen wie 2 : 3.
   Wie heißen die natürlichen Zahlen?

47. Zwei Containerfahrzeuge transportieren an einem Tag 750 m³ Müll. Das erstes Fahrzeug fasst 1,5-mal so viel wie das andere. Insgesamt werden 12 volle Fuhren des kleineren und 17 volle Fuhren des größeren Fahrzeuges gezählt.
Welche Ladefähigkeit hat jedes Containerfahrzeug?

48. Familie Bauhaus hat für ihr Haus zwei Darlehen aufgenommen. Das Gesamtdarlehen beträgt 200 000 €. Das erste Darlehen ist mit 8%, das zweite mit 9% zu verzinsen. Die Zinsen im ersten Jahr betragen insgesamt 16 800 €.
Wie hoch ist jedes Darlehen?

49. In einen Behälter mit einem Fassungsvermögen von 960 l werden gleichmäßig in jeder Sekunde 30 l eingefüllt.

   a) Nach wie viel Sekunden ist der Behälter voll?

   b) Aus technischen Gründen wurde die Fließgeschwindigkeit nach einer gewissen Zeit reduziert, und es flossen nur noch 20 l je Sekunde in die Tonne, sodass sie nach 40 s, gemessen vom Anfang an, gefüllt war.
   Nach wie viel Sekunden wurde die Fließgeschwindigkeit geändert?

50. Gegeben sind zwei Funktionen mit den Gleichungen $y = f(x) = -x + 4$ und $y = g(x) = 2x - 2$ $(x \in \mathbb{R})$.

   a) Zeichne die Graphen zu $y = f(x)$ und $y = g(x)$ in ein Koordinatensystem (Einheit 1 cm).

   b) Die Graphen der beiden Funktionen schneiden sich im Punkt S.
   Lies die Koordinaten von S ab.

   c) Berechne die Koordinaten des Punktes S.

   d) Für welchen Bereich von x ist der y-Wert für beide Funktionen nicht größer als 4?

   e) Die Graphen der beiden Funktionen bilden mit der y-Achse ein Dreieck. Berechne den Flächeninhalt des Dreiecks.

Quadratische Funktionen

51. Durch die folgenden Gleichungen der Form $y = x^2 + px + q$ sind eindeutige Zuordnungen, so genannte quadratische Funktionen, bestimmt.
Erstelle zu jeder Funktion eine Wertetabelle so, dass du sie mindestens im vorgegebenen Intervall in ein Koordinatensystem (Einheit 1 cm) einzeichnen kannst.

   a) $y = x^2$ $(-2 \leq x \leq 2)$ **d)** $y = (x + 1)^2 - 2$ $(-3 \leq x \leq 1)$

   b) $y = x^2 - 2$ $(-3 \leq x \leq 3)$ **e)** $y = x^2 - 2x - 2$ $(-1 \leq x \leq 3)$

   c) $y = (x + 1)^2$ $(-3 \leq x \leq 1)$ **f)** $y = 2x^2 - 3$ $(-2 \leq x \leq 2)$

52. Gegeben sind:

   a) $a = 1$ bzw. $a = -1$ **b)** $a = 2$ bzw. $a = -2$ **c)** $a = \frac{1}{2}$ bzw. $a = -\frac{1}{2}$

   Zeichne die zu den Funktionsgleichungen $y = ax^2$ $(x \in \mathbb{R})$ gehörigen Graphen in ein gemeinsames Koordinatensystem (Einheit 1 cm) ein.
   Was stellst du fest?

53. Übernimm die Wertetabelle für die quadratische Funktion mit $y = ax^2$ $(x \in \mathbb{R})$ in dein Heft.

x	−2	−1	0	0,5	2
y					12

Bestimme den Faktor a und ergänze die Funktionswerte.

54. Ermittle die fehlenden Koordinaten der Punkte $A(2|\square)$; $B(-3|\square)$; $C(\frac{1}{4}|\square)$; $D(-0,5|\square)$ und $E(\square|16)$ so, dass sie auf dem Graphen der Funktion liegen.

a) $y = x^2$ **b)** $y = 4x^2$ **c)** $y = x^2 + 7$ **d)** $y = (x + 3)^2$

55. Die dargestellte Parabel ist der Graph der Funktion mit der Gleichung $y = x^2 - 2x - 1$.

a) Welche Punkte liegen auf der Parabel?
$A(2|-1)$; $B(\frac{1}{2}|-1\frac{1}{2})$; $C(2|1\frac{1}{2})$; $D(3|2)$

b) Bestimme die fehlenden Koordinaten so, dass der Punkt auf der Parabel liegt.
$E(1|y)$; $F(x|-1)$; $G(-2|y)$;
$H(x|2)$; $I(-1\frac{1}{2}|y)$

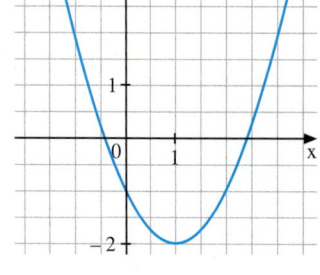

56. Wie lauten die Scheitelpunktkoordinaten der Parabel mit der angegebenen Funktionsgleichung? Schreibe die Gleichung auch in der Normalform auf. Entscheide, ohne zu zeichnen, ob die Funktion Nullstellen besitzt.

a) $y = (x + 5)^2 + 4$ **c)** $y = (x + 4,5)^2$
b) $y = (x - 0,5)^2 - 1$ **d)** $y = x^2 - 4$

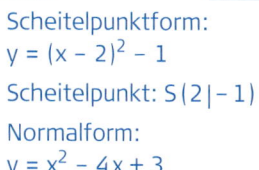

Scheitelpunktform:
$y = (x - 2)^2 - 1$
Scheitelpunkt: $S(2|-1)$
Normalform:
$y = x^2 - 4x + 3$

57. Gegeben ist der Scheitelpunkt S einer verschobenen Normalparabel. Gib die Funktionsgleichung zunächst in der Form $y = (x + d)^2 + e$ und dann in der Form $y = x^2 + px + q$ an.

a) $S(-3|2)$ **b)** $S(1,5|-4)$ **c)** $S(0|3)$ **d)** $S(-1|0)$

58. Ermittle den Scheitelpunkt für die Parabel der quadratischen Funktion. Zeichne mit Schablone den Graphen in ein Koordinatensystem (Einheit 1 cm) ein und gib den Wertebereich an.

a) $y = x^2 - 5$ **b)** $y = (x - 4)^2 + 1$ **c)** $y = (x + 3,5)^2$ **d)** $y = x^2 + 8x + 15$

59. Gib die Funktionsgleichung der Parabel an. Für welche Werte x fällt bzw. steigt die Parabel an?

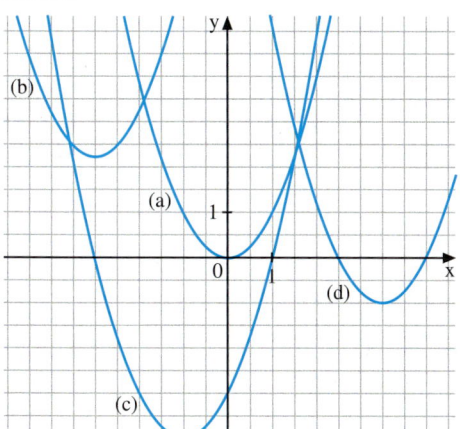

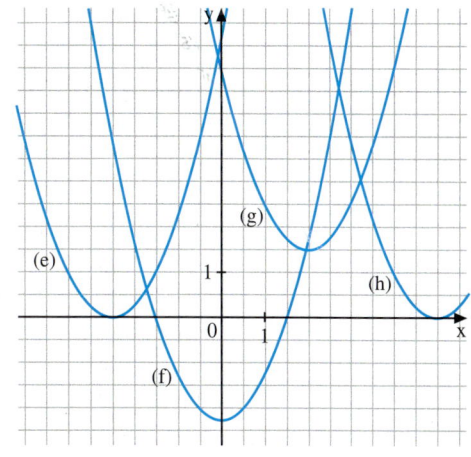

60. Gib die Scheitelpunktkoordinaten an, zeichne die Parabel in ein Koordinatensystem und lies die Nullstellen ab.

a) $y = (x + 3)^2 - 1$

b) $y = (x - 5)^2$

c) $y = x^2 + 2x - 3$

d) $y = x^2 - 3x + 6,5$

e) $y = x^2 - 4x$

f) $y = x^2 + 8x + 18$

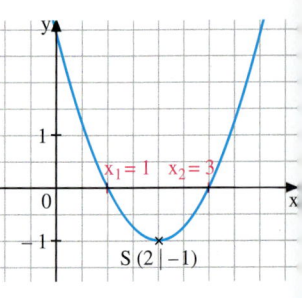

61. Ermittle zeichnerisch und rechnerisch die Nullstellen der Funktion.

a) $y = x^2 + 2x - 3$

b) $y = x^2 - 6x + 6,75$

c) $y = x^2 - 3x - 4$

d) $y = x^2 + 4x + \frac{7}{4}$

e) $y = x^2 - x - 3,75$

f) $y = x^2 + 3x + \frac{9}{4}$

g) $y = x^2 + 8x + 15$

h) $y = x^2 - x + \frac{5}{4}$

$$y = x^2 - 4x + 3$$
$$0 = x^2 - 4x + 3$$
$$x_{1,2} = -\frac{p}{2} \pm \sqrt{\left(\frac{p}{2}\right)^2 - q}$$
$$x_{1,2} = 2 \pm \sqrt{1}$$
$$x_1 = 1;\ x_2 = 3$$

62. Gegeben sind die Funktionen mit $y = f(x) = (x - 3)^2 - 2$ und $y = g(x) = x - 3$.

a) Zeichne sie in ein gemeinsames Koordinatensystem (Einheit 1 cm) und ermittle die gemeinsamen Schnittpunkte.

b) Wie groß ist der Abstand der Punkte?

c) Gib die Funktionsgleichungen $y = mx + n$ der zwei Geraden an, die durch jeweils einen Schnittpunkt und den Scheitelpunkt der Parabel gehen.

63. Es sind die Gleichungen der Funktionen f und g gegeben.
f: $y = 2x + 1$ $(x, y \in \mathbb{R})$
g: $y = x^2 + 2x - 3$ $(x, y \in \mathbb{R})$

a) Gib die Koordinaten des Scheitelpunktes der Parabel zu g an.

b) Berechne die Nullstellen von f und g.

c) Zeichne beide Graphen in ein Koordinatensystem.

d) Die Graphen der Funktionen f und g schneiden sich in den Punkten A und B. Gib die Koordinaten von A und B an.
Kontrolliere durch Rechnung.

64. a) Löse das folgende Gleichungssystem zeichnerisch (Einheit 1 cm) und rechnerisch.
$$\left| \begin{array}{l} y = -2x + 2 \\ y = -x - 1 \end{array} \right| \ (x, y \in \mathbb{R})$$

b) Betrachte den Schnittpunkt der beiden Graphen als Scheitelpunkt S des Graphen einer quadratischen Funktion mit $y = x^2 + px + q$ (p, q $\in \mathbb{R}$).
Bestimme die Werte für p und q. Zeichne den Graphen dieser quadratischen Funktion.

c) Gib die Schnittpunkte P_1 und P_2 des Graphen der quadratischen Funktion mit der x-Achse an.

d) Überprüfe rechnerisch die Koordinaten von P_1 und P_2.

e) Berechne die Länge der Strecke $\overline{P_1S}$, den Umfang und Flächeninhalt des Dreiecks P_1SP_2.

Potenzfunktionen

65. **a)** Durch die Gleichung $y = f(x) = x^3$ $(x \in \mathbb{R})$ ist eine Funktion gegeben. Zeichne den Graphen dieser Funktion in ein Koordinatensystem.

b) Durch die Gleichung $y = g(x) = \frac{1}{x}$ $(x \in \mathbb{R},\ x \neq 0)$ ist eine weitere Funktion gegeben. Ergänze für diese Funktion die folgende Wertetabelle in deinem Heft.

x	−4	−3	−2	$-\frac{1}{2}$				4
y				−2	4	2	1	

c) Zeichne den Graphen der Funktion zu $g(x)$ in dasselbe Koordinatensystem.

d) Gib die Koordinaten der Schnittpunkte beider Funktionen an.

66. Durch die Gleichung $y = x^{-1}$ $(x \in \mathbb{R};\ x \neq 0)$ ist eine Funktion gegeben.

a) Berechne die fehlenden Funktionswerte. Übernimm die Tabelle in dein Heft.

x	−3	−1	$-\frac{1}{2}$	$\frac{1}{2}$	+1	+2	2,5
y							

b) Zeichne den Graphen dieser Funktion in ein Koordinatensystem.

c) Zeichne den Graphen der Funktion mit der Gleichung $y = g(x) = x$ $(x \in \mathbb{R})$ in dasselbe Koordinatensystem.

d) Gib die Koordinaten der gemeinsamen Punkte beider Graphen an.

67. Durch die Gleichung $y = f(x) = x^{-2}$ ist eine Funktion gegeben $(x \in \mathbb{R};\ x \neq 0)$.

x	−3	−2	−1	−0,5	0,5	1	2	3
y								

a) Schreibe die Funktionsgleichung ohne negativen Exponenten.

b) Berechne die y-Werte für die gegebenen x-Werte und zeichne mithilfe dieser Wertepaare den Graphen dieser Funktion in ein Koordinatensystem.

c) Begründe, warum der Punkt $P(\sqrt{4}\,|\,0{,}25)$ zum Graphen der Funktion gehört.

d) Gib zwei verschiedene x-Werte an, sodass für die zugehörigen Funktionswerte gilt: $y > 5$.

e) Für welche x-Werte ist der zugehörige y-Wert kleiner als $\frac{1}{100}$?

Darstellen und Berechnen von Flächen und Körpern

Dreiecke

1. Wie heißen die Winkelpaare? Gib die Größe des farbig gekennzeichneten Winkels an.

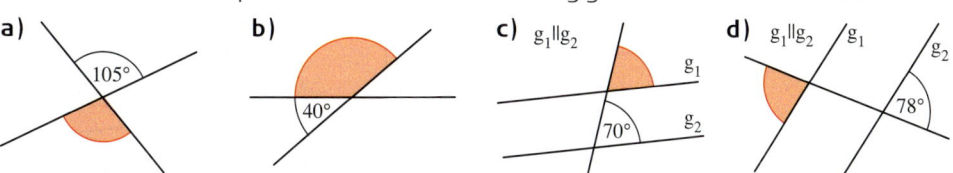

2. Zeichne das Dreieck ABC in ein Koordinatensystem (Einheit 1 cm) und berechne – ohne mit dem Lineal zu messen – den Flächeninhalt.

(1) A(1|1)	(2) A(−3|6)	(3) A(−6|−5)	(4) A(−2|4)
B(6|1)	B(0|3)	B(−1|−5)	B(−6|0)
C(6|7)	C(3|6)	C(−4|−2)	C(−2|1)

3. Jedes Dreieck hat zwei Namen entsprechend der Einteilung nach den Seiten bzw. Winkeln. Nenne beide Namen.

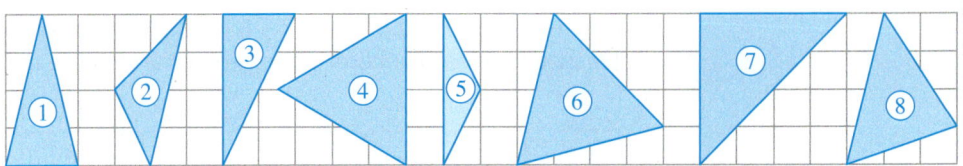

4. Konstruiere folgende Dreiecke. Beachte die Schrittfolge:
- Planfigur mit farbig gekennzeichneten gegebenen Stücken
- Prüfen der Konstruierbarkeit
- eventuell Maßstab
- Konstruktion

a) c = 5,0 cm
α = 35°
β = 48°

b) a = 3,0 cm
b = 4,0 cm
c = 8,0 cm

c) a = 4,5 km
c = 6,3 km
β = 53°

d) a = c = 3,8 m
γ = 100°

5. Berechne die Größe des gefärbten Winkels. Begründe.

a)
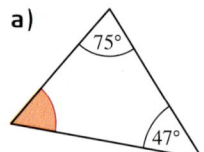

b)
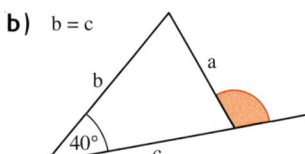

c)
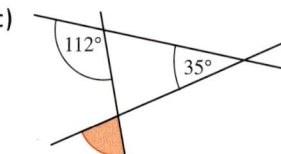

6. Schreibe in der in Klammern angegebenen Einheit.

a) 15 km (m)
3,75 m (cm)
1 550 m (km)
16,6 cm (mm)

b) 3,4 ha (m²)
22 dm² (m²)
31 dm² (cm²)
6,5 m² (dm²)

c) 1 200 mm² (cm²)
55 ha (km²)
625 dm² (m²)
4 350 cm² (m²)

d) 27,50 ha (m²)
24,5 cm² (mm²)
13 dm² (m²)
35 ha (km²)

7. Berechne die fehlende Größe des Dreiecks.

	a)	b)	c)	d)	e)	f)	g)
g	8,0 cm	2,5 m	3 cm	1,4 m			800 m
h	5,0 cm	70 cm			6,0 cm	35 mm	
A			12 cm²	1,68 m²	30 cm²	8,05 cm²	2,4 km²

8. Gib Gleichungen nach dem Satz des Pythagoras an.

a)
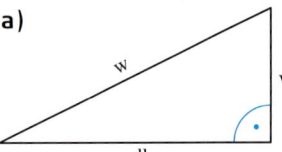

b)
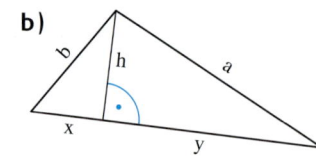

c)
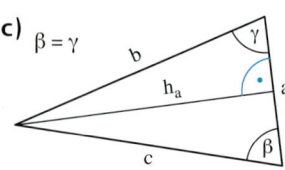

9. Berechne im Dreieck ABC mit γ = 90° die fehlende Seite (runde auf eine Stelle nach dem Komma).

a) a = 9,0 cm
b = 12,0 cm

b) a = 3,5 m
b = 1,7 m

c) a = 4,5 km
c = 5,0 km

d) b = 4,8 cm
c = 7,2 cm

e) a = b = 4,2 m

10. Überprüfe, ob das Dreieck ABC rechtwinklig ist.

  a) a = 2,4 cm; b = 4,0 cm;   **b)** a = 7 dm; b = 4 dm;   **c)** a = 3,5 m; b = 4,5 m;
      c = 3,2 cm   c = 5 dm   c = 5,7 m

11. Zeichne den Punkt in ein Koordinatensystem (Einheit 1 cm) ein. Miss seine Entfernung zum Koordinatenursprung und kontrolliere sie mit einer Rechnung.

  a) A(4|3)   **b)** B(−5|4)   **c)** C(6|−2)   **d)** D(−3|−3)   **e)** E(−4,5|6)

12. Berechne die Länge der fehlenden Seite, den Umfang und den Flächeninhalt des Dreiecks.

  a) 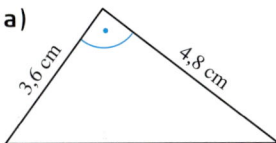   **b)** 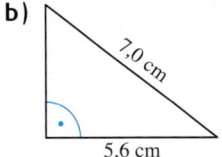   **c)**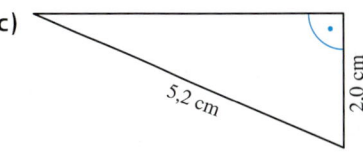

13. Berechne aus den gegebenen Stücken des gleichschenkligen Dreiecks ABC den Umfang und den Flächeninhalt.

  a) a = b = 10,0 cm   **b)** b = c = 1,3 m   **c)** a = 2,4 km; β = γ
      c = 12,0 cm h_a = 1,2 m   c = 2,0 km

14. Gegeben sind die Seiten a, b und c des Dreiecks ABC. Berechne den gefärbten Winkel.

  a) 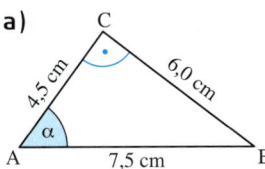   **b)** 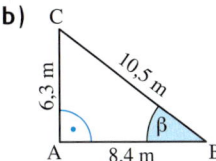   **c)**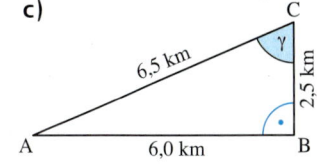

15. Berechne den angegebenen Winkel.

  a) 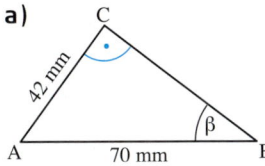   **b)** 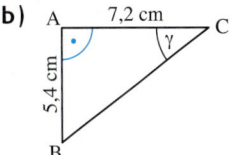   **c)**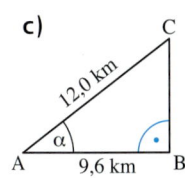

16. Konstruiere das Dreieck ABC. Berechne die fehlenden Seiten und Winkel. Vergleiche die Ergebnisse mit der Zeichnung.

  a) γ = 90°   **b)** γ = 90°   **c)** α = 90°   **d)** β = 90°   **e)** β = 90°
      α = 35°   a = 5,2 cm   b = 4,4 m   γ = 65°   a = 3,2 km
      c = 6,0 m   c = 7,4 cm   c = 2,9 m   b = 5,8 cm   b = 4,8 km

17. Von einem Dreieck ABC sind a = 3,2 cm, γ = 90° und A = 3,84 cm² bekannt.
Berechne die übrigen Stücke des Dreiecks.

18. ABC soll ein gleichschenkliges Dreieck mit der Basis $\overline{AB}$ sein.
Berechne die fehlenden Seiten und Winkel sowie den Flächeninhalt.

  a) b = 5,2 cm; h_c = 4,8 cm   **b)** h_c = 4,0 cm; β = 30°   **c)** a = 6,0 cm; α = 60°

19. Herr Targatz will den Hausgiebel mit Holz verkleiden.

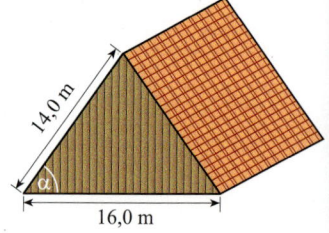

a) Wie viel m² Holz werden benötigt?

b) 1 m² Holz kostet 36 €. Dazu kommt die Mehrwertsteuer. Welche Kosten entstehen etwa?

c) Für den Zuschnitt der Bretter wird noch der Winkel der Dachneigung benötigt. Wie groß ist der Neigungswinkel α?

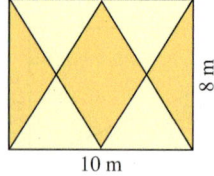

20. Im Foyer wird der Fußboden zweifarbig gefliest (Abb. links). Wie viel m² dunkelgelbe Fliesen werden benötigt, wenn beim Verlegen 10% Verschnitt zu erwarten sind?

21. Berechne aus den gegebenen Stücken des Dreiecks ABC die übrigen. Kontrolliere diese durch eine Konstruktion. Ermittle auch den Flächeninhalt.

a) $a = 4{,}3$ cm; $c = 7{,}2$ cm; $\gamma = 63{,}2°$

b) $c = 5{,}1$ km; $\alpha = 35{,}2°$; $\beta = 71{,}5°$

c) $a = 4{,}7$ cm; $c = 5{,}3$ cm; $\beta = 73{,}8°$

d) $a = 3{,}3$ m; $b = 4{,}4$ m; $c = 5{,}5$ m

22. Markus und Martin befinden sich in unterschiedlichen Entfernungen zum Fußballtor. Wer hat die günstigste Torschussposition?

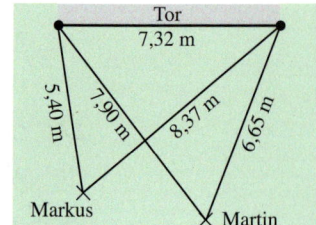

23. Hanna und Oskar sind mit ihren Eltern im Harz. Sie hätten gern die Entfernung $\overline{EF}$ der Felsspitzen gewusst. Dazu ermitteln sie die Länge der Standlinie $\overline{AB} = 50$ m und die Winkelgrößen

$\sphericalangle$ BAE = 100° $\sphericalangle$ EBA = 47°

$\sphericalangle$ BAF = 52° $\sphericalangle$ FBA = 104°.

24. In einem Neubaugebiet ist die Verkabelung in Form eines Dreiecks PQR geplant.

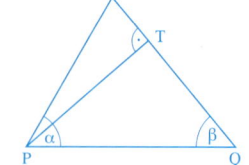

a) Es ist: $\overline{PQ} = 120$ m; $\alpha = 60°$; $\beta = 50°$. Wie lang ist der Kabelgraben insgesamt?

b) Um wie viel Meter verlängert sich der Kabelgraben, wenn zusätzlich eine Querverbindung $\overline{PT}$ geschaffen wird?

c) Überprüfe die Berechnung durch die maßstäbliche Konstruktion.

25. Die Skizze zeigt den Bebauungsplan für die Grundstücke Nummer 1, 2 und 3. Das gesamte Baugelände (Dreieck ABC) wird umzäunt.

a) Berechne die Länge des Bauzauns.

b) Ermittle die Gesamtfläche des Baugeländes.

c) Familie Hofmann kauft das Grundstück 3 für 65 € pro Quadratmeter. Berechne den Grundstückspreis.

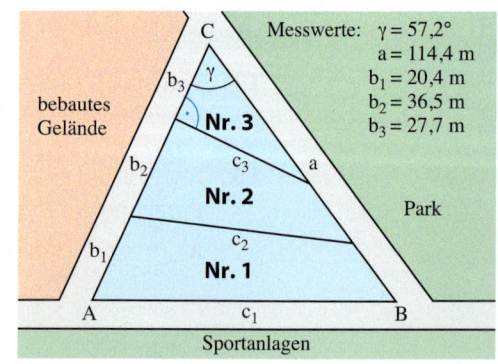

26. Ein Vermessungsteam hat die Länge einer unzugänglichen Strecke $\overline{AB}$ zu bestimmen. Dazu wurden nebenstehende Messwerte ermittelt.

a) Wie weit sind die Punkte A und B voneinander entfernt?

b) Stelle das Dreieck ABC in einem geeigneten Maßstab dar und gib diesen an.

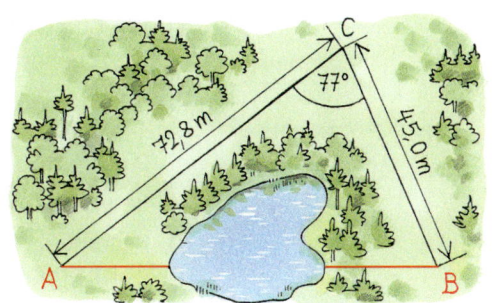

27. Die Fläche eines Baugeländes hat die Form eines Dreiecks (siehe Skizze).

a) Fertige eine Zeichnung im Maßstab 1 : 20 000 an.

b) 40% der gesamten Fläche sollen als Grünanlage angelegt werden. Wie viel Hektar stehen dann für die Bebauung zur Verfügung?

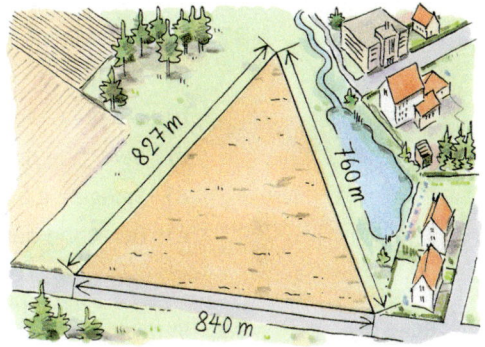

28. Ein Parkplatz soll vergrößert werden. Dazu wird die ursprüngliche Parkfläche (Dreieck ABC) zum Viereck ABCD erweitert.
Wie groß war die ursprüngliche Parkfläche? Wie groß ist die Fläche des neuen Parkplatzes?
Um wie viel Prozent vergrößert sich durch den Ausbau die Parkkapazität?

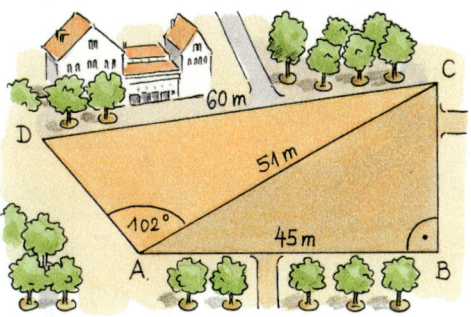

29. Familie Hase kauft sich ein Baugrundstück neben dem der Familie Wolf.

a) Wie lang ist der gemeinsame Zaun zwischen beiden Grundstücken?

b) Wie groß ist das Baugrundstück der Familie Hase?

30. Der Querschnitt eines Bahndammes hat die Form eines gleichschenkligen Trapezes. Fertige eine maßstäbliche Zeichnung an. Gib den Maßstab an. Bestimme die fehlenden Größen rechnerisch und überprüfe die Ergebnisse an der Zeichnung.

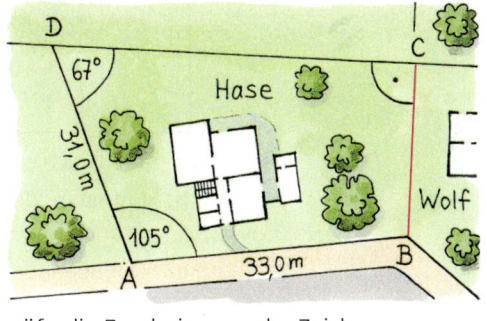

	a)	b)	c)
Dammsohle	14,0 m		20,0 m
Dammkrone	5,0 m	15,0 m	
Dammhöhe	3,7 m		5,4 m
Böschung		4,8 m	
Böschungswinkel		38°	45°

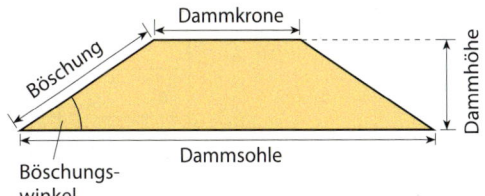

31. a) Die Gerade g ist Graph einer linearen Funktion. Gib die zugehörige Gleichung an.

b) Durch den Punkt P(0|6) verläuft eine Parallele zur x-Achse. Die Gerade g schneidet die Parallele im Punkt Q. Gib die Koordinaten von Q an.

c) Berechne den Steigungswinkel α der Geraden g.

d) Begründe, warum der Winkel PQR und der Winkel α gleich groß sind.

e) Berechne den Flächeninhalt des Dreiecks RQP.

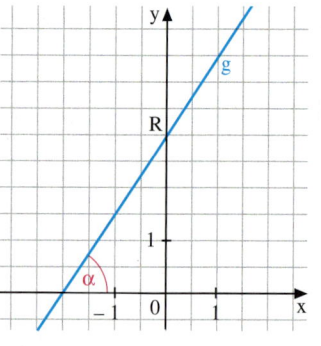

32. Durch die Punkte $P_1(-4|1)$ und $P_2(0|3)$ verläuft eine Gerade g.

a) Zeichne die Gerade g im Intervall $-7 \leq x \leq 1$ (Einheit 1 cm).

b) Gib die Gleichung der durch g dargestellten Funktion an.

c) Berechne die Länge der Strecke $\overline{P_1P_2}$.

d) Spiegele g an der x-Achse. Bezeichne das Spiegelbild mit g'.

e) Berechne den von g und g' eingeschlossenen Winkel.

Vierecke

33. In der Gemeinde Lindenthal wurde ein Bebauungsplan erstellt. Aus dem Lageplan kann man Lage, Form und Größe der einzelnen Grundstücke entnehmen (Angaben in m).

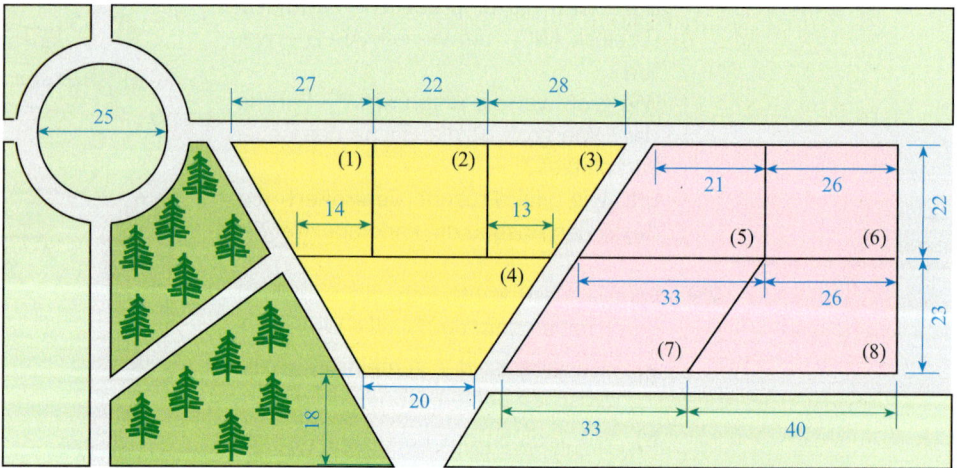

a) Um welche ebenen Figuren handelt es sich bei den Flächen (1) bis (8)?

b) Entnimm dem Plan die notwendigen Maße und berechne den Flächeninhalt der Grundstücke (1) bis (8).

c) Der Bebauungsplan weist für die Grundstücke (1) bis (8) zwei in sich geschlossene Bebauungsgebiete (gelb und rosa) aus. Welchen Umfang hat das rosa gefärbte Gebiet?

34. Berechne die fehlenden Größen des Rechtecks.

	a)	b)	c)	d)	e)	f)	g)
a	2,5 cm	4,7 m	3,0 cm		50 cm	450 m	600 m
b	3,0 cm	4,7 m		3,5 cm			
A			7,5 cm²		2,4 m²		12 ha
u				11,0 cm		1,2 km	

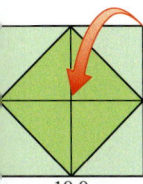

a = 10,0 cm

35. Eine Fensterscheibe ist 1,55 m lang und 0,92 m breit. 1 m² Glas kostet 54,50 €. Dazu kommt die Mehrwertsteuer. Wie viel kostet die Fensterscheibe?

36. Von einem Quadrat (a = 10,0 cm) werden alle vier Ecken genau zur Mitte gefaltet, sodass wieder ein Quadrat entsteht.
Gib den Flächeninhalt und die Seitenlänge des kleinen Quadrates an.

37. Berechne den Flächeninhalt und den Umfang des dargestellten Parallelogramms.

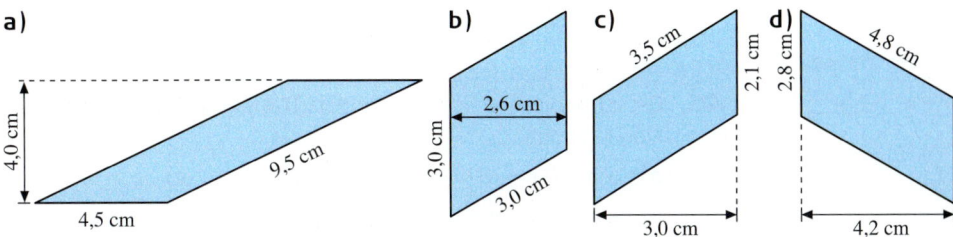

a) b) c) d)

38. Berechne die fehlende Größe des Parallelogramms.

	a)	b)	c)	d)	e)	f)
Seitenlänge g	15 cm	2,3 m		43 cm		0,12 km
Höhe h	8 cm	80 cm	4,5 cm		275 m	
Flächeninhalt A			36,0 cm²	8,6 dm²	14,85 ha	21 000 m²

39. Konstruiere das Parallelogramm ABCD.

    a) a = 5,5 cm; b = 4,0 cm; β = 110°   **b)** a = 4,8 m; b = 3,4 m; δ = 70°

40. Eine Fläche (links) soll aufgeforstet werden.

    a) Konstruiere diese Fläche in einem geeigneten Maßstab.

    b) Eine Aufforstung mit Fichten kostet 2 700 € pro ha. Berechne die Kosten.

41. Im Bild ist eine Treppenhausschräge in Julias Haus dargestellt. Die gefärbte Fläche soll getäfelt werden.

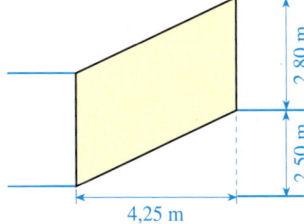

4,25 m

    a) Berechne die zu täfelnde Fläche.

    b) Der Tischler berechnet für das Täfeln einschließlich Material 70 € pro m² (ohne Mehrwertsteuer). Berechne den Preis einschließlich Mehrwertsteuer.

    c) Julia weiß, dass bei Treppen ein Neigungswinkel von 30,5° ideal ist. Prüfe ihren Treppenaufgang.

42. Ein Parallelogramm ABCD mit $\overline{AB}$ = 6,0 cm und $\overline{BC}$ = 5,0 cm hat den Flächeninhalt von 18 cm².

    a) Welche Höhe zur Seite $\overline{AB}$ bzw. $\overline{BC}$ hat das Parallelogramm?

    b) Berechne die Winkel α und β.

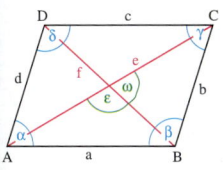

43. Berechne vom Parallelogramm ABCD alle fehlenden Stücke und den Flächeninhalt.

    a) a = 5,0 cm; b = 4,0 cm; β = 100°   **c)** a = 3,5 km; e = 4,5 km; α = 112°

    b) e = 8,0 m; f = 7,0 m; ω = 65°

44. Bei einem Rhombus mit der Seitenlänge a = 4,5 cm ist einer der Innenwinkel 35°. Wie groß ist der Flächeninhalt?

45. Berechne Flächeninhalt und Umfang des Trapezes (Maße in cm).

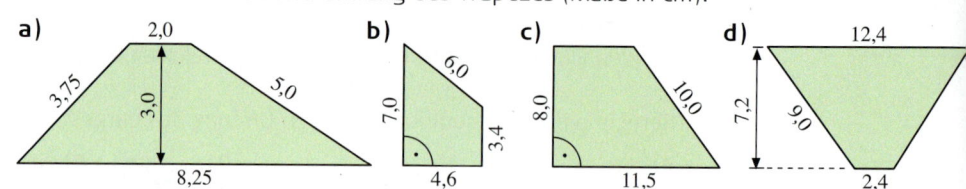

a) b) c) d)

46. Berechne vom gleichschenkligen Trapez ABCD ($\overline{AD} = \overline{BC}$) die fehlenden Stücke und der Flächeninhalt.

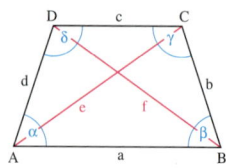

a) a = 5,0 cm; b = 4,0 cm; α = 70°   c) a = 5,0 km; c = 8,0 km; α = 100°

b) a = 5,0 m; e = 8,0 m; α = 100°

47. Berechne die fehlende Größe des Trapezes.

	a)	b)	c)	d)	e)	f)
Grundseite a	7,5 cm	3,6 m	5,0 cm		8,0 cm	
Grundseite c	4,5 cm	19 dm	3,0 cm	4,0 m		20 dm
Höhe h	3,0 cm	8 cm		6,0 m	3,0 cm	15 dm
Flächeninhalt A			16 cm^2	21 m^2	42 cm^2	4,5 m^2

48. Konstruiere das Drachenviereck ABCD mit AC als Symmetrieachse.

a) a = 4,5 cm; e = 8,0 cm   b) c = 5,0 cm; e = 7,2 cm   c) a = 4,0 m; β = 110°
    f = 5,0 cm   d = 3,5 cm   b = 6,4 m

49. In einem Koordinatensystem (Einheit 1 cm) sind folgende Eckpunkte eines Drachens gegeben. Berechne den Flächeninhalt und den Umfang.

a) A(0|2); C(4|2)   b) A(−5|2); C(−1|2)   c) A(0|−2); C(5|−2)
    B(2|0); D(2|3)   B(−3|−1); D(−3|5)   B(4|−4); D(4|0)

50. Berechne vom Drachenviereck ABCD die fehlenden Stücke und den Flächeninhalt.

a) e = 8,0 m; γ = 100°; α = 40°

b) a = 5,0 cm; b = 4,0 cm; α = 100°

c) a = 5,0 km; e = 8,0 km; α = 70°

Vielecke

51. Der Giebel soll mit Holz verschalt werden. Für 1 m^2 sind einschließlich Material 70 € ohne MwSt zu zahlen. Berechne die Kosten mit MwSt und bei einem Skonto von 2%.

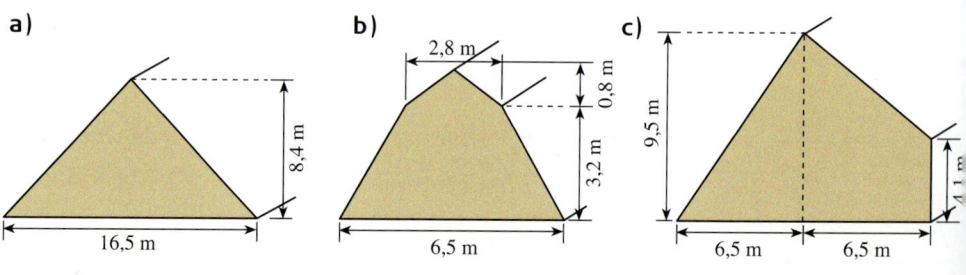

a) b) c)

52. Berechne den Flächeninhalt der Metallbleche (Maße in mm).

a)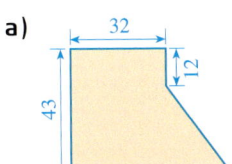

b)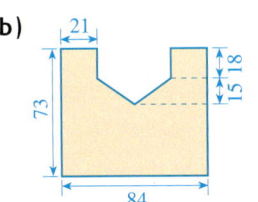

c)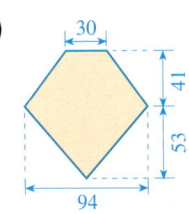

53. Stelle einen Term für die Berechnung von Umfang und Flächeninhalt der Figur auf.
Berechne danach Umfang und Flächeninhalt für a = 2 cm.

a)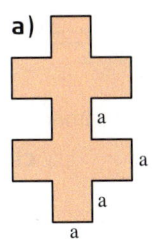

b)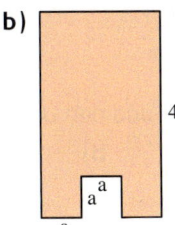

c)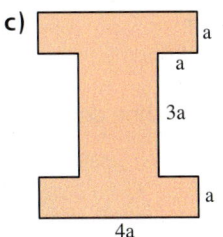

d)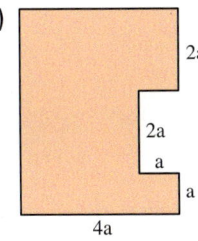

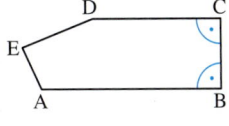

54. Gegeben ist links ein Fünfeck mit den Maßen:
$\overline{AB}$ = 10,5 cm; $\overline{BC}$ = 4,0 cm; $\overline{CD}$ = 7,5 cm; $\overline{DE}$ = 4,4 cm und $\sphericalangle$ AED = 40°.
Berechne den Flächeninhalt und den Umfang des Fünfecks.

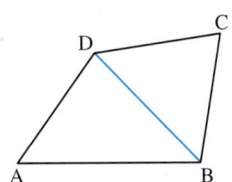

55. Für ein Bebauungsgebiet ABCD wurden folgende Maße ermittelt:
$\overline{AB}$ = 160 m; $\overline{BC}$ = $\overline{DC}$ = 112 m; $\sphericalangle$ BAD = 54° und $\sphericalangle$ ADB = 80°.
Berechne die Länge der Straße $\overline{BD}$ und den Flächeninhalt des Gebietes in m² bzw. ha.

Kreis

56. Berechne die fehlenden Größen des Kreises.

	a)	b)	c)	d)	e)	f)	g)
r	2,7 cm	3,4 km					
d			7,4 m				
u				37,7 cm	22,0 dm		
A						2,0 cm²	9,60 m²

57. Aus einem quadratischen Brett mit der Seitenlänge 30 cm werden kreisförmige Scheiben für die Herstellung von Untersetzern ausgesägt.

(1)   1 Scheibe
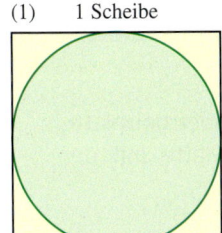

(2)   4 Scheiben
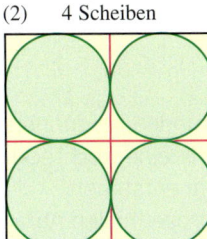

(3)   9 Scheiben
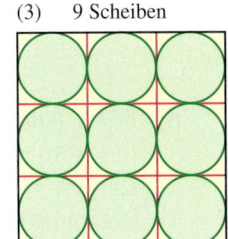

(4)   16 Scheiben
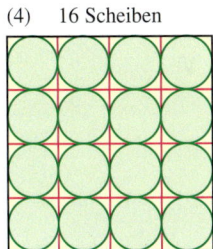

a) Wie groß ist jede Scheibe? Wie groß ist der Abfall in Prozent?

b) Die Scheiben sollen mit einem Umleimer versehen werden. Wie viel cm Umleimer werden jeweils benötigt?

58. Berechne die Querschnittsfläche des Kupferdrahtes.

    a) $r = 3{,}0$ mm   **b)** $d = 0{,}02$ mm   **c)** $u = 6{,}0$ mm

59. Berechne den Flächeninhalt und den Umfang der rot gekennzeichneten Figur.

    a)   **b)**   **c)**   **d)**

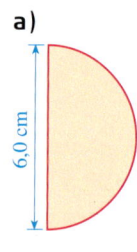 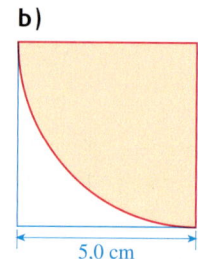 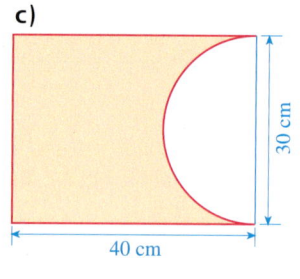 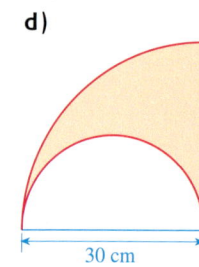

60. Berechne den Flächeninhalt und den Umfang der Ornamente.

    a)   **b)**   **c)**

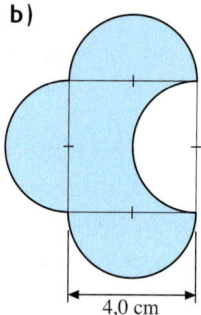 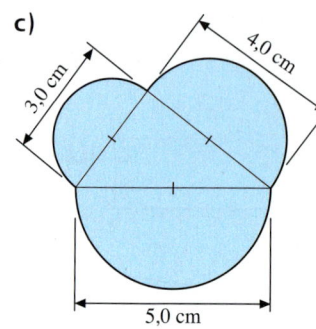

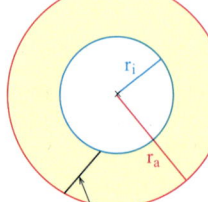
Ringbreite

61. Berechne den Flächeninhalt des Kreisringes.

    a) $r_a = 7{,}0$ cm; $r_i = 5{,}0$ cm   **b)** $r_a = 4{,}5$ cm; $r_i = 1{,}7$ cm   **c)** $r_a = 1$ m; $r_i = 70$ cm

62. Ein Rohr hat einen Außendurchmesser von 36 mm und eine Wandstärke von 5 mm. Berechne die Querschnittsfläche.

63. Von einem Stoffrest der Breite 1,50 m und der Länge 1,20 m soll eine möglichst große kreisrunde Tischdecke hergestellt werden. Wie viel Prozent Verschnitt entstehen?

64. a) Aus einem sehr dünnen, runden Blech ($r = 40$ mm) soll ein möglichst großes Quadrat geschnitten werden.
Berechne die Seitenlänge a des Quadrates und den Abfall in cm².

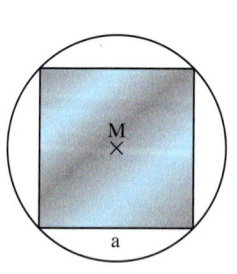

    b) Aus einer runden, dünnen Sperrholzplatte ($d = 1{,}50$ m) soll eine rechteckige Platte mit der Länge $a = 1{,}20$ m entstehen.
Bestimme den prozentualen Abfall.

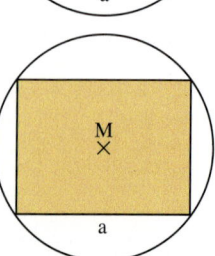

Prisma-, Zylinder-, Hohlzylinder

65. Schreibe in der in Klammern angegebenen Einheit.

a) 0,8 m (dm)
0,8 m² (dm²)
0,8 m³ (dm³)

b) 4,2 m³ (dm³)
74 cm³ (dm³)
1 275,4 mm³ (cm³)

c) 84,5 dm³ (m³)
1,5 m³ (cm³)
2 dm³ (*l*)

d) 250 cm³ (ml)
500 ml (*l*)
750 cm³ (*l*)

66. Berechne die fehlenden Größen des Quaders.

	a)	b)	c)	d)	e)	f)	g)
a	3,0 cm	17,4 cm	300 mm	4,0 m	2,40 m	3 mm	20 cm
b	2,0 cm	13,8 cm	142 cm	2,5 m		1,5 cm	
c	5,0 cm	9,2 cm	$\frac{1}{2}$ m		80 cm		6 dm
V				50 m³	2,88 m³	1,215 cm³	24 *l*
A_O							

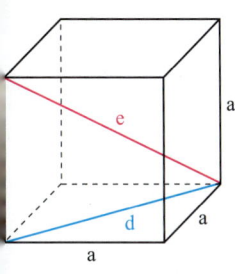

67. Ein Würfel hat ein Volumen von 125 cm³. Berechne die Kantenlänge a, den Oberflächeninhalt A_O, die Länge d der Seitenflächendiagonalen und die Länge e der Raumdiagonalen.

68. Ein Schwimmbecken ist 50 m lang, 17,50 m breit und 2,40 m tief.

a) Das Schwimmbecken soll überall gefliest werden. Das Fliesen von 1 m² kostet einschließlich Material 87 €. Berechne die Kosten mit MwSt.

b) Ein Kubikmeter Wasser kostet 4,80 €. Wie teuer ist die Füllung des Beckens, wenn es bis 20 cm unter die Beckenkante gefüllt wird?

69. Ein Tiefkühlschrank ist 59 cm breit, 60 cm tief und 139 cm hoch. Für den sicheren Transport wurde er in einen Pappkarton gepackt und dabei rundherum mit 3 cm dicken Styroporplatten umhüllt.
Berechne den Oberflächeninhalt des Kartons in m² und sein Volumen in Liter.

70. a) Zeichne ein Schrägbild des Quaders (a = 8,0 cm; b = 6,0 cm; c = 4,0 cm).

b) Berechne das Volumen, den Oberflächeninhalt, die Flächendiagonale d und den Winkel α zwischen d und a.

c) Zeichne ein Zweitafelbild für diesen Quader und kennzeichne darin die Lage von d und α.

d) Berechne den Winkel β zwischen d und e.

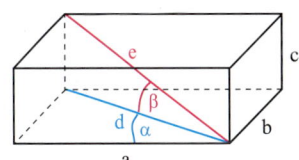

71. (1)   (2)   (3)   (4)

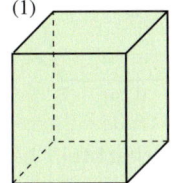 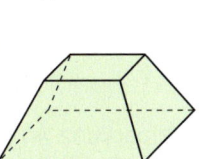 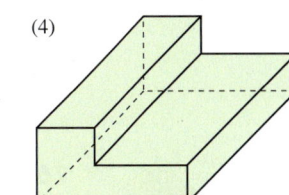

a) Welcher Körper ist ein Prisma? Begründe.

b) Skizziere ein Zweitafelbild zu jedem Prisma.

72. Von liegenden Prismen wurden die nach vorn zeigenden Grundflächen mit ihren Maßen abgebildet. Die Körperhöhe, die bei dieser Lage nach hinten in die Tiefe zeigt, soll bei allen Prismen 5 cm sein.

(1) 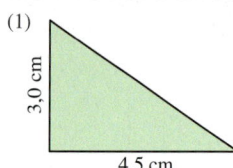 (2) 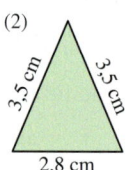 (3)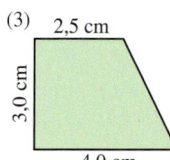

a) Zeichne ein Netz und ein Schrägbild des Prismas.

b) Berechne das Volumen und den Oberflächeninhalt.

73. Gegeben ist das Netz eines Körpers (Maße in cm).

a) Berechne den Oberflächeninhalt A_O und das Volumen V.

b) Stelle den Körper im Schrägbild und im Zweitafelbild dar.

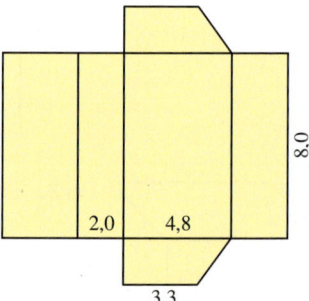

74. Zeichne die Schrägbilder der im Zweitafelbild dargestellten Körper (Maßangaben in cm).

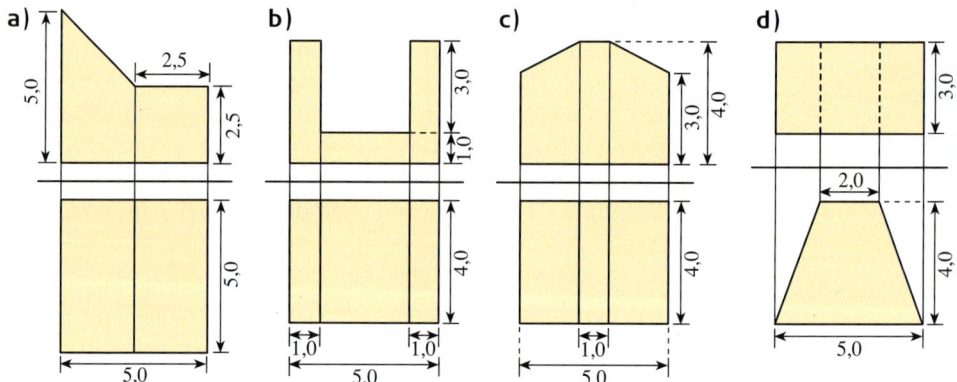

75. a) Zeichne jeweils ein Zweitafelbild der Prismen P_1 und P_2.

b) Berechne das Volumen und den Oberflächeninhalt der Prismen P_1 und P_2.

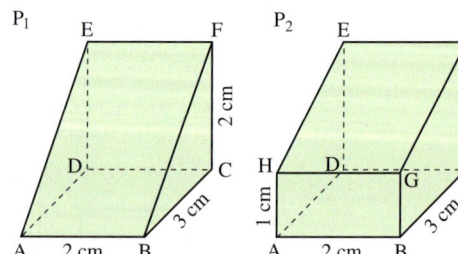

76. Zur Verpackung von Lebkuchen werden Pappschachteln benutzt, die die Form eines Hauses haben.

a) Berechne das Volumen der Schachtel.

b) Wie viel m² Kartonage werden für die Herstellung von 100 Häusern benötigt, wenn für Verschnitt und Überlappung 15% mehr Material eingeplant werden?

77. Berechne aus den gegebenen Stücken eines Zylinders alle anderen Größen. Runde, falls notwendig, auf Zehntel.

	Radius r	Durch- messer d	Umfang u	Höhe h	Grund- fläche A_G	Mantel- fläche A_M	Ober- fläche A_O	Volumen V
a)	4,0 mm			2 mm				
b)		3,6 m		1,20 m				
c)			75,4 cm	3,6 cm				

78. Eine Litfaßsäule hat an ihrer beklebbaren Fläche einen Umfang von 3,50 m.

    a) Berechne die Größe der Werbefläche.

    b) Eine Stadt vermietet die gesamte Werbefläche zum Preis von 8,70 € pro m² je Woche.
Ermittle die Mieteinnahmen für 3 Säulen in einem Jahr (52 Wochen).

79. Haben die zwei links abgebildeten Konservendosen (Maße in mm) ein Fassungsvermögen von $\frac{1}{4}l$? Begründe.

80. Ein auf der Kreisfläche stehender 2,0 m hoher zylinderförmiger Wassertank (d = 1,2 m) enthält noch 10 hl Wasser. Wie hoch steht das Wasser im Tank?

81. Ein im Schmiedewerk Gröditz hergestellter Stahlring hat die Maße r_a = 1,10 m, r_i = 0,95 m und h = 20 cm.

    a) Berechne das Volumen des Stahlrings.   **b)** Welche Masse hat er?

82. Ein Stahlrohr hat einen Außendurchmesser von 8,0 cm und einen Innendurchmesser von 6,4 cm.

    a) Berechne die Masse des 15 m langen Rohres.

    b) Wie lang wäre das Rohr, wenn bei gleicher Masse der Außen- bzw. Innendurchmesser jeweils verdoppelt wird?

83. Aus Betonringen soll ein 12 m tiefer Brunnen gebaut werden. Die Ringe haben einen Innendurchmesser von 1,50 m, eine Wandstärke von 15 cm und eine Höhe von 50 cm.

    a) Berechne die Anzahl der für den Bau notwendigen Ringe.

    b) Wie viele dieser Ringe kann ein Lkw mit einer Ladefähigkeit von 10 t höchstens laden?

Pyramide – Kegel   **84.** Berechne die fehlenden Größen für die in der Tabelle angegebenen quadratischen Pyramiden. Runde, falls notwendig, auf Zehntel. Vor deiner Berechnung solltest du dir ein Pyramidenschrägbild skizzieren und darin die Grundkante a, die Körperhöhe h, die Seitenkante s und die Seitenflächenhöhe h_a farbig kennzeichnen.

	a	h	h_a	s	A_G	V	A_M	A_O
a)	4,0 cm	6,0 cm						
b)	5,4 cm		4,5 cm					
c)			5,2 m	6,5 m				

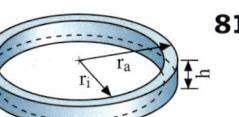

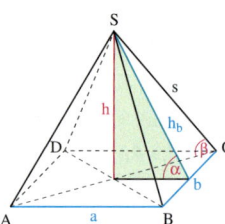

85. Gegeben ist eine rechteckige Pyramide mit a = 6,6 cm; b = 8,8 cm und h = 4,4 cm.

  a) Zeichne ein Schrägbild dieser Pyramide.

  b) Berechne ihr Volumen.

  c) Die Seitenflächenhöhe h_b bildet mit der Grundfläche den Neigungswinkel α. Die Seitenkante s hat den Neigungswinkel β. Berechne die beiden Neigungswinkel.

86. Gegeben ist eine rechteckige Pyramide ABCDS mit a = 6,0 cm; b = 4,0 cm und s = 7,0 cm

  a) Zeichne ein Zweitafelbild und bezeichne die Eckpunkte.

  b) Berechne den von zwei benachbarten Seitenkanten s eingeschlossenen Winkel.

  c) Wie groß ist der Flächeninhalt der Mantelfläche?

87. Das pyramidenförmige Dach eines Turmes (h = 10 m) soll mit Schindeln gedeckt werden.

  a) Wie groß ist der Dachraum (umbaute Raum)?

  b) Wie groß ist die Dachfläche?

  c) Von einer Firma wird die Arbeit inklusive Material für 95 € pro m² (ohne MwSt) übernommen.
Was kosten die Dacharbeiten einschließlich Mehrwertsteuer?

88. Berechne die fehlende Größe des Kreiskegels. Runde auf Zehntel.
Hinweis: Nutze für die Berechnung eine Schrägbildskizze des Kegels, in welcher du den Radius r, die Körperhöhe h und die Mantellinie s gekennzeichnet hast.

	r	d	u_{Kreis}	h	s	A_M	A_O	V
a)	4,5 cm			6,0 cm				
b)		7,2 m		2,7 m				
c)	2,6 mm				6,5 mm			
d)			75,4 cm	9,0 cm				

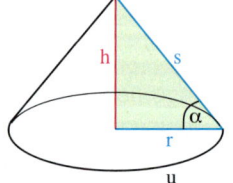

89. Beim Abschütten von Sand, Getreide usw. entstehen Kreiskegel. Bei gleicher Materialmenge unterschiedlichen Schüttgutes haben die Schüttkegel eine unterschiedliche Höhe und einen anderen Durchmesser. Das ergibt somit für jedes Schüttgut einen charakteristischen Schüttwinkel α.
Berechne die fehlende Größe des Schüttkegels. Runde auf Zehntel.

Schütt-gut	Schütt-winkel α
Sand	ca. 25°
Kohle	ca. 35°
Getreide	ca. 40°
Sägemehl	ca. 45°

	Schüttgut	r	d	u	h	s	V	α
a)	Kohle					3,50 m		
b)	Getreide				3,20 m			
c)	Sand	4,50 m						
d)	Sägemehl			3,20 m				

90. Ein Burgturm hat ein kreiskegelförmiges Dach (d = 5,0 m; Dachneigung α = 30°).

  a) Wie hoch ist der Turm?

  b) Berechne den umbauten Raum.

91. Ein Kreiskegel aus Aluminium (r = 4,0 cm; h = 9,0 cm) wird durch Abhobeln in eine größtmögliche regelmäßige 6-seitige Pyramide verwandelt.
Gib den dabei entstehenden Abfall in Prozent an.

Kugel

92. Berechne das Volumen und den Oberflächeninhalt einer Kugel.

    a) r = 5,0 cm   **b)** r = 0,7 dm   **c)** r = 9,3 m   **d)** d = 36 mm   **e)** d = $\frac{1}{2}$ m

93. Berechne die fehlenden Größen für die Kugel.

	a)	b)	c)	d)	e)	f)	g)
r	4,0 cm						
d		1,5 m					
A₀			4,0 m²			1,0 dm²	
V				10,0 m³	1,0 *l*		2,0 ml

94. Jedes der etwa 1,6 Milliarden kugelförmigen Lungenbläschen eines Erwachsenen hat einen Durchmesser von rund 0,2 mm. Berechne die Größe der Oberfläche aller Lungenbläschen und vergleiche das Ergebnis mit einer dir bekannten Fläche.

95. **a)** Wie viel m² Stoff braucht man für die Hülle eines etwa kugelförmigen Freiballons (d = 13,5 m)?

    b) Für einen Freiballon wurden 415 m² Stoff verbraucht. Wie viel m³ Gas fasst er?

96. Aus einem 7,3 kg schweren Zinnwürfel $\left(\rho_{Sn} = 7{,}3\,\frac{g}{cm^3}\right)$ sollen 10 gleich große Kugeln gegossen werden.

    a) Berechne das Volumen einer solchen Kugel.   **b)** Welchen Radius wird sie haben?

97. Ein Frauenhandball hat einen Umfang von 55 cm. Wie viel m² Leder werden für die Herstellung von 100 Bällen benötigt, wenn mit ca. 15% Verschnitt gerechnet wird?

98. „Wetten, dass …?"

Klaus behauptet, dass er in zwei Stunden mit der abgebildeten Schöpfkelle eine 100 cm hohe zylinderförmige Tonne (d = 60 cm) mit dem Wasser aus seinem Gartenteich füllen kann. Die Tonne steht zehn Meter entfernt vom Teich. Wird er dieses Vorhaben in der vorgegebenen Zeit realisieren, wenn wir annehmen, dass er bei sehr vorsichtigem Gehen kein Wasser verschüttet und deshalb insgesamt für den Hin- und Rückweg 15 Sekunden benötigt?
Sein Vorhaben beginnt er am leeren Fass. Zwischendurch legt er viermal jeweils zehn Minuten Pause ein.

99. Aus einer Bleikugel (d = 5,0 cm) soll ein 10,0 cm hoher gerader Kreiskegel gegossen werden. Berechne den Radius der Grundfläche vom Kreiskegel, wenn ca. 10% Gießverlust eingeplant werden.

100. Petra weiß, dass für das Volumen V einer Kugel die Formel V = $\frac{4\pi r^3}{3}$ und für deren Oberflächeninhalt A₀ die Formel A₀ = 4πr² gilt. Sie meint, dass es einen Radius r für eine bestimmte Kugel geben muss, sodass die Maßzahlen für V und A₀ gleich sind. Hat sie recht? Begründe.

**Zusammen-
gesetzte Körper**

101. Berechne das Volumen des Körpers (Maße in cm).

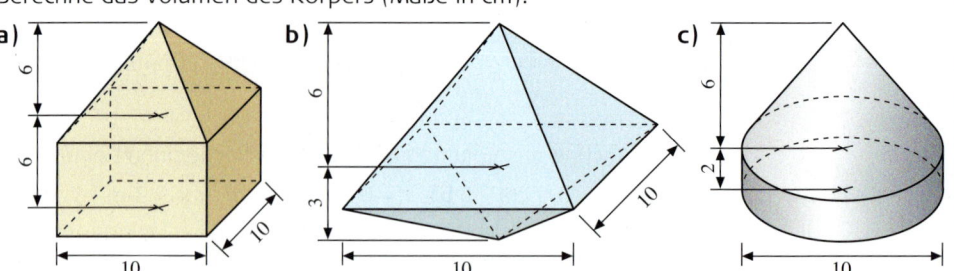

a)   b)   c)

102. Stelle den Körper (Maße in mm) in einem Zweitafelbild dar.
Berechne anschließend sein Volumen und den Oberflächeninhalt.

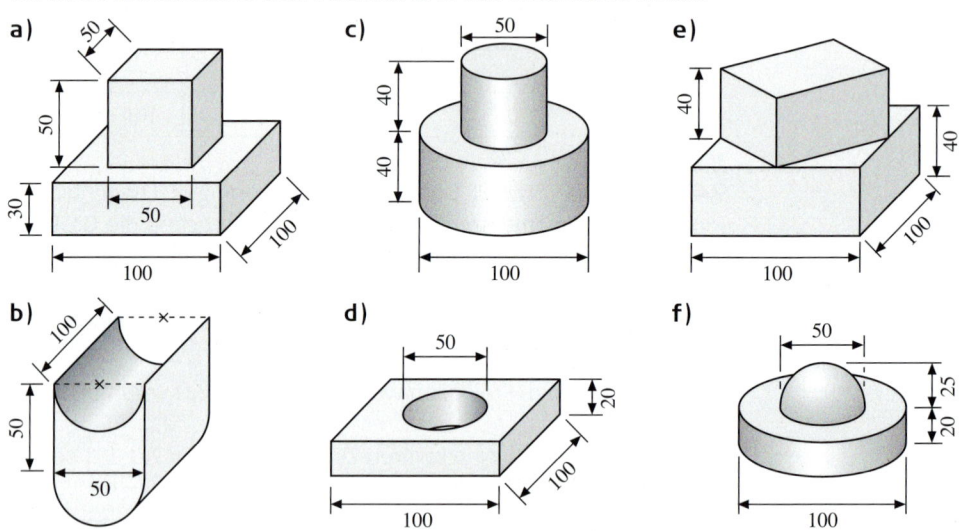

a)   c)   e)

b)   d)   f)

103. Die Abbildung ist die Grundfläche eines 65 mm hohen, aus Stahl bestehenden Werk-
stückes mit Bohrungen (Maße in mm). Welche Masse hat das Werkstück?

Stahl
$\varrho = 7,8 \frac{g}{cm^3}$

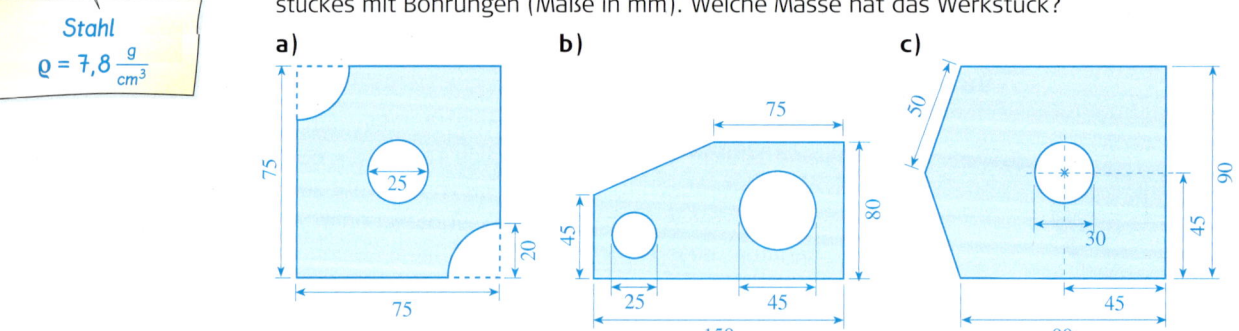

a)   b)   c)

104. Welche Masse haben die aus Stahl gefertigten Werkstücke (Maße in mm)?

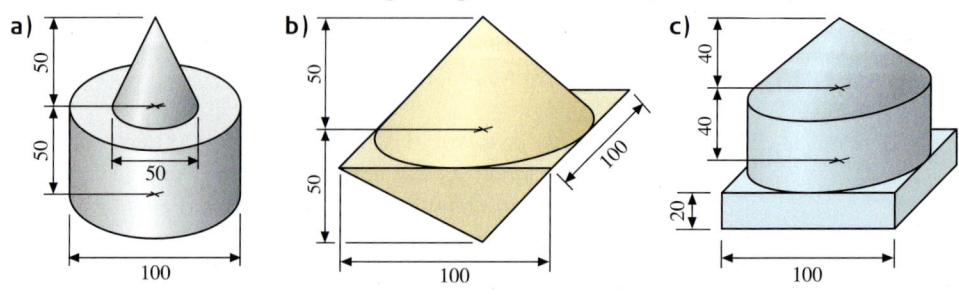

a)   b)   c)

Begründen – Herleiten

Winkel in geome-trischen Figuren – Begründen

1. Bestimme die Größe der rot markierten Winkel ($g_1 \parallel g_2$). Begründe.

a)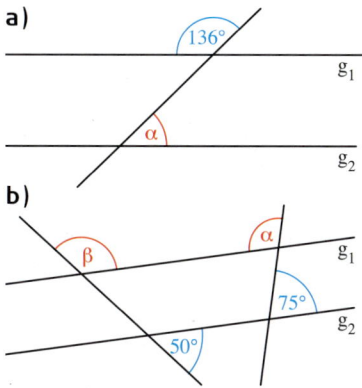

c)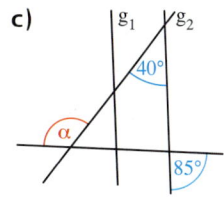

e)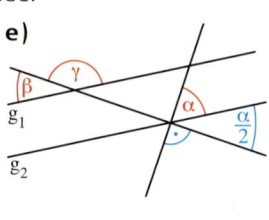

b)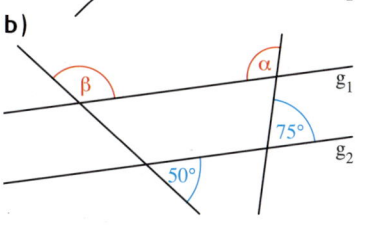

d)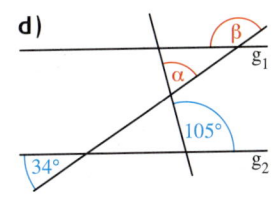

f)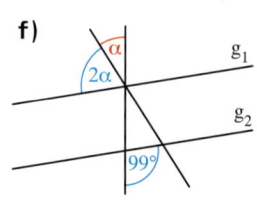

2. Ist $g_1 \parallel g_2$? Begründe. Bestimme dann die Größe von α.

a)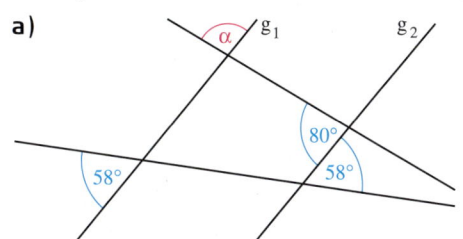

b)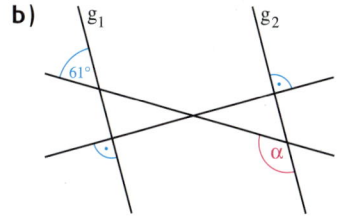

3. Berechne die Größe der rot markierten Winkel. Begründe.

a)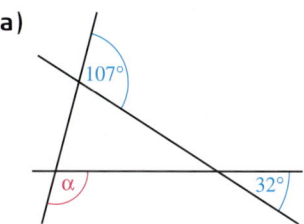

b)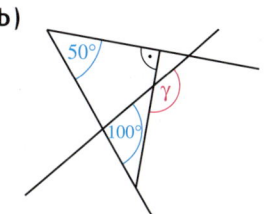

c) $a = c$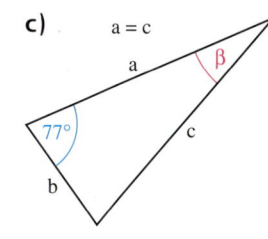

4. a) Rechteck ABCD

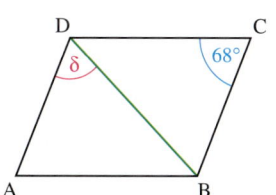

c) Drachenviereck ABCD

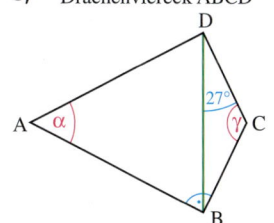

e) Rhombus ABCD

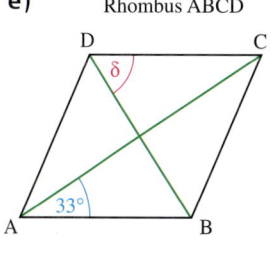

b) Parallelogramm ABCD mit $\overline{AB} = \overline{BD}$

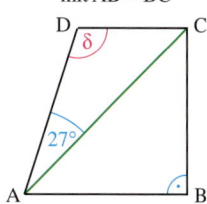

d) Trapez ABCD mit $\overline{AB} = \overline{BC}$

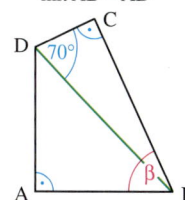

f) Viereck ABCD mit $\overline{AB} = \overline{AD}$

Kongruenz –
Begründen

Tafelwerk

5. Entscheide, ob die beiden Dreiecke kongruent zueinander sind.

a)

c)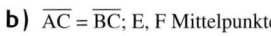

e)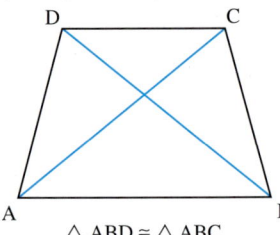

b)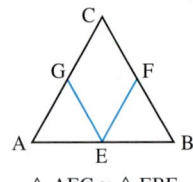

d)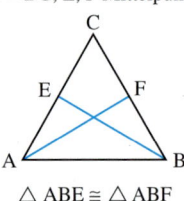

f)

6. Begründe die Kongruenz der Dreiecke. Beachte die über den Bildern angegebenen Voraussetzungen.

a) $\overline{AC} = \overline{BC}$; E, F, G Mittelpunkte

b) $\overline{AC} = \overline{BC}$; E, F Mittelpunkte

c) Trapez ABCD; $\overline{AD} = \overline{BC}$

△ AEG ≅ △ EBF

△ ABE ≅ △ ABF

△ ABD ≅ △ ABC

Ähnlichkeit –
Begründen

7. Begründe die Ähnlichkeit der Dreiecke. Beachte die über den Bildern angegebenen Voraussetzungen.

a) Trapez ABCD

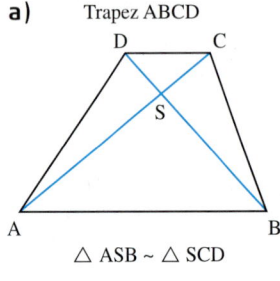

△ ASB ~ △ SCD

c)

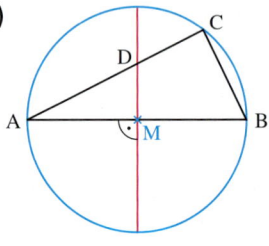

△ AMD ~ △ ABC

e) $\overline{AC} = \overline{BC}$

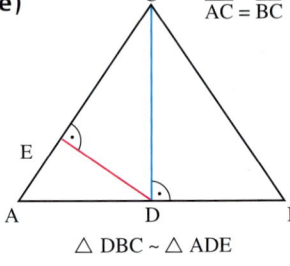

△ DBC ~ △ ADE

b) Rechteck ABCD

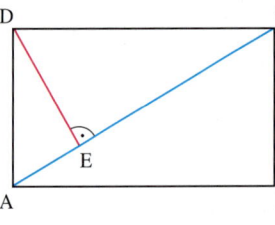

△ ABC ~ △ ECD

d) Parallelogramm ABCD

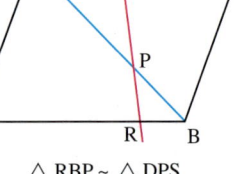

△ RBP ~ △ DPS

f) $\overline{DC}, \overline{EB}$ sind Höhen

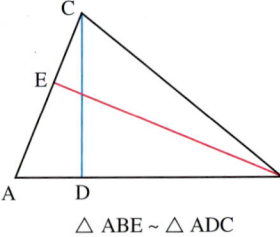

△ ABE ~ △ ADC

Herleitungen

8. Stelle Formeln für den Umfang und den Flächeninhalt auf.

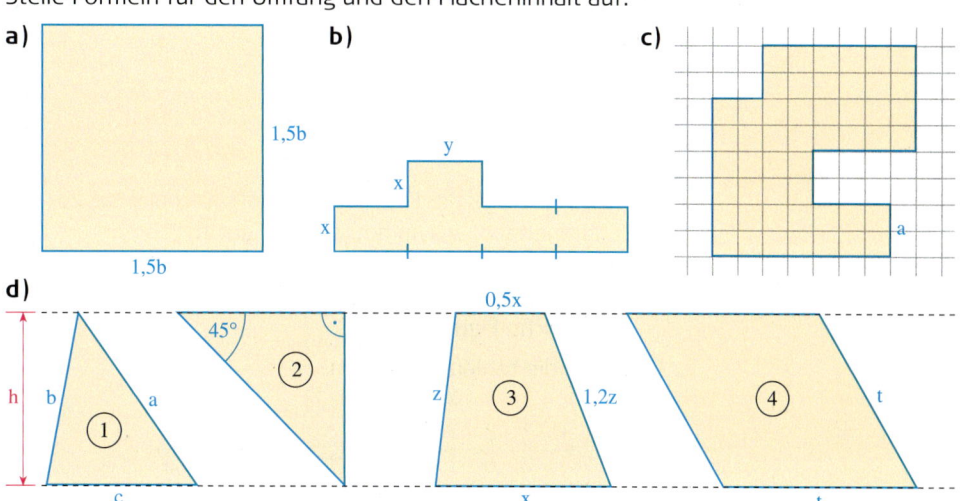

9. Leite die Formel für den Flächeninhalt der Figur her.

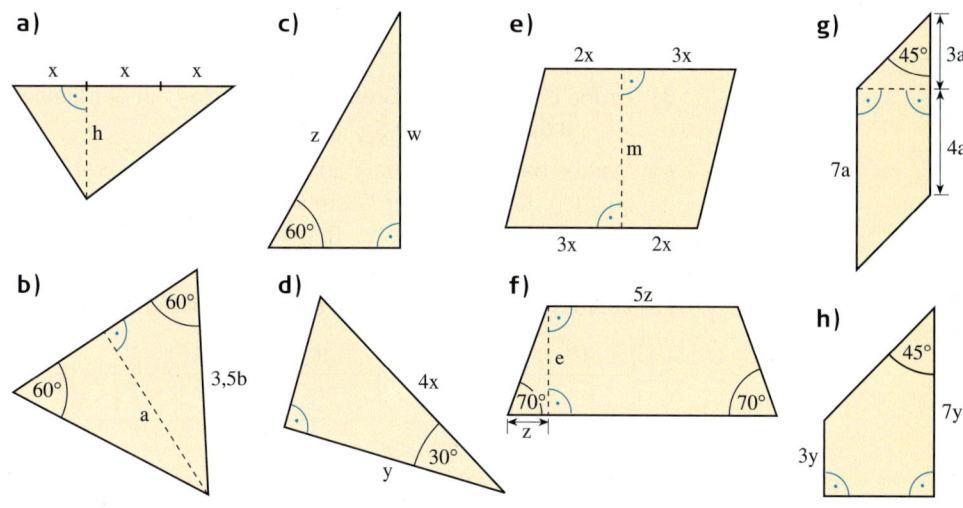

10. Stelle eine Volumen- und Oberflächenformel für den rechts abgebildeten zusammengesetzten Körper auf.

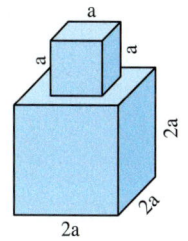

11. Leite die Volumenformel her.

a)
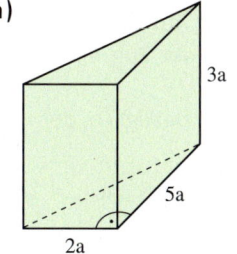

b)
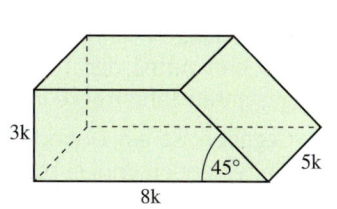

c)
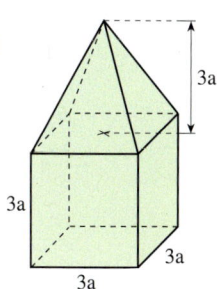

TESTAUFGABEN
Test 1

Teil A (Hilfsmittel sind nicht erlaubt.)

1. a) (1) Übertrage die Figur in dein Heft. Ergänze sie zu einer achsensymmetrischen Figur.

(2) Markiere die Symmetrieachse farbig.

(3) Welchen Flächeninhalt hat diese achsensymmetrische Figur?

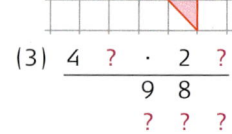

1 cm

b) Finde die fehlenden Ziffern.

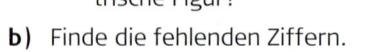

$$
\begin{array}{r}
?\ ?\ 7 \\
+\ ?\ 3\ ? \\
\hline
2\ 6\ 1
\end{array}
\qquad
\begin{array}{r}
?\ 3\ ? \\
-\ \ \ ?\ 5 \\
\hline
1\ 4\ 2
\end{array}
$$

(3)
$$
\begin{array}{r}
4\ ?\ \cdot\ 2\ ? \\
\hline
9\ 8 \\
?\ ?\ ? \\
\hline
?\ ?\ ?\ 3
\end{array}
$$

c) (1) Ergänze im Heft die Wertetabelle für die Funktion mit der Gleichung $y = x^2 - 4x + 3$.

x	– 1	0	1,5	2	
y					0

(2) Zeichne den Graphen im Intervall $-1 \le x \le 4$ in ein Koordinatensystem.

d) Ordne die Zahlen der Größe nach. Beginne mit der kleinsten Zahl.

$-\frac{3}{4}$; 0,625; $\frac{3}{10}$; $-0{,}5$; $\frac{15}{25}$; $0{,}\overline{6}$; $-1\frac{1}{3}$

e) Markus hatte Geburtstag. Zur Geburtstagsfeier waren vier seiner Schulfreunde eingeladen. Jeder der vier Gäste wurde von Markus mit Handschlag begrüßt. Auch die vier Gäste gaben sich zur Begrüßung gegenseitig die Hand. Wie viele Handschläge waren nötig, bis sich alle Teilnehmer an der Geburtstagsfeier begrüßt hatten?

f) Vervollständige die Tabelle in deinem Heft.

1 %	3 %	10 %	20 %	51 %	100 %	119 %
	6,30 €					

Teil B (Hilfsmittel sind erlaubt.)

2. a) Berechne den Zensurendurchschnitt der letzten Mathematik-Klassenarbeit.

Zensur	1	2	3	4	5	6
Anzahl	1	4	8	7	3	1

b) Welche Masse hat ein Kegel aus Stahl mit r = 35,0 cm und h = 53,0 cm.

c) Berechne die Differenz und das Produkt der Zahlen 76,5 und 4,32.

d) Herr Tender hat im Garten eine Modellbahnanlage aufgebaut (Bild rechts; Maße in dm). Auf einer der beiden geraden Strecken durchfährt der Zug einen 72 cm langen Tunnel.
Gib den Anteil der Tunneldurchfahrt bezüglich der gesamten Fahrstrecke in Prozent an.

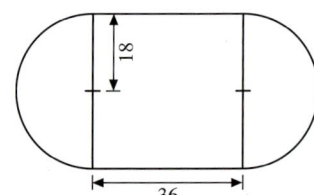

18

36

e) Gegeben ist ein Dreieck ABC mit b = 12,8 cm, c = 16,0 cm und γ = 90°. Berechne die fehlenden Winkel sowie den Flächeninhalt.

3. Ein Rechteck hat einen Flächeninhalt von 36 cm².

    a) Welche Seitenlängen kann dieses Rechteck haben? Ergänze dazu die Tabelle im Heft.

Seite a (in cm)	4	8	12	16	20	24	28	32
Seite b (in cm)								

    b) Schreibe die Sätze (1) und (2) vollständig auf.
        (1) Wenn die Länge der Seite a verdoppelt wird, dann . . .
        (2) Wenn die Länge der Seite a verdreifacht wird, dann . . .

    c) Stelle die Zuordnung *Seitenlänge a → Seitenlänge b* für dieses Rechteck grafisch dar und beschreibe den Verlauf des Graphen.

    d) Gib eine dem Graphen entsprechende Gleichung an.

4. Die Schüler einer 10. Klasse setzten aus gleich langen Quadern verschiedene Körper zusammen. Die Abbildung (Maße in cm) zeigt einen der zusammengesetzten Körper.

    a) Berechne das Volumen und den Oberflächeninhalt des abgebildeten Körpers.

    b) Zeichne ein Zweitafelbild des Körpers.

    c) Der abgebildete Körper kann mit einem sechsseitigen Prisma zu einem Quader ergänzt werden. Zeichne den Quader in einem Schrägbild. Markiere die sichtbaren Kanten des ergänzenden sechsseitigen Prismas farbig.

5. Der Jahresrechnungsbetrag für Strom setzt sich aus der Jahresgrundgebühr und den Stromkosten je Kilowattstunde zusammen. Es werden zwei Tarife angeboten.

Tarif	A	B
Jahresgrundgebühr (in €)	20 €	80 €
Stromkosten (je kWh)	19 ct	15,50 ct

    a) Familie Sparig schätzt ihren Strombedarf auf 2 300 kWh pro Jahr. Schlage der Familie den für sie günstigsten Tarif vor.

    b) Fertige für jeden Tarif eine Preistabelle für einen Verbrauch von 0 kWh, 500 kWh, 1 000 kWh, . . . , 4 000 kWh an.

    c) Stelle den Zusammenhang zwischen Stromverbrauch und Jahreskosten beider Tarife in einem geeigneten Koordinatensystem dar.

    d) Formuliere für jeden Tarif eine Gleichung. Berechne, bei welchem Stromverbrauch x (in kWh) in beiden Tarifen die gleichen Jahreskosten y (in €) entstehen.

6. Mit den Punkten A(-4|-3), B(3|-3), C(3|3) und D(-1|5) sind die Eckpunkte eines Vierecks festgelegt.

    a) Zeichne das Viereck ABCD in einem rechtwinkligen Koordinatensystem mit der Einheit von 1 cm.

    b) Berechne die Länge der Strecken $\overline{AC}$ und $\overline{AD}$ sowie die Größe des Winkels CAD, der von den beiden Strecken eingeschlossen wird.

    c) Wie groß ist der Flächeninhalt des Vierecks ABCD?

Test 2

Teil A (Hilfsmittel sind nicht erlaubt.)

1. a) Im Sportunterricht erhielt Johann folgende Zensuren:
2 1 3 4 3 2 2 2 3 2 1.
Berechne seinen Zensurendurchschnitt.

b) Bestimme die Größe des Winkels α.

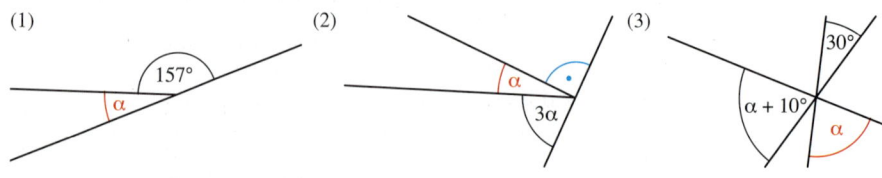

c) Welche Zahl kannst du für x einsetzen?
(1) $7 \cdot x + 32 = 95$ (2) $x : 6 = 0{,}5$ (3) $2^x = 32$ (4) $\sqrt{x} = 11$ (5) $1\,000 = 10^x$

d) Ergänze in deinem Heft:

Gemeiner Bruch	Prozentsatz	Dezimalbruch
	17 %	
		0,37
$\frac{3}{50}$		
	119 %	
		1,5

e) Berechne für den Quader
(1) den Flächeninhalt der größten Seitenfläche;
(2) den Oberflächeninhalt;
(3) die Länge der kürzesten Seitenflächendiagonale;
(4) das Volumen.

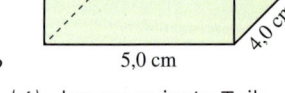

f) Welcher Teil sind 965 g von 19,2 kg näherungsweise?
(1) der zehnte Teil   (2) die Hälfte   (3) 20%   (4) der zwanzigste Teil

Teil B (Hilfsmittel sind erlaubt.)

2. a) Landkarten gibt es in mehreren Größen. Überprüfe jeweils die Flächenangabe.

Bildgröße	58 cm × 55 cm	46 cm × 44 cm	46 cm × 44 cm
Maßstab	1 : 10 000	1 : 25 000	1 : 50 000
Fläche im Original	31,9 km²	127,6 km²	510,4 km²

b) Für 500 g Wurst sind 4,95 € zu bezahlen. Wie viel kosten dann 210 g Wurst?

c) Wie viel kg wiegt eine Stahlkugel mit d = 10 cm?

d) Im Jahr 2010 hatte die Festung Königstein 572 000 Besucher, das sind 12,4% mehr als 2009. Um wie viel Personen nahm die Besucherzahl gegenüber 2009 zu?

e) Berechne den Oberflächeninhalt einer 20 cm hohen Pyramide mit rechteckiger Grundfläche (a = 18 cm; b = 16 cm).

3. Das Sportgeschäft am Hauptmarkt wird umgebaut. Ein Räumungsverkauf soll helfen, die Regale leer zu kaufen.
Eine Radjacke kostet statt 80 € nur 60 €.
Handballschuhe wurden um 20% auf 100 € gesenkt.
Ein Zelt für 80 € kostet 35% weniger.

   a) Berechne den neuen Preis für das Zelt.

   b) Felix kauft sich die Radjacke und das Zelt. Wie viel Euro hat er dabei gespart?

   c) Wie viel Prozent Rabatt gab der Händler auf die Radjacke?

   d) Gib den Preis der Handballschuhe vor der Preissenkung an.

4. Von einem Dreieck ABC sind bekannt die Größe der Winkel $\alpha = 30°$ und $\beta = 75°$ sowie die Länge der Seite c = 6,5 cm.

   a) Bestimme zeichnerisch die Länge der Seite $\overline{BC}$.

   b) Berechne die Länge der Seite $\overline{BC}$. Überprüfe das Ergebnis mithilfe der Zeichnung.

   c) Ermittle den Umfang und den Flächeninhalt des Dreiecks ABC.

5. Die Mitarbeiter der Abfallwirtschaft leeren regelmäßig die Mülltonnen der privaten Haushalte. Mit einem Gebührenbescheid werden die Kosten der Mülltonnenentleerung dargestellt. Familie Sorgsam erhielt folgenden Gebührenbescheid:

Gebührenbescheid der Abfallwirtschaft für Familie Sorgsam, Sauberer Weg 7			
(1) Grundgebühr			
Zeitraum	Anzahl Monate	Anzahl Personen	Jahresgebühr je Person
01. 01. – 31. 12.	12	5	23,45 €
(2) Kippgebühr			
Zeitraum	Anzahl Entleerungen		Gebühr je Entleerung
01. 01.–31. 12.	18		3,21 €
(3) Abschläge			
Im März, Mai, Juli und September wurden Abschläge zu je 31,50 € abgebucht.			

   a) Berechne mithilfe dieses Gebührenbescheides der Abfallwirtschaft die Grundgebühr sowie die Kippgebühr für Familie Sorgsam.

   b) Die Abfallwirtschaft hat für Technik und Personal ständige Ausgaben. Deshalb sind Vorauszahlungen in Form von Abschlägen nötig. Wie viel Geld hat Familie Sorgsam im Laufe des Jahres durch die Abschläge bereits bezahlt?

   c) Wie viel Euro hat Familie Sorgsam abschließend noch zu überweisen?

6. Ein Auszubildender muss aus einem Holzwürfel einen Hohlzylinder mit größtmöglicher Höhe herstellen. Der Würfel hat eine Kantenlänge von 75 mm. Der Außendurchmesser des Hohlzylinders soll 66 mm betragen bei einer Wanddicke von 22 mm.

   a) Zeichne ein Zweitafelbild des Hohlzylinders.

   b) Gib den bei der Herstellung entstehenden Abfall in cm³ an.

   c) 1 cm³ des verwendeten Holzes hat eine Masse von 0,9 g. Wiegen 50 solcher Hohlzylinder mehr als ein Kilogramm?
   Begründe deine Entscheidung.

Test 3

Teil A (Hilfsmittel sind nicht erlaubt.)

1. a) Welche Zahl ist das richtige Ergebnis?

(1) $223 \cdot 2,8 = \dots$	(2) $0,3 \cdot 0,3 \cdot 0,3 = \dots$	(3) $32 : 0,4 = \dots$	(4) $0,32 : 0,8 = \dots$
62,44	0,9	800	4
624,4	0,09	0,8	40
6244	0,27	8	0,004
6,244	0,027	80	0,4

b) Bei einem Test erreichten in der Klasse 10a die Hälfte und in der 10b sieben Zehntel aller Schüler gute und sehr gute Ergebnisse. In der Klasse 10c waren es 15 von insgesamt 25 Schülern. Welche der drei Klassen erreichte das beste Ergebnis?

c) (1) Die nebenstehende Figur hat den Umfang u und den Flächeninhalt A. Stelle jeweils eine Formel zur Berechnung von u und A auf.

(2) Berechne den Umfang u und den Flächeninhalt A für a = 2 cm.

d) Welche natürlichen Zahlen von 1 bis 10 lösen die Gleichung bzw. Ungleichung?

(1) $3 \cdot a + 1 = 10$ (3) $5 \cdot c - 3 = 7$
(2) $4 \cdot b < 15$ (4) $27 - d > 19$

e) Setze die Zahlenfolge um zwei Glieder fort.

(1) 1 6 11 ☐ ☐   (2) 1 4 9 16 25 ☐ ☐   (3) 2 5 11 20 ☐ ☐

f) Welche der Punkte A(5|0), B(−1|−2), C(1|2), D(4|−2) und E(5|0,2) gehören zum Graphen der jeweiligen Funktion?

(1) $y = -0,5x$ (2) $y = -\frac{2}{5}x + 2$ (3) $y = x^2 - 2x + 3$ (4) $y = 2^x$ (5) $y = x^{-1}$

Teil B (Hilfsmittel sind erlaubt.)

2. a) Ein rechteckiges Beet hat einen Umfang von 26,90 m. Es ist 8,45 m breit. Berechne die Länge der Diagonalen eines quadratischen Beetes mit gleichem Flächeninhalt.

b) Berechne für das Dreieck ABC mit b = 18,5 cm, c = 28,5 cm und $\alpha = 35°$ die Länge der Seite $\overline{BC}$.

c) Bei 4 Meerschweinen reicht das Futter für 28 Tage. Wie lange reicht das Futter dann bei 7 Meerschweinen?

d) Auf einer Radtour notierte Richard die Fahr- und Pausenzeiten. Damit fertigte er das Diagramm rechts an.

(1) Ermittle die bei der Radtour erreichte Durchschnittsgeschwindigkeit in $\frac{km}{h}$.

(2) Welchen Weg legte er in den Abschnitten vor bzw. nach der Pause während einer Viertelstunde zurück?

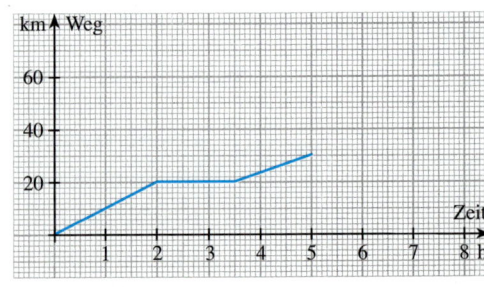

e) Berechne für einen Kreis mit u = 1 m den Flächeninhalt.

3. Herr Blum hat im Garten ein rechteckiges Kräuterbeet. Zur Verschönerung will er das Beet mit einer Buchsbaumhecke umfassen.

a) Zeichne das 4,80 m lange und 3,60 m breite Beet im Maßstab 1 : 50.

b) Ein Gärtner empfiehlt als Umfassung 100 Buchsbaumsetzlinge zu pflanzen. Eine Pflanze kostet bei ihm 1,65 €. Er gewährt aber Herrn Blum einen Mengenrabatt von 5%. Berechne die Kosten.

c) Frau Blum überlegt, eine Diagonale des Kräuterbeetes ebenfalls mit einer Buchsbaumhecke zu bepflanzen. Sie teilt das Beet in zwei Flächen, die für Gewürz- bzw. Teepflanzen genutzt werden könnten.
Welche Länge wäre somit zusätzlich mit Buchsbaumsetzlingen zu bepflanzen?

d) Gib die Größe des Beetes für Gewürzpflanzen in m² an.

4. Beim Dorffest gab es auch ein Quadrennen. Ein Sponsor hatte für die drei besten Quadfahrer als Preisgeld einen größeren Geldbetrag zur Verfügung gestellt.

> 1. Preis: die Hälfte des Geldbetrages
> 2. Preis: 30% des Geldbetrages
> 3. Preis: 160 €

a) Stelle die Preisverteilung in einem geeigneten Diagramm dar.

b) Wie viel Euro wurden für den ersten bzw. zweiten Platz ausgezahlt?

c) Die Veranstalter verkauften 345 Eintrittskarten zu je 2,00 € und 456 Eintrittskarten zu je 3,50 €. Wurde damit die erhoffte Einnahme von 2 000 € erreicht?

d) Nach dem Dorffest kündigt der Sponsor an, das zur Verfügung gestellte Preisgeld im nächsten Jahr um 100 Euro zu erhöhen.
Welchen Geldbetrag können die Veranstalter dann für den 3. Preis auszahlen?

5. Schüler einer 10. Klasse stellten Körpermodelle her. Die Skizze zeigt das Netz eines solchen Modells.

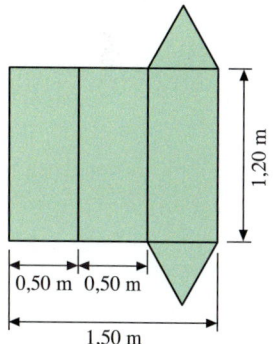

a) Das Netz soll aus einer rechteckigen Pappe herausgeschnitten werden. Welche Länge und Breite sollte die Pappe mindestens haben?

b) Zeichne das Körpernetz in einem geeigneten Maßstab auf unliniertem Papier.

c) Wie viele Ecken und wie viele Kanten hat der dargestellte Körper?

d) Berechne das Volumen des Körpers.

6. Gegeben sind die Funktionen mit $y = f(x) = x^2 - 4$ und $y = g(x) = x - 2$ (je $x \in \mathbb{R}$).

a) Zeichne die Graphen beider Funktionen in ein Koordinatensystem im Intervall $-3 \leq x \leq 3$.

b) Die Graphen schneiden sich in den Punkten P und Q.
Gib die Koordinaten an.

c) Berechne die Nullstellen von $f(x)$.

d) Berechne die Größe des spitzen Winkels, den der Graph der Funktion zu $g(x)$ mit der x-Achse im 1. Quadranten bildet.

Test 4

Teil A (Hilfsmittel sind nicht erlaubt.)

1. a) Welche Schreibweise entspricht einer Zeitdauer von 1 Stunde und 15 Minuten?

1,15 h	1,25 h	115 min	$1\frac{1}{4}$ h

b) Gib für ein Rechteck mit A = 36 cm² vier Möglichkeiten der Seitenlängen an.

	1. Rechteck	2. Rechteck	3. Rechteck	4. Rechteck
Länge				
Breite				

c) Am Wiesenrand steht ein alter Baum. Er hat einen Stammumfang von 4,57 m. Bestimme mit einem Überschlag den Durchmesser.

d) Übernimm das Spielfeld auf Millimeterpapier. Die Graphen der Funktionen (1) bis (8) „treffen" jeweils einen der Buchstaben. Wie heißt das Lösungswort?

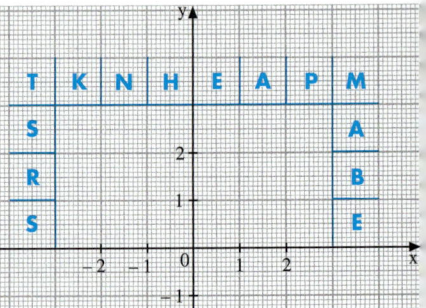

(1) $y = \frac{3}{2}x + 1$ (5) $y = \frac{1}{2}x - 1$

(2) $y = 2x$ (6) $y = 0,5x + 1$

(3) $y = -x$ (7) $y = -\frac{1}{2}x - 1$

(4) $y = -3x + 2$ (8) $y = -0,5x + 1$

e) In einer Schachtel sind 5 rote, 4 schwarze und 3 gelbe Kugeln.
Entscheide, ob die Wahrscheinlichkeit kleiner als 9% oder größer als 9% ist, wenn man beim zweimaligen Ziehen (ohne Zurücklegen) nur schwarze Kugeln haben möchte. Begründe.

f) Gib den gefärbten Bruchteil als gemeinen Bruch, als Dezimalbruch und in Prozent an.

(1) 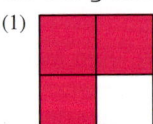   (2) 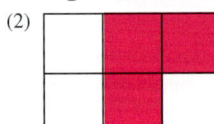   (3)

Teil B (Hilfsmittel sind erlaubt.)

2. a) Tina hat ihre angesparten 500 € auf einem Sparbrief mit einem Zinssatz von 3,25% für ein Jahr angelegt. Wie viel Geld erhält sie nach einem Jahr zurück?

b) Wie lang ist die Raumdiagonale r eines Würfels mit der Kantenlänge a = 7,0 cm?

c) Ein Getränkehändler hat zwei Transporter. Die Ladefläche des weißen Transporters ist 4,25 m lang und 1,90 m breit, die vom grünen Transporter ist 3,75 m lang und 1,95 m breit.
Welcher der beiden Transporter hat die größere Ladefläche?

d) In einem 24,5 cm hohen Trapez haben die beiden zueinander parallelen Seiten a und c eine Länge von a = 66,5 cm und c = 55,6 cm.
Berechne den Flächeninhalt.

e) Ordne die Dichten von Aluminium, Blei, Kupfer und Stahl der Größe nach.

3. Schüler der 10. Klasse führten an ihrer Schule an einem Mittwoch eine Befragung durch. Alle 280 Schüler sollten angeben, auf welche Art und Weise sie an diesem Tag zur Schule gekommen sind. Die Befragung ergab Folgendes:
Ein Viertel der Schüler fuhr mit dem Bus zur Schule. Mit dem Rad fuhren 35 Prozent. Zu Fuß ging ein Fünftel der Schüler. Der Rest wurde mit dem Auto gebracht.

a) Die Schule hat 15 Fahrradständer für je 8 Räder. Wie viele Stellplätze blieben frei?

b) Gib den Anteil der mit dem Auto zur Schule gebrachten Kinder in Prozent an.

c) Stelle das Ergebnis der Befragung in einem Kreisdiagramm und in einem weiteren geeigneten Diagramm dar.

4. In der neuen Wohnung hat Josi ein eigenes Zimmer. Die Skizze zeigt den Grundriss des Zimmers.

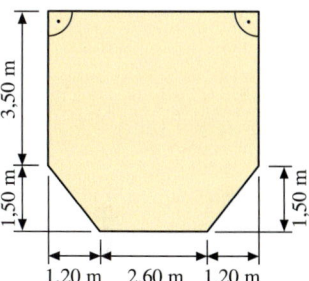

a) Zeichne den Grundriss in einem geeigneten Maßstab.

b) Auf dem Fußboden wird Laminat verlegt. Der Fußbodenleger plant zusätzlich 10% Verschnitt ein. Wie viel m² Laminat sind mindestens zu kaufen?

c) Als Abschluss bringt Josi rundherum Sockelleisten an. Vor die 1 m breite Zimmertür kommen natürlich keine Leisten. Ein Baumarkt bietet die Sockelleisten zu je 2 m Länge an. Wie viele Leisten werden benötigt?

5. Marcel war mit seiner 10. Klasse im Schullandheim auf der Insel Rügen. Er hat dort wieder viel fotografiert.
Er vergleicht in zwei Drogerien die Foto-Preise:

Drogerie A
0,18 € je Foto
1,50 € Bearbeitungsgebühr

Drogerie B
0,09 € je Foto
3,75 € Bearbeitungsgebühr

a) Marcel will sich 57 Fotos anfertigen lassen. Wie viel Geld kann er mit dem günstigeren Angebot sparen?

b) Stelle für den Zusammenhang zwischen der Anzahl der Fotos und dem zu zahlenden Preis jeweils eine Gleichung auf. Berechne mit einem Gleichungssystem, bei welcher Anzahl von Fotos in beiden Drogerien der gleiche Preis zu bezahlen ist.

c) Nora möchte ihre Fotos vom Schullandheimaufenthalt ebenfalls in einer der beiden Drogerien anfertigen lassen. Gib ihr eine Empfehlung für das günstigere Angebot.

6. Tina findet im Holzbaukasten ihres Bruders eine 3,5 cm hohe Pyramide und einen Würfel mit a = 5,0 cm. Sie kann beide Körper so zu einem Häuschen zusammensetzen, dass die Grundfläche der Pyramide mit der Deckfläche des Würfels übereinstimmt.

a) Zeichne ein Zweitafelbild des Häuschens.

b) Berechne die Größe des Neigungswinkels der Dachfläche. Vergleiche das Ergebnis mit dem Zweitafelbild.

c) Wie groß ist die Dachfläche des Häuschens?

d) Zeichne ein Schrägbild des Häuschens.

e) Berechne den Rauminhalt des Häuschens.

Test 5

Teil A (Hilfsmittel sind nicht erlaubt.)

1. a) Berechne:

(1) 0,4 m + 1,5 dm + 8 cm   (2) 2 500 mg + 5 g + 1,2 kg

b) Aus welchen geometrischen Körpern wurde das Werkstück zusammengesetzt?

(1) 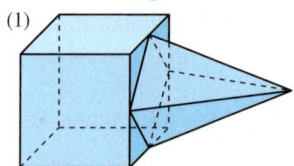   (2) 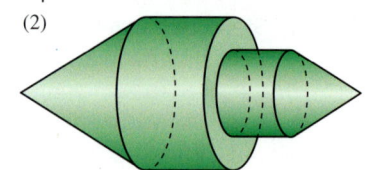   (3)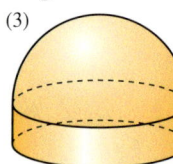

c) Es soll die Zahl a der Betrag von – 8 und die Zahl b die entgegengesetzte Zahl von 10 sein. Berechne die Summe, die Differenz, das Produkt, den Quotienten und das arithmetische Mittel der Zahlen a und b.

d) Gib die Funktionsgleichungen $y = mx + n$ bzw. $y = (x + d)^2 + e$ und die Nullstellen für die rechts abgebildeten Graphen an.

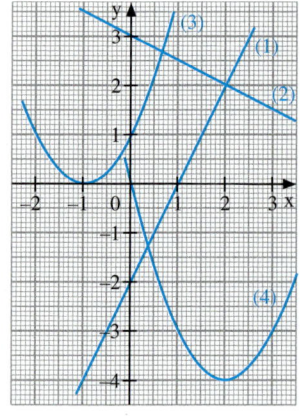

e) Gib je zwei Zahlen an, die auf der Zahlengeraden

(1) zwischen 1,71 und 1,72 liegen;

(2) zwischen $\frac{1}{5}$ und $\frac{1}{4}$ liegen.

f) Für eine Geldanlage von 3 000 € erhält Frau Sparsam von ihrer Bank nach einem Jahr 120 € Zinsen. Wie hoch war der Zinssatz ihrer Geldanlage?

Teil B (Hilfsmittel sind erlaubt.)

2. a) Berechne den Flächeninhalt eines Kreisringes mit r_i = 2,5 cm und r_a = 3,5 cm.

b) Übertrage die Preistabelle für Kraftstoff ins Heft und ergänze sie.

Kraftstoff (in Liter)	17	20	31	40,2	
Preis (in Euro)		29,00			79,75

c) Berechne mit einer Genauigkeit von zwei Stellen nach dem Komma.

(1) $0,12 \cdot 3,4 \cdot 56$ (3) $\sqrt{55,4^2 + 33,2^2}$

(2) $7,45 \cdot \sin 57°$ (4) $\dfrac{4,29^2 + 3,46^2 - 5,68^2}{2 \cdot 4,29 \cdot 3,46}$

d) Martin stellt aus rechteckiger Pappe eine Schachtel her. Er schneidet dazu an den Ecken Quadrate mit x = 3,5 cm Seitenlänge heraus. Somit kann Martin die Seitenwände nach oben falten.
Gib das Fassungsvermögen der Schachtel in cm³ an.

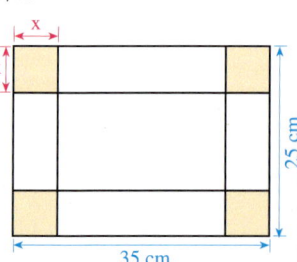

e) Berechne im Dreieck ABC mit a = 7,5 cm, b = 8,5 cm und c = 9,5 cm die Größe der Innenwinkel α, β und γ.

3. Die Schüler der AG Fahrrad bauen ein Tandem. Sie diskutieren mit ihrem AG-Leiter Herrn Jabs, ob der Rahmen blau, grün, rot oder weiß lackiert werden soll. Bei der Abstimmung schreibt jeder seinen Farbwunsch auf einen Zettel:

| grün | weiß | grün | weiß | grün | blau | weiß |

| rot | rot | weiß | grün | weiß | grün | grün |

a) Stelle die Ergebnisse als absolute und relative Häufigkeit in einer Tabelle dar.

b) Veranschauliche die relativen Häufigkeiten der Farben in einem Streifendiagramm.

c) Als Kompromiss schlägt Herr Jabs vor, das Tandem zweifarbig zu lackieren, um so den beiden am häufigsten genannten Farbwünschen zu entsprechen.
Wie vielen AG-Mitgliedern wird somit der Farbwunsch erfüllt?

4. Herr Kynast hat erfahren, dass die Heizkosten ansteigen werden. Er lässt darum in seinem Wohnzimmer einen Kamin einbauen, um mit preiswertem Holz heizen zu können.

a) Eine Ofenbau-Firma macht für den Bau des Kamins nebenstehenden Kostenvoranschlag.
Welcher Geldbetrag wäre bei sofortiger Barzahlung zu bezahlen?

> Material: 2 455,00 €
> Lohnkosten: 795,00 €
> (Preise inkl. MwSt)
> Bei sofortiger Barzahlung
> werden 2,5% Skonto gewährt.

b) Herr Kynast entscheidet sich jedoch für eine Ratenzahlung. Zunächst zahlt er 10% des Gesamtpreises an. Den Rest begleicht er in zehn gleich großen Monatsraten.
Berechne die Höhe einer solchen Rate.

c) Im naheliegenden Sägewerk kann er Holzreste für 5,50 € je m^3 als Brennholz kaufen. Er füllt seinen Pkw-Hänger (145 cm lang; 125 cm breit; 45 cm hoch) bis zum Rand.
Wie viel Euro bezahlt Herr Kynast für vier Hängerladungen?

5. Tom ist Auszubildender in einer metallverarbeitenden Firma. Im Praktikum hat er eine zylinderförmige Regentonne (ohne Deckel) herzustellen. Ihr Durchmesser soll 600 mm und die Höhe 950 mm betragen.

a) Den Boden der Tonne schneidet Tom aus einem rechteckigen Blech, das 750 mm lang und 650 mm breit ist. Fertige dazu eine Zeichnung in geeignetem Maßstab an.

b) Ermittle den beim Ausschneiden des Bodens entstehenden Abfall in cm^2.

c) Mit einer Vorrichtung kann Tom ein Blech biegen, um es als Mantel am Zylinderboden anbringen zu können. Welche Maße muss dieses Blech haben?

d) Die Regentonne wird an das Fallrohr einer Dachrinne angeschlossen. Nach einem Schauer war die Tonne zu drei Viertel gefüllt.
Wie viel Liter passen noch hinein?

6. a) Durch die Gleichung $y = 3 \sin x$ $(x \in \mathbb{R})$ ist eine Funktion gegeben. Skizziere den Graphen im Intervall $-\pi \leq x \leq \pi$.
Gib den Wertebereich dieser Funktion an.

b) Von einer Funktion, deren Gleichung die Form $y = h(x) = a \cdot \sin x$ $(a > 0; x \in \mathbb{R})$ hat, sind bekannt:
kleinste Periode: 2π;   Wertebereich: $-1,5 \leq y \leq 1,5$ $(y \in \mathbb{R})$
Bestimme die Gleichung dieser Funktion.
Gib die Nullstellen dieser Funktion im Intervall $-\pi \leq x \leq 2\pi$ an.

Test 6

Teil A (Hilfsmittel sind nicht erlaubt.)

1. a) (1) Berechne 10% von 36 €.

(2) Herr Obst hat Falläpfel zur Kelterei gebracht. Es gehörten 15 kg der Äpfel zur Sorte Jonagold. Das sind 20 Prozent seiner abgelieferten Falläpfel.
Wie viel kg Äpfel brachte er zur Kelterei?

(3) Wie viel Prozent sind 13 m von 52 m?

(4) Die Lebenshaltungskosten der Familie Bahl stiegen im Jahr 2010 gegenüber 2009 um 25%.
Auf das Wievielfache stiegen sie?

b)

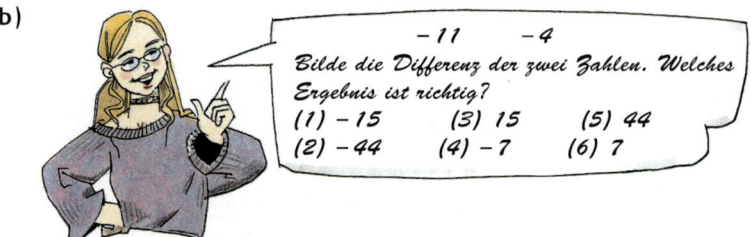

Bilde die Differenz der zwei Zahlen. Welches Ergebnis ist richtig?

(1) – 15	(3) 15	(5) 44
(2) – 44	(4) – 7	(6) 7

−11   −4

c) Beim Lottospiel *6 aus 49* wird aus 49 Kugeln die erste Zahl gezogen.
Was ist wahrscheinlicher?
(1) Sie ist kleiner als 30.   (2) Sie ist eine gerade Zahl.   (3) Sie enthält die Ziffer 5.

d) Anne und Lisa haben ihre Handykosten in einem Diagramm dargestellt.
Wer telefoniert wann günstiger?

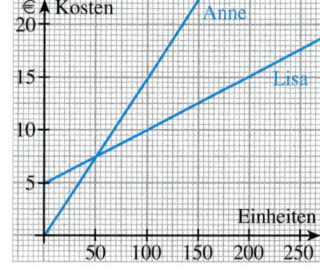

e) Auf dem Weg zur Arbeit legt Herr Metzler mit seinem Pkw eine Strecke von 36 km in einer dreiviertel Stunde zurück.
Wie viel Zeit braucht Herr Metzler für die gleiche Strecke bei doppelter Geschwindigkeit?

f) Zeichne im Intervall $-\pi \leq x \leq 2\pi$ den Graphen der Funktion mit $y = 1{,}5 \sin x$.

Teil B (Hilfsmittel sind erlaubt.)

2. a) (1) Ein Kreis hat einen Flächeninhalt von 1 m². Welchen Umfang hat dieser Kreis?

(2) Wie groß ist der Flächeninhalt des Kreises, wenn man seinen Umfang verdoppelt?

b) Ein Dreieck hat die Seitenlängen 7,5 cm, 6,0 cm und 4,5 cm. Ist es rechtwinklig?

c) Herr Groß bezahlt für seine 70 m² große Wohnung 385 € Miete. Frau Klein zahlt bei gleichem Quadratmeterpreis 286 € Miete.
Wie groß ist ihre Wohnung?

d) Felix bohrt in einen Stahlwürfel mit a = 8 cm ein 6 cm tiefes Loch mit d = 4 cm.
(1) Welche Masse hat das entstandene Werkstück?
(2) Gib den Abfall in Prozent an.

e) Berechne den Wert für x in folgenden Gleichungen:
(1) $x = 3{,}8^2$;   (2) $\frac{x}{5} = \sin 62°$;   (3) $4{,}9 \cdot x = 171{,}5$;   (4) $x = \dfrac{19{,}5}{7{,}4 + 4{,}9^2}$

3. Im Juli werden zum Eisverkauf am See Schüler als Aushilfskräfte eingestellt. Ihre Arbeitszeit wird in einem Tabellenkalkulationsprogramm zusammengefasst.

	A	B	C	D
2	Vergütung der Aushilfskräfte im Monat Juli			
3				
4	Stundenlohn:	5,80 €		
5				
6	**Name**	**Vorname**	**Stundenzahl**	**Vergütung**
7	Meier	Frank	40	
8	Schmidt	Maik	38	
9	Brunner	Silvana	42	
10	Müller	Anke	34	
11	Farmer	Paul	48	
12	Summe:			
13	durchschnittliche Vergütung:			
14				

a) Berechne die durchschnittliche Vergütung der Aushilfskräfte im Juli.

b) Gib jeweils eine Formel zur Berechnung der Vergütung für Frank Meier (Zelle D7), der gesamten Stundenzahl (Zelle C12), der Gesamtvergütung aller Aushilfskräfte (Zelle D12) und eine Formel zur Berechnung der durchschnittlichen Vergütung (Zelle D13) an.

4. Das Ehepaar Wohlig hat in einem Vierfamilienhaus eine 92,40 m² große Wohnung gemietet. Die anderen Wohnungen sind je 67,25 m² groß. Die Monatsmiete setzt sich aus der Grundmiete von 5,80 € je m² Wohnfläche und den Betriebskosten zusammen.

a) Welche Jahreseinnahme kann der Vermieter für die vier Wohnungen einplanen?

b) Die Betriebskosten betrugen 2010 für das Ehepaar Wohlig 1 957,74 €. Entsprechend einer Vereinbarung mit dem Vermieter hatten sie für die Betriebskosten im Voraus monatlich 155 € bezahlt.
Überprüfe, ob eine Nachzahlung nötig ist und begründe deine Entscheidung.

c) Herr Wohlig schätzt, dass sie in der kleineren Wohnung jährlich 400 € Betriebskosten sparen könnten. Hilf ihm.

5. Es ist eine quadratische Funktion mit $y = f(x) = x^2 + 2x - 3$ gegeben.

a) Überprüfe rechnerisch, welche der Punkte $A(-4|11)$, $B(-1|-4)$, $C(0,5|0,5)$ und $D(2,5|8,25)$ zu dieser quadratischen Funktion mit $y = f(x)$ gehören.

b) Zeichne den Graph der Funktion mit $y = f(x)$ in einem geeigneten Koordinatensystem.

c) Berechne die Nullstellen der Funktion mit $y = f(x)$ und vergleiche das Ergebnis mit der grafischen Darstellung.

d) Eine Gerade schneidet die Parabel in den Punkten $P(-2|-3)$ und $Q(2|5)$.
Gib für diese Gerade eine Funktionsgleichung in der Form $y = g(x) = mx + n$ an.

e) Gib die Funktionsgleichung einer linearen Funktion mit $y = h(x)$ an, deren Graph die Parabel der Funktion mit $y = f(x)$ in keinem Punkt schneidet bzw. berührt.

6. Schüler einer 10. Klasse steckten mit Fluchtstäben ein Dreieck ABC ab. Auf der Geraden AB steckten sie mit einem weiteren Fluchtstab den Punkt D so ab, dass sich B zwischen A und D befindet. Längenmessungen an der entstandenen Figur lieferten folgende Ergebnisse: $\overline{AB} = 54,3$ m; $\overline{BD} = 21,0$ m und $\overline{CD} = 67,8$ m. Für den Winkel CDB ermittelten die Schüler eine Größe von 69°.

a) Fertige eine Skizze der abgesteckten Figur an. Markiere alle Strecken und Winkel farbig, die von den Schülern gemessen wurden.

b) Berechne, wie weit die Fluchtstäbe in den Punkten A und B vom Fluchtstab im Punkt C entfernt sind.

c) Ermittle den Umfang und den Flächeninhalt des Dreiecks ADC.

d) Die Fluchtstäbe sollen so mit einem Bindfaden umspannt werden, dass die beiden Dreiecke ABC und BDC erkennbar sind. Wie viel Meter Bindfaden werden benötigt?

e) In welcher Reihenfolge sind die Fluchtstäbe zu umspannen, sodass der Faden zwischen zwei Punkte nicht doppelt verläuft?

Anhang

LÖSUNGEN ZU BIST DU FIT?

Seite 43

1. a) 280 km   **c)** 525 km   **e)** 507,5 km   **g)** 437,5 km   **i)** 315 km

     b) 420 km   **d)** 192,5 km   **f)** 542,5 km   **h)** 420 km

2. $A'(-2|-4)$; $B'(7|-7)$; $C'(11,5|-1)$; $D'(4|8)$

3. a) $Z(2|-2)$; $k=3$ **b)** $Z(-1|-2)$; $k=0,5$

4. a) $k=1,2$; $b'=2,55$ cm, $c'=5,66$ cm   **c)** $k=1,5$; $b'=9,44$ cm, $c'=9$ cm

     b) $k=\frac{6}{7}$; $b'=4,29$ cm, $c'=3,43$ cm   **d)** $k=1,2$; $b'=3,6$ cm, $c'=8,4$ cm

     Konstruktionsbeschreibung (für a, b, c, d):
     (1) Konstruiere das Dreieck ABC   **(a)** nach wsw;   **b)** nach sss;   **c)** nach sws;   **d)** nach SsW).
     (2) Zeichne den Strahl $\overline{BC}$ und um B einen Kreis mit dem Radius $a'=6$ cm. Der Schnittpunkt mit $\overline{BC}$ ist C'.
     (3) Zeichne den Strahl $\overline{BA}$ und eine Parallele zu b durch C'. Der Schnittpunkt ist A'.
     (4) B'=B; A'B'C' ist das gesuchte Dreieck.

5. Der Flächeninhalt des Dreiecks ABC beträgt 16 cm^2.

6. $V=2\,886,02$ cm$^3 \approx 2,886$ dm^3

7. Der Baum ist ungefähr 10,63 m hoch.

8. Der Fluss ($\overline{DE}$) ist 52,5 m breit.

Seite 65

1. a) $L=\{-11;\,-1\}$ **b)** $L=\left\{\frac{1}{4};\,\frac{1}{2}\right\}$ **c)** $L=\{-1-\sqrt{2};\,-1+\sqrt{2}\}$

2. a) $L=\{-4;\,6\}$ **b)** $L=\{1;\,10\}$ **c)** $L=\{\ \}$ **d)** $L=\left\{-2\frac{2}{3};\,3\right\}$ **e)** $L=\{-2;\,2\}$ **f)** $L=\left\{-1\frac{2}{3};\,4\frac{1}{3}\right\}$

3. a) $L=\{-2;\,3\}$ **b)** $L=\{0,2;\,0,64\}$ **c)** $L=\{2,5;\,14\}$ **d)** $L=\left\{-\frac{2}{3};\,\frac{7}{18}\right\}$

4. Höhe: 8 cm;   Grundseite 12 cm

5. a) 15 cm;   20 cm   **b)** 24 cm;   36 cm

6. Seitenlänge klein: 0,9 cm;   groß: 4,1 cm

7. a) (1) $x^2+5x=14$; $L=\{-7;\,2\}$ (2) $x^2-5x=14$; $L=\{-2;\,7\}$

     b) (1) $x(x+6)=7$; $L=\{-7;\,1\}$ (2) $x(x+6)=-9$; $L=\{-3\}$ (3) $x(x+6)=-10$; $L=\{\ \}$

     c) (1) $x^2-40=6x$; $L=\{-4;\,10\}$ (2) $x^2-40=18x$; $L=\{-2;\,20\}$

8. 1 225 m^2

9. $a=8$ cm; $b=6$ cm

10. $(x-2)\left(\frac{990}{x}-2\right)=860$;   Länge: 45 m;   Breite: 22 m

Seite 94

1. a) (1) um 4 nach oben; keine   (3) um 1 nach links und 4 nach unten; -3; 1
        (2) um 1 nach links; -1 (4) um 1 nach links und 4 nach oben; keine

     b) (1) um 2 nach unten; $\sqrt{2}$; $-\sqrt{2}$ (3) um 2 nach rechts und 3 nach oben; keine
        (2) um 2 nach rechts; 2   (4) um 2 nach rechts und 6 nach unten; $2-\sqrt{6}$; $2+\sqrt{6}$

Seite 94

2. a) (1) $x_0 = -4$; $x_0 = 2$ (2) $S(-1|-9)$ (3) $P_1(0|-8)$; $P_2(-2|-8)$ (4) fällt für: $x \le -1$; steigt für: $x \ge -1$

b) (1) $x_0 = -7$; $x_0 = -3$ (2) $S(-5|-4)$ (3) $P_1(0|21)$; $P_2(-10|21)$ (4) fällt für: $x \le -5$; steigt für: $x \ge -5$

c) (1) $x_0 = 2,5$ (2) $S(2,5|0)$ (3) $P_1(0|6,25)$; $P_2(5|6,25)$ (4) fällt für: $x \le 2,5$; steigt für: $x \ge 2,5$

d) (1) $x_0 = 2$; $x_0 = 8$ (2) $S(5|-9)$ (3) $P_1(0|16)$; $P_2(10|16)$ (4) fällt für: $x \le 5$; steigt für: $x \ge 5$

e) (1) $x_0 = -2$; $x_0 = 6$ (2) $S(2|-16)$ (3) $P_1(0|-12)$; $P_2(4|-12)$ (4) fällt für: $x \le 2$; steigt für: $x \ge 2$

f) (1) $x_0 = -9$; $x_0 = 3$ (2) $S(-3|-12)$ (3) $P_1(0|-9)$; $P_2(-6|-9)$ (4) fällt für: $x \le -3$; steigt für: $x \ge -3$

3. P_1 zu (4); P_2 zu (5); P_3 zu (1); P_4 zu (2); P_5 zu (3)

4. a) $y = x^2 + 1,5$ **b)** $y = (x + 2)^2$ **c)** $y = (x + 1,5)^2 - 0,5$ **d)** $y = -2x^2 + 1,5$

5. a) $y = (x - 1,5)^2 - 0,5$; $S(1,5|-0,5)$ **c)** $y = -3x^2 - 2$; $S(0|-2)$

b) $y = (x + 2)^2 + 1,8$; $S(-2|1,8)$ **d)** $y = (x + 2,5)^2 + 1,5$; $S(-2,5|+1,5)$

6. $a = 40$ cm; $b = 60$ cm

Seite 150

1. a) $\alpha = 76°$; $c \approx 7,2$ cm; $b \approx 1,7$ cm; $u \approx 15,9$ cm; $A \approx 5,95$ cm^2

b) $\gamma = 46°$; $b \approx 6,3$ cm; $c \approx 4,6$ cm; $u \approx 15,3$ cm; $A \approx 10,12$ cm^2

c) $\beta = 32°$; $b \approx 98,04$ m; $c \approx 156,89$ m; $u \approx 439,93$ m; $A \approx 7\,690,75$ m^2

d) $\alpha = 56°$; $a \approx 33,99$ m; $b \approx 22,93$ m; $u \approx 97,92$ m; $A \approx 389,7$ m^2

e) $\alpha = 47°$; $c \approx 123,2$ cm; $a \approx 90,1$ cm; $u \approx 297,2$ cm; $A \approx 3\,784,2$ cm^2

f) $\alpha = 39°$; $b \approx 10,0$ cm; $a \approx 6,3$ cm; $u \approx 24,1$ cm; $A \approx 24,57$ cm^2

2. a) $b = 14$ cm; $\gamma = 74,8°$; $\alpha = \beta \approx 52,6°$; $h_c \approx 11,1$ cm; $A \approx 94,56$ cm^2

b) $\alpha = \beta = 27°$; $a = b \approx 84,17$ m; $h_c \approx 38,21$ m; $A \approx 2\,866,08$ m^2

c) $\gamma = 26°$; $\beta = 77°$; $a = b \approx 51,12$ m; $h_c \approx 49,81$ m; $A \approx 572,84$ m^2

d) $\alpha = \beta = 62,5°$; $b = 67$ m; $c \approx 61,87$ m; $h_c \approx 59,43$ m; $A \approx 1\,838,59$ m^2

e) $\beta = 17°$; $\gamma = 146°$; $b = 104,7$ cm; $c \approx 200,3$ cm; $h_c \approx 30,6$ cm; $A \approx 3\,064,96$ cm^2

f) $\beta = 36°$; $\gamma = 108°$; $a = b \approx 42,53$ m; $c \approx 68,82$ m; $A \approx 860,24$ m^2

3. a) $\alpha \approx 31,0°$ **b)** $h \approx 3,61$ m

4. Masthöhe: $\approx 9,84$ m

5. $\alpha \approx 58,3°$; $\beta \approx 31,7°$

6. maximaler Höhenunterschied: $0,8$ m

7. $\alpha \approx 33,69°$; Steigung: $66,67\%$

8. a) $\alpha = 14,94°$; Steigung: $25,79\%$ **b)** 2 min 48 s **c)** 2,35 cm

Seite 151

9. a) $c \approx 5,0$ cm; $\alpha \approx 66,0°$; $\beta \approx 47,0°$ **e)** $a \approx 4,959$ km; $\beta \approx 104,2°$; $\gamma \approx 39,4°$

b) $\alpha \approx 32,4°$; $\beta \approx 94,1°$; $b \approx 11,2$ cm **f)** $\alpha \approx 42,6°$; $\beta \approx 8,4°$; $b \approx 1,2$ cm

c) $\alpha = 78,9°$; $b \approx 3,9$ cm; $c \approx 3,2$ cm **g)** $\beta \approx 42,3°$; $\alpha \approx 109,5°$; $a \approx 11,8$ cm

d) $\gamma = 74,4°$; $a \approx 3,850$ km; $b \approx 4,822$ km **h)** $\gamma \approx 57,8°$; $\alpha \approx 72,1°$; $\beta \approx 50,1°$

10. a) 118,6 m **b)** 110 m

11. a) 76,5 m **b)** 1 : 1000

12. a) $1\,412,76$ m^2 **b)** $\approx 21\,308,56$ €

13. Die Deichsohle ist $\approx 96,72$ m lang.

14. $\overline{AB} \approx 25,1$ m; $\overline{AD} \approx 24,1$ m; $\overline{DC} \approx 35,6$ m; $\overline{BC} \approx 40,5$ m

Seite 171

1. a) 2π; $\frac{\pi}{6}$; $-\frac{2}{3}\pi$; $720°$; $-120°$; $15°$ **b)** $1,414$; $-2,014$; $3,875$; $146°$; $-31,5°$; $573°$

2. a) 1 **b)** $-0,5$ **c)** 1 **d)** $-2,179$ **3. a)** 1 **b)** 0,949 **c)** 0,866 **d)** 4,33

Seite 171

4. a)

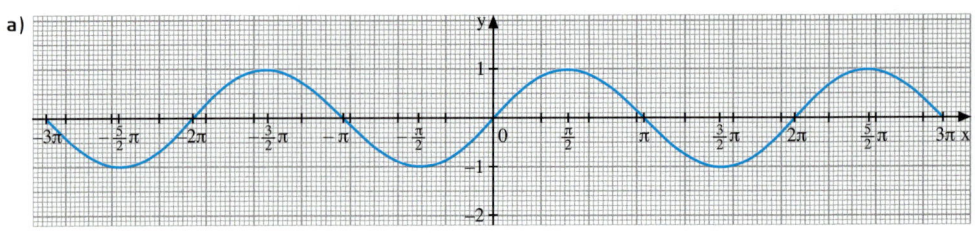

(1) $-5{,}87$; $0{,}412$; $6{,}69$ (2) $-6{,}69$; $-0{,}412$; $5{,}87$

b) Nullstellen: -3π; -2π; $-\pi$; 0; π; 2π; 3π

c) steigt: $-\frac{5}{2}\pi \leq x \leq -\frac{3}{2}\pi$; $-\frac{\pi}{2} \leq x \leq \frac{\pi}{2}$; $\frac{3}{2}\pi \leq x \leq \frac{5}{2}\pi$ fällt: $-3\pi \leq x \leq -\frac{5}{2}\pi$; $-\frac{3}{2}\pi \leq x \leq -\frac{\pi}{2}$; $\frac{\pi}{2} \leq x \leq \frac{3}{2}\pi$; $\frac{5}{2}\pi \leq x \leq 3\pi$

5. a)

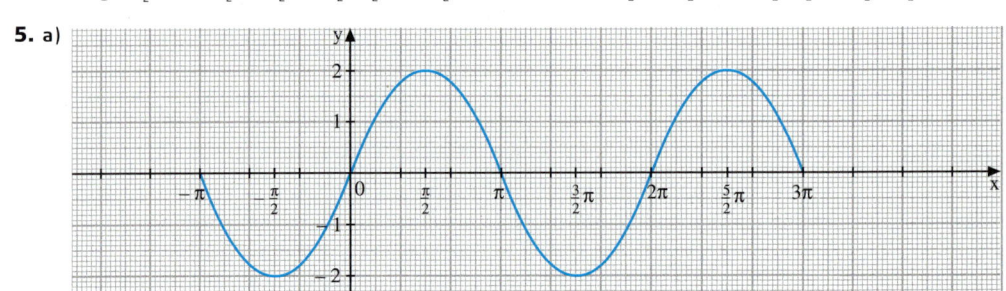

b) Wertebereich: $-2 \leq y \leq 2$, $y \in \mathbb{R}$; Nullstellen: $-\pi$; 0; π; 2π; 3π

c) steigt: $-\frac{\pi}{2} \leq x \leq \frac{\pi}{2}$; $\frac{3}{2}\pi \leq x \leq \frac{5}{2}\pi$ fällt: $-\pi \leq x \leq -\frac{\pi}{2}$; $\frac{\pi}{2} \leq x \leq \frac{3}{2}\pi$; $\frac{5}{2}\pi \leq x \leq 3\pi$

d) $y = 1$

6. a) $y = 3\sin x$ **b)** Wertebereich: $-3 \leq y \leq 3$, $y \in \mathbb{R}$ **c)** Nullstellen: 0; π; 2π; 3π; 4π

7. a) $a = 4$; $y = 4\sin x$ **b)** $a = 2{,}8$; $y = 2{,}8\sin x$

LÖSUNGEN ZU DEN AUFGABEN ZUR VORBEREITUNG AUF DIE ABSCHLUSSPRÜFUNG

Seite 175

1. a) 2 700   **b)** 43,2   **c)** 4,27   **d)** 100   **e)** 125
    4 350   49,2   0,00358   0   85
    245   0,024   19   0,7   −18
    169   1,96   2,5   n.d.   1 201

2. a) 32,18   **b)** 1 659,2   **c)** 3,28   **d)** 205,64
    18,565   194,35   13,215   239,232
    23,6   492,28   45,6   42,07
    25,8   0,35256   42,3   313,8

3. a) 168,0832   **b)** 28,34   **c)** 6,6
    325,102   24,6   0,42
    183,62   0,258   10,8
    181,32   13,1   2,86

4. a) 154   **b)** 40   **c)** 17,2   **d)** 4   **e)** 0,19   **f)** 40   **g)** 17   **h)** 0,4

5. a) $2\frac{1}{3}$ **b)** $\frac{7}{15}$ **c)** $1\frac{2}{7}$ **d)** $\frac{5}{6}$ **e)** $3\frac{2}{5}$
    $3\frac{1}{3}$ $2\frac{2}{5}$ 1 $1\frac{11}{54}$ $6\frac{1}{2}$
    $4\frac{13}{20}$ $39\frac{2}{3}$ $1\frac{4}{5}$ $\frac{7}{20}$ $\frac{11}{28}$
    $1\frac{13}{16}$ 2 $\frac{3}{5}$ $-\frac{2}{21}$ $\frac{3}{4}$

6. a) $\frac{3}{4}$; $\frac{1}{10}$ **b)** 3,9; 0,5   **c)** 1,75; $\frac{123}{1000}$ **d)** 3,4; 0,85

7. a) −13   **b)** 19   **c)** −84   **d)** −19
    1,5   −4,2   0,6   60
    −4,2   −2   2,5   192

Seite 175

8. a) 37; −13; 300; 0,48   **d)** 1; −0,5; 0,1875; $0,\overline{3}$

b) 16; −24; −80; −0,2   **e)** −0,7; 0,3; 0,1; 0,4

c) 2,1; −1,1; 0,8; 0,3125

9. a) 49; 144; 225   **d)** 8; 11; 0,1

b) 0,09; 0,64; 1,69   **e)** 80,4; 4; −1

c) 0,04; 1,96; 0,25

10. a) 1 000 000   **b)** 4000   **c)** 2000   **d)** 20 000

Seite 176

1. a) 7000 m   **c)** 0,29 kg   **e)** 1 dm³
5,4 m   0,78 t   7000 *l*
30 cm   0,02 kg   18 000 dm³
1090 m   1050 g   5 *l*

b) 180 min   **d)** 2,5 ha   **f)** 2,48 m
270 min   39 ha   7300 kg
$6\frac{1}{12}$ h   3100 ha   1,5 h
120 h   6 km²   45 000 m²

2. a) 5020 m   **b)** 433 s   **c)** 8180 kg   **d)** 705 a   **e)** 71 005 *l*
438 cm   146 h   5012 mg   6312 m²   3280 ml
75 dm   1371 min   3014 g   2981 mm²   2180 dm³
94 mm   175 h   12 500 kg   307 ha   27 050 mm³

3. a) 50 cm   **b)** 45 min   **c)** 500 g   **d)** 75 a   **e)** 625 ml
1250 m   330 s   2500 g   250 m²   7500 dm³
6 cm   6 s   250 kg   40 dm²   5750 cm³
125 mm   450 min   400 mg   50 ha   2500 ml

4. a) 7,12 km   **b)** $4\frac{1}{2}$ h   **c)** 16 kg   **d)** $1\frac{1}{5}$ ha
31,8 m   6 h 10 min   3,3 t   2,5 *l*
798 m $4\frac{3}{4}$ h   9,8 t   1,272 ha
2,5   15 min   3,91 kg   2,57 m²

5. a) 12,5 m² Fläche   **d)** 33 km² Fläche   **g)** 45 dm² Fläche

b) 500 m Länge   **e)** 160 m Länge   **h)** 14 m² Fläche

c) 62,5 m³ Volumen   **f)** 504 m³ Volumen

6. a) 2,2 dm; $2\frac{1}{2}$ m; 202 m   **f)** 1 € 90 Cent; 2 €; 2,50 €

b) 25 min; 0,5 h; 2500 s   **g)** 0,03 kW; 750 W; 0,5 MW

c) 6,3 g; 360 kg; $3\frac{1}{2}$ t   **h)** 0,02 A; 35 mA; $\frac{1}{2}$ A

d) 170 m²; 70 a; 7 km²   **i)** 700 $\frac{Nm}{s}$; 0,8 kW; 2000 W

e) 1,8 *l*; $8\frac{1}{2}$ dm³; 18 m³

7. a) >   **c)** >   **e)** >   **g)** >   **i)** >

b) =   **d)** <   **f)** >   **h)** <   **j)** <

Seite 177

1. a) (1) 6 027 507   (2) 78; 79

b) (1) ca. 0,4 m²;   (2) ca. 64 cm³

c) (1) $\frac{1}{3} = 33,\overline{3}\,\%$ (2) $\frac{3}{6} = 50\,\%$

d) (1) Umfang eines Kreises mit π und dem Durchmesser; $d = \frac{u}{\pi}$

(2) Geschwindigkeit einer gleichförmigen Bewegung aus Weg und Zeit; $s = v \cdot t$; $t = \frac{s}{v}$

(3) Flächeninhalt eines Dreiecks aus Grundseite und Höhe; $g = \frac{2A}{h}$; $h = \frac{2A}{g}$

(4) Volumen eines Prismas aus Grundfläche und Höhe; $A_G = \frac{V}{h}$; $h = \frac{V}{A_G}$

(5) Flächeninhalt eines Kreises mit π und dem Radius zum Quadrat; $r = \sqrt{\frac{A}{\pi}}$

e) (1) 300 €   (2) 3,76 kg   (3) 2,8 t   (4) 45 m²

f) 11 Schnitte

Seite 177

2. a) (1) 20%   (2) 20%   **b)** (1) $3\frac{1}{4}$ (2) 10   (3) $1\frac{1}{20} = 1{,}05$ (4) 8   (5) −1

c) (1) 880 m   (2) 93,5 kg   (3) 14,74 €   (4) 1,1 km   (5) 66 min

d)

a	4	−3	1,5	2	0	5
3a − 2	10	−11	2,5	4	−2	13

e) –

f) 6 Ecken; 9 Kanten; 5 Flächen

Seite 178

3. a) (1) 55 min   (2) 0,5 m   (3) 0,3 kg   **b)** (3) 12 cm

c) (1) 474 000   (2) 25,47   (3) 240   (4) 87,2

d) (1) a < c < b   (2) a < c < b   (3) b < a < c   (4) b = c < a

e) (1) $\alpha = 58°$ (2) $\alpha = \beta = 66°$ (3) $\alpha = 20°$ (4) $\alpha = 83°$

f) (1) 0,11 m   (2) 4,9 Grad   (3) 0,05 $l = \frac{1}{20}\,l$

4. a) nein   **b)** (1) u ≈ 62,8 cm; A ≈ 314 cm²   (2) u ≈ 12,56 dm; A ≈ 12,56 dm²   (3) u ≈ 3,14 m; A ≈ 0,79 m²

c) (1) 42 cm³   (2) 48 cm³

d) (1) gelb: 16 cm²; grün: 32 cm²   (2) Höhe: 13 cm; blau: 144 cm²   (3) rot: 40 cm²

e) 11 Lampen

Seite 179

f) (1) 2 h 20 min   (2) 5 h 54 min   (3) $3\frac{1}{2}$ h   (4) An: 13^{10} Uhr   (5) Ab: 10^{45} Uhr

5. a) 14 Tassen   **b)** 12 h   **c)** (3) $\frac{1}{2}$%

d) (1) − 2a + 7b   (2) 10x²y³   (3) − 1,5 m + 3 n   (4) 30x² − 2

e)

5,2	3,7	4,0
3,1	4,3	5,5
4,6	4,9	3,4

f) Folge der ungeraden Zahlen

6. a) 4 + 3 · 7 = 25   **b)** 11 Quadrate   **c)** (1) u ≈ 12 mm   (2) u ≈ 60 m   (3) u ≈ 60 cm
A ≈ 12 mm²   A ≈ 300 m²   A ≈ 300 cm²

d) 80 €   **e)** $\overline{BC}$ = 70 m; $\overline{DF}$ = 88 m   **f)** (1) <   (2) >   (3) <   (4) <

Seite 180

7. a) z. B.: (1); (3); (5); (6); (7); (9)   **b)** β = 42°   **c)** 7 cm = $\frac{7}{100}$ m; $3\frac{1}{4}$ kg = 3 kg 250 g; 75 min = 1,25 h

d) V = 24 cm³   **e)** (1) a = 4,2   (2) y = 2   **f)** Ab: 7^{13} 9^{13} 11^{13}
An: 8^{02} 10^{02} 12^{02} } Fahrzeit: 49 min

8. a) (1) 4 m   (2) 8 m   (3) 3 m   (4) 78 m   (5) 5 m   **b)** 605 €   **c)** richtig: (2)

Seite 181

d) 24 km entfernt   **e)** 7,60 €   **f)** y = $-\frac{3}{5}$ x + 3

9. a) (1) 2,4 m − 6 m²n   (2) 2x² + 7x − 15   (3) 4a² − 17,5a + 6   **b)** z. B.: − 3,11; − 3,15; − 3,10019

c) Es gibt 4 Möglichkeiten:

Anzahl der Kaninchen	1	2	3	4
Anzahl der Enten	8	6	4	2

d) (1) Länge: 14 cm; Breite: 6 cm; Höhe: 8 cm   (2) V = 672 cm³; A_O = 488 cm²

e) Summe: 0   Produkt: 0   **f)** –

Seite 182

10. a) (1) 20 cm   (2) 0,6 N   **b)** (1) 1 000 000   (2) 430   (3) 0,01   (4) 0,0015   (5) 280

c) (1) A = 12a²   (2) A = 18k²   (3) A = 7n²

d) (1) und (3); (2) und (4)   **e)** r = $\sqrt{\frac{A_O}{4\pi}}$; r = $\sqrt[3]{\frac{3V}{4\pi}}$ **f)** 30°

11. a) (1) 5 g; 50 kg   (2) 0,5 mm; 5 m   (3) 5 km; 0,5 mg

b) 15 €   **c)** –   **d)** (1) 1,4   (2) 32   **e)** α = 30°

f) (1) z. B.: 3 (a + 5 b)   (2) z. B.: 11 y (3 x y + 4 x + 2)   (3) z. B.: 5 a (2 a − 0,05 b + 1)

12. a) (1) z. B.: $6{,}37 \cdot 10^4$ (2) 10^9 (3) z. B.: $4{,}75 \cdot 10^{-4}$ (4) z. B.: $4{,}15273 \cdot 10^4$

b) L = {2|2}

Seite 183

c) –

d) (1) x = 20   (2) x = 6   (3) x = 16   (4) x = 10

e) (1)

x	− 1,5	− 1	0	1	2	3,5
y	− 6	− 5	− 3	− 1	1	4

(2) –   (3) x_0 = 1,5   (4) y = 2x + 1

f) 6 cm; 8 cm; 10 cm

Seite 183

13. a) $-7,5\,r^2 - 2,5\,r + 4$ **d)** –

b) (2), (3), (4) **e)** 15 Autos

c) (1) L = {4} (2) L = {–1} (3) L = {9} **f)** (1) 34° (2) 30° (3) 25°

Seite 184

1. $1 = \frac{3}{3} = 3°$; $\frac{4}{3} = 1,\overline{3} = 1\frac{1}{3}$; $\frac{7}{5} = 1\frac{2}{5} = 1,4$; entgegengesetzte Zahl von 4 ist – 4;
$5 \cdot 10^{-2} = 0,05 = 5\% = \frac{5}{100}$; $500 = 5 \cdot 10^2$; $\sqrt{16} = 4 = 2^2$; $-2,1 = -\frac{21}{10}$

2. a) $-3,1$; -3; 0; $1,05$; $\frac{14}{10}$ **b)** -2; $0,5$; $1,3$; $1\frac{1}{3}$; 5 **c)** -7; -4; $\frac{12}{5}$; $3,\overline{6}$; $7\frac{1}{5}$ **d)** -1; $-(-2)$; $\sqrt{9,61}$; $3,14$; π

3. a) z.B.: 8; 9; 11 **d)** z.B.: 2,31; 2,223; 2,35 **g)** 10; 12; 14

b) z.B.: –3; 0; 2 **e)** z.B.: –1,4; 0; 2,1 **h)** gibt nur: 21; 23

c) z.B.: $\frac{3}{10}$; $\frac{7}{25}$; $\frac{5}{18}$ **f)** z.B.: π; $\sqrt{10}$; $\sqrt[3]{30}$ **i)** 3; 5; 7

4. a) = **b)** > **c)** >

Seite 185

5. a) 15,98 **c)** 832,1 **e)** 22,9 **g)** 0,14 **i)** 2,86 **k)** 5,01

b) 5,22 **d)** 9,73 **f)** 5 556,32 **h)** 0,54 **j)** 21,93 **l)** 10,69

6. a) $\frac{5}{12} = 0,41\overline{6}$ **b)** $\frac{43}{90} = 0,4\overline{7}$ **c)** $1\frac{2}{45} = 1,0\overline{4}$ **d)** $\frac{17}{60} = 0,28\overline{3}$ **e)** $\frac{9}{16} = 0,5625$

7. a) $a - 5$ **b)** $3b + 2$ **c)** $\frac{x}{4}$ bzw. x:4 **d)** $4a - 3b$ **e)** $2\,(x + y)$ **f)** $a^2 - b^2$

8. – **9. a)** $1\frac{5}{56}$ **b)** $1\frac{3}{5}$ **c)** $\frac{1}{3}$ **d)** $1\frac{23}{25}$ **10. a)** 12 **b)** 7

11. a)

4	1	9	6	7	– 1
– 5	2	– 8	– 14	– 1	– 8,5
3	0	6	6	n. l.	1,5

b)

7	4,5	9	49	91,125	$\frac{1}{9}$	n. l.	106,5	$\frac{56}{81}$	≈ 0,01
– 3	–5	1	9	–125	1	0	32	2,4	$-\frac{1}{125}$
1	2	0	1	8	n. l.	1	3	n. l.	$\frac{1}{8}$

Seite 186

12. a) $x = 0$ **b)** $x = 2$ **c)** $x = 0$ **d)** $x = -5$ **e)** $x = 7$ **f)** $x = 1,1$; $x = -1,1$

13. a) z.B.: $3a + a + 3a + a$ **b)** $x + x + x + x + x + x + x + x + x$ **c)** $a + b + c$ **d)** $4y + 3y + 5y$
oder $2\,(3a + a)$ oder $4x + 3x + 2x$ oder $c + a + a$ oder $12\,y$
oder $8a$ oder $9x$ oder $c + 2b$

14. a) $5x - 12y + 13xy - 18$ **c)** $2,5a^2b - 0,8ab - 1,9ab^2$ **e)** $11a^2 + 2,5a$
b) $2,1x^2 - 0,8x + 1,7$ **d)** $+\frac{1}{6}a + \frac{7}{12}b + \frac{1}{10}$ **f)** $3\frac{1}{3}t^2 - u$

15. a) $-a + 7b$ **b)** $-x + 3y$ **c)** 0 **d)** $3x - 4$ **e)** $a + 2b - 22$ **f)** $5x^2 + 2x - 4y - 7,5$

16. a) $3,6a$ **b)** $18ab$ **c)** $-6x^2y$ **d)** $0,4z$ **e)** $40a$ **f)** $-200a$ **g)** $-0,25x^2y$ **h)** $2y$

17. a) $1,5a - 3ab$ **c)** $-0,15x + 0,009y$ **e)** $25b^2 - 2b + 0,04$ **g)** $-16a^2 + 1,4a - 3,2ab + 0,28b$
b) $7x^2 - 1,4xy$ **d)** $3a^2 - 9,4a + 1,2$ **f)** $20n^2 - 5$

18. a) $2a^2 + 9a - 43$ **b)** $11x^2 - 20x - 16$ **c)** $6a^2 + 29a - 10$ **d)** $-4y^2 - 7yz + 36z^2$

19. a) $3\,(a + 6b)$ **d)** $7\,(y + 1)$ **g)** $3a\,(a - 4b + 6)$
b) $x\,(y + z)$ **e)** $4x\,(y + 2z)$ **h)** $11y\,(4ay - 5b + 7c)$
c) $a\,(2 + b)$ **f)** $8ab\,(2a + 1)$ **i)** $6u\,(12uv - 2u + 1)$

20. a) $a^2 + 8a + 16$ **c)** $9a^2 + 3a + 0,25$ **e)** $4n^2 + 4n + 1$ **g)** $1 - 0,25b^2 - 2b$
b) $9 - 6x + x^2$ **d)** $0,04 - 0,4y + y^2$ **f)** $4n^2 - 4n - 2$ **h)** $-15x^2 + 24x - 18$

Seite 187

21. a) nein **b)** ja **c)** ja

22. a) $x = 74$ **b)** $y = 41$ **c)** $a = 12$ **d)** $b = 52$ **e)** $a = 10$ **f)** $x = 20$ **g)** $y = 10$ **h)** $b = -8$

23. a) L = {–10} **b)** L = {4} **c)** L = {–26} **d)** L = {6} **e)** L = {7,3} **f)** L = {1,25} **g)** L = {10} **h)** L = {11}

24. a) L = {–6} **b)** L = { } **c)** L = { } **d)** L = {13}

25. a) $3x + 8,7 = 12$; $x = 1,1$ **b)** $\frac{x}{5} - 7 = 8$; $x = 75$

26. (1) 15 cm (2) 18 cm (3) 18 cm **27.** Schenkel: 7 cm; Basis: 11,5 cm

Seite 187

28. a = 23 cm; b = 29 cm   **29.** 0,99 €   **30.** 1. Tag: 25 km; 2. Tag: 20 km; 3. Tag: 32 km

Seite 188

31. 200 kg und 600 kg

32. Vater 41 Jahre; Mutter 39 Jahre; Sohn 17 Jahre   **33.** 4 cm   **34.** 24 Schüler

35. a) (1) $-\frac{4}{3}$ (2) $-\frac{9}{13}$ **b)** $x = \frac{5}{4} = 1,25$ **c)** $x = \frac{3}{2}$

36. $\frac{3}{2} = 1\frac{1}{2}$; $0,5 = \frac{5}{10}$; $\frac{1}{100} = 1:100 = 0,01$; $2:1 = 2$

37. a) 3   **b)** 4   **c)** 60   **d)** 20   **e)** 21

38. a) $x = 4$ **b)** $x = 3$ **c)** $y = \frac{7}{5} = 1,4$ **d)** $y = \frac{24}{5} = 4,8$ **e)** $z = 6$ **f)** $z = \frac{12}{5} = 2,4$ **g)** $a = 1$ **h)** $b = 0$

Seite 189

39. a) nein   **b)** ja   **c)** nein   **d)** ja   **e)** ja   **f)** nein

40. a) 240 mm = 24 cm   **c)** 200 000 cm = 2 km   **e)** 6 cm : 1 200 000 cm = 1 : 200 000
     b) 15 mm = 1,5 mm   **d)** 15 000 m : 10 000 = 1,5 m   **f)** 9 000 mm : 4,5 mm = 2 000 : 1

41. 825 000 cm = 8,25 km   **42.** 105 m   **43.** 10,6 m

44. a′ = 8 cm; b′ = 6 cm; c′ = 11 cm; Verhältnis: 1 : 4

45. nein, Breite und Höhe dürften etwa nur das 1,3fache sein $\left(\sqrt[3]{2} = 1,25\ldots\right)$

46. a) L = {4; −4}   **b)** L = {2; −2}   **c)** L = { }   **d)** L = {0; −5}   **e)** L = {0; 5}   **f)** L = {0,5; −0,5}

47. 57 und 60 bzw. −60 und −57

Seite 190

48. a) {2; −14}   **c)** {7; 5}   **e)** {7; −9}   **g)** {9; −7}   **i)** {∅}
     b) {3; −8}   **d)** {2; −0,4}   **f)** {25; −11}   **h)** {−1}   **j)** {5; −5}

49. a) {0,5; −0,5}   **b)** {∅}   **c)** {0; 4}

50. u = 14 cm

51. a) x = 7,2 cm   **b)** x ≈ 4,5 cm   **c)** x = 7,5 cm   **d)** x = 8 cm   **52.** 3 cm; 4 cm; 5 cm

53. a) 23 cm; 29 cm   **b)** 676 cm^2 **54. a)** d = 5   **b)** d = 1 175   **c)** n = 99

Seite 191

55. a) x = 216   **b)** x = 4   **c)** x = 5; x = −5   **d)** x = 3   **e)** x = −5   **f)** x = 2; x = −2   **g)** x = 4   **h)** x = −2

56. –   **57. a)** (2) und (3) richtig mit Flächeninhalt A, Höhe h und den Grundseiten a und c eines Trapezes
         b) (1), (2) und (3) richtig mit Mantelfäche A_M, Radius r, Höhe h und der Zahl π eines Kreiszylinders
         c) (2) unvollständig, (3) richtig mit Flächeninhalt A, Radius r und der Zahl π eines Kreises

58. a) –   **b)** –   **c)** (1) $a = \frac{A}{b}$; $b = \frac{A}{a}$ (2) $F = \frac{W}{s}$; $s = \frac{W}{F}$ (3) $d = \frac{u}{\pi}$ (4) $G = \frac{W}{p\%}$; $p\% = \frac{W}{G}$

59. a) (1) $s = v \cdot t$; $t = \frac{s}{v}$ mit Geschwindigkeit v, Weg s und Zeit t einer gleichförmigen Bewegung
      (2) $a = c \cdot \sin\alpha$; $c = \frac{a}{\sin\alpha}$ mit spitzem Winkel α, Gegenkathete a und Hypotenuse c eines rechtwinkligen Dreiecks
      (3) $m = \rho \cdot V$; $V = \frac{m}{\rho}$ mit Dichte ρ, Masse m und Volumen V eines Körpers
      (4) $F = p \cdot A$; $A = \frac{F}{p}$ mit Druck p, Kraft F und Auflagefläche A
    b) –

60. a) Mantelflächeninhalt eines Kreiskegels aus π, Radius und Mantellinienlänge; $r = \frac{A_M}{\pi s}$

     b) Oberflächeninhalt eines Kreiskegels aus π, Radius und Mantellinienlänge; $s = \frac{A_O - \pi r^2}{\pi r}$ oder $s = \frac{A_O}{\pi r} - r$

     c) Oberflächeninhalt einer Kugel aus π und dem Radius; $r = \sqrt{\frac{A_O}{4\pi}}$

     d) Volumen einer Kugel aus π und dem Radius; $r = \sqrt[3]{\frac{3V}{4\pi}}$

Seite 192

1.

Prozentschreibweise	1%	7%	19%	10%	30%	75%	119%	200%	150%
Zehnerbruch	$\frac{1}{100}$	$\frac{7}{100}$	$\frac{19}{100}$	$\frac{10}{100} = \frac{1}{10}$	$\frac{3}{10}$	$\frac{75}{100} = \frac{3}{4}$	$\frac{119}{100}$	$\frac{200}{100} = \frac{20}{10}$	$\frac{150}{100} = \frac{15}{10}$
Dezimalschreibweise	0,01	0,07	0,19	0,1	0,3	0,75	1,19	2,0	1,5

Seite 192

2. Hälfte; Viertel; Dreiviertel; Zehntel; Fünftel; Drittel; Dreifache

3. a) 12 kg; 5,4 km   **b)** 12 t; 24 €   **c)** 7,876 ha; 12,75 s

4. Genaue Werte: **a)** 7,2819 kg; 3,599 m^2 **b)** 29,003 cm^3; 2,00 t   **c)** 0,69 ha; 2,93 l

5. a) 450 kg; 48 €; 70 mg   **b)** 2 000 l; 250 cm; 180 t   **6. a)** 25%; 10%; 40%   **b)** 35%; 16%; 25%

7. ≈ 600 000 km   **8.** 9 Schüler   **9.** 66%   **10.** –

Seite 193

11. 20 394 €   **12.** ca. 171 Personen   **13.** 12%   **14.** 52 €   **15. a)** 40 m^3 **b)** 46 m^3

16. im Jahr 2050   **17.** z. B.: 60 €; 30 €; 72 €; 15 €

18. um 25%; auf 75%   **19. a)** 2 380 €   **b)** 1 927,80 €

20. a) 15,62 Mio. t Weizen   **b)** 2,84 Mio. t Roggen; 1,775 Mio. t Hafer; 11,005 Mio. t Gerste; 4,26 Mio. t Sonstige

Seite 194

21. a) 24%; 30%; 9%; 6%; 13%; 18%   **b)** –

22. 30% ≙ 108°; 18% ≙ 64,8°; 10% ≙ 36°; 8% ≙ 28,8°; 14% ≙ 50,4°; 20% ≙ 72°

23. a) –
b) ≈ 20%
c) –
d)

M.-Vp.	Berlin	Br.	S.-A.	Th.	Sachsen	
71	3 864	85	115	139	226	je km^2

e) –

24. a) –   **b)** 49,27 €
c) (1) 57 €   (2) 204 €   (3) 21,3%   (4) 52,68 €

Seite 195

25. a) Rabatt; 30%
b) (1) 7 Tage   (2) ist gleich, Faktoren dürfen vertauscht werden. (Man beachte, dass sich die MwSt ändert, wenn man den Nettopreis um 2% reduziert.)

26. a) 27,1%   **b)** 37,2%   **27.**

	a)	b)	c)
Jahreszinsen	9 €	0,42 €	179,55 €
Endkapital	459 €	83,42 €	3 959,55 €

28. a) 47,50 €   **b)** 4%   **c)** 900 €   **d)** 2,75%   **e)** 12 800 €   **f)** 6 600 €
1 947,50 €   3 744 €   945 €   231 €   3,5%   528 €

Seite 196

29. 1,5%   **30.** 2 643,75 €

31. a) 60 €   **b)** 219,38 €   **c)** 6%   **d)** 3 000 €   **e)** 4,5%   **f)** 15 500 €

32. 525 €   **33.** Zinsen nach 3 Jahren: 1. Angebot: 2 400 €; 2. Angebot: 2 441,13 €   **34.** 80 €

35. 3%   **36.** 86,40 €; 43,20 €; 21,60 €; 7,20 €; 0,24 €; 2,40 €; 7,20 €

Seite 197

37.

	a)	b)	c)	d)	e)	f)
Zinsen	18 €	6 €	1,05 €	0,35 €	84 €	2 €
Endkapital	1 218 €	1 206 €	841,05 €	840,35 €	3 684 €	3 602 €

38. 2 484 €

39. a) Angbot A: 7 920 €   Angebot B: 7 925 €   **c)** 16%
b) bei Angebot A: 5,6%   bei Angebot B: 5,6̄%   **d)** 17%

40. 1,60 €   **41.** –   **42.** 5 384,45 €

Seite 198

1. a)

Klassenstufe	5	6	7	8	9	10
Anzahl	40 ≙ 39,1°	66 ≙ 64,6°	76 ≙ 74,3°	78 ≙ 76,3°	50 ≙ 48,9°	58 ≙ 56,7°

b)

Durchschnitt je Klassenstufe	20	22	19	26	25	29

c) 23 Schüler je Klasse

2. 16,8 min = 16 min 48 s

Seite 198

3. a) – **b)** 30 Fahrgäste **c)** 18 je Tag

d)

Anzahl	18	11	19	6	36
Arithm. Mittel	18	18	18	18	18
Abweichung vom arithm. Mittel	0	7	1	12	18

Durchschn. Abweichung = $\frac{38}{5}$ = 7,6. Etwa 8 Personen.

4. a) 698,25 ml **b)** Spannweite: 16 ml; Abweichung: 0,7 l; 3,95 ml

5. a) 2 Kinder

b) 0 Kinder: 10,5%; 1 Kind: 26,3%; 2 Kinder: 31,6%; 3 Kinder: 21,1%; 4 Kinder: 5,3%; 5 Kinder: 5,3%

c) – **d)** 31,6% **e)** 55,3%

Seite 199

6. a)

Reisegrund	Anzahl bzw. absolute Häufigkeit	Anteil bzw. relative Häufigkeit (in Dezimalschreibweise)	(in Prozent)
Geschäftsreise	6	$0,05\overline{5}$	$5,\overline{5}\%$
Beruf	36	$0,3\overline{3}$	$33,\overline{3}\%$
Schule/Fortbildung	9	$0,08\overline{3}$	$8,\overline{3}\%$
Einkaufen	27	0,25	25%
Urlaub	4	$0,03\overline{7}$	$3,\overline{7}\%$
Verwandte	12	$0,11\overline{1}$	$11,\overline{1}\%$
Sonstiges	14	0,13	13%
Summe	108	≈ 1	≈ 100%

b) –

c) $5,\overline{5}\%$ ≙ 20°; $33,\overline{3}\%$ ≙ 120°; $8,\overline{3}\%$ ≙ 30°; 25% ≙ 90°; $3,\overline{7}\%$ ≙ $13,\overline{3}$°; $11,\overline{1}\%$ ≙ 40°; 13% ≙ 46,7°

7. a) – **b)** 175 waren mindestens zufrieden.

8. Veronika: $\frac{30}{80}$ = 0,375 = 37,5% Dieter: $\frac{36}{80}$ = 0,45 = 45%

9. $\frac{1}{8}$ = 0,125 = 12,5%

10. Gefäß (1)

Seite 200

11. Aussage von Hans-Ulrich

12. a) 37,5% **b)** 45 Fahrräder

13. $\frac{3}{1215}$ ≈ 0,25%

14. a)

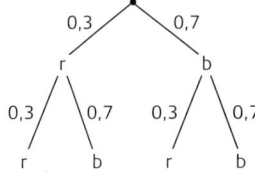

b) (1) 0,09 (5) 0,7
(2) 0,49 (6) 0,3
(3) 0,21 (7) 0,7
(4) 0,42

15. a)

b) (1) $\frac{1}{15}$ (5) $\frac{7}{10}$
(2) $\frac{7}{15}$ (6) $\frac{3}{10}$
(3) $\frac{7}{30}$ (7) $\frac{7}{10}$
(4) $\frac{7}{15}$

16. a) – **b)** $\frac{1}{7}$ **c)** $\frac{18}{35}$ **d)** $\frac{6}{7}$

17. a) 1 344 € **b)** 268,80 €

Seite 201

1. a)

x	2	1	– 3	0,7	$1\frac{1}{4}$
y	8	4	– 12	2,8	5

b) y = 4x **c)** –

2. a) Der Uhrzeit wird die Temperatur zugeordnet. **b)** nein

Seite 202

3. Graph (2)

4. a) 7 ≙ 0,77 €; 9 ≙ 0,99 €

c) eindeutig: z. B.: (1), (2), (3)

b) (1) z. B.: *Anzahl der Brötchen (auf Angebot) → zugehöriger Preis*
(2) *Anzahl der zu kaufenden Brötchen → zugehöriger Preis*
(3) *Name der Mädchen → Anzahl der zu kaufenden Brötchen*

5. Funktionen: (1), (2)

6.

Arbeitszeit	$\frac{1}{2}$ h	13 min	45 min	1,5 h	$2\frac{3}{4}$ h
Kosten	35 €	35 €	60 €	85 €	160 €

Seite 203

7. (1), (6) direkt prop.; (3), (5) ind. prop.; (2), (4) anderer Art   **8. a)** direkt prop.   **b)** indirekt prop.

9. a) (1)

x	4	7	8	12
y	6	10,5	12	18

(2)

x	4	6	8	12
y	18	12	9	6

b) Gerade bzw. Kurve

10. a) (4|6,12); (25|38,25); (1|1,53)   **b)** (2|18); (8|4,5); (9|4)   **c)** (2|0,5); (360|90); (4|1)

11. 46,90 €   **12. a)** 16,95 €   **b)** 1,470 kg   **13.** 3 kg

Seite 204

14. 9 Tage   **15. a)** 4 Handwerker   **b)** für 2 bzw. 3 Handwerker richtig;   für 5; 6; 7; 8 Handwerker falsch

16. a) 680,80 €   **b)** 55 m²   **17.** 7 Bagger   **18.** 10 Tage   **19.** 6,4 *l*

20. a) 9 cm   **b)** $1\frac{1}{2}$ h   **21. a)** –   **b)** 2,5 h ≙ 6 000 *l*; 15 min ≙ 600 *l*   **c)** $1,\bar{3}$ h ≙ 1 h 20 min

22. a) (4|9); (−1|−1); (0,5|2); (0|1); (−0,5|0)   **d)** (4|8); (−1|3); (−2|2); (0|4); (−4|0)
    b) (4|2); (−1|−0,5); (4|2); (0|0); (0|0)   **e)** (4|0); (−1|−10); (5|2); (0|−8); (4|0)
    c) (4|−4); (−1|1); (−2|2); (0|0); (0|0)

Seite 205

23. a)

x	2	1	0	−1	−2
y	4,5	1,5	−1,5	−4,5	−7,5

b)

x	−2	0	1	2	3
y	4	3	2,5	2	1,5

24. –   **25.** –   **26.** P₁(2|7); P₂(1,5|4,5); P₃(0,5|−0,5); P₄(−2|−13); P₅(1|2); P₆(3|12)

27. a) g₁: y = 0,5 x + 1   **b)** g₁: y = −2 x + 1   **c)** g₁: y = −x + 3
        g₂: y = −x − 1   g₂: y = −2 x − 2   g₂: y = 2 x + 4

28. a) x₀ = 3   **b)** x₀ = $\frac{1}{3}$ **c)** x₀ = $\frac{4}{3}$ **d)** x₀ = −1,5   **e)** x₀ = 1,5   **f)** x₀ = 5

29. a) y = −0,5 x + 3   **b)** y = $-\frac{2}{3}$ x − 1   **c)** y = x + 2

30. a) –   **b)** S(2|1)   **c)** A₍Δ₎ = 3 cm²

Seite 206

31. a) S(1|1)   **b)** S(0|0)   **c)** S(2|2)   **d)** S(3|−2)

32. a) y = $\frac{1}{2}$ x + 2   **b)** 26,57°   **c)** 4,472 Längeneinheiten

33. a) n = 2   **b)** n = −2   **c)** n = 6   **d)** n = 0,5

34. a) y = 35 x + 25   **b)** –   **c)** 165 €

35. a) y = 2,4 − 0,3 x bzw. y = −0,3 x + 2,4   **b)** 8 h   **c)** 20 m²   **36.** –

37. a) (1) (1|2) (2) keins (3) (1|2); (2|1)   **b)** –

Seite 207

38. a) (4|2)   **b)** (4|3)   **c)** (4|−3)   **d)** keine Lösung   **e)** (−3|−1)   **f)** (2|3)   **g)** (2|3)

39. a) schneiden sich; 1 Lösung   **c)** identisch; unendlich viele Lösungen
    b) parallel; keine Lösung   **d)** schneiden sich; 1 Lösung

40. a) (1|4)   **b)** (3|8)   **c)** (5|1)   **d)** $\left(2\Big|\frac{7}{3}\right)$ **e)** (2|−1)   **f)** (3|2)

41. a) (2|1)   **b)** $\left(\frac{4}{3}\Big|\frac{8}{3}\right)$ **c)** (0|6)   **d)** keine Lösung

42. 17 und 19

43. a) „Power": y = 1,8 x + 5;   „Super": y = 2,2 x + 3
    b) –   **c)** bei 5 Getränken beide gleich, bei weniger als 5 Getränke „Super" günstiger.

44. 7 Zweibett- und 5 Dreibettzimmer   **45.** 22,25 cm und 9,25 cm

Seite 208

46. a) a = 2,5; b = 7,5   **b)** 15 und 25   **47.** 30 m³ und 20 m³

Seite 208

48. 80 000 € und 120 000 €   **49. a)** 32 s   **b)** 16 s

50. a) –   **b)** –   **c)** $S(2|2)$ **d)** $0 \le x \le 3$ **e)** $A = 6\,cm^2$ **51.** –   **52.** –

Seite 209

53.

x	– 2	– 1	0	0,5	2
y	12	3	0	0,75	12

$a = 3$

54. a) $A(2|4)$
$B(-3|9)$
$C\left(\frac{1}{4}|\frac{1}{16}\right)$
$D(-0,5|0,25)$
$E(4|16)$
bzw. $E(-4|16)$

b) $A(2|16)$
$B(-3|36)$
$C\left(\frac{1}{4}|\frac{1}{4}\right)$
$D(-0,5|1)$
$E(2|16)$
bzw. $E(-2|16)$

c) $A(2|11)$
$B(-3|16)$
$C\left(\frac{1}{4}|7\frac{1}{16}\right)$
$D(-0,5|7,25)$
$E(3|16)$
bzw. $E(-3|16)$

d) $A(2|25)$
$B(-3|0)$
$C\left(\frac{1}{4}|\frac{169}{16}\right)$
$D(-0,5|6,25)$
$E(1|16)$
bzw. $E(-7|16)$

55. a) A, D   **b)** $E(1|-2)$; $F(0|-1)$; $G(-2|7)$; $H(-1|2)$ $J\left(-1\frac{1}{2}|4\frac{1}{4}\right)$
$F(2|-1)$ $H(3|2)$

56. a) $y = x^2 + 10x + 29$; $S(-5|4)$; keine NST   **c)** $y = x^2 + 9x + 20,25$; $S(-4,5|0)$; 1 NST
b) $y = x^2 - x - 0,75$; $S(0,5|-1)$; 2 NST   **d)** $y = x^2 - 4$; $S(0|-4)$; 2 NST

57. a) $y = (x + 3)^2 + 2$ **b)** $y = (x - 1,5)^2 - 4$ **c)** $y = x^2 + 3$ **d)** $y = (x + 1)^2$
$y = x^2 + 6x + 11$ $y = x^2 - 3x - 1,75$ $y = x^2 + 2x + 1$

58. a) $S(0|-5)$ **b)** $S(4|1)$ **c)** $S(-3,5|0)$ **d)** $S(-4|-1)$
$y \ge -5$ $y \ge 1$ $y \ge 0$ $y \ge -1$

59. a) $y = x^2$; für $x > 0$ steigend; für $x < 0$ fallend   **b)** $y = x^2 + 6x + 11,25$; für $x > -3$ steigend; für $x < -3$ fallend
c) $y = x^2 + 2x - 3$ **e)** $y = x^2 + 5x + 6,25$ **g)** $y = x^2 - 4x + 5,5$
d) $y = x^2 - 7x + 11,25$ **f)** $y = x^2 - 2,25$ **h)** $y = x^2 - 10x + 25$

Seite 210

60. a) $S(-3|-1)$ **b)** $S(5|0)$ **c)** $S(-1|-4)$ **d)** $S(1,5|4,25)$ **e)** $S(2|-4)$ **f)** $S(-4|2)$
$x_1 = -2$; $x_2 = -4$ $x_1 = x_2 = 5$ $x_1 = 1$; $x_2 = -3$ keine NST $x_1 = 0$; $x_2 = 4$ keine NST

61. a) $x_1 = -3$; $x_2 = 1$ **c)** $x_1 = -1$; $x_2 = 4$ **e)** $x_1 = -1,5$; $x_2 = 2,5$ **g)** $x_1 = -5$; $x_2 = -3$
b) $x_1 = 1,5$; $x_2 = 4,5$ **d)** $x_1 = -3,5$; $x_2 = -0,5$ **f)** $x_1 = x_2 = -1,5$ **h)** keine NST

62. a) $A(2|-1)$; $B(5|2)$ **b)** $\overline{AB} \approx 4,2$ cm   **c)** $y = 2x - 8$; $y = -x + 1$

63. a) $S(-1|-4)$ **b)** f: $x_0 = -0,5$; g: $x_{01} = -3$; $x_{02} = 1$ **c)** –   **d)** $A(-2|-3)$; $B(2|5)$

64. a) $L = \{(3|-4)\}$ **b)** $y = x^2 - 6x + 5$ **c)** –   **d)** $P_1(1|0)$; $P_2(5|0)$
e) $\overline{P_1S} \approx 4,5$ cm; $u \approx 12,9$ cm; $A = 8\,cm^2$

Seite 211

65. a) –   **c)** –

b)

x	– 4	– 3	– 2	$-\frac{1}{2}$	$\frac{1}{4}$	$\frac{1}{2}$	1	4
y	$-\frac{1}{4}$	$-\frac{1}{3}$	$-\frac{1}{2}$	– 2	4	2	1	$\frac{1}{4}$

d) $P_1(-1|-1)$; $P_2(1|1)$

66. a)

x	– 3	– 1	$-\frac{1}{2}$	$\frac{1}{2}$	1	2	2,5
y	$-\frac{1}{3}$	1	– 2	2	1	$\frac{1}{2}$	$\frac{2}{5}$

b)/c) –
d) $P_1(-1|-1)$; $P_2(1|1)$

67. a) $y = \frac{1}{x^2}$ **b)**

x	– 3	– 2	– 1	– 0,5	0,5	1	2	3
y	$\frac{1}{9}$	$\frac{1}{4}$	1	4	4	1	$\frac{1}{4}$	$\frac{1}{9}$

c) P gehört zum Graphen der Funktion, weil $f\left(\sqrt{4}\right) = \frac{1}{\sqrt{4}^2} = \frac{1}{4} = 0,25$
d) z.B.: $x_1 = \frac{1}{3}$; $x_2 = 0,1$
e) für alle reellen Zahlen x mit $x > 10$ oder $x < -10$

1. a) Scheitelwinkel; 105°   **b)** Nebenwinkel; 140°   **c)** Stufenwinkel; 70°   **d)** Wechselwinkel; 78°

2. (1) $15\,cm^2$ (2) $9\,cm^2$ (3) $7,5\,cm^2$ (4) $6\,cm^2$

Seite 212

3. (1) gleichschenklig   (3) unregelmäßig   (5) gleichschenklig   (7) gleichschenklig
spitzwinklig   rechtwinklig   stumpfwinklig   rechtwinklig
(2) unregelmäßig   (4) gleichseitig   (6) gleichschenklig   (8) unregelmäßig
stumpfwinklig   spitzwinklig   spitzwinklig   spitzwinklig

4. –   **5. a)** 58°   **b)** 110°   **c)** 77°

Seite 212

6. a) 15 000 m 1,55 km **b)** 34 000 m² 3 100 cm² **c)** 12 cm² 6,25 m² **d)** 275 000 m² 0,13 m²
375 cm 166 mm 0,22 m² 650 dm² 0,55 km² 0,435 m² 2 450 mm² 0,35 km²

7. a) 20 cm² **b)** 0,875 m² **c)** 8 cm **d)** 2,4 m **e)** 10 cm **f)** 4,6 cm **g)** 6 km = 6 000 m

8. a) $u^2 + v^2 = w^2$ **b)** $x^2 + h^2 = b^2$; $y^2 + h^2 = a^2$ **c)** $h_a^2 + \left(\frac{a}{2}\right)^2 = b^2$; $h_a^2 + \left(\frac{a}{2}\right)^2 = c^2$

9. a) c = 15 cm **b)** c = 3,9 m **c)** b = 2,2 km **d)** a = 5,4 cm **e)** c = 5,9 m

Seite 213

10. a) ja **b)** nein **c)** fast rechtwinklig

11. a) 5 cm **b)** 6,4 cm **c)** 6,3 cm **d)** 4,2 cm **e)** 7,5 cm

12. a) Seite: 6 cm; u = 14,4 cm; A = 8,64 cm² **c)** Seite: 4,8 cm; u = 12 cm; A = 4,8 cm²
b) Seite: 4,2 cm; u = 16,8 cm; A = 11,76 cm²

13. a) u = 32 cm; A = 48 cm² **b)** u = 3,6 m; A = 0,6 m² **c)** u = 6,4 km; A = 1,92 km²

14. a) α = 53,1° **b)** β = 36,9° **c)** γ = 67,4° **15. a)** β = 36,9° **b)** γ = 36,9° **c)** α = 36,9°

16. a) β = 55° **b)** b = 5,3 cm **c)** a = 5,3 m **d)** α = 25° **e)** c = 3,6 km
a = 3,4 cm α = 44,6° β = 56,1° c = 5,3 cm α = 41,8°
b = 4,9 cm β = 45,4° γ = 33,9° a = 2,4 cm γ = 48,2°

17. b = 2,4 cm; c = 4,0 cm; u = 9,6 cm; α = 53,1°; β = 36,9°

18. a) α = β = 67,4° c = 4,0 cm **b)** α = 30° c = 13,9 cm **c)** β = 60° b = c = 6 cm
γ = 45,2° A = 9,6 cm² γ = 120° A = 27,8 cm² γ = 60° A = 15,6 cm²
a = 5,2 cm a = b = 8 cm h_c = 5,2 cm

Seite 214

19. a) 92 m² **b)** ca. 3 941 € **c)** 55,2° **20.** 44 m²

21. a) α = 32,2° **b)** γ = 73,3° **c)** b = 6,0 cm **d)** γ = 90°
β = 84,6° a = 3,1 km γ = 58° α = 36,9°
b = 8,1 cm b = 5,0 km α = 48,2° β = 53,1°
A = 15,5 cm² A = 7,5 km² A = 12 cm² A = 7,3 m²

22. etwa gleich: 59,7° **23.** $\overline{EF}$ = 89,6 m **24. a)** 328,4 m **b)** um 91,9 m

25. a) 297,8 m **b)** 4 067,6 m² **c)** 38 710,75 €

Seite 215

26. a) 76,5 m **b)** 1 : 1000

27. a) – **b)** ≈ 16,9 ha

28. A_{alt} = 540 m²; A_{neu} = 1 107,07 m²; um ca. 105 %

29. a) 23,8 m **b)** ≈ 1 027,2 m²

30.

	a)	b)	c)
Dammsohle	14,00 m	22,56 m	20,00 m
Dammkrone	5,00 m	15,00 m	9,20 m
Dammhöhe	3,70 m	2,96 m	5,40 m
Böschung	5,83 m	4,80 m	7,64 m
Böschungswinkel	39,4°	38°	45°

Seite 216

31. a) $y = \frac{3}{2}x + 3$ **b)** Q(2|6) **c)** α = 56,31°
d) Wechselwinkel an Parallelen **e)** A = 3 cm² (bei 1 Einheit 1 cm)

32. a) – **b)** $y = \frac{1}{2}x + 3$ **c)** $\overline{P_1P_2}$ ≈ 4,5 cm **d)** – **e)** 53,1°

33. a) Quadrat: (2); Rechtecke: (2), (6); Trapez: (1), (3), (4), (5), (8); Parallelogramm: (7)
b) A_1 = 451 m²; A_2 = 484 m²; A_3 = 451 m²; A_4 = 793,5 m² **c)** u_{rosa} = 217 m
A_5 = 594 m²; A_6 = 572 m²; A_7 = 759 m²; A_8 = 759 m²

34. a) 7,5 cm²; 11 cm **c)** 2,5 cm; 11 cm **e)** 4,8 m; 10,6 m **g)** 200 m; 1 600 m
b) 22,09 m²; 18,8 m **d)** 2 cm; 7 cm² **f)** 150 m; 67 500 m²

Seite 217

35. ≈ 92,50 € **36.** A = 50 cm²; a = 7,1 cm

37. a) A = 18 cm² **b)** A = 7,8 cm² **c)** A = 6,3 cm² **d)** A = 11,76 cm²
u = 28 cm u = 12 cm u = 11,2 cm u = 15,2 cm

Seite 217

38. a) 120 cm^2 **b)** 1,84 m^2 **c)** 8 cm **d)** 2 dm **e)** 540 m **f)** 175 m

39. – **40. a)** – **b)** ≈ 17 720 € **41. a)** 11,9 m^2 **b)** ≈ 991,27 € **c)** ideal

42. a) 3 cm bzw. 3,6 cm **b)** 2 Lösungen: α = 36,9°; β = 143,1° oder α = 143,1°; β = 36,9°

43. a) α = 80° **b)** b = 4,1 m **c)** β = 68°
　　 e = 6,9 cm 　　　　 ε = 115° 　　　　 b = 4,4 km
　　 f = 5,8 cm 　　　　 a = 6,3 m 　　　　 f = 6,6 km
　　 ε = 103,5° 　　　　 β = 98,3° 　　　　 ε = 75,6°
　　 ω = 76,5° 　　　　 α = 81,7° 　　　　 ω = 104,4°
　　 A = 19,7 cm^2 　　 A = 25,6 m^2 　　 A = 14,3 km^2

Seite 218

44. A = 11,6 cm^2

45. a) A = 15,4 cm^2 **b)** A = 23,9 cm^2 **c)** A = 68 cm^2 **d)** A = 53,3 cm^2
　　 u = 19 cm 　　　　 u = 21 cm 　　　　 u = 35 cm 　　　　 u = 32,8 cm

46. a) β = 70° **b)** β = 100° **c)** β = 100°
　　 γ = δ = 110° 　　　 γ = δ = 80° 　　　 γ = δ = 80°
　　 e = f = 5,2 cm 　　 b = d = 5,4 m 　　 b = 8,6 km
　　 A = 13,7 cm^2 　　 A = 26,6 m^2 　　 A = 55 km^2

47. a) 18 cm^2 **b)** 22 dm^2 **c)** 4 cm **d)** 3 m **e)** 20 cm **f)** 4 m **48.** –

49. a) A = 6 cm^2; u = 10,4 cm **b)** A = 12 cm^2; u = 14,4 cm **c)** A = 10 cm^2; u = 13,4 cm

50. a) b = c = 2,9 m; a = d = 6,5 m; f = 4,4 m; β = δ = 110°; A = 17,7 m^2
　　b) c = 4,0 cm; d = 5,0 cm; β = δ = 83,5°; γ = 93°; e = 6,8 cm; f = 7,7 cm; A = 26,2 cm^2
　　c) d = 5,0 km; b = c = 4,8 km; f = 5,7 km; β = δ = 73°; γ = 144°; A = 22,7 km^2

51. a) 5 657,24 € **b)** 1 306,14 € **c)** 6 128,67 €

Seite 219

52. a) 1 794,5 mm^2 **b)** 5 061 mm^2 **c)** 5 033 mm^2

53. a) u = 20 a = 40 cm **b)** u = 16 a = 32 cm **c)** u = 22 a = 44 cm **d)** u = 20 a = 40 cm
　　 A = 9 a^2 = 36 cm^2 　 A = 11 a^2 = 44 cm^2 　 A = 14 a^2 = 56 cm^2 　 A = 18 a^2 = 72 cm^2

54. A = 46,6 cm^2; u = 33,9 cm **55.** $\overline{BD}$ = 131 m; A = 13 490 m^2 = 1,349 ha

56.

	a)	b)	c)	d)	e)	f)	g)
r	2,7 cm	3,4 km	3,7 m	6 cm	3,5 dm	0,8 cm	1,75 m
d	5,4 cm	6,8 km	7,4 m	12 cm	7 dm	1,6 cm	3,5 m
u	17 cm	21,4 km	23,2 m	37,7 cm	22,0 dm	5,0 cm	11 m
A	22,9 cm^2	36,3 km^2	43 m^2	113,1 cm^2	38,5 dm^2	2,0 cm^2	9,60 m^2

57. a) Flächeninhalt der einzelnen Scheibe:
　　 (1) 706,86 cm^2 (2) 176,71 cm^2 (3) 78,54 cm^2 (4) 44,18 cm^2
　　 Abfall: (1) 21,5% (2) 21,5% (3) 21,5% (4) 21,5%
　　b) Länge des Umleimers für die einzelne Scheibe:
　　 (1) 94,25 cm (2) 47,12 cm (3) 31,42 cm (4) 23,56 cm

Seite 220

58. a) A = 28,3 mm^2 **b)** A = 0,0003 mm^2 **c)** A = 2,8 mm^2

59. a) A = 14,14 cm^2 **b)** A = 19,6 cm^2 **c)** A = 846,6 cm^2 **d)** A = 353,4 cm^2
　　 u = 15,4 cm 　　　 u = 17,9 cm 　　　 u = 157,1 cm 　　　 u = 124,2 cm

60. a) A = 45,3 cm^2; u = 26,4 cm **b)** A = 28,6 cm^2; u = 25,1 cm **c)** A = 25,6 cm^2; u = 18,9 cm

61. a) A = 75,4 cm^2 **b)** A = 54,5 cm^2 **c)** A = 1,6 m^2 **62.** A = 4,9 cm^2

63. 37,2% **64. a)** a = 5,7 cm; Abfall: 18,3 cm^2 **b)** Abfall: 0,69 m^2; ≈ 38,9%

Seite 221

65. a) 8 dm **b)** 4 200 dm^3 **c)** 0,0845 m^3 **d)** 250 ml
　　 80 dm^2 　　 0,074 dm^3 　　 1 500 000 cm^3 　　 0,5 l = $\frac{1}{2}l$
　　 800 dm^3 　　 1,2754 cm^3 　　 2 l 　　　　 0,750 l

66. a) 30 cm^3; 62 cm^2 **b)** 2 209,1 cm^3; 1 054,3 cm^2 **c)** 213 000 cm^3 = 213 dm^3; 257,2 dm^2
　　d) 5 cm; 85 cm^2 **e)** 1,5 m; 13,44 m^2 **f)** 2,7 cm; 10,62 cm^2 **g)** 2 dm; 56 dm^2

67. a = 5 cm; A$_O$ = 150 cm^2; d = 7,1 cm; e = 8,7 cm

Seite 221

68. a) 124 132,47 € **b)** 9 240 € **69.** A_O = 4,66 m²; V = 0,622 m³ = 622 l

70. a) – **b)** V = 192 cm³; A_O = 208 cm²; d = 10 cm; α = 36,9° **c)** – **d)** 21,7°

71. a) Prisma: (1); (2); (4) **b)** –

Seite 222

72. a) – **b)** (1) V = 33,8 cm³; A_O = 78 cm² (2) V = 22,4 cm³; A_O = 58 cm² (3) V = 48,8 cm³; A_O = 84 cm²

73. a) A_O = 117 cm²; V = 64,8 cm³ **b)** – **74.** –

75. a) – **b)** P_1: A_O = 23,2 cm²; V = 6 cm³ P_2: A_O = 25,5 cm²; V = 9 cm³

76. a) 612 cm³ **b)** 48 760 cm² = 4,876 m²

Seite 223

77.

a)	4,0 mm	8,0 mm	25,1 mm	2 mm	50,3 mm²	50,2 mm²	150,8 mm²	100,53 mm³
b)	1,80 m	3,6 m	11,3 m	1,20 m	10,2 m²	13,6 m²	34 m²	12,2 m³
c)	12 cm	24 cm	75,4 cm	3,6 cm	452,4 cm	271,4 cm²	1 176,2 cm²	1 628,6 cm³

78. a) 7,7 m² **b)** 10 450,44 € **79.** (1) ja (2) nein **80.** ≈ 88 cm hoch

81. a) V = 0,19 m³ **b)** m = 1,52 t $\left(\text{bei } \rho = 7,85 \frac{g}{cm^3}\right)$

82. a) m = 213,1 kg **b)** 3,75 m **83. a)** 24 Ringe **b)** 10 Stück

84.

a)	4,0 cm	6,0 cm	6,3 cm	6,6 cm	16 cm²	32 cm³	50,4 cm²	66,4 cm²
b)	5,4 cm	3,6 cm	4,5 cm	5,2 cm	29,2 cm²	35 cm³	48,6 cm²	77,8 cm²
c)	7,8 m	3,4 m	5,2 m	6,5 m	60,8 m²	69 m³	81,1 m²	141,9 m²

Seite 224

85. b) 85,2 cm³ **c)** α = 53,1°; β = 38,9° **86. a)** – **b)** 50,8° bzw. 33,2° **c)** 64,8 cm²

87. a) 750 m³ **b)** 375 m² **c)** 42 393,75 €

88.

a)	4,5 cm	9 cm	28,3 cm	6,0 cm	7,5 cm	106 cm²	169,6 cm²	127,2 cm³
b)	3,6 m	7,2 m	22,6 m	2,7 m	4,5 m	50,9 m²	91,6 m²	36,6 m³
c)	2,6 mm	5,2 mm	16,3 mm	6 mm	6,5 mm	53,1 mm²	74,3 mm²	42,5 mm³
d)	12 cm	24 cm	75,4 cm	9,0 cm	15 cm	565,5 cm²	1 017,9 cm²	1 357,2 cm³

89.

a)	Kohle	2,9 m	5,8 m	18,2 m	2 m	3,5 m	17,6 m³	35°
b)	Getreide	3,8 m	7,6 m	23,9 m	3,2 m	5 m	48,4 m³	40°
c)	Sand	4,5 m	9,0 m	28,3 m	2,1 m	5 m	44,5 m³	25°
d)	Sägemehl	0,5 m	1 m	3,2 m	0,5 m	0,7 m	0,1 m³	45°

90. a) 1,44 m **b)** 9,4 m³

Seite 225

91. 17,3% Abfall

92. a) V = 523,6 cm³ **b)** V = 1,4 dm³ **c)** V = 3 369,3 m³ **d)** V = 24,4 cm³ **e)** V = 0,07 m³
A_O = 314,2 cm² A_O = 6,2 dm² A_O = 1 086,9 m² A_O = 40,7 cm² A_O = 0,79 m²

93.

	a)	b)	c)	d)	e)	f)	g)
r	4 cm	0,75 m	0,56 m	1,3 m	6,2 cm	2,8 cm	0,8 cm
d	8 cm	1,5 m	1,12 m	2,6 m	12,4 cm	5,6 cm	1,6 cm
A_O	201,1 cm²	7,1 m²	4 m²	22,4 m²	483,6 cm²	1 dm²	8,0 cm²
V	268,1 cm³	1,8 m³	0,8 m³	10 m³	1 l	94 cm³	2,0 ml

94. ≈ 200 000 000 mm² = 200 m² **95. a)** 572,6 m² **b)** 795 m³

96. a) V = 100 cm³ **b)** r ≈ 2,9 cm **97.** ≈ 11 m²

98. V_Z = 282 743,3 cm³ ⎫
V_K = 883,6 cm³ ⎬ $V_Z : V_K$ = 320
⎭

320 · 15 s = 4 800 s = 80 min = 1 h 20 min
1 h 20 min + 40 min (Pause) = **2 h**

99. r ≈ 2,4 cm **100.** Maßzahl: 3

Seite 226

101. a) $800\ cm^3$ **b)** $300\ cm^3$ **c)** $314,2\ cm^3$

102. a) $V = 425\ cm^3$ **c)** $V = 392,7\ cm^3$ **e)** $V = 600\ cm^3$
$A_O = 420\ cm^2$ $A_O = 345,6\ cm^2$ $A_O = 473,1\ cm^2$
b) $V = 250\ cm^3$ **d)** $V = 160,7\ cm^3$ **f)** $V = 189,8\ cm^3$
$A_O = 307\ cm^2$ $A_O = 272\ cm^2$ $A_O = 239,6\ cm^2$

103. a) $V \approx 293\ cm^3$; $m \approx 2\,285\ g$ **b)** $V \approx 559\ cm^3$; $m \approx 4\,360\ g$ **c)** $V \approx 545\ cm^3$; $m \approx 4\,251\ g$

104. a) $3\,343,8\ g$; $\approx 3,344\ kg$ **b)** $2\,338,9\ g$; $\approx 2,339\ kg$ **c)** $4\,864,4\ g$; $\approx 4,864\ kg$

Seite 227

1. a) $\alpha = 44°$ **c)** $\alpha = 125°$ **e)** $\alpha = 60°$; $\beta = 30°$; $\gamma = 150°$
b) $\alpha = 105°$; $\beta = 130°$ **d)** $\alpha = 71°$; $\beta = 146°$ **f)** $\alpha = 33°$

2. a) $g_1 \parallel g_2$, da $58°$; Wechselwinkel gleich; $\alpha = 100°$
b) $g_1 \parallel g_2$, da $90°$; Wechselwinkel gleich; $\alpha = 119°$

3. a) $\alpha = 105°$ **b)** $\gamma = 140°$ **c)** $\beta = 26°$

4. a) $\beta_1 = 53°$; $\beta_2 = 127°$; $\beta_3 = 143°$; $\delta_1 = 53°$; $\delta_2 = 37°$; $\delta_3 = 143°$ **b)** $\delta = 68°$
c) $\alpha = 54°$; $\gamma = 126°$ **d)** $\delta = 108°$ **e)** $\delta = 57°$ **f)** $\beta = 65°$

Seite 228

5. a) ja; sws **b)** ja; wsw **c)** ja; sws **d)** ja; ssw; sss; sws **e)** nein **f)** nein

6. a) $\overline{AG} = \frac{1}{2} \cdot \overline{AC}$, da G Mittelpunkt von $\overline{AC}$; $\overline{BF} = \frac{1}{2} \cdot \overline{BC}$, da F Mittelpunkt von $\overline{BC}$;
also: $\overline{AG} = \overline{BF}$, da $\overline{AC} = \overline{BC}$; $\overline{AE} = \overline{EB}$, da E Mittelpunkt von $\overline{AB}$;
∢ GAE = ∢ FBE als Basiswinkel des gleichschenkligen Dreiecks ABC;
folglich: $\triangle AEG \cong \triangle EBF$ nach Kongruenzsatz sws
b) $\overline{AE} = \frac{1}{2} \cdot \overline{AC}$, da E Mittelpunkt von $\overline{AC}$; $\overline{BF} = \frac{1}{2} \cdot \overline{BC}$, da F Mittelpunkt von $\overline{BC}$;
$\overline{AE} = \overline{BF}$, da $\overline{AC} = \overline{BC}$; $\overline{AB} = \overline{AB}$;
∢EAB = ∢FBA als Basiswinkel im gleichschenkligen Dreieck ABC;
folglich: $\triangle ABE \cong \triangle ABF$ nach Kongruenzsatz sws
c) $\overline{AB} = \overline{AB}$; $\overline{AD} = \overline{BC}$; ∢ BAD = ∢ CBA, da Basiswinkel über gleichschenkligem Trapez;
folglich: $\triangle ABD \cong \triangle ABC$ nach sws

7. a) ∢ASB = ∢CSD als Scheitelwinkel; ∢SAB = ∢SCD als Wechselwinkel an Parallelen;
folglich: $\triangle ASB \sim \triangle SCD$ wegen Übereinstimmung in zwei Winkelpaaren
b) ∢CAB = ∢ACD als Wechselwinkel an Parallelen; ∢ABC = ∢DEC als rechte Winkel;
folglich: $\triangle ABC \sim \triangle ECD$ wegen Übereinstimmung in zwei Winkelpaaren
c) ∢AMD = ∢ACB als rechte Winkel (Satz des Thales); ∢DAM = ∢BAC;
folglich: $\triangle AMD \sim \triangle ABC$ wegen Übereinstimmung in zwei Winkelpaaren
d) ∢RPB = ∢SPD als Scheitelwinkel; ∢PBR = ∢PDS als Wechselwinkel an Parallelen;
folglich: $\triangle RBP \sim \triangle DPS$ wegen Übereinstimmung in zwei Winkelpaaren
e) ∢CBD = ∢CAD als Basiswinkel im gleichschenkligen Dreieck ABC; ∢BDC = ∢AED als rechte Winkel;
folglich: $\triangle DBC \sim \triangle ADE$ wegen Übereinstimmung in zwei Winkelpaaren
f) ∢AEB = ∢ADC als rechte Winkel; ∢EAB = ∢CAD;
folglich: $\triangle ABE \sim \triangle ADC$ wegen Übereinstimmung in zwei Winkelpaaren

Seite 229

8. a) $A = 2,25\,b^2$; $u = 6\,b$
b) $A = 5\,xy$; $u = 4\,x + 8\,y$
c) $A = 12,5\,a^2$; $u = 19\,a$
d) (1) $A = \frac{c \cdot h}{2}$; $u = a + b + c$ (3) $A = 0,75\,x \cdot h$; $u = 1,5\,x + 2,2\,z$
    (2) $A = \frac{h^2}{2}$; $u = 2\,h + \sqrt{2\,h^2}$ oder $u = 2\,h + h\sqrt{2}$ oder $u = h\left(2 + \sqrt{2}\right)$ (4) $A = t \cdot h$; $u = 4\,t$

9. a) $A = \frac{3x \cdot h}{2}$ **c)** $A = \frac{z \cdot w}{4}$ **e)** $A = 5\,x \cdot m$ **g)** $A = 21\,a^2$
b) $A = \frac{a \cdot 3,5\,b}{2} = 1,75\,ab$ **d)** $A = x \cdot y$ **f)** $A = 6\,z \cdot e$ **h)** $A = 20\,y^2$

10. $V = 9\,a^3$; $A_O = 28\,a^2$

11. a) $V = 15\,a^3$ **b)** $V = 97,5\,k^3$ **c)** $V = 36\,a^3$

Seite 230

1. a) (1) –; (2) –; (3) –

b) (1)
$$\begin{array}{r} 127 \\ + 134 \\ \hline 261 \end{array}$$
(2)
$$\begin{array}{r} 237 \\ - 95 \\ \hline 142 \end{array}$$
(3)
$$\begin{array}{r} 49 \cdot 27 \\ \hline 98 \\ 343 \\ \hline 1\,323 \end{array}$$

c) (1)

x	– 1	0	1,5	2	1	3
y	8	3	– 0,75	– 1	0	0

d) $-1\frac{1}{3} < -\frac{3}{4} < -0,5 < \frac{3}{10} < \frac{15}{25} < 0,625 < 0,\overline{6}$ **e)** 10

f)

1%	3%	10%	20%	51%	100%	119%
2,10 €	6,30 €	21 €	42 €	107,10 €	210 €	249,90 €

2. a) 3,4   **b)** 530 kg   **c)** Differenz: 72,18 bzw. –72,18; Produkt: 330,48   **d)** 3,9%

e) $\alpha = 36,9°$; $\beta = 53,1°$; $A = 61,44$ cm^2

Seite 231

3. a)

Seite a	4	8	12	16	20	24	28	32
Seite b	9	4,5	3	2,25	1,8	1,5	1,3	1,125

b) (1) ..., dann wird die Länge von b halbiert.   (2) ..., dann verringert sich die Länge von b auf ein Drittel.

c) –   **d)** $b = \frac{36}{a}$

4. a) $V = 528$ cm^3, $A_O = 544$ cm^2 **b)** –   **c)** –

5. a) Tarif B

b)

Verbrauch (in kWh)	0	500	1 000	1 500	2 000	2 500	3 000	3 500	4 000
Tarif A Preis (in €)	20	115	210	305	400	495	590	685	780
Tarif B Preis (in €)	80	157,50	235	312,50	390	467,50	545	622,50	700

c) –

d) A: $y = 0,19x + 20$ B: $y = 0,155x + 80$ Lösung: $x = 1\,714$ kWh; $y = 345,66$ €

6. a) –   **b)** $\overline{AC} = 9,2$ cm; $\overline{AD} = 8,5$ cm; $\sphericalangle DAC = 29,1°$ **c)** $A = 40$ cm^2

Seite 232

1. a) 2,3

b) (1) $\alpha = 23°$ (2) $\alpha = 22,5°$ (3) $\alpha = 70°$

c) (1) $x = 9$ (2) $x = 3$ (3) $x = 5$ (4) $x = 121$ (5) $x = 3$

e) (1) 20 cm^2 (2) $A_O = 94$ cm^2 (3) 5 cm (4) $V = 60$ cm^3

f) (4) $\frac{1}{20}$

d)

Gemeiner Bruch	Prozentsatz	Dezimalbruch
$\frac{17}{100}$	17%	0,17
$\frac{37}{100}$	37%	0,37
$\frac{3}{50}$	6%	0,06
$\frac{119}{100}$	119%	1,19
$\frac{3}{2} = \frac{15}{10} = \frac{150}{100}$	150%	1,5

2. a)

Fläche im Original	richtig	126,5 km^2	506 km^2

b) 2,08 €   **c)** 4,08 kg   **d)** 63 000 Besucher

e) $A_O = 1\,025$ cm^2 **f)** (2)

Seite 233

3. a) 52 €   **b)** 48 €   **c)** 25%   **d)** 125 €

4. a)/b) 3,4 cm   **c)** $u = 16,4$ cm; $A = 10,7$ cm^2

5. a) Grundgebühr: 117,25 €; Kippgebühr: 57,78 €   **b)** 126 €   **c)** 49,03 €

6. a) –   **b)** $V = 279,3$ cm^3 **c)** Ja, denn $m_{50} = 10,3$ kg.

Seite 234

1. a) (1) 624,4 (2) 0,027 (3) 80 (4) 0,4   **b)** 10 b

c) (1) $u = 12$ a; $A = 6$ a^2 (2) $u = 24$ cm; $A = 24$ cm^2

d) (1) $a = 3$ (2) $b = 1; 2; 3$ (3) $c = 2$ (4) $d = 1; 2; 3; 4; 5; 6; 7$

e) (1) 16; 21 (2) 36; 49 (3) 32; 47   **f)** (1) D (2) A (3) C (4) C (5) E

2. a) 9,2 m   **b)** $\overline{BC} = 17,1$ cm   **c)** 16 Tage

d) (1) 6 $\frac{km}{h}$ (2) vorher 2,5 km und nachher 1,7 km je Viertelstunde   **e)** $A = 0,08$ m^2

Seite 235

3. a) $a = 6,5$ m; $b = 7,2$ cm   **b)** 156,75 €   **c)** 6 m   **d)** $A = 8,64$ m^2

4. a) –   **b)** 1. Platz: 400 €; 2. Platz: 240 €   **c)** 2 286 €   **d)** 180 €

5. a) 1,50 m × 2,06 m   **b)** –   **c)** 6 Ecken, 9 Kanten   **d)** $V = 0,12$ m^3

6. a) –   **b)** $P(-1|-3)$; $Q(2|0)$ **c)** $x_1 = 2$; $x_2 = -2$ **d)** 45°

Seite 236

1. a) 1,25 h; $1\frac{1}{4}$ h   **b)** z. B.: 6×6 cm; 2×18 cm; ...   **c)** d ≈ 1,5 m   **d)** MATHEASS

e) näherungsweise 9%   **f)** (1) $\frac{3}{4}$ = 0,75 = 75%   (2) $\frac{1}{2}$ = 0,5 = 50%   (3) $\frac{3}{5}$ = 0,6 = 60%

2. a) 516,25 €   **b)** 12,1 cm   **c)** weißer Transporter A = 8,1 m²   **d)** A = 1495,7 cm²

e) $\rho_{Alu} < \rho_{Stahl} < \rho_{Kupfer} < \rho_{Blei}$

Seite 237

3. a) 22   **b)** 20%   **c)** –

4. a) –   **b)** 25,52 m²   **c)** 17,44 m; 9 Leisten

5. a) 2,88 €   **b)** A: y = 0,18x + 1,50;   B: y = 0,09x + 3,75   Gleicher Preis bei 25 Fotos.

c) Bis 24 Fotos den Tarif A, ab 26 Fotos den Tarif B wählen.

6. a) –   **b)** 54,5°   **c)** A = 43 cm²   **d)** –   **e)** V = 154,2 cm³

Seite 238

1. a) (1) z. B.: 63 cm   (2) z. B.: 1207,5 g

b) (1) Quader; Pyramide   (2) 2 Kreiskegel; 2 Kreiszylinder   (3) Halbkugel; Kreiszylinder

c) a + b = – 2;   a – b = 18;   a · b = – 80;   a : b = – 0,8; $\frac{a+b}{2}$ = – 1

b + a = – 2;   b – a = – 18;   b · a = – 80;   b : a = – 1,25; $\frac{b+a}{2}$ = – 1

d) (1) y = 2x – 2   (2) y = $-\frac{1}{2}$x + 3   (3) y = (x + 1)²   (4) y = (x – 2)² – 4

x_0 = 1 x_0 = 6 x_0 = – 1 x_1 = 0; x_2 = 4

e) (1) z. B.: 1,711; 1,7191   (2) z. B.: 0,21; 0,249   **f)** 4%

2. a) A = 18,8 cm²   **b)**

Liter	17	20	31	40,2	55
Euro	24,65	29,00	44,95	58,29	79,75

c) (1) 22,85   (2) 6,25   (3) 64,59   (4) – 0,06   **d)** V = 1764 cm³   **e)** α = 48,9°; β = 58,6°; γ = 72,5°

Seite 239

3. a)

Farbe	blau	grün	rot	weiß
abs. Häuf	1	6	2	5
rel. Häuf.	7%	43%	14%	36%

b) –   **c)** 11

4. a) 3168,75 €   **b)** 292,50 €   **c)** 17,60 €

5. a) –   **b)** 2048 cm²   **c)** Länge 1885 mm; Breite 950 mm   **d)** 67 Liter

6. a) Wertebereich: Menge aller reellen Zahlen y mit – 3 ≤ y ≤ 3

b) y = 1,5 · sin x;   Nullstellen: – π; 0; π; 2π

Seite 240

1. a) (1) 3,60 €   (2) 75 kg   (3) 25%   (4) auf das 1,25-fache   **b)** – 11 – (– 4) = – 7 bzw. – 4 – (– 11) = 7

c) (1) <30   **d)** Abhängig von der Anzahl der Einheiten! (< oder >50 Einheiten)!   **e)** $22\frac{1}{2}$ min   **f)** –

2. a) (1) 3,5 m   (2) Der Flächeninhalt wird vervierfacht.   **b)** Es ist rechtwinklig, weil 7,5² = 4,5² + 6²

c) A = 52 m²   **d)** (1) 3,4 kg   (2) 14,7%   **e)** (1) x = 14,44   (2) x = 4,4   (3) x = 35   (4) x = 0,62

Seite 241

3. a) 234,32 €

b) D7 = C7 · B4; C12 = C7 + C8 + C9 + C10 + C11; D12 = D7 + D8 + D9 + D10 + D11; D15 = D12/5

4. a) 20 472,84 €   **b)** 97,74 € Nachzahlung

c) Wenn sich die Betriebskosten proportional zur Wohnfläche ändern, dann sparen sie 532,87 €.

5. a) B, D   **b)** –   **c)** x_1 = 1; x_2 = – 3   **d)** y = 2x + 1   **e)** –

6. a) –   **b)** $\overline{AC}$ = 81,3 m; $\overline{BC}$ = 63,4 m   **c)** u = 224,4 m; A = 2383 m²   **d)** 287,8 m

e) Es gibt in B bzw. C beginnend 12 Möglichkeiten.

STICHWORTVERZEICHNIS

BILDQUELLENVERZEICHNIS